21 世纪经典工程结构设计解析丛书

经典回眸

上海建筑设计研究院有限公司篇

上海建筑设计研究院有限公司　编

中国建筑工业出版社

图书在版编目（CIP）数据

经典回眸. 上海建筑设计研究院有限公司篇 / 上海
建筑设计研究院有限公司编. — 北京：中国建筑工业出
版社，2023.9
（21世纪经典工程结构设计解析丛书）
ISBN 978-7-112-29008-6

Ⅰ. ①经… Ⅱ. ①上… Ⅲ. ①建筑结构—结构设计—
作品集—中国—现代 Ⅳ. ①TU318

中国国家版本馆 CIP 数据核字（2023）第 143996 号

责任编辑：刘瑞霞 刘颖超
责任校对：张 颖
校对整理：赵 菲

21世纪经典工程结构设计解析丛书
经典回眸 上海建筑设计研究院有限公司篇
上海建筑设计研究院有限公司 编
*
中国建筑工业出版社出版、发行（北京海淀三里河路9号）
各地新华书店、建筑书店经销
国排高科（北京）信息技术有限公司制版
天津图文方嘉印刷有限公司印刷
*
开本：880毫米×1230毫米 1/16 印张：29¾ 字数：876千字
2023年9月第一版 2023年9月第一次印刷
定价：**298.00**元
ISBN 978-7-112-29008-6
（41695）

丛书编委会

（按姓氏拼音排序）

顾　问：陈　星　　丁洁民　　范　重　　柯长华　　李　霆

李亚明　　龙卫国　　齐五辉　　任庆英　　汪大绥

杨　琦　　张　敏　　周建龙

主　编：束伟农

副主编：包联进　　戴雅萍　　冯　远　　霍文营　　姜文伟

罗赤宇　　吴宏磊　　吴小宾　　辛　力　　甄　伟

周德良　　朱忠义

编　委：蔡凤维　　贾俊明　　贾水忠　　李宏胜　　林景华

龙亦兵　　孙海林　　王洪臣　　王洪军　　王世玉

王　载　　向新岸　　许　敏　　袁雪芬　　张　坚

张　峥　　赵宏康　　周定松　　周　健

主编单位：北京市建筑设计研究院有限公司

参编单位：中国建筑设计研究院有限公司

华东建筑设计研究院有限公司

上海建筑设计研究院有限公司

同济大学建筑设计研究院（集团）有限公司

中国建筑西南设计研究院有限公司

中国建筑西北设计研究院有限公司

中南建筑设计院股份有限公司

广东省建筑设计研究院有限公司

启迪设计集团股份有限公司

丛书总序

伴随着中国的城市化进程，我国土木与建筑工程领域经历了高速发展时期，行业技术水平在大量工程实践中得到了长足发展。工程结构设计作为土木与建筑工程领域的重要组成部分，不仅关乎建筑物的安全与稳定，更直接影响着建筑的功能和可持续性。21世纪以来，随着社会经济发展和人们生活需求的逐步提升，一大批超高层办公楼、体育场馆、会展中心、剧院、机场、火车站相继建成。在这些大型复杂项目的设计建造过程中，研发的先进技术得以推广应用，显著提升了项目品质。如今，我国建筑业发展总体上仍处于重要战略机遇期，但也面临着市场风险增多、发展速度受限的挑战，总结既往成功经验，继续保持创新意识，加强新技术推广，才能适应市场需求，促进建筑业的高质量发展。

为了更好地实现专业知识与经验的集成和共享，推动行业发展，国内十家处于领军地位的建筑设计研究院汇聚了21世纪以来经典工程项目的设计研究成果，编撰成系列丛书，以记录、总结团队在长期实践过程中积累的宝贵经验和取得的卓越成绩。丛书编委会由十家大院的勘察设计大师和总工程师组成，经过悉心筛选，从数千个项目中选拔出200余项代表性大型复杂项目，全面展现了我国工程结构设计在各个方向的创新与突破。丛书所涉及的项目难度高、规模大、技术精，具有普通工程无法比拟的复杂性。这些案例均由在一线工作的项目负责人主笔撰写，因此描述细致深入，从最初的结构方案选型，到设计过程中的结构布置思考与优化，再到结构专项技术分析、构造设计和试验研究等，进行了系统性的梳理归纳，力求呈现大型复杂工程在设计全过程中的思维方式和处理策略。

理论研究与工程实践相结合，数值分析与结构试验相结合，是丛书中经典工程的设计特点。土木工程是实践性很强的学科，只有经得起工程检验的研究成果才是有生命力、有潜力的。在大型复杂工程的设计建造过程中，对新技术、新工艺的需求更高，对设计人员也是很大的考验，要求在充分理解规范的基础上，大胆创新，严谨验证，才能保证研发成果圆满落地，进而推动行业的发展进步。理论与实践的结合，在本套丛书中得到了很好的体现，研究团队的技术成果在其中多项工程得到应用，比如大兴国际机场、雄安站、上海中心大厦、中央电视台新台址CCTV主楼等项目，加快了建造速度，提升了建筑品质，取到了良好的效果。

本套丛书开创了国内大型建筑设计院合作著书的先河，每个大院以一册的形式总结自己的杰出工程案例，不仅是对各大院在工程结构设计领域成就的展示，也是对我国工程结构设计整体实力的展示。随着结构材料性能提高、组合结构发展、分析手段完善、设计方法进步，新型高性能材料、构件和结构体系不断涌现，这些新材料、新技术和新工艺对推动建筑行业科技进步起到了重要作用，在向工程技术人员提出了更高挑战的同时也提供了创新空间。未来的土木工程学科将是追求高性能、高质量发展的学科，工程结构设计领域的发展需要不断的学习、积累和创新。希望这套丛书能够为广大结构工程师和相关从业人员提供有价值的参考，激发他们的灵感和创造力。同时，也希望通过这套丛书的分享和传播，进一步推动我国工程结构设计领域的创新和进步，为我国城镇建设和高质量发展贡献更多的智慧和力量。

中国工程院院士

清华大学土木工程系教授

2023 年 8 月

本书编委会

主　　编：李亚明　姜文伟

副主编：徐晓明　贾水忠　张　坚

编　　委：杨　军　包　佐　刘宏欣　张士昌　李瑞雄

　　　　　程　熙　沈　磊

前　言

　　城市，是人类文化、艺术、先进科技的综合展现；城市的更新变迁就是建筑师创作的轨迹，越来越多优秀的城市空间和建筑作品的涌现离不开大批优秀结构工程师的辛勤付出！建筑设计和结构密不可分，相融相生，相互成就和成长！

　　2023年，上海建筑设计研究院有限公司迎来了70年华诞。70年来，上海建筑设计研究院有限公司伴随着上海城市发展而共同成长，经历了无数次变革、蜕变和重构，创作设计了众多散发城市魅力的建筑和空间场所，与这座城市分担责任、共享荣光，在国家经济高歌猛进的洪流中，经受住大浪淘沙的考验，确立了专业领域的优势地位，取得了引人注目的辉煌成就，为城市提供了源源不断的发展动力，书写了精彩纷呈的崭新篇章。

　　1953年，中华人民共和国建国初期，上海市民用建筑设计院应运而生。成立伊始，上海院就肩负着为提高上海人民"民生"的迫切需求而进行各类民用建筑设计的社会重任。当时，留美归国的陈植老院长、汪定曾副院长兼总建筑师及一批老前辈视野开阔，以卓越的专业素养，立足国情、适应城市发展需求、倡导体现时代精神育文化传承的设计理念，带领上海院，精心设计，竭诚服务。即便是在特殊历史时期的20世纪50~70年代，在极端艰苦困难的情况下，自主完成了闵行一条街、曹杨新村、上海宾馆、上海体育馆、上海游泳馆等民生及重大项目，展现出为国担当的使命感、责任感。其中，上海体育馆、游泳馆首次载入英国皇家建筑学会出版的《世界建筑史》，体现国际社会对当时新中国建筑设计领域成就的认可。前辈们创立的设计思想及精益求精、与时俱进的精神代代相传，是上海院宝贵的财富。

　　1993年6月，上海民用建筑设计院改名为上海建筑设计研究院，业内简称为"上海院"。上海重要的文化地标——博物馆、图书馆、八万人体育场、科技馆等，浦东新区陆家嘴金融区——金茂大厦、中银大厦等众多超高层建筑设计，外滩汇丰银行保护修缮设计……无不体现着一代代上海院人的不懈努力、勇于创新，领时代之先，走在全国前列。

　　21世纪以来，上海国际金融中心、宁波中心大厦等超高层项目，上海旗忠国际网球中心、苏州工业园区奥体中心等大型体育建筑项目，合肥滨湖国际会展中心二期、第十届中国花卉博览会花博园工程等会展项目，中国航海博物馆、太原植物园温室、上海天文馆等大型文化建筑项目，合肥质子重离子医院项目等医疗高科技项目，上海光源工程、虹桥SOHO商务广场等综合类建筑，充分体现了上海院人的敬业与奉献、不断攻坚克难、不断突破创新，贡献出多个国际国内技术领先的工程项目。这是一部与城市历史同步的院史，值得书写与研究。

　　70年的风雨砥砺，70年的沧海桑田，70年的旌旗招展，70年的弹指挥间，时光的巨轮承载着城市的巨变，城市的巨变蕴含着上海院的奋斗。感谢伟大的祖国给予的机会，让上海院能在广阔的天地里持续发展并壮大。城市过去、现在和未来的发展，让我们不仅拥有值得回溯和品味的70 载记忆，更有对未来的期盼和展望。奋勇向前的每一位上海院人，都是与新时代中国一起奔跑的见证者和参与者。我们坚信：未来建筑工程设计在唤醒国家与城市记忆的同时，更要秉持"人民城市人民建、人民城市为人民"理念，经得起时代浪潮的考验，继续演绎国家和城市的历史变迁和宏伟历程。

为了纪念改革开放后中国建筑行业技术的发展历程，联合全国 10 家设计院（集团）于 2023 年出版"21 世纪经典工程结构设计解析丛书"，本书有幸是其中之一；在上海院成立 70 周年（1953—2023）之际，本书也是作为上海院结构人对上海院七十年华诞的献礼。

本书精选本世纪上海院建筑结构专业的经典设计案例，主要汇集了上海院近年来建筑结构人的优秀成果，和结构人一起见证了上海院建筑结构专业发展的铿锵历程和取得的辉煌成就。本书展现了上海院建筑结构设计的优势领域，主要包含超高层建筑、体育建筑、会展建筑、文化建筑、医疗建筑和综合类建筑等，共包含 21 个经典案例，每个案例都从建筑特点作为切入点，针对建筑特点开展结构体系、结构布置、连接节点等比选研究，进一步针对重点、难点问题进行专项设计，理论分析结合试验研究进行细化设计，每个案例都是一项技术的展现，每个案例都呈现了建筑师与结构工程师相互成就的设计之美。

本书由上海院李亚明大师和总工程师姜文伟作为主编主持完成编写，副主编为上海院结构总工程师徐晓明、贾水钟、张坚。

我们追忆过去，我们更憧憬未来！上海院结构人将秉承"高品质城市卓越共创者"的定位，以结构技术成就建筑设计之美、成就城市生活之美，与城市同成长、共进步，为提高人民美好生活品质作出我们的一份贡献！

上海院结构人谨以此书，与建筑结构同行共勉！

全国工程勘察设计大师　　上海院总工程师

2023 年 8 月 20 日

目　录

XIII

全书延伸阅读扫码观看

第 1 章

上海国际金融中心

1.1 工程概况

1.1.1 建筑概况

工程位于上海市浦东新区竹园商贸区地块内，张家浜河以北，杨高南路与世纪大道交汇处西南角。项目包括三幢超高层办公塔楼及一座大跨廊桥，分属三家业主单位：上交所、中金所、中国结算。地下5层，地上22～32层，总用地面积55287m²，总建筑面积519160m²，其中地上建筑面积269612m²，地下建筑面积249548m²。

三栋超高层塔楼均采用钢管混凝土框架—双核心筒—巨型支撑结构形式，楼盖采用钢梁、钢筋桁架楼承板混凝土组合楼盖，出屋面处均有高25m的玻璃幕墙构件（图1.1-1a）。塔楼结构平面有较多楼层双核心筒间的楼板缺失，为将两个核心筒各自所在的平面单元连成整体，在核心筒之间设置了3道巨型支撑，从而形成框架—双核心筒—巨型支撑这一创新的结构体系（图1.1-1b）。混凝土核心筒墙体厚度为400～550mm，框架柱直径为800～1200mm，主要框架梁截面为H800×350，巨型支撑采用箱形截面。

廊桥共3层，距地面40m高，跨度约160m，桥面分别与3栋塔楼的七～九层相连。廊桥与塔楼通过复摆滑动支座连接，位于地下室金融剧场两侧的两个支撑筒体为廊桥的抗侧及主要的承重结构。

地下室共5层，局部区域为6层，埋深约30m，平面尺寸约168m×312m，为超长超大地下结构。地下各层为梁板结构，采用了宽扁梁（800～1000）mm×600mm的结构方案。

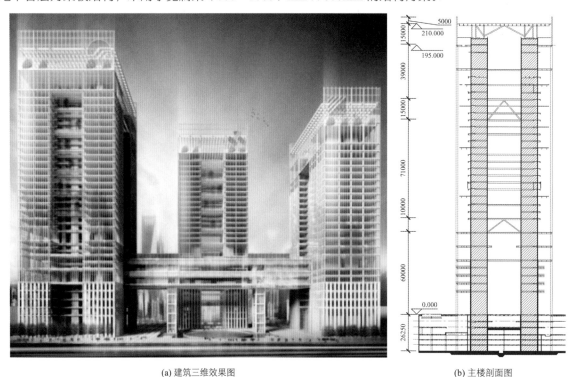

(a) 建筑三维效果图   (b) 主楼剖面图

图 1.1-1　上海国际金融中心建筑效果图和主楼剖面图

1.1.2 设计条件

1. 主体控制参数

主体结构的设计控制参数见表1.1-1。

控制参数   表 1.1-1

结构设计基准期	50 年	建筑抗震设防分类	重点设防类（乙类）
建筑结构安全等级	一级	抗震设防烈度	7 度
结构重要性系数	1.1	设计地震分组	第一组
地基基础设计等级	一级	场地类别	IV 类
建筑结构阻尼比	0.04		

2．结构抗震设计条件

项目小震设计，采用规范反应谱和场地地震安全性评价报告中反应谱的包络结果；中大震设计均按照规范反应谱进行。

塔楼核心筒剪力墙和巨型支撑桁架层、其上下各一层构件抗震等级为特一级，钢管混凝土框架抗震等级一级。廊桥钢管混凝土柱抗震等级特一级，钢柱和钢板剪力墙抗震等级一级。上部结构均取地下室顶板作为嵌固端。

3．风荷载

结构变形验算时，规范风荷载按《建筑结构荷载规范》GB 50009-2012 取值，按 50 年一遇取基本风压为 $0.55kN/m^2$，承载力验算时按基本风压的 1.1 倍，场地粗糙度类别为 C 类。项目开展了风洞试验，模型缩尺比例为 1∶500。设计对规范风荷载和风洞试验结果进行了位移和强度的包络验算。

1.2 结构特点

1.2.1 结构特点和难点分析

由于建筑造型和功能的需要，结构设计中遇到了较多技术难题，具体如下：

（1）三栋塔楼结构均设置了双核心筒，但核心筒间的连接很弱，多处楼板缺失。同时，建筑师又期待一个简洁的室内空间，不希望有繁杂的结构构件存在。

（2）建筑通过超长廊桥将分散的三栋主楼联系为一个整体。这种联系要求结构既能实现廊桥与主楼相连的建筑功能，又要防止在侧向荷载作用下廊桥与主楼的撞击。

（3）为确保室内效果，建筑师对核心筒墙厚又提出了严苛的限制。

（4）立面幕墙采用了世界上面积最大、高度最高的单层索网幕墙系统，而且主受力索作用在较为薄弱的钢框架上。

（5）地下 5 层，是上海地区目前为止最大的深基坑工程，基坑施工对桩基承载力的影响已不可忽略。

1.2.2 结构解决方案

针对工程设计的难点及关键问题，采取了以下解决方案：

（1）塔楼在立面上通过设置三道巨型支撑将独立的双核心筒连为一体，巨型支撑在平面中对称地布置了两榀，分别连接在核心筒最外侧的墙体上，形成钢管混凝土框架—双核心筒—巨型支撑这种罕见的新型结构体系。这里巨型支撑起到了维系结构整体性的关键作用，设置的位置和截面大小直接决定了结构的成立性，通过参数化分析，确定了合适的支撑形式和支撑截面，确保了双核心筒—巨型支撑结构体系效率的发挥。

（2）分析了廊桥与塔楼连接支座分别采用橡胶阻尼、两端铰接、两端刚接、两端滑动等不同形式对廊桥与主体结构构成的整体建筑的影响，确定了廊桥与塔楼采用复摆滑动支座的连接形式，既保证了廊桥竖向荷载的可靠传递，又避免了廊桥与主体结构间水平荷载的复杂传力途径，保证了整体建筑的抗震安全性。

（3）塔楼核心筒广泛应用了钢板混凝土组合剪力墙，并对其构造提出一定形式的优化；廊桥首次采用了带强约束边缘构件的钢板混凝土剪力墙设计，并进行了相关的试验研究，结果证明了这种新型钢板混凝土剪力墙受力的合理性和安全性。

（4）研究了主体结构对索网幕墙性能的影响、索网幕墙的施工过程分析、索网施工方法及顺序、连接节点局部有限元分析等关键技术，解决了超大索网幕墙在工程中实践的难点问题。

（5）采用数值模拟方法分析本工程深大基坑土方开挖对抗拔桩承载力的影响，根据桩基与基坑边缘不同距离确定抗拔桩的极限承载力，创造性地提出了仅依靠桩底大注浆大幅提高桩基抗拔承载力的方案，取得了良好的效果。

1.3 结构体系

1.3.1 超高层塔楼结构方案研究

1. 基本体系选型

塔楼建筑平面外轮廓接近方形，但在平面布置中设置了两个对称的核心筒，核心筒之间的距离约26m。因较多楼层为了实现大中庭效果，核心筒之间楼板缺失，形成了类似双塔平面的结构，如图1.3-1所示。

按照建筑平面布置，原先考虑采用钢框架—混凝土核心筒结构体系。但经过试算，整体结构的抗侧刚度严重不足，需要在满足建筑简洁效果的前提下，增设高效的结构抗侧构件。结构师从格构柱的受力性能中受到启发，提出了在两个核心筒间增设跨层巨型支撑，使结构由双核心筒单独剪切变为联肢弯曲的形式，大幅提高了结构的整体抗侧刚度。在此概念下，最终发展为框架—双核心筒—巨型支撑这一新型的混合结构体系，如图1.1-1（b）和图1.3-2所示。

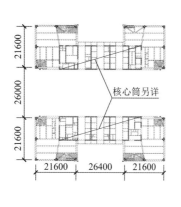
图1.3-1 塔楼典型楼层平面图

图1.3-2 塔楼结构三维模型图

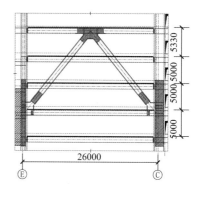
图1.3-3 巨型支撑立面示意图

2. 结构体系的确定

整个结构的两个核心筒通过立面上的3道巨型支撑连为一体，巨型支撑在平面中对称设置两榀，分别连接在两个核心筒的外侧墙体上。结构体系中，巨型支撑（图1.3-3）起到了至关重要的作用，设置的位置和截面大小直接影响结构的整体性能。为定量确定支撑对塔楼结构的作用，对支撑作了参数化分析研究。通过分析支撑对结构基本周期的影响（图1.3-4）以及支撑对层间位移角的影响（图1.3-5），确定了支撑截面的最优效率。

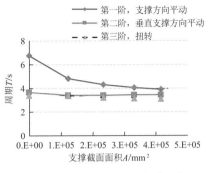

图 1.3-4　支撑对结构基本周期的影响　　　图 1.3-5　支撑对层间位移角的影响

根据抗震概念设计的要求，巨型支撑截面被设定为屈服先于屈曲的形式，用以保证构件地震下不超载，整体结构有良好的延性和冗余度。

巨型支撑构件的有限元分析结果显示（图1.3-6），构件的屈曲承载力约为70000kN，大于多遇地震作用下的构件设计内力（33000kN），并满足中震弹性的要求；构件在最终破坏时是端部节点板首先进入屈服，而后才是整个构件发生屈曲，符合延性破坏模式。

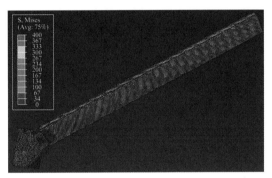

图 1.3-6　巨型支撑构件应力分析（单位：MPa）

1.3.2　大跨廊桥结构方案研究

建筑师考虑通过廊桥将3栋塔楼联系为一个整体使用（图1.1-1a），结构设计时需要考虑这种联系，又要防止在侧向荷载作用下廊桥与主楼的相互撞击。

方案比选时，分析了廊桥与塔楼分别采用滑动、固定和阻尼等不同连接方式的影响，考察了不同连接方式下整体结构的弹性以及弹塑性行为。最终确定利用廊桥自带的2个楼电梯筒作为廊桥的支撑结构并要求设计成具有一定的抗侧刚度，利用复摆式滑动支座，与主体塔楼形成弱连接（图1.3-7），即：廊桥的竖向荷载分别由廊桥的2个筒体及3栋塔楼的搁置端承担，水平荷载由廊桥的核心筒承担。这种设计避免了廊桥与塔楼间复杂的水平荷载的传递，保证了廊桥与塔楼的抗震安全性，同时又实现了廊桥与塔楼建筑连通的正常使用，廊桥与塔楼的连接节点详图见图1.3-8。

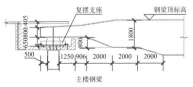

图 1.3-7　廊桥与塔楼的平面关系示意　　　图 1.3-8　廊桥与塔楼的连接节点

1.3.3 超长地下室及围护结构

工程地下室平面尺寸约为 168m × 312m，建筑功能要求不设置永久缝。结构设计时在首层楼板内设置了预应力钢筋，并通过合理设置施工后浇带解决了超长结构混凝土开裂问题。围护结构采用了两墙合一的方案，施工采用了纯地下室范围逆作与主楼范围顺作同步进行的方法（图 1.3-9）。

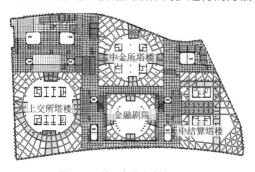

图 1.3-9 地下室逆作法施工平面

1.4 超高层塔楼结构设计

1.4.1 抗震设防性能目标

按照《建筑抗震设计规范》GB 50011-2010，并参照《高层建筑混凝土结构技术规程》JGJ 3-2010 的相关要求，选定抗震性能目标，如表 1.4-1 所示：发生多遇地震（小震）后与各塔楼连接失效，塔楼能保证未受损，功能完整，不需修理即可继续使用，即完全可使用的性能目标；发生设防烈度地震（中震）后能保证建筑结构轻微受损，主要竖向和抗侧力结构体系基本保持震前的承载能力和特性，建筑功能受扰但稍作修整即可继续使用，即基本可使用的性能目标；发生罕遇地震（大震）时，结构有一定破坏但不影响承重，功能受到较大影响，但人员安全，即保证生命安全的性能目标。

主要结构构件抗震性能目标 　　　　　　表 1.4-1

地震水准	多遇地震	设防地震	罕遇地震
结构整体特性描述	功能完善，无损伤	基本功能，中度损伤可修复	保障生命，中等损伤
最大层间位移	$h/800$（$H < 150m$） $h/500$（$H > 250m$） 根据高度取线性插值	$h/400$（$H < 150m$） $h/250$（$H > 250m$）	$h/100$
核心筒墙（10 层以下及巨型支撑上下各一层）	弹性设计	不考虑调整值的弹性设计，性能标准 2	附加满足剪力要求，性能标准 4
连梁	弹性设计	—	性能标准 4
巨型支撑	弹性设计	不考虑调整值的弹性设计，性能标准 2	允许部分屈服，不屈曲性能标准 4
其他核心筒墙	弹性设计	—	附加满足剪力要求，性能标准 4

1.4.2 塔楼结构弹性分析

针对结构抗震性能目标，在多遇地震作用下采用了 SATWE 和 MIDAS 两种有限元软件对结构进行承载力和变形计算，以下列出了上交所塔楼结构的计算结果。

根据表 1.4-2 所示的结构自振特性分析结果，结构的前 2 阶振型均为平动，第三阶为扭转，且 $T_3/T_1 < 0.85$；最大层间位移角为 1/830，满足 1/630 的规范要求（图 1.4-1）；剪重比（图 1.4-2）均满足大于 1.35% 的规范要求。但由于双核心筒的存在，框架柱承担的地震剪力比例较低，为 2%～10%，

见图 1.4-3，在设计时考虑核心筒承担全部水平地震力，并将各层框架部分承担的地震剪力标准值增大到底部总地震剪力标准值的15%。

虽然结构为双核心筒，有大量的楼板缺失，但通过巨型支撑的连接，使得结构具有良好的整体性。从计算结果可知，X向、Y向的振型分解反应谱荷载在分别考虑了5%的质量偶然偏心的影响后，扭转位移比绝大部分楼层均小于1.2，出屋面小塔楼有大于1.2情况出现，但均小于1.4。因此，结构具有良好的抗扭刚度。

塔楼结构主要振动特性表 表1.4-2

振型阶数	周期/s	平动系数		扭转系数
		X向	Y向	
第一阶	4.4207	0	1	0
第二阶	3.6035	1	0	0
第三阶	3.2258	0	0	1
第四阶	1.0723	0	0.98	0.02
第五阶	1.0496	0.2	0.02	0.79
第六阶	1.0391	0.8	0.01	0.19

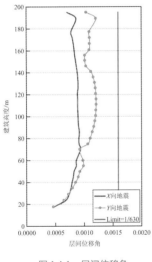

图1.4-1 层间位移角

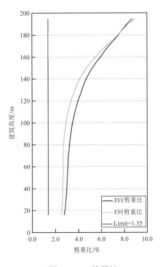

图1.4-2 剪重比

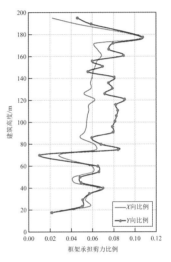

图1.4-3 框架承担的剪力比

1.4.3 塔楼弹塑性时程分析

1. 罕遇地震下塔楼独立模型与整体模型结果对比

对塔楼单塔和三联体整体结构模型分别进行大震弹塑性分析，对其性能进行抗震评价。以中金所塔楼独立模型进行罕遇地震下动力弹塑性分析，结构计算模型如图1.4-4和图1.4-5所示。

图1.4-4 塔楼典型楼层平面图　　　　图1.4-5 塔楼结构三维模型图

整体模型前 9 阶振型均为单塔楼局部振型，其中前 3 阶为中金所振型，第一阶振型为X向平动，第二阶为扭转，第三阶为Y向平动。而单塔模型分析时，第一阶振型为X方向平动，第二阶为Y方向平动，第三阶为扭转。中金所在整体模型中分析与单塔独立分析动力特性有略微的区别，整体结构的周期略长。具体周期及振型对比见表 1.4-3、图 1.4-6 和图 1.4-7。

前 3 阶周期比较（单位：s） 表 1.4-3

阶数	整体模型	独立模型	差异
第一阶	4.254	4.166	2.07%
第二阶	3.685	3.304	10.34%
第三阶	3.558	3.229	9.25%

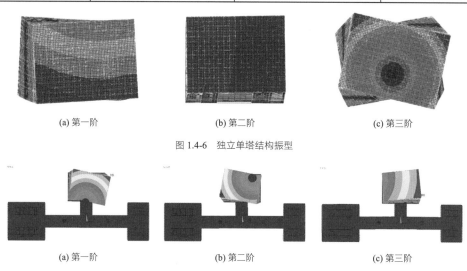

(a) 第一阶　　　　　　(b) 第二阶　　　　　　(c) 第三阶

图 1.4-6　独立单塔结构振型

(a) 第一阶　　　　　　(b) 第二阶　　　　　　(c) 第三阶

图 1.4-7　整体塔楼结构振型

根据整体塔楼结构振型可以发现，各塔楼之间的振型还是相对比较独立的，连廊对整体的结构各塔楼之间的振型影响相对较小。

单塔在整体模型与单塔独立模型下的基底剪力和最大层间位移角对比如表 1.4-4 所示。

单塔模型与整体模型基底剪力与层间位移角对比 表 1.4-4

主方向	地震波组	基底剪力/kN		最大层间位移角		剪力差异	位移角差异
		整体模型	独立模型	整体模型	独立模型		
X向	aw1	144146	142971	1/228	1/213	−0.82%	6.58%
	aw2	158077	163757	1/209	1/201	3.47%	3.83%
	nr3	113350	134650	1/288	1/270	15.82%	6.25%
	nr4	146284	145745	1/213	1/205	−0.37%	3.76%
	nr5	144530	142712	1/192	1/189	−1.27%	1.56%
	nr6	164183	164129	1/103	1/97	−0.03%	5.83%
	nr7	150561	147122	1/103	1/100	−2.34%	2.91%
	平均值	145876	148727	1/167	1/160	1.92%	4.39%
Y向	aw1	133932	136140	1/223	1/237	1.62%	−6.28%
	aw2	132893	142980	1/247	1/219	7.05%	11.34%

主方向	地震波组	基底剪力/kN		最大层间位移角		剪力差异	位移角差异
		整体模型	独立模型	整体模型	独立模型		
Y向	nr3	127886	138893	1/289	1/282	7.92%	2.42%
	nr4	145297	142798	1/269	1/239	−1.75%	11.15%
	nr5	151157	150865	1/192	1/214	−0.19%	−11.46%
	nr6	171025	180612	1/157	1/146	5.31%	7.01%
	nr7	152187	156491	1/148	1/152	2.75%	−2.70%
	平均值	144911	149826	1/206	1/202	3.28%	1.64%

总体上单塔在独立模型下的剪重比略大于在整体模型下的剪重比，当然，个别波组整体模型下的剪重比略大。从 7 组波剪重比的平均值也可以看出，单塔在独立模型下的剪重比略大。分析原因：①单塔在独立模型下的周期略小于在整体模型下的周期，因此地震力会有所偏大；②在地震作用下，连廊和单塔起到相互"帮扶"作用，即整体模型各塔楼的相互协调帮衬可适当降低各塔楼之间的最大剪力，因此整体模型下单体剪力会有所偏小。

总体上单塔在独立模型下的层间位移角略大于在整体模型下的层间位移角，当然，个别波组整体模型下的层间位移角略大。从 7 组波层间位移角的平均值也可以看出，单塔在独立模型下的层间位移角略大。分析原因：同剪重比整体模型偏小一样，在地震作用下，连廊和单塔起到相互"帮扶"作用，即整体模型各塔楼的相互协调帮衬可适当降低各塔楼之间的最大层间位移角。因此，整体模型下层间位移角会有所偏小。

2. 罕遇地震下巨型支撑性能分析

以 nr4 波组X主方向输入为代表（整体结果接近平均值），给出斜撑性能评价。从图 1.4-8 中可以看出，斜撑未发生塑性变形，处于弹性工作状态。

经历 7 度罕遇地震后，斜撑的应力见图 1.4-9。可以看到，斜撑最大应力为−75.51MPa，大于经历地震前的 10.05MPa。说明经历大震后，结构发生了内力重分布。

斜撑的轴力曲线和轴力-变形滞回曲线分别见图 1.4-10 和图 1.4-11，以研究其屈服及屈曲特征。由轴力时程曲线图看到，支撑的受压极大值为−50801kN。由于在 ABAQUS 分析模型中，每个支撑采用 8～10 个单元进行模拟，在显式动力分析中，如果支撑发生侧向屈曲，在计算结果中可以反映出来，其轴力-变形曲线将不再是线性关系。通过图 1.4-10 和图 1.4-11 可以看到，两个构件均未发生侧向屈曲，满足预设的性能目标。

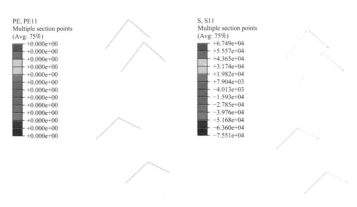

图 1.4-8　斜撑塑性应变　　　　　图 1.4-9　斜撑应力（kPa）

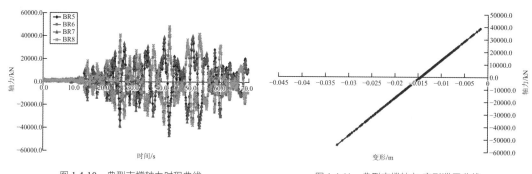

图 1.4-10 典型支撑轴力时程曲线　　　　　　　　图 1.4-11 典型支撑轴力-变形滞回曲线

3. 罕遇地震作用下结构性能评价

根据对中金所塔楼独立模型的罕遇地震作用下动力弹塑性时程分析结果，总体对结构性能评价主要结论如下：

（1）在完成罕遇地震弹塑性分析后，结构仍保持直立，7 组波平均最大楼层层间位移角满足小于 1/100 的要求。结构整体性能满足"大震不倒"的设防水准要求。

（2）外框架钢管混凝土柱的钢管未发生塑性变形，内部混凝土柱未发生受压损伤。罕遇地震作用下，框架柱保持弹性工作状态。

（3）斜撑在罕遇地震作用下处于弹性工作状态，未发生屈曲。

（4）部分钢梁发生塑性变形，最大塑性应变小于 0.025，满足设计要求。

（5）连梁较早发生塑性变形，抗压、拉强度退化明显。钢筋最大塑性应变小于 0.025。罕遇地震作用下，连梁起到了一道防线的耗能作用。

（6）左右塔楼核心剪力墙受压损伤分布与大小基本对称。由于剪力墙被分隔得比较短，在罕遇地震作用下受压损伤容易扩展至一半甚至全截面范围。在底部、中部与支撑连接处及顶部较多部分出现"比较严重损坏"性能水准。应根据预设性能水准对部分剪力墙采取适当调整措施。

（7）局部楼板发生受压损伤现象，但范围较小；受拉损伤较为明显；局部钢筋发生塑性变形，最大塑性应变不大于 0.025。故各层楼板在拉裂后仍然可承担竖向荷载，不会出现垮塌现象。

（8）此模型在 7 度罕遇地震作用下整体受力性能良好。

1.4.4 塔楼超限设计措施

根据塔楼分析结果，对结构中相对比较薄弱或关键的构件采取一定的加强措施。具体措施如下：

（1）提高竖向构件的耐震性能，对于巨型桁架连接层及相邻上下各一层、十层以下至首层混凝土筒体采用中震弹性的设计标准，并控制截面剪应力水平，满足大震抗剪要求。

（2）外框架采用抗震性能更好的钢框架梁＋钢管混凝土柱截面形式，并控制框架柱应力比小于 0.8。对于直径大于 1200mm 柱及顶部 2 层柱，柱内加配钢筋，提高对混凝土的约束，从而提高结构延性。

（3）控制楼板主拉应力，满足小震小于混凝土抗拉强度标准值，中震钢筋不屈服。

（4）调整构件刚度分布，满足扭转位移比小于 1.35。

（5）巨型桁架层及相邻层、楼板应力较大层选用钢筋桁架代替普通压型钢板，混凝土强度等级提高至 C40，双层双向钢筋，配筋率不小于 0.3%。

（6）巨型支撑上下弦所在层设置钢＋混凝土复合楼板，钢板承担全部水平力，混凝土楼板内另配置钢筋承担竖向荷载。

1.5 大跨廊桥结构设计

建筑师希望创造一个轻盈通透的廊桥实现三栋主楼的连通，在桥与地面之间、桥的楼层之间需要最大的通透性，因此要求以上范围的结构构件数量和尺寸都尽量做到最少、最小。根据建筑师的要求，廊桥的桥面结构采用独立楼层的设计，即：采用三跨连续箱梁（楼面为 1050mm × 3350mm × 50mm × 90mm 箱梁，屋面为 1050mm × 3750mm × 50mm × 90mm 箱梁），与桥面梁垂直方向布置了间距 3000mm 的次梁（300mm × 700mm × 13mm × 24mm），楼板采用 150mm 厚闭口压型钢板，实现了简洁的楼面设计。为减小桥面连续箱梁的截面尺寸，在各楼面的核心筒外侧设置了斜拉杆（850mm × 1050mm × 40mm × 40mm）。楼电梯间筒体一个方向上设计成巨型支撑框架，另一个方向设计为带强约束边缘构件的钢板混凝土墙。这种设计在桥的正立面上无干扰构件，满足了建筑师通透、轻盈的理念，同时也可以保证结构的安全性（图 1.5-1）。

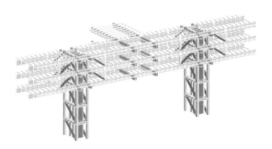

图 1.5-1　廊桥结构三维模型

1.5.1 抗震设防性能目标

按照《建筑抗震设计规范》GB 50011-2010，并参照《高层建筑混凝土结构技术规程》JGJ 3-2010 的相关要求，确定廊桥的抗震性能目标，如表 1.5-1 所示。

主要结构构件抗震性能目标　　　　　　　　　　　　表 1.5-1

地震水准	多遇地震	设防地震	罕遇地震
结构整体特性描述	功能完善，无损伤	基本功能，轻微损伤可修复	保障生命，中等损伤
最大层间位移	$h/800$（地震） $h/1000$（风）	—	—
结构工作特性	无损伤，处于弹性状态	可修复，处于弹性状态/不屈服	严重损伤，不倒
钢板墙	弹性设计	不屈服，性能标准 3	附加满足剪力要求，性能标准 4
竖向桁架	弹性设计	弹性设计，性能标准 2	—
水平支撑	弹性设计	不屈服，性能标准 3	—
钢管柱	弹性设计	弹性设计，性能标准 2	仅柱脚屈服，附加满足剪力要求
廊桥与塔楼竖向连接节点	可滑动	部分耗能	可限位，防脱落、防撞击
廊桥与塔楼水平连接节点	分离	—	防撞击

1.5.2 廊桥结构弹性分析

结构分别采用 PKPM 软件的 PMSAP 模块和 MIDAS Building 两种不同力学模型的三维空间分析软件进行整体计算，采用弹性方法计算结构荷载和多遇地震作用下内力和位移，并考虑二阶效应，采用弹性时程分析法进行补充验算。

1. 周期与振型

MIDAS Building 模型中分析了 72 个振型，X方向和Y方向的有效质量系数为 95.65%、96.11%，扭转为 96.22%。表 1.5-2 列出了前 6 阶振型的周期以及质量参与系数。

周期和振型 表 1.5-2

振型	周期/s	X向平动质量/%	X向平动累计质量/%	Y向平动质量/%	Y向平动累计质量/%	扭转/%	扭转累计质量/%
振型 1	1.6043	90.34	90.34	0	0	1.83	1.83
振型 2	1.4114	0	90.34	91.21	91.21	0	1.83
振型 3	1.384	1.77	92.11	0	91.21	89.84	91.67
振型 4	0.5708	0	92.11	0.02	91.23	0	91.67
振型 5	0.5116	0	92.11	0	91.23	0	91.67
振型 6	0.4826	0	92.11	0	91.23	0	91.67

如图 1.5-2 所示，第一振型是X方向平动，第二振型是Y方向平动，第三振型是扭转振型。按照规范，结构扭转为主的第一自振周期T_t与平动为主的第一自振周期T_1之比，A 级高度高层建筑不应大于 0.9。根据表 1.5-2 结果，检查了此限值要求，$T_3/T_1 = 1.3840/1.6043 = 0.863 < 0.9$，符合规范要求。

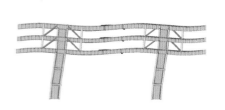  

(a) 第一阶（X向平动）　　　(b) 第二阶（Y向平动）　　　(c) 第三阶（扭转）

图 1.5-2 廊桥结构前 3 阶振型

2. 层间位移角

图 1.5-3、图 1.5-4 分别列出了规范地震作用下各楼层的层间位移角，可以看到所有楼层都满足规范限值。

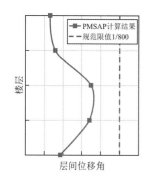 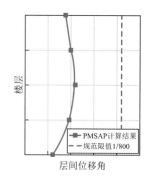

图 1.5-3 地震作用下X方向层间位移角　　　图 1.5-4 地震作用下Y方向层间位移角

3. 楼层侧向刚度

表 1.5-3 列出了X方向和Y方向的楼层侧向刚度比值，其中 PMSAP 计算模型中的剪力墙为内含钢板剪力墙，模型中调节了三层处墙体内钢板的厚度而令侧向刚度比可以满足规范的要求。

X、Y方向侧向刚度比（PMSAPS 计算结果） 表 1.5-3

楼层	RJX3	Ratx	Ratx1	楼层	RJY3	Raty	Raty1
一	3.22E + 05	—	—	一	1.28E + 06	—	—
二	6.47E + 05	2.0093	2.0093	二	1.71E + 06	1.3359	1.3359
三	9.98E + 05	1.5425	2.3138	三	1.53E + 06	0.8947	1.3421
四	1.29E + 06	1.2926	1.0772	四	2.34E + 06	1.5294	1.2745
五	2.43E + 06	1.8837	1.8837	五	3.73E + 06	1.594	1.594

各楼层抗剪承载力比，X 向通过调节剪力墙中钢板厚度满足抗剪承载力比，Y 向通过调节斜撑的截面满足规范要求。

4．对主楼的影响分析

为防止意外情况下廊桥与主楼出现碰撞，设计考虑主楼额外负担一定级别的廊桥水平力。假定廊桥与主楼完全连接，引入整体结构处于弹性阶段模型，分析各单体间相互作用。分析该作用时，对廊桥独立模型引入主楼侧向刚度作为弹簧支座。结构计算简图见图 1.5-5，计算结果见表 1.5-4 和表 1.5-5。

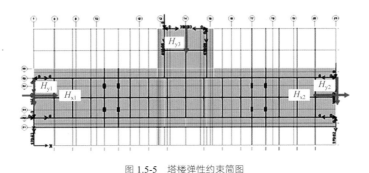

图 1.5-5　塔楼弹性约束简图

塔楼弹簧刚度选取 表 1.5-4

标高H/m	H_{x1}/（kN/m）	H_{y1}/（kN/m）	H_{y3}/（kN/m）	H_{x2}/（kN/m）	H_{y2}/（kN/m）
60	4.26E + 06	3.87E + 06	3.95E + 06	6.53E + 06	7.31E + 06
50	4.74E + 06	4.28E + 06	4.35E + 06	3.48E + 06	4.45E + 06
40	1.11E + 07	9.55E + 06	8.56E + 06	8.12E + 06	8.60E + 06

楼面弹性支座反力 表 1.5-5

工况	标高H/m	总剪力/kN	H_{x1}/kN	H_{y1}/kN	H_{y3}/kN	H_{x2}/kN	H_{y2}/kN
X向多遇地震	60	X：12141 Y：110	2243	430	2898	2546	440
	50		1611	298	2430	1453	298
	40		1953	279	2122	1892	280
Y向多遇地震	60	X：110 Y：22032	1357	1737	4202	1631	1816
	50		1255	1276	3118	1080	1304
	40		1252	1142	2562	1281	1170

经计算，廊桥小震下对主楼的作用力最大为 4200kN。主楼设计时在每个楼层均考虑该数值附加荷载以策安全，支座防撞弹簧刚度取为 4200/0.3 = 14000kN/m。

1.5.3 廊桥弹塑性动力时程分析

采用 ABAQUS 进行弹塑性动力时程分析。梁、柱、斜撑等一维构件采用纤维梁单元 B31，可考虑剪切变形。楼板、墙体等二维构件采用分层壳单元 S4R，适合模拟分层钢筋和大变形。防撞击弹簧采用软件中的专用弹簧单元，根据小震初步估算，弹簧的刚度系数定为 16000kN/m。

采用 5 组天然波和 2 组人工地震波，三向输入，主次方向和竖向的幅值比值为 1：0.85：0.65，最大峰值取为 200gal，每组波交换主次方向进行两次计算，共计 14 个地震波输入工况。

1.结构整体响应

（1）7 组地震波都能顺利完成整个时间历程的动力弹塑性计算，数值收敛性良好；

（2）结构依然处于稳定状态，满足"大震不倒"的抗震设防目标；

（3）X、Y 两个方向的平均剪重比分别为 19.2% 和 26.2%；

（4）两个楼层的层间位移角最大为 X 向 1/193，Y 向 1/217，满足现行规范 1/100 的限值要求；

（5）在 X、Y 两个方向的顶点位移平均值分别为 375mm、312mm，为结构总高度的 1/160、1/192。

2.构件性能计算结果

柱脚钢管出现轻度塑性发展；最大塑性应变 0.0013；所有混凝土柱未出现压碎现象；楼面钢梁和桁架斜撑、柱间斜撑均未进入塑性；梁、柱、斜撑构件满足目标性能要求。

钢板主要承担 X 向地震剪力，由于钢板较薄（20mm），并且没有侧向支撑，在地震中很容易出现面外失稳，在底层和第三层钢板均出现向面外鼓出的现象，最大侧向变形可到 0.4m。钢板出现屈曲时，仍未进入屈服阶段，说明失稳先于强度破坏。根据发生屈曲的钢板墙在地震过程中水平剪力与侧向变形的滞回曲线可看出，该墙体在剪力达到大约 6000kN 时发生失稳。

从前面的结构整体响应情况以及梁柱构件的性能，可认为廊桥结构在钢板剪力墙发生失稳的情况下依然能够满足抗震安全要求。

3.廊桥与主塔楼的碰撞分析

模型中每层楼面与每个塔楼之间设置 3 个防撞弹簧，每层 9 个弹簧，共计 27 个弹簧。弹簧和廊桥之间有 350mm 的间距，当廊桥的水平位移小于 350mm 时，弹簧不发生作用，水平位移大于 350mm 时廊桥与弹簧发生接触碰撞。

罕遇地震下 27 组弹簧中，共有 9 组弹簧与廊桥碰撞，但均属于刚刚撞到的情况，撞击程度最大发生在上层楼面第 7 组弹簧的 X 向撞击，其撞击力仅 623kN，远小于设计限定的 4000kN。为进一步考察更大地震作用中的撞击情况，增加该组地震波的 8 度罕遇工况分析（峰值 360gal）。此时，最大撞击力 3000kN，小于 4000kN 限值，弹簧变形未超过 250mm。

通过 3 个楼层的对比情况可知，下部楼层变形较小，上部楼层变形最大，从弹簧的撞击力上也可以反映出来。另外，T 形连廊具有"单轴"对称的特点。对于本结构来讲，廊桥沿 Y 向振动时为对称性的振动；沿 X 向振动时为非对称性振动，扭转变形相对明显，具体表现为"倒 T"形上端部振动响应最大，弹簧的撞击力也最大。最终，都能满足最大撞击力限值的要求。

4.分析结论

通过对大跨度连廊结构进行罕遇地震下的抗震性能分析研究，得到如下结论：

（1）在完成罕遇地震弹塑性分析后，廊桥结构仍保持直立，7 组波平均最大楼层层间位移角满足小于 1/100 的要求。结构整体性能满足"大震不倒"的设防水准要求。

（2）钢管混凝土柱的钢管柱脚处出现轻度塑性发展，内部混凝土柱未发生受压损伤，满足预期性能目标；楼面钢梁、桁架斜撑及柱间斜撑处于弹性工作状态，未发生屈曲。

（3）钢板剪力墙发生轻微塑性，面外出现局部失稳现象。在考虑了剪力墙失稳不利影响后，整个结构仍能保证预定的抗震性能。

（4）7度罕遇地震下连廊与弹簧出现轻度撞击，最大撞击力623kN。塔楼设计时应考虑该撞击力。

1.5.4　廊桥超限设计措施

廊桥结构除按照我国现行规范及上海市的有关规范要求，进行承载力极限状态及正常使用极限状态验算外，还进行一些结构性能补充分析，并针对超限的内容采取一定的构造加强措施。

（1）40m以下竖向构件承担的地震力统一放大1.25倍。

（2）提高竖向构件设计的抗震构造措施，控制钢管混凝土巨柱轴压比小于0.8，套箍指标大于1.2。

（3）提高钢板剪力墙延性，设计使其延性系数大于2。

（4）对连接支座进行试验，确保达到设计要求。

（5）设置防撞缓冲和防脱落装置。

1.6　专项分析与设计

1.6.1　深基坑土体回弹研究

项目地下室开挖面积达5万多平方米，地下室开挖深度约30m，且有较大区域为纯地下室（开挖深度约25.5m），因此桩基抗拔问题成为设计需考虑的关键问题之一。与小型浅埋的地下室工程相比，深大地下室抗拔桩设计面临的特殊问题是如何考虑大体量、深层土体卸荷对抗拔桩承载特性的影响。采用数值模拟方法，分析了深大基坑土方开挖对抗拔桩承载特性的影响，为评估土体回弹性对桩基承载力的影响提供了初步依据。

图1.6-1给出了在基坑开挖到坑底，然后再在桩顶施加荷载，得到的桩顶荷载-桩顶变形（Q-S）曲线，最大桩顶荷载约3300kN，桩顶位移约63mm。图1.6-2也给出了地面试桩的模拟分析结果，地面试桩的最大桩顶荷载为7470kN，可以看出基坑开挖后单桩极限承载力有较大幅度的降低，约为地面试桩最大荷载的44%。模拟分析表明，基坑土方开挖对单桩抗拔承载力的影响不可忽略，工程上必须采取可靠的措施确保安全。

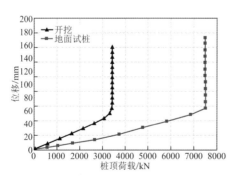

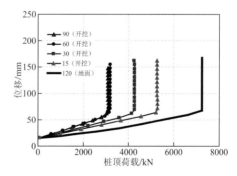

图1.6-1　地面试桩和基坑开挖到坑底后桩顶荷载
与位移模拟结果对比

图1.6-2　地面试桩和不同开挖宽度条件下基坑坑底
试桩桩顶荷载与位移模拟结果

为了分析不同范围的基坑土方开挖对抗拔桩承载力的影响，建立了宽度分别为15m、30m、60m、90m和120m的轴对称计算模型，近似模拟直径为30m、60m、120m、180m和240m的圆形基坑土方开挖（开挖深度为 25.5m）对单桩承载力的影响。通过分析可知，处在相同基坑开挖深度条件下，基坑的开挖宽度对抗拔桩的极限承载力影响较大，与地面试桩模拟结果相比：当基坑开挖半径不大于 60m 时，坑底试桩的极限承载力随基坑宽度的增大而降低，如当计算模型半径为 15m 时，其极限荷载约为原地面试桩的 73%；而当计算模型半径为 30m 时，其极限荷载约为原地面试桩的 58%。而当基坑开挖半径大于 60m 时，坑底试桩的极限承载力基本保持不变，基坑的开挖宽度对其影响不大（其极限荷载约为原地面试桩的 42%～46%）。

根据上述计算结果，基坑开挖后由于土体回弹产生的影响，抗拔桩的实际极限承载力会根据不同的坑边距有一定的下降，布桩时应充分考虑上述因素。工程基坑尺寸在 320m×190m 左右，实际布桩时对中部区域的抗拔桩反力取 2800kN（相当于 0.8 折），边缘区域的抗拔桩反力取 3200kN。

1.6.2 超大廊桥与塔楼的支座连接形式研究

1. 连廊支座不同连接方式对结构周期的影响

项目结构共包含 3 幢塔楼，分别为"上海金融交易广场上交所项目（以下简称 SSE）""上海金融交易广场中金所项目（以下简称 CFFEX）"和"上海金融交易广场中国结算项目（以下简称 CSDCC）"。连接体与塔楼之间的连接方式对连体结构的动力特性具有重要影响，因此针对该问题进行了探讨。分别分析连廊与塔楼 SSE 和 CSDCC 相连的支座两端橡胶阻尼、两端铰接、两端刚接、两端滑动以及连廊与塔楼 CFFEX 考虑橡胶阻尼、铰接、刚接、滑动等不同的连接方式对连廊及整体结构动力性能的影响，支座位置见图 1.3-7。

由表 1.6-1 结果可以看出，连廊与 SSE 和 CSDCC 不同连接形式对整体结构周期的影响很小，而相比于连廊与 CFFEX 不同连接形式对 CFFEX 单体的周期有一定的影响，但总体影响均很小。因为该连体结构与常规连体结构有所不同，该连体结构是通过大跨连廊连接的，而连廊自身通过电梯筒与基础底部固结自成体系，连廊刚度相对于三个独立塔楼大很多。由表 1.6-2 可以看出，塔楼之间通过连廊相互影响很小，塔楼之间的振型还是相对比较独立的。因此，连廊与塔楼之间的连接方式不同对整体结构的影响很小。

连廊支座不同连接方式对结构周期的影响   表 1.6-1

连接方式 周期/s 振型	连廊与其余塔楼连接方式（与 CFFEX 阻尼连接）				连廊与 CFFEX 连接方式（其余阻尼）		
	两端阻尼	两端铰接	两端刚接	两端滑动	铰接	刚接	滑动
1	4.254	4.254	4.254	4.254	4.220	4.142	4.274
2	3.685	3.663	3.681	3.699	3.603	3.504	3.760
3	3.558	3.549	3.554	3.558	3.495	3.394	3.612
4	3.168	3.163	3.167	3.168	3.167	3.167	3.168
5	3.154	3.150	3.150	3.151	3.152	3.150	3.156

各单塔与连廊第一阶周期   表 1.6-2

各单体	CFFEX	SSE	CSDCC	连廊
周期/s	4.17	4.03	2.33	1.42

2. 连廊与塔楼不同连接方式对连廊的影响

分别分析了整体结构在 X 向地震波作用下连廊与塔楼 SSE 和 CSDCC 连接时支座两端阻尼、两端铰接、两端刚接以及两端滑动等不同的连接方式对连廊水平位移和内力的影响，结果见表 1.6-3～表 1.6-5。

连廊X向水平位移最大值				表 1.6-3
连廊支座连接方式	两端阻尼	两端铰接	两端刚接	两端滑动
连廊X向水平最大位移（m）	0.147	0.169	0.171	0.176

不同连接方式下各塔楼最大基底剪力（单位：kN）				表 1.6-4
单体	连接方式			
	两端阻尼	两端铰接	两端刚接	两端滑动
CFFEX	154288	156371	161381	160015
SSE	226025	228602	224565	224686
CSDCC	144910	144818	149256	151496
连廊	39501.6	39279.3	40046.7	40170.5

不同连接方式下连体结构最大基底剪力				表 1.6-5
连接方式	两端阻尼	两端铰接	两端刚接	两端滑动
结构基底剪力/kN	403857.4	382204.9	356271.9	346083.3
连廊钢构件应力/MPa	176.8	179.2	182.1	173.1

由表 1.6-3 可以看出：连廊与塔楼刚接、铰接以及滑动连接时，连廊水平位移相差不大，与通常观念上连体结构采用滑动连接时连体部分位移较大有所偏差。分析原因，是三个塔楼及连廊独立成体系，可各自抵抗自身的地震响应。当采用阻尼连接方式时，由于支座起到耗能作用，因此可以适当降低连廊的水平位移。

由表 1.6-4 可以看出：独立塔楼 SSE 单体最大基底剪力小于整体刚接模型，独立塔楼 CSDCC 单体最大基底剪力大于整体刚接模型。在整体模型中，单体 SSE 起"帮扶"连廊作用，而连廊对 CSDCC 起"帮扶"作用。总的来讲，由于塔楼及连廊独立成体系，它们之间不同的连接方式在地震作用下的互相影响有限。

由表 1.6-5 可以看出：随着连廊与塔楼连接方式的减弱，结构整体刚度的减小，因此，整体结构的基底剪力也减小，其中连廊两端刚接时最大，连廊两端滑动时最小。但分别考察三连体各单塔情况时，恰恰相反，随着连廊连接方式的减弱各单塔楼各自的最大基底剪力均有所增加。究其原因，是随着连体结构连接的减弱，它们之间的相互协调帮衬能力也减弱，使得时程作用下大多数单体最大基底剪力均有所增加。进一步的分析详见《上海国际金融中心结构设计》一书。

1.6.3　巨型拉索幕墙的应用研究

主体结构为双核心筒结构，且每个核心筒与其周边框架各自形成一个单塔，中间为多层跳空的空间。拉索幕墙的横向索（主受力索）与两个单塔上的框架连接，单塔的相对或相向变形对横向索应有一定的影响。

工程拉索幕墙为超高层项目中世界上最大的单索幕墙（图 1.6-3a），是项目一个大的设计难点。索网幕墙采用碳钢开放索，表面高钒镀层，横索公称直径 59mm，竖索公称直径 28mm（图 1.6-3b）。索网幕墙作用在 26m（宽）× 117m（高）的立面区域（图 1.6-3c），水平索为主受力索（单根拉索力达 1600kN），两端分别作用于两个核心筒所在单元的框架结构上，竖向索为次受力索。塔楼的四个立面均布置了拉索幕墙。由于拉索预应力较大，拉索布置的位置及巨大的拉索力对主体结构造成了较大的不利影响。在主体结构的设计中，需要对拉索力两侧水平和竖向结构进行充分考虑和设计，实现其与主体结构的连接及其自身的安全性。

理论分析结果表明，拉索幕墙张拉对于主体结构变形影响较小，但是对拉索与主体结构相连处构件的局部应力影响较大，因此在设计中需要对这些位置的构件进行重点设计。进一步的分析详见《上海国际金融中心结构设计》一书。

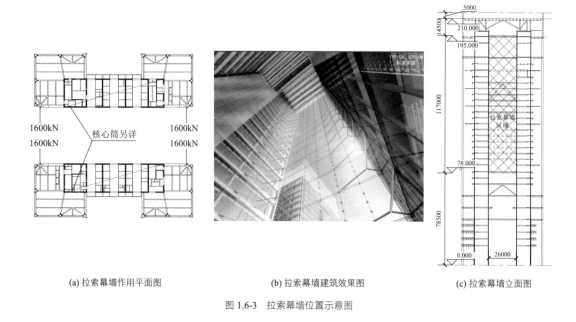

(a) 拉索幕墙作用平面图　　　　(b) 拉索幕墙建筑效果图　　　　(c) 拉索幕墙立面图

图 1.6-3　拉索幕墙位置示意图

1.6.4　剧场大跨预应力屋盖研究

工程地下一层有一个圆形金融剧场，顶盖为直径 44m 的圆形大跨度屋面，剧院内部要求不设置结构柱（图 1.6-4）。结构采用了径向预应力混凝土梁单向布置，截面 700mm × 1800mm。为避免中心处梁节点的交汇，最内圈设置了 700mm × 1800mm 的预应力混凝土环梁，并在中间及最外侧分别设置了 800mm × 1600mm、800mm × 1500mm 的 2 道环梁，结构平面布置如图 1.6-5 所示。

剧场结构设计存在以下技术难点：

（1）跨度大，44m 跨只允许在圆形周边设置柱；

（2）梁高受限，仅为 1800mm，跨高比达 24；

（3）荷载重，屋面为种植回填区域，且有较高的建筑防水要求，需要控制结构构件挠度。

为实现建筑功能，采用了预应力混凝土楼盖的设计方案。最初设计思路是考虑环向贯通的梁形成受力体系，在每一根贯通的梁内布置预应力筋，从而形成预应力结构体系。这种布置虽然在计算上可以实现，但是所有梁在圆心汇交成一点，施工难以实现。

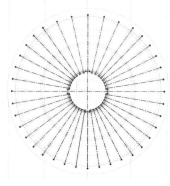

图 1.6-4　金融剧院建筑效果图　　　　图 1.6-5　结构平面布置图

为了解决这一矛盾，在径向梁的中部设置了圆形环梁，环梁内采用双向井格梁加强，这样既避免了多梁交汇，又确保了径向梁的重力传递，实现了大跨结构的设计。预应力设计中，结构在施工阶段的反拱值也是重要控制指标之一。梁的反拱挠度和正向受力挠度控制指标一致，工程为大跨度结构，挠度控制指标为梁跨度的 1/400。在预应力施工阶段，结构仅有恒载和施工活载，剧院中心挠度最大为 54mm，挠跨比为 1/815，在施工过程中不会产生向上的反拱，实际施工的监测值与理论值也较吻合。进一步的分析详见《上海国际金融中心结构设计》一书。

1.7 强边缘钢板混凝土剪力墙构件试验研究

1.7.1 试验背景

廊桥结构设计中，仅有两处简体与底部基础，在图 1.7-1 和图 1.7-2 中用椭圆线框出的便是连廊简体，所有的水平荷载均由图中的简体传递到底部基础。其中，横向水平荷载由钢柱与斜向支撑传递，纵向水平荷载由钢柱与剪力墙传递。在连廊楼板标高处，钢柱与横向、纵向水平箱梁相连接形成简体，剪力墙两端与横向钢箱梁可靠连接以传递水平荷载。为了保证该节点处水平荷载的可靠传递，将钢板混凝土剪力墙的两侧边缘构件进行加强，形成了如图 1.7-3 所示的具有强边缘构件的组合钢板剪力墙。

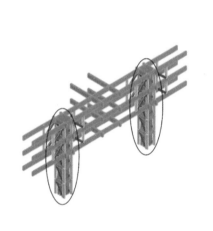

图 1.7-1　连廊结构三维示意图　　　图 1.7-2　钢板混凝土剪力墙平面位置示意　　　图 1.7-3　试验装置及试件

作为主要抗侧力构件，强边缘钢板混凝土剪力墙起了承担连体结构的侧向力的作用，强边缘组合钢板剪力墙构件在低周反复荷载作用下的力学性能未见研究，因此本项目中进行了强约束边缘构件钢板剪力墙的试验研究。试验装置如图 1.7-3 所示。主要试验目的包括：

（1）强钢边缘构件剪力墙受力破坏机理的试验研究；

（2）强钢边缘构件剪力墙恢复力模型的确定；

（3）对比强边缘构件与非强边缘构件的试件受力性能的区别。

1.7.2 试验现象及结果

从试验中可以观察到以下现象：

（1）强边缘试件相对于普通试件，侧向承载力试验结果在受拉方向升高 119%，在受压方向升高 107%。

（2）在所有剪力墙试件中，钢柱应变与钢板主应力在高度方向上呈现为"底部较大，顶部较小"的受力情况，且仅在最底部应变测点处观察到屈服现象，可见钢板剪力墙在高跨比较大情况下整体以受弯破坏为主。

（3）在所有剪力墙试件中，钢板水平应变沿高度方向呈现的现象为"随着高度从中部向底部与顶部变化，应变逐渐变小"，但在最底部的水平应变测点处钢材会最终屈服，其余应变测点处钢材均处于弹性状态。可见水平应变符合受剪试件的剪应变分布规律，且最大剪应变未达到屈服应变，最底部测点观察到的屈服是由于钢板局部受压屈曲产生。因此，钢板混凝土剪力墙内部剪力传递正常，但受剪破坏不是造成试件破坏的主要原因。

（4）在所有剪力墙试件中，钢板混凝土剪力墙在承受水平荷载时，剪力墙水平截面上受压区总小于受拉区，且中性轴不断向受压区方向移动。

（5）强边缘试件钢筋最终未发现屈服，在内力分配中，强边缘钢板混凝土剪力墙钢筋混凝土部分受力较小，未充分利用其强度。

1.7.3 钢板剪力墙受力性能评估及结论

从试验中可以观察到以下四点结论：

（1）强边缘试件具有远优于非强边缘试件的承载能力和变形能力。

（2）对比强边缘试件与普通试件，强边缘试件刚度退化曲线更高，说明增大边缘钢柱的截面积可以提高剪力墙试件的刚度，改善试件刚度的退化。

（3）非强边缘试件的等效黏滞系数总体而言略小于强边缘试件，这表明前者的相对耗能能力略逊于后者。但强边缘试件等效黏滞系数升高较早，能更早地发挥起耗能能力。

（4）在整个加载过程中，非强边缘试件消耗的能量远不及强边缘试件。

课题研究的进一步成果详见《上海国际金融中心结构设计》一书。

1.8 结语

为实现建筑师所要表达的极简风格，项目的结构设计遇到了诸多挑战，正是这些挑战给结构工程师创造了多种创新实践的机会。通过周密的理论研究、可靠的计算分析、必要的试验验证以及简明的构造措施，确保了整个项目结构设计的安全性、合理性、易建性。目前，项目已经建成并投入使用，业主反馈日常运行良好。上海国际金融中心已成为上海又一重要的标志性建筑，为建设上海国际金融中心的国家战略持续作着贡献。

项目结构设计的主要创新点汇总如下：

（1）三栋超高层塔楼结构均采用了框架—双核心筒—巨型支撑的国际罕见创新体系，并对该体系进行了系统的研究；

（2）首次提出并在廊桥设计中应用了强边缘钢板混凝土剪力墙新型构件，进行了试验研究，结果证明了这种构件形式受力的合理性及其在工程中的安全性，构件发明已获得实用新型专利；

（3）超高层塔楼中实现了目前世界上面积最大、高度最高的索网幕墙系统，并通过课题研究解决了实施过程中的诸多技术难点；

（4）对顺逆结合的围护施工、超大跨廊桥人致振动与抗连续倒塌、深基坑土体回弹、大跨预应力屋盖等也进行了较多研究。

进一步详细的成果总结可见《上海国际金融中心结构设计》一书。

以上这些研究成果，经由叶可明院士等专家组成的评审组评定，达到了国际先进水平，成功指导了上海国际金融中心项目主体工程的设计和施工，并可推广到国内外其他工程实践中，具有良好的社会效益。

参考资料

[1]　上海建筑设计研究院有限公司. 上海国际金融中心超限高层建筑工程抗震设防专项审查报告[R]. 2012.

[2]　张坚, 刘桂然. 上海国际金融中心结构设计[M]. 上海: 同济大学出版社, 2021.

[3]　张坚, 刘桂然. 上海国际金融中心结构设计[J]. 建筑结构, 2017, 47(12): 48-52.

[4]　张坚, 苏朝阳, 丁颖. 复杂大跨圆形剧院预应力体系设计与内力分析[J]. 建筑结构, 2017, 47(12): 74-77.

[5]　张坚, 等. 上海国际金融中心建设关键设计技术研究与应用[R]. 2018.

设计团队

结构设计单位：上海建筑设计研究院有限公司（初步设计＋施工图设计）
　　　　　　　WERNER SOBEK STUTTGART（德国 WSS 工程设计公司）（方案设计）

结构设计团队：张　坚、刘桂然、路　岗、朱宝麟、虞　炜、陈世泽、汤卫华、吴亚舸、贺雅敏、屠静怡、程　熙、刘　桂、石　晶、乔东良、钱耀华、齐曼亦、陈　瑛

执　笔　人：张　坚、刘桂然

获奖信息

2013 年上海市浦东新区年度建设工程设计质量综合优秀奖

2020 年上海土木工程科技进步奖三等奖

2020 年上海市建筑学会科技进步奖一等奖

2021 年上海土木工程学会工程奖一等奖

2022 年 CTBUH 全球最佳高层建筑奖

第 2 章

宁波中心大厦

2.1 工程概况

2.1.1 建筑概况

图 2.1-1　建筑设计效果图

宁波中心大厦项目位于浙江省宁波市东部新城核心区，总占地面积为 7872m²，总建筑面积为 230331.56m²，包括一栋超高层塔楼及其裙房和地下室。地上超高层塔楼 82 层，建筑高度 409m，结构主体高度约为 376m，主要为办公、酒店综合体功能；底部裙房 4 层，屋面结构高度为 18m，主要为配套功能。地下共有 3 层，主要为设备用房和车库等使用功能。基础形式为桩筏基础，底板顶标高为 −14.950m，塔楼区域底板厚度为 4.2m，采用 1100mm 大直径后注浆钻孔灌注桩；其他区域底板厚度为 1.4m，采用 800mm 大直径钻孔灌注桩。

为满足建筑立面玉兰花造型及大柱跨办公区开阔视野的需求，外围框柱采用曲柱布置，与建筑幕墙脊线相契合的同时提高了大柱跨结构外框的整体刚度，实现结构方案与建筑造型高度融合统一。整体建筑效果如图 2.1-1 所示。

2.1.2 设计条件

1. 主体控制参数

控制参数如表 2.1-1 所示。

控制参数　　　　　　　　　　　　　　　　　　　　　　　　表 2.1-1

项目		标准
结构设计基准期及设计使用年限		50 年
建筑结构安全等级		一级
结构重要性系数		关键构件 1.1/普通构件 1.0
建筑抗震设防分类		重点设防类（乙类）
地基基础设计等级		甲级
设计地震动参数	抗震设防烈度	7 度
	设计地震分组	第一组
	场地类别	IV 类
	小震特征周期	0.65s
	大震特征周期	0.7s
	基本地震加速度	0.1g
	周期折减系数	0.85
建筑结构阻尼比	多遇地震	0.04
	罕遇地震	0.05
水平地震影响系数最大值	多遇地震	0.08
	设防地震	0.23
	罕遇地震	0.5
地震峰值加速度	多遇地震	35cm/s²
	设防地震	100cm/s²
	罕遇地震	220cm/s²

2．结构抗震设计条件

主塔楼核心筒剪力墙抗震等级特一级，18 层以下框架曲柱抗震等级为特一级，其余框架抗震等级均为一级。沿塔楼的两个方向地下室刚度与塔楼首层刚度比均满足大于 2 的规范要求，采用地下室顶板作为上部结构的嵌固端。

3．风荷载

依据荷载规范要求，结构变形验算时，按 50 年一遇取基本风压为 0.5kN/m²；承载力验算时，按 50年一遇基本风压的 1.1 倍采用，场地粗糙度类别为 C 类，风荷载计算阻尼比取为 0.03，风振舒适度计算阻尼比取为 0.015。同时，项目由同济大学和中国建筑科学研究院两单位开展风洞试验测试，风洞模型缩尺比例为 1∶450，风洞结果计算中考虑了塔楼周边的实际地形地貌，采用的风气候数值中均已包含正常风气候数据以及飓风/台风气候数据。设计中对规范风荷载和风洞试验结果进行了分析对比，采用较为不利者进行风荷载作用下的位移和强度验算。

2.2 建筑特点

2.2.1 外框曲柱

本项目方案阶段建筑周边柱网采用 9m 和 6m 的混合柱距，外框柱采用较为传统的直柱方案。结构分析中外框承担 10% 以上的底部剪力，传统小间距直柱可满足该项超限要求。后根据市场变化，业主希望减少主要办公及酒店区域的柱子，增大柱距，提高相应建筑使用空间的品质。经与建筑专业沟通，希望将办公区域的柱距调整为 15m 左右。经初步评估，15m 大柱距外框直柱较难满足底部剪力占比需求。同时，由于塔楼玉兰花外形的玻璃幕墙脊线处的幕墙主构件会对视角产生一定的影响，结构柱需尽量与幕墙脊线重合以减小对视角的影响。综合考虑上述因素，外框沿竖向采用曲柱体系，提高外框刚度的同时，实现与建筑的融合统一。结构外框方案变化如图 2.2-1 所示。

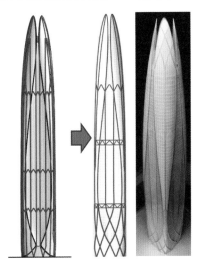

图 2.2-1　外框方案变化示意

变化后的外框曲柱方案存在如下特点：

（1）采用传统斜交网格外框和梁柱外框相结合的体系，在外框结构需要加强的底部区域设置了斜交网格柱，塔楼其他部分区域保留了梁柱外框系统，沿竖向保持合理的刚度及抗震延性需求。

（2）下部 18 层为斜交网格系统并与建筑幕墙造型相结合。斜交网格区明显提高了外框刚度，在地震作用下的外框在塔楼底部所承担的弯矩达到 40%~50%，明显改善了核心筒底部墙肢的受拉和抗剪的受力性能。

（3）由于斜交网格区段合理地分配了刚度，在保证塔楼周期、外框刚度、强度设计的基础上，曲柱体系可节约外框及核心筒的用钢量，材料节约的效益比较明显。

2.2.2　核心筒内收

根据主塔楼主要使用功能自下部办公区向上调整为酒店区，核心筒内相应变化的功能房间布置决定了核心筒占楼面面积的比例，酒店区楼层较办公区楼层核心筒面积适当减小，自功能区分界位置楼层开始，存在核心筒外圈墙肢减少内收。内收后核心筒与外框刚度分配相应产生变化，导致相关楼层位置处核心筒剪力墙身应力集中，形成抗震薄弱部位。为避免核心筒内收位置剪力墙脆性破坏，提高其承载力及抗震延性，将相关楼层墙肢定义为关键构件进行抗震性能化设计，墙肢边缘构件及墙身内增设型钢钢骨或钢板以满足性能化设计要求。同时，对核心筒内收部位相关墙肢进行精细化的有限元分析，通过墙身应力分布云图掌握剪力墙整体受力状态，对局部易损位置进行适当加强，以确保核心筒内收部位受力及传力的安全可靠。

2.2.3　帽桁架

主塔楼顶部 78~79 层设置（伸臂）帽桁架，如图 2.3-1 所示。将核心筒与外框柱进行连接，以控制核心筒和外框柱之间的混凝土长期相对收缩徐变变形差。基于 GL2000 模型选取合适的几何参数、材料参数及荷载和施工参数对结构整体模型进行收缩徐变分析，并考虑了配筋和复杂加载历史对变形的影响。

2.3　体系与分析

2.3.1　结构布置

主塔楼依据建筑造型及使用功能需求，确定采用钢管混凝土框架—钢筋混凝土核心筒混合结构体系作为主要抗侧力体系。同时，为加强外框整体刚度，满足水平抗侧要求，分别在 18~19 层、38~40 层、62~64 层设置三道环带桁架，并在 78~79 层设置（伸臂）帽桁架，以控制核心筒与外框架之间收缩徐变差异对整体结构受力产生的不利影响。外框柱采用钢管混凝土曲柱体系，外框钢梁两端与曲柱均采用刚接连接，内部框架梁与核心筒及曲柱均采用铰接连接，在满足结构整体刚度需求的前提下，铰接梁可结合楼面板形成组合梁效应以节省用钢量，同时可简化节点构造。各层楼面由钢筋桁架楼承板和楼面钢梁组合而成。结构体系三维模型如图 2.3-1 所示。

1. 外框曲柱

外框曲柱依据柱内轴力分布分为三组，自上而下分为 4 个区，如图 2.3-2 所示。在外框结构需要加强的 18 层以下部位设置了斜交网格柱，提高其抗侧刚度。外框曲柱均为钢管混凝土柱，三组曲柱在塔楼底部截面尺寸为直径 1700mm，钢管壁厚为 50~60mm。为节省材料用量，随着楼层逐渐升高，外框柱受力逐渐减小，三组曲柱截面尺寸及钢管壁厚均匀减小，至顶部截面尺寸变为直径 900mm，钢管壁厚相应调整为 25~30mm。钢管材料等级主要为 Q345GJ，环带桁架连接的局部楼层位置根据受力需要调整为 Q390GJ。内部混凝土强度等级为 C60。

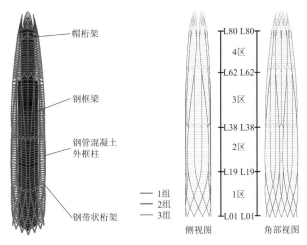

| 图 2.3-1 结构体系三维模型 | 图 2.3-2 外框曲柱分组分区示意图 |

2. 核心筒

底部核心筒外轮廓尺寸约为 28.9m × 26.5m，高宽比约为 14.6。核心筒外墙底部最大墙厚为 1.6m，向上逐渐过渡为 0.4m；核心筒内墙底部最大墙厚为 0.7m，向上逐渐过渡为 0.4m。塔楼核心筒区域自 62～63 层开始收进，核心筒外墙内收为四边 8 根型钢混凝土柱，升至 71 层 8 根型钢混凝土柱取消。如图 2.3-3 所示，核心筒收进位置上下墙身内均设置型钢钢骨进行适当加强，保证墙身内力的有效传递。

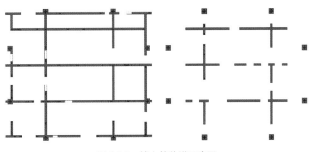

图 2.3-3　核心筒收进示意图

3. 水平构件

塔楼标准层外框钢梁典型截面尺寸为 H400mm × 1000mm，内部框架梁典型截面尺寸为 H300mm × 550mm，次梁典型截面尺寸为 H200mm × 550mm。核心筒内部采用钢筋混凝土板，典型板厚为 130mm；核心筒外部采用钢筋桁架楼承板，典型板厚为 125mm。标准层典型平面如图 2.3-4 所示。

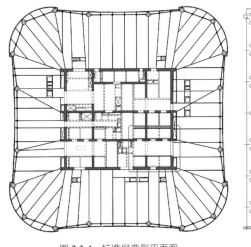

图 2.3-4　标准层典型平面图

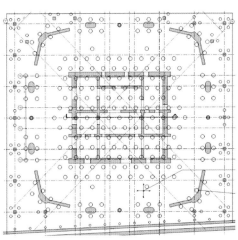

图 2.3-5　基础布置平面图

4．基础结构

主塔楼采用桩筏基础，工程桩均采用钻孔灌注桩，桩底采用后注浆，桩径 1100mm，桩长 90m，以中风化玄武玢岩作为桩端持力层，桩身混凝土强度等级为 C45，单桩承载力特征值为 15000kN。塔楼下筏板厚度为 4200mm，混凝土强度等级为 C40。具体布置如图 2.3-5 所示。

2.3.2 性能目标

1．抗震超限分析及措施

主塔楼存在如下超限项：①主塔楼结构高度 376m，超过钢管混凝土框架—钢筋混凝土核心筒最大适用高度 190m；②楼板不连续，2 层楼板开洞面积大于 30%；③刚度突变，避难层上下相邻层刚度变化大于 70%（按高规考虑层高修正时，数值相应调整）；④尺寸突变，80 层以上存在竖向构件收进，收进位置高于结构高度 20%且收进大于 25%；⑤承载力突变，避难层上下相邻层受剪承载力变化大于 75%；⑥局部不规则，2 层局部存在穿层柱，塔楼外框存在斜柱及局部转换，避难层存在夹层等。

设计中针对以上各超限项分别采取以下应对措施：

（1）采用两个独立软件 ETABS 和 YJK 进行多遇地震下的弹性分析，并对分析结果进行对比。

（2）采用 ETABS 进行多遇地震下的弹性时程补充分析，并与振型分解反应谱法进行对比，取二者包络值进行后续设计。

（3）采用 Perform-3D 及 ABAQUS 两种软件进行动力弹塑性时程分析，评估大震下主塔楼的抗震性能，并对结构薄弱部位进行适当加强。

（4）针对局部大开洞引起的楼板不连续楼层采用弹性楼板进行分析，并补充详细的楼板应力分析，根据应力结果对楼板厚度及配筋进行适当加强。

（5）外框曲柱采用承载力和延性均较好的钢管混凝土柱，并视外框柱位置选择适当的性能要求进行抗震性能化设计，以保证其受力性能的可靠性。

（6）带状桁架及相邻上下楼层、20 层以下斜柱及核心筒均按关键构件考虑性能化设计。

（7）18 层以下外框曲柱（含局部穿层柱）采用 ETABS 软件进行弹性屈曲分析，以保证其稳定性满足设计要求。

2．抗震性能目标

根据抗震性能化设计方法，确定主塔楼整体抗震性能目标为 C 级，主要结构构件的抗震性能目标如表 2.3-1 所示。

主要构件抗震性能目标 表 2.3-1

地震水准			多遇地震（小震）	设防地震（中震）	罕遇地震（大震）
结构抗震性能水准			1	3	4
结构工作特性			结构完好无损坏	结构轻度损坏	结构中度损坏
			处于弹性状态	一般修理后可继续使用	主要抗侧力构件不发生剪切破坏
结构构件	关键构件	核心筒及外框斜柱（1～20 层）	规范设计要求，弹性设计	弹性	大震不屈服
		核心筒及外框斜柱（37～41 层）			
		核心筒及外框斜柱（60～65 层）			
		环桁架（18～19 层、38～40 层、62～64 层）			
	普通竖向构件	41～42 层角部转换桁架构件		正截面不屈服，抗剪弹性	大震不屈服
		B1～1 层核心筒			大震不屈服
		其余核心筒及外框斜柱			满足大震抗剪截面要求

结构构件	耗能构件	塔楼内地下室顶板框架柱周边框架梁	规范设计要求，弹性设计	正截面不屈服，抗剪弹性	大震不屈服
		框架梁		正截面部分屈服，抗剪不屈服	满足大震抗剪截面要求
		连梁			
	关键节点			不先于构件破坏	

注：表中注明的"F*~F*层"均指楼面到楼面。

2.3.3 结构分析

主塔楼采用 YJK 软件和 ETABS 软件进行多遇地震作用下的整体对比分析。采用 ETABS 软件补充多遇地震下的弹性时程分析及设防地震下的等效静力弹塑性分析。采用有限元分析软件 ABAQUS 和 Perform-3D 作罕遇地震下的弹塑性动力时程分析。结构整体模型如图 2.3-6 所示。

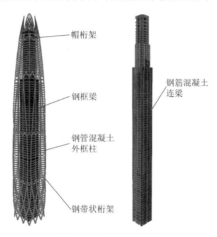

帽桁架
钢框梁
钢筋混凝土连梁
钢管混凝土外框柱
钢带状桁架

图 2.3-6 结构整体模型

1. 多遇地震下弹性反应谱分析

多遇地震作用下，整体结构采用弹性反应谱法分析结果如表 2.3-2 所示。两种软件分析结果相差均控制在 5%以内，整体指标计算结果基本一致且均满足规范限值要求。规定水平力下塔楼底部框架部分承担的倾覆力矩与结构总地震倾覆力矩比值，X向为 56.5%，Y向为 49.4%，外框架依据规范要求需从严设计。另外，底部框架部分计算分配的楼层地震剪力与基底剪力的比值X向最小值为 6.4%，Y向最小值为 8.8%，满足规范多道抗震防线的设计要求。

计算结果对比   表 2.3-2

主要计算指标		YJK 软件	ETABS 软件	相对误差/%
结构总重/t		297162	298357	0.40
T_1（Y向平动）/s		7.802	7.895	1.19
T_2（X向平动）/s		7.315	7.351	0.49
T_3（扭转）/s		3.205	3.256	1.59
周期比		0.41	0.41	—
风荷载作用下基底剪力/kN	X向	35316	35026	0.83
	Y向	35530	35215	0.89
结构首层剪重比	X向	1.27	1.29	1.57
	Y向	1.25	1.27	1.60

			续表
风荷载下最大层间位移角	X向	1/701	1/710	—
	Y向	1/660	1/654	—
地震作用下最大层间位移角	X向	1/655	1/709	—
	Y向	1/654	1/672	—
考虑偶然偏心最大位移比	X向	1.20	1.10	—
	Y向	1.20	1.09	—

2．补充多遇地震弹性时程分析

采用 ETABS 软件对主塔楼补充多遇地震弹性时程分析。时程波组为业主提供的 5 条天然波和 2 条人工波，水平加速度峰值均为 35cm/s²。经选波分析，时程波组计算得到的地震影响系数曲线平均值及结构底部剪力计算值均可满足规范规定的选波要求。时程波组分析所得层间位移角如图 2.3-7 所示，均满足规范要求。时程波组和反应谱法分析楼层剪力结果对比如图 2.3-8 所示。后续施工图设计中主体结构多遇地震作用效应将根据时程分析结果进行相应放大。

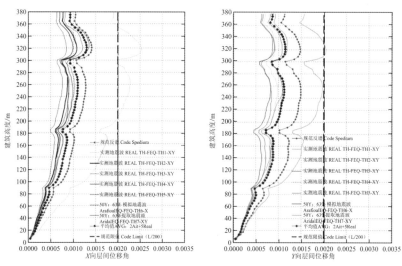

图 2.3-7　时程波组与反应谱法计算层间位移角对比图

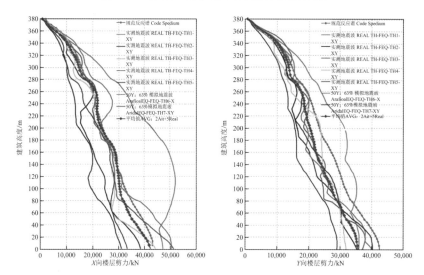

图 2.3-8　时程波组与反应谱法计算剪力结果对比图

3．设防地震下结构构件验算

设防地震作用下，对塔楼受力性能进行分析。考虑部分构件进入塑性状态的影响，连梁刚度折减系数取为 0.5。针对不同构件性能需求，考虑采用相对应的材料强度取值（标准值或设计值）。

设防地震作用下，典型框架柱及剪力墙处于拉弯或压弯受力状态，正截面承载力经验算可满足"抗弯弹性"性能目标的要求。同时，局部增设型钢后可满足"抗剪弹性"性能要求。此外，依据《超限高层建筑工程抗震设防专项审查技术要点》（建质〔2015〕67号），框架柱及剪力墙需进行受拉复核，框架柱未出现受拉的不利情况，剪力墙底部加强区及其他部位拉应力与混凝土抗拉强度标准值比值均不大于 2。但局部出现全截面受拉墙肢及拉应力超过 1 倍墙身混凝土抗拉强度标准值的墙肢，需增设型钢抗拉并按照特一级构造措施加强。剪力墙计算结果如图 2.3-9 所示。

设防地震作用下，连梁、框架梁及普通竖向构件等均可满足既定性能化目标要求。

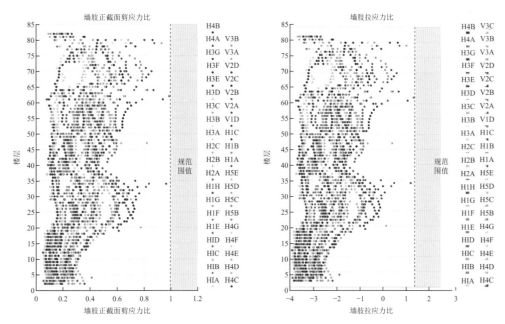

图 2.3-9　剪力墙抗剪承载力及受拉验算

4．罕遇地震下结构弹塑性时程分析

为研究结构在罕遇地震作用下的塑性开展过程与开展程度，针对结构薄弱层和薄弱构件提出相应的改善措施，以下介绍采用 ABAQUS 软件建立弹塑性分析模型（图 2.3-10），对整体结构进行弹塑性时程分析。考虑几何非线性及材料非线性，基于显式积分的动力弹塑性分析方法准确模拟结构的破坏情况。

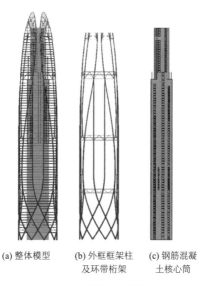

(a) 整体模型　(b) 外框框架柱　(c) 钢筋混凝
　　　　　　　　及环带桁架　　土核心筒

图 2.3-10　结构弹塑性分析整体模型图

混凝土本构采用弹塑性损伤模型，考虑混凝土进入塑性状态后拉压刚度的降低及损伤系数。混凝土拉压强度标准值按《混凝土结构设计规范》GB 50010-2010附录C表4.1.3取用。钢材本构采用二折线随动硬化模型，控制最大塑性应变为0.025，弹性模量为E_s，强化段的弹性模量取为$0.01E_s$。同时，考虑反复荷载作用下钢材的包辛格效应。

选择5组天然波（L0055、L2625、L725、LMEX027和LM0045）和2组人工地震波（L7701和L7704）。地震波峰值按照7度区加速度最大峰值220cm/s²选用，持续时间为60～100s，满足大于结构第一自振周期5～10倍的要求。地震波输入模型中，水平主方向、水平次方向和竖向地震波加速度最大峰值比为1：0.85：0.65。弹性条件下，各组地震波计算分析所得结构基底剪力与CQC方法结果的比较如表2.3-3所示。单组地震波计算数据和7组地震波计算数据的平均值均可满足规范选波要求。

时程波底部剪力与CQC比较　　　　　　　　　　　　　　　　　　表2.3-3

	X向底部剪力		Y向底部剪力	
	数值/kN	时程/CQC	数值/kN	时程/CQC
CQC	264186	—	259015	—
L7701	284392	1.08	260653	1.01
L7704	291378	1.10	235941	0.91
L0055	281342	1.06	243216	0.94
L2625	265875	1.01	314964	1.22
L725	200836	0.76	174494	0.67
LMEX027	265345	1.00	216899	0.84
LM0045	287513	1.09	261391	1.01
平均值	268097	1.01	243937	0.94

弹塑性条件下，每组地震波作用下结构的基底剪力最大值如表2.3-4所示。X、Y向最大弹塑性基底剪力平均值分别为208387kN和182299kN，对应的剪重比分别为6.13%和5.36%。考虑部分结构构件进入塑性状态，导致整体结构刚度减小，地震剪力相应降低，X向和Y向弹塑性基底剪力降低后与弹性基底剪力的比值分别为78%和76%，结构双向塑性开展较为充分。

各地震波作用下弹塑性层间位移角如图2.3-11所示。塔楼在X、Y方向的平均层间位移角最大值为1/116和1/110，分别出现在68层和72层，满足规范层间位移角不大于1/100的要求。提取塔楼核心筒顶层节点位移作为结构顶部水平位移，7组地震波作用下结构在X、Y两个主方向顶层最大位移平均值分别为1.32m和1.27m，分别为核心筒高度的1/288和1/299。典型波组顶点位移时程曲线如图2.3-12所示，大震弹塑性分析顶点位移均小于大震弹性分析结果。随着地震波的持续作用，在出现第二个明显的峰值之后弹塑性分析顶点时程曲线峰值向后推移，说明随着结构损伤的发展，结构的刚度有所减小，周期有所增加。

每组地震波的最大基底剪力与相应的剪重比　　　　　　　　　　　　表2.3-4

主方向	地震波组	大震弹塑性剪力/kN	大震弹塑性剪重比	大震弹性剪力/kN	弹塑性剪力/弹性剪力
X	L7701	186956	5.50%	284392	0.66
	L7704	224034	6.59%	291378	0.77
	L0055	189421	5.57%	281342	0.67
	L2625	261008	7.67%	265875	0.98
	L725	174379	5.13%	200836	0.87

主方向	地震波组	大震弹塑性剪力/kN	大震弹塑性剪重比	大震弹性剪力/kN	弹塑性剪力/弹性剪力
X	LMEX027	213737	6.28%	265345	0.81
	LM0045	209174	6.15%	287513	0.73
	平均值	208387	6.13%	268097	0.78
Y	L7701	179849	5.29%	260653	0.69
	L7704	216207	6.36%	235941	0.92
	L0055	164893	4.85%	243216	0.68
	L2625	215572	6.34%	314964	0.68
	L725	151951	4.47%	174494	0.87
	LMEX027	167197	4.92%	216899	0.77
	LM0045	180421	5.30%	261391	0.69
	平均值	182299	5.36%	243937	0.76

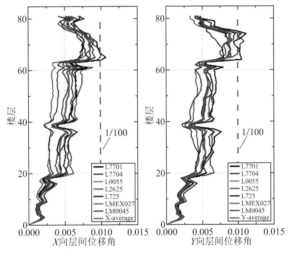

图 2.3-11 弹塑性层间位移角曲线

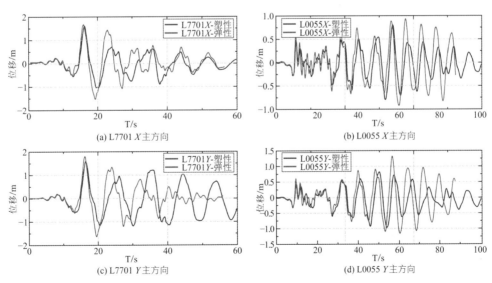

图 2.3-12 典型波组塔楼顶点位移时程曲线

除上述整体结构受力性能分析外，各类构件具体性能评价如下：

（1）核心筒收进区上部连梁首先出现损伤，随后连梁损伤向下扩展，连梁耗能充分，有效保护了核心筒墙肢。

（2）底部加强区墙体基本完好；核心筒外墙在核心筒收进区附近发生一定程度的集中受压损伤，外墙整体轻度损坏；收进区以上核心筒内墙部分墙体产生中度损坏，其余墙肢轻度损坏。对核心筒收进区需增设型钢加强，提高其整体抗震性能。

（3）钢管柱内混凝土未发生受压损伤，第 64 层钢管柱钢管发生中度损伤，其余楼层钢管柱钢管为轻微损伤。外框柱底均未进入受拉状态。整体受力性能良好。

（4）钢骨柱内混凝土未发生受压损伤，柱内钢骨处于弹性状态，柱内顶部钢筋发生轻微塑性损伤，钢骨柱受力性能良好。

（5）环带桁架、帽桁架少量杆件发生轻微损伤，总体性能良好。

（6）第三层外框钢梁轻度损坏。塑性损伤区域主要发生在第 65 层及以上，为轻微损坏。各楼层外框钢梁基本处于弹性状态。

（7）顶部皇冠部分构件进入塑性状态，为轻微损坏。

（8）楼承板混凝土开裂，钢筋部分塑性变形。整体来看，楼板塑性开展较少，可以继续承担竖向荷载并传递水平荷载。

由上述分析可见，主塔楼罕遇地震作用下整体受力可靠，可满足设计要求。

2.4　专项分析

2.4.1　外框曲柱结构分析

1. 曲柱体系优化分析

为控制曲柱在满足设计要求的前提下沿塔楼竖向取得最优渐变截面，减小自重的同时节省材料用量，对外框曲柱体系竖向传力路径进行分析，并据此优化曲柱截面。

分析模型中将外框梁与曲柱设置为铰接，同时不考虑帽桁架和环带桁架作用，以单独分析竖向轴力在曲柱中的分布情况，如图 2.4-1 所示。据此可将外框曲柱分为三组，以重力荷载下轴压比作为量化指标，对曲柱截面自下而上进行优化，最终确定最优渐变截面（图 2.4-2）。

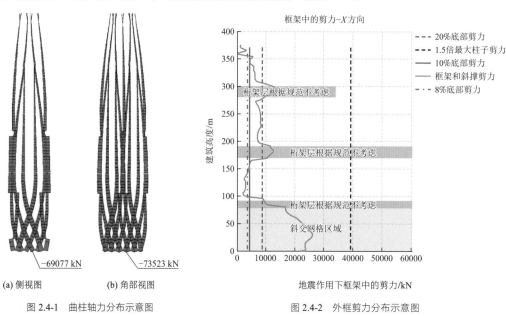

图 2.4-1　曲柱轴力分布示意图　　　　　图 2.4-2　外框剪力分布示意图

2．曲柱体系内力分布及传递

由于塔楼下部斜交网格柱的存在，在 8～15 层出现了楼层剪力从上到下逐步增加，外框剪力迅速增加，核心筒剪力逐步减小的情况，说明有一部分楼层剪力从核心筒传到了外框中。如图 2.4-3 所示。

为保证剪力在核心筒与外框间传递的可靠性，有必要对传递路径上的构件着重进行验算。观察核心筒与外框间剪力传递最大值发生在 18 层及 21 层附近，外框剪力在相邻楼层减小了 5950kN 和 5900kN（X、Y 方向类似）。假定剪力全部靠楼面板抗剪传递，保守地认为蓝色区域楼板承担 X 向剪力传递，红色区域楼板承担 Y 向剪力传递，如图 2.4-3 所

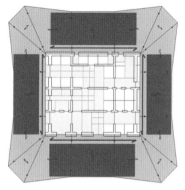

图 2.4-3 外框剪力传递示意图

示。楼板提供的正截面抗剪承载力按公式 $V_c = 0.15 f_{ck} t_s L$ 进行计算，18 层和 21 层楼层抗剪利用率分别为 35% 和 56%，尚有较大余量。因此，地震剪力在斜交网格柱与核心筒间可以通过楼板进行有效传递，确保外框与核心筒间协调受力的一致性。

为进一步研究塔楼底部位置外框曲柱内力的有效传递，以 1.2D + 0.6L 荷载组合作用下地面以上周边外框曲柱的内力为例进行分析。分析中忽略主塔楼以外的地面层梁板及周边外墙的作用，有助于识别塔楼底部内力传递的关键构件，确定塔楼到地下室顶板连续的荷载传力路径。

重力荷载作用下，外框曲柱内力在地面层的传力路径如图 2.4-4 所示。由于周边曲柱的斜率差异，地面以下的周边外框柱承受来自外框曲柱的水平力将不能达到完全平衡，如图 2.4-5 所示。不平衡力将作为轴向力传递到地面层平面内的框架梁中（图 2.4-6），并用于该梁的拉弯或压弯设计。必要时，在框架梁内增设型钢钢骨，以满足设计要求。

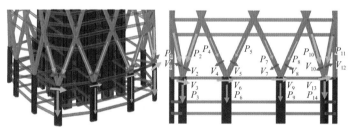

图 2.4-4 外框曲柱在地面层的传力路径示意

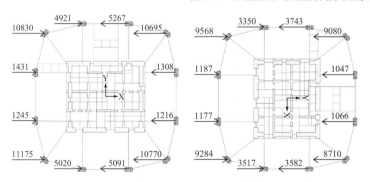

图 2.4-5 地面层外框柱承受不平衡水平力示意（单位：kN）

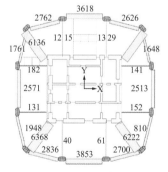

图 2.4-6 地面层平面框架梁内轴力图（单位：kN）

除重力荷载作用下的内力传递外，水平荷载作用下地面层 43% 的 X 向楼层剪力和 50% 的 Y 向楼层剪力将通过外框传递至地下室构件内。为保证外框曲柱内大量剪力的有效传递，塔楼各边两两框架柱间均增设 800mm 厚剪力墙用于内力传递。同时，为避免剪力墙承受过大来自外框曲柱的轴力，外框柱和剪力墙之间设置后浇带，待主塔楼完成 80%～100% 时，方可封闭此后浇带。

3．曲柱稳定性分析

位于 18 层之下的交叉网格区钢管混凝土曲柱在塔楼抗侧体系和整体稳定上起到关键作用，采用线

弹性屈曲分析对其有效长度系数进行详细计算，以确保其计算长度符合实际受力约束条件。

采用 ETABS 建模分析，模型中考虑楼板体系及外框梁，模拟其对钢管混凝土柱的约束和实际重力荷载的施加。底部带状桁架层（18～19 层）之上的结构在模型中删除，以竖向点荷载的方式将其上轴力施加于钢管混凝土柱顶。通过 ETABS 计算分析得到曲柱屈曲因子和临界力，有效长度系数基于欧拉公式计算而得。

外框柱屈曲呈双曲率形态，分别在 6 层和 12 层有转折点，形成三个屈曲区域，变形示意如图 2.4-7 所示。临界屈曲模式中屈曲因子为 96.24，分析得出的有效长度均大于典型楼层层高，施工图设计阶段用于曲柱构件设计中。

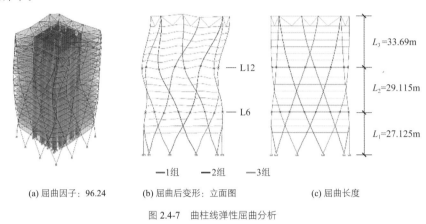

(a) 屈曲因子: 96.24   (b) 屈曲后变形: 立面图   (c) 屈曲长度

—1组   —2组   —3组

图 2.4-7 曲柱线弹性屈曲分析

2.4.2 核心筒收进区墙肢应力分析

塔楼核心筒在 62 层收进，60～64 层为核心筒受力转换区。墙肢收进位置将导致局部应力集中，属墙肢受力较为薄弱部位，需采取设计措施予以加强。将收进部位相关墙肢抗震等级指定为特一级，同时按规范采用性能化设计。中震性能目标要求：抗剪弹性，正截面拉弯不屈服，正截面压弯弹性。大震性能目标要求及分析结果详见前述内容。选取典型墙肢给出分析应力云图，如图 2.4-8 所示，可满足既定性能目标要求。

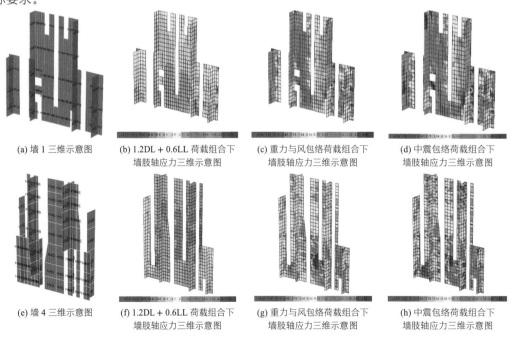

(a) 墙 1 三维示意图   (b) 1.2DL + 0.6LL 荷载组合下墙肢轴应力三维示意图   (c) 重力与风包络荷载组合下墙肢轴应力三维示意图   (d) 中震包络荷载组合下墙肢轴应力三维示意图

(e) 墙 4 三维示意图   (f) 1.2DL + 0.6LL 荷载组合下墙肢轴应力三维示意图   (g) 重力与风包络荷载组合下墙肢轴应力三维示意图   (h) 中震包络荷载组合下墙肢轴应力三维示意图

图 2.4-8 核心筒收进区典型墙肢应力分析

2.4.3　塔楼整体收缩徐变分析

本工程塔楼的徐变和收缩的计算考虑了配筋和复杂加载历史对变形的影响。荷载是根据周边抗弯框架和钢筋混凝土核心筒之间的分布面积来计算的。在收缩和徐变的计算中，组合柱、非组合柱和墙的相对湿度假定为 70%，钢管混凝土柱由于钢管可以阻止水分从混凝土核心中流失，相对湿度假定为 95%。

阶段施工作如下假定：

①结构从 21d 开始加载，按 7d 一层的施工速度；②按核心筒墙与钢管混凝土柱及楼板混凝土施工速度相差 10 层计；③楼板的浇筑与柱、带状桁架基本同步；④核心筒按比附加恒载和幕墙荷载施加早 50 层计；⑤结构全部荷载含全部附加恒荷载、幕墙荷载和活荷载（折减）；⑥其余活荷载按施工结束 200d 后施加计；⑦各外伸桁架斜腹杆在结构封顶时吊装，即加载活荷载的同时吊装外伸桁架斜杆；⑧外伸桁架上下弦杆两端刚接。

第三组曲柱与核心筒总变形如图 2.4-9 所示。从中可以看出，在 62 层收进（标高 288m）后，核心筒变形大于第三组曲柱的变形。核心筒与 3 组曲柱之间的最大变形差值相对于时间的变化曲线如图 2.4-10 所示。所有帽桁架斜撑的轴力随时间变化曲线如图 2.4-11 所示（以压为正），可见其充分发挥了调节核心筒与周边框架间徐变收缩差异的作用。以第一组曲柱轴力为例，其随时间变化曲线如图 2.4-12 所示。考虑到截至 3500d 的收缩徐变分析，地面层钢管混凝土柱在重力作用下轴力在第一组曲柱中增加了 4%，在第二组曲柱中增加了 2%，在第三组曲柱中增加了 4%。经进一步评估，在重力荷载组合中考虑施工顺序分析，周边框架也能满足风和中震下的设计要求。

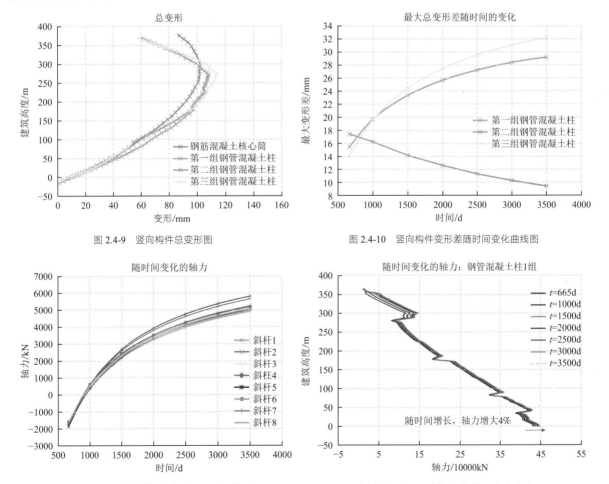

图 2.4-9　竖向构件总变形图　　　　　　　图 2.4-10　竖向构件变形差随时间变化曲线图

图 2.4-11　帽桁架斜撑轴力随时间变化曲线图　　　图 2.4-12　1 组曲柱轴力随时间变化曲线图

2.4.4 典型节点分析

本工程塔楼曲柱在多个楼层交叉，柱交叉节点往往有多个关键构件接入，包括环带桁架上下弦杆、斜腹杆、外框梁、楼面梁等构件，受力极为复杂。

选取典型的 X 形、Y 形、人字形节点进行有限元分析。根据圣维南原理，附近楼层的构件对交叉柱节点的应力影响随距离增长迅速衰减，三维有限元模型中只截取交叉柱节点楼层及上下各半层进行分析。给出的典型节点分析模型及应力云图，如图 2.4-13～图 2.4-15 所示，均可满足规范规定的"强节点、弱构件"抗震设计要求。

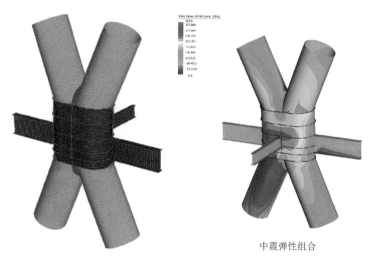

中震弹性组合

图 2.4-13 X 形节点有限元模型及应力云图

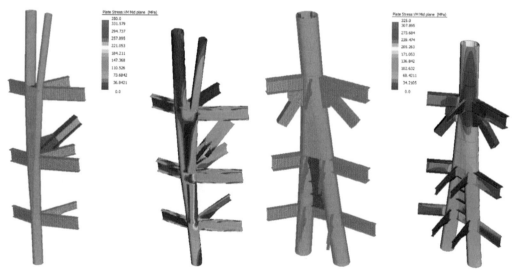

图 2.4-14 Y 形节点有限元模型及应力云图　　　　图 2.4-15 人字形节点有限元模型及应力云图

2.4.5 塔冠分析

塔冠结构由四片独立的"叶子"组成，从塔楼的四个角部延伸出来。每个冠叶由沿着边缘的主柱、水平环梁以及外部和内部斜撑组成。所有构件均采用空心钢管。具体如图 2.4-16 所示。施加在塔冠上的荷载包括结构自重、幕墙荷载、风荷载和地震荷载。其中，幕墙荷载、活荷载及风荷载均被施加在皇冠的水平环梁上，其中风荷载计算时考虑了 0.3 的开孔率。塔冠单独模型进行抗震计算时，考虑鞭梢效应乘以放大系数 3。

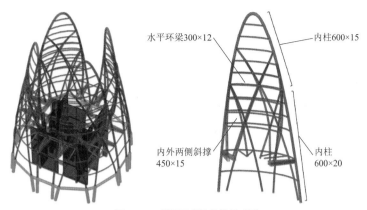

图 2.4-16　塔冠三维及构件尺寸图

水平环梁300×12
内柱600×15
内外两侧斜撑 450×15
内柱 600×20

1. 屈曲稳定分析

采用 ETABS 软件对塔冠整体模型进行线弹性屈曲分析，荷载工控取为 1DL + 0.5LL。临界屈曲模式为第一阶屈曲模态，屈曲因子为 58.89。第二阶及第三阶屈曲模态对应屈曲因子分别为 58.71 和 60.53。前三阶屈曲模态变形如图 2.4-17 所示。分析结果表明，塔冠整体稳定性可满足设计要求。同时，根据整体屈曲模态对应的屈曲系数反算塔冠主构件计算长度系数，并在计算中依此取值进行后续强度及变形分析。

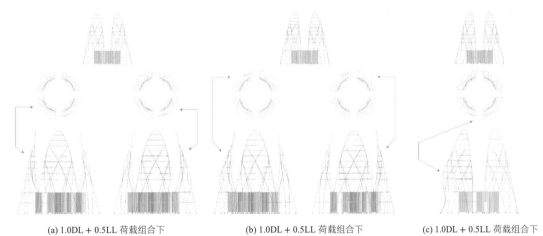

(a) 1.0DL + 0.5LL 荷载组合下　　　(b) 1.0DL + 0.5LL 荷载组合下　　　(c) 1.0DL + 0.5LL 荷载组合下
屈曲模式 1-屈曲系数 58.89　　　　屈曲模式 2-屈曲系数 58.71　　　　屈曲模式 3-屈曲系数 60.53

图 2.4-17　塔冠前三阶屈曲模态变形图

2. 强度及变形分析

重力、小震及风荷载组合作用下，塔冠结构主要构件长细比及应力比均可满足规范要求。风荷载及小震作用下，塔冠变形如图 2.4-18 所示。X和Y方向位移角均可满足规范限值 1/250 的要求。

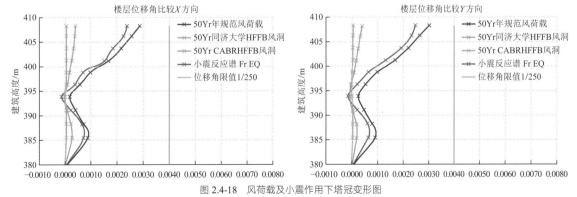

图 2.4-18　风荷载及小震作用下塔冠变形图

2.5 结语

　　宁波中心建筑高度 409m，为宁波东部新城区域地标性建筑。设计中依据建筑整体高度并充分考虑玉兰花造型幕墙立面效果及使用功能，选用钢管混凝土外框曲柱 + 钢筋混凝土核心筒混合结构方案。塔楼底部采用斜交网格柱外框体系，与幕墙构件合并，减小对建筑视线遮挡的同时，提高塔楼整体结构刚度并满足多道抗震防线受力要求，实现结构与建筑的完美结合。设计中对于外框曲柱体系的受力进行了重点研究及分析，相较于传统直柱方案，曲柱体系体现出了斜向支撑的受力特点。同时，相较于纯斜撑体系又可以保持较多的竖向外框柱构件的受力性能。因此，从建筑美观及结构受力等多角度来看，曲柱体系不仅是宁波中心项目的外形亮点，也是结构体系的不二之选。

　　塔楼顶部通过设置伸臂帽桁架对核心筒与外框间的收缩徐变进行控制，属于本项目的一个主要创新点。超高层塔楼设计中一般均需进行混凝土收缩徐变的计算分析。塔楼核心筒与外框曲柱间因受力分担不同、材料占比及属性不同，施工及后期运营过程中竖向变形会产生较大的差异，导致相关构件出现较为严重的内力重分配现象。设计中通过伸臂帽桁架的连接作用，抵消部分内力重分配导致的不利影响，使得塔楼整体受力趋于均匀合理。

　　除上述分析特征外，项目设计中还对主塔楼进行了多项分析论证，并针对塔楼超限特点选择适当加强措施，保证结构整体在刚度、承载力及延性各方面均可达到良好的抗震性能要求。

参考资料

[1] 建研科技股份有限公司. 宁波中心大厦项目风洞测力试验报告[R]. 2018.

[2] 建研科技股份有限公司. 宁波中心大厦项目风振响应及等效静力风荷载研究报告[R]. 2018.

[3] 同济大学土木工程防灾国家重点实验室. 宁波中心大厦项目风荷载研究报告[R]. 2018.

[4] 上海建筑设计研究院有限公司，美国 SOM 建筑设计事务所——芝加哥. 宁波东部新城核心区 A3-25-2#地块超限高层抗震设防专项审查报告[R]. 2018.

设计团队

结构设计单位：美国SOM建筑设计事务所——芝加哥（方案 + 初步设计）
　　　　　　　上海建筑设计研究院有限公司（施工图设计）

结构设计团队：徐晓明、包　佐、侯建强、杨悦瑾、吕颂晨、罗玉蓉、袁铭轩、吴皓凡、李金玮、刘　成、陈晨杰

执　笔　人：包　佐、侯建强

第 3 章

上海旗忠国际网球中心

3.1 工程概况

3.1.1 工程简介

上海旗忠国际网球中心位于闵行区昆阳北路，总占地面积约 38.7 万 m²，总建筑面积约 8.5 万 m²。主要建设内容为一个 15000 座主网球馆、一个 6000 座副网球馆及其他配套工程。

项目于 2002 年国际公开征集设计方案，日本著名建筑师仙田满的大悬挑平面旋转开闭的花瓣式屋盖网球馆使用了上海市花的形态构思，有浓重的地域文化味道，8 片白玉兰外形的金属花瓣像照相机快门一样旋转开启。开闭式屋盖解决了网球赛一遇到雨天就要停赛的问题，将成为当时世界上第一个全天候的网球比赛场馆，受到一致好评。

旋转开闭屋盖系统是项目成败的关键，一家有设计加工制作平移开闭屋盖系统经验的日本著名企业想参与建设，但不包含屋盖结构的钢材系统报价就达 3 亿元，业主难以承受，经多次谈判均不肯降价。业主联合了上海建筑设计研究院、解放军总装备部、同济大学、上海机械施工公司和江南造船厂，共同商议要解决"卡脖子"问题。对旋转开闭屋盖成套技术进行设计研究：设计院负责总体设计，结构设计均要满足旋转开闭屋盖系统正常运转的各种受力、变形及变形差的要求；总装备部负责传动方式、轨道、机械、同步控制系统的研制；同济大学负责屋盖系统和整体结构的风洞、各主要结构及其关键节点的试验研究；上海机械施工公司负责研究保证施工精度及变形差的安装方法；江南造船厂负责按精度要求加工各种钢结构构件。经过两年多的共同努力，克服了各项技术难题，工程如期完成，中国制造的世界第一个大旋转开闭屋盖全套系统仅耗资 2800 万元。2005 年首届上海国际网球大师赛顺利开赛，上海旗忠国际网球中心被评为最佳网球赛场。2009 年，上海正式成为 ATP1000 大师赛的举办地。项目模型如图 3.1-1 所示，建成图片如图 3.1-2～图 3.1-4 所示。

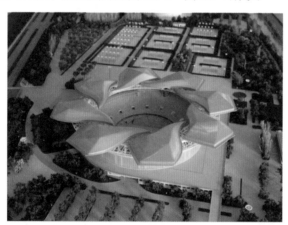

图 3.1-1　项目模型图（鸟瞰）　　　　　图 3.1-2　项目建成图（屋盖开启中内景）

图 3.1-3　项目建成图（屋盖关闭后内景）　　图 3.1-4　项目建成图（屋盖开启后内景）

工程结构体系如图 3.1-5、图 3.1-6 所示，由以下部分组成：

（1）下部为圆环形钢筋混凝土框架结构，在径向和环向施加预应力，如图 3.1-7 所示；

（2）在下部混凝土结构上支承一个直径 123m、宽 24m、高 7m 的大直径钢管相贯焊接节点的空间圆环桁架结构，如图 3.1-8、图 3.1-9 所示；

（3）在空间环桁架上支承 8 片花瓣形开闭屋盖结构，同样采用大直径钢管直接相贯焊接节点桁架，单片花瓣形结构径向长度 72m，宽 48m，向圆心悬挑 61.5m，如图 3.1-10 所示。每片花瓣面积近 2000m²，质量将近 200t，设置一个固定转轴及三同心旋转轨道结构，可平面旋转 45°并实现屋盖开闭，如图 3.1-11～图 3.1-14 所示。

屋面上表面为铝合金屋面板，下表面为膜结构。

基础为钢筋混凝土桩基础。

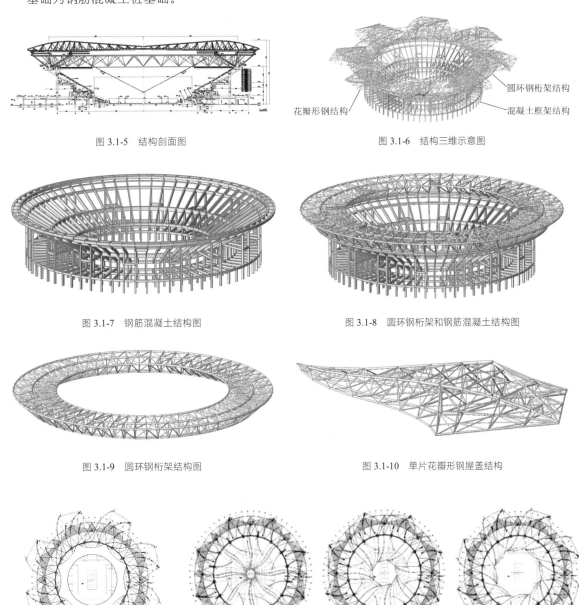

图 3.1-5　结构剖面图　　　　　　　　　　　图 3.1-6　结构三维示意图

花瓣形钢结构　　圆环钢桁架结构　　混凝土框架结构

图 3.1-7　钢筋混凝土结构图　　　　　　　　图 3.1-8　圆环钢桁架和钢筋混凝土结构图

图 3.1-9　圆环钢桁架结构图　　　　　　　　图 3.1-10　单片花瓣形钢屋盖结构

固定转轴　　同心旋转轨道

(a) 屋盖关闭　　　　　(b) 屋盖开启中　　　　　(c) 屋盖全开启

图 3.1-11　旋转开闭系统示意图　　　　　　　图 3.1-12　屋盖不同状态

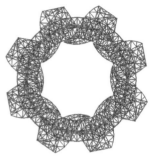

图 3.1-13　屋盖模型闭合　　　　　　　　图 3.1-14　屋盖模型开启

3.1.2　结构分析

上海旗忠国际网球中心结构采用 LARSA、MIDAS 和 SATWE 三个不同的程序进行设计分析，主要分析内容包括：

（1）单片的花瓣形钢结构，在轨道转轴上任何位置下的各荷载工况的计算分析，如图 3.1-15 所示。

（2）圆环桁架结构各种荷载工况下的计算分析，如图 3.1-16 所示。

（3）下部主体钢筋混凝土结构，各种荷载工况下的计算分析，施加预应力过程的计算分析和圆环桁架结构分段旋转就位过程的计算分析，如图 3.1-17 所示。

（4）将圆环桁架结构与下部主体钢筋混凝土结构组成一体，进行各种荷载工况下的计算分析，如图 3.1-18 所示。

（5）将圆环桁架结构与下部主体钢筋混凝土结构组成一体，对八片大悬挑平面旋转开闭的花瓣形钢结构施工不同阶段进行各种荷载工况下的跟踪计算分析。

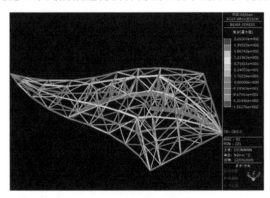
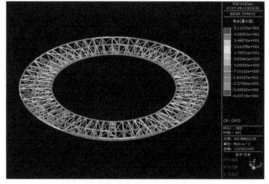

图 3.1-15　单片花瓣形钢结构计算　　　　　　　图 3.1-16　圆环钢桁架结构计算

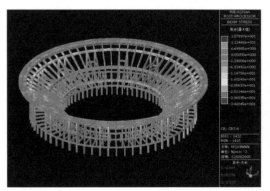
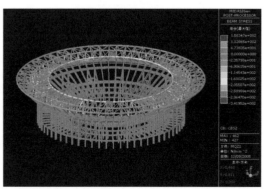

图 3.1-17　主体钢筋混凝土结构计算　　　　　　图 3.1-18　主体钢筋混凝土加圆环钢桁架结构计算

3.2 重点难点分析

半个多世纪以来，国外相继在十多个大型体育场馆的建设中采用了可开闭屋盖结构，但其开闭方式均为在基本不变形的、固定的轨道上移动，而像上海旗忠国际网球中心这样的大悬挑平面旋转开闭屋盖结构是在悬挑、变形的轨道上旋转，国外有学者也提出了相似的开闭屋盖理念，但没有实施过。

因此，工程的难点必须通过设计分析、试验研究来解决。工程重点难点如下：

（1）八片大悬挑平面旋转开闭花瓣形屋盖结构在关闭和完全开启状态及开启过程中，不同角度的风荷载、支承力及连接方式有很大的差异，因此内力和变形也有很大的不同。

（2）屋盖桁架为平面曲线形或空间曲线形，大部分为曲弦杆型的空间相贯焊接节点，尽管以前设计的工程有应用，但设计及试验研究还相当少。

（3）为了保证八片大悬挑平面旋转开闭花瓣形屋盖的正常工作要求，开闭传动机械、轨道要求平整度高，钢屋盖结构在各受力工况下都要保持均匀和尽量少的变形及变形差。

（4）整个开闭屋盖结构支承在圆环形状的钢筋混凝土看台结构上，结构的第一振型为扭转，这与《建筑抗震设计规范》GB 50011-2010 避免扭转成为主振型的要求不一致。

（5）钢屋盖结构的设计和施工按照机械安装要求进行，即整个工程要体现结构和装备的一体化。

（6）钢屋盖结构的施工安装采用"地面分段（分部）组装、定点吊装、在钢筋混凝土主体结构上无固定物理轴心累积旋转就位"的创新性工艺，对结构的设计和控制提出了更高的要求。

3.3 关键技术

3.3.1 结构优化与分析

为了解决工程结构设计的难点，实现大悬挑平面旋转开闭屋盖结构与装备一体化，对工程结构设计的难点进行了系统的设计分析与试验研究，具体包括以下内容。

1. 结构方案优化

1）结合计算风洞试验的屋盖结构方案优化

屋盖花瓣形结构在关闭、完全开启、开启过程中等不同状态下，风压的分布非常复杂且对结构的设计起关键的作用。原方案采用变截面三角形方案在节点构造、抗扭性能、整体稳定性、变形均匀性、经济性等方面都存在一些问题，优化设计为变截面梯形方案（图 3.1-10）。数值风洞试验研究和模型对比分析后发现，优化屋盖结构方案在节点构造、抗扭性能、整体稳定性、变形均匀性、排水功能、经济性等方面都有一定提升。原方案数值风洞模型如图 3.3-1 所示，优化方案数值风洞模型如图 3.3-2 所示。

图 3.3-1　原方案数值风洞模型　　　　　　　　　　图 3.3-2　优化方案数值风洞模型

2）下部混凝土结构体系的优化

原方案下部结构为装配整体式预应力结构体系，由 128 片大型预制预应力钢筋混凝土构件采用四圈高强度钢索预应力紧箍成型，根据这一方案，做了 1：15 缩尺模型，并进行了荷载试验，如图 3.3-3 所示，荷载试验结果满足设计要求。但由于大型预制预应力钢筋混凝土构件成本高、施工难度大、结构体系受力和稳定性差、设备管道难于实施、建筑使用面积减少，最后决定采用国内常用的现浇预应力钢筋混凝土优化体系。原方案结构计算模型如图 3.3-4 所示，优化方案如图 3.3-5 所示。

图 3.3-3 原方案荷载试验研究

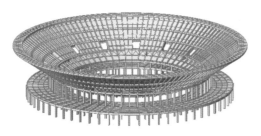

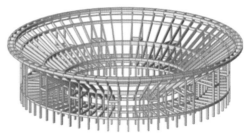

图 3.3-4 原结构方案 　　　　　　　　　　　　　　　　图 3.3-5 优化方案

2. 数值风洞和实体风洞试验研究

用数字风洞和实体风洞相结合的方法确定风荷载，如图 3.3-6、图 3.3-7 所示。对屋盖结构进行设计分析后确定，风速大于 15m/s 时，屋盖变形较大，屋盖需要停止开关动作，确保结构安全。

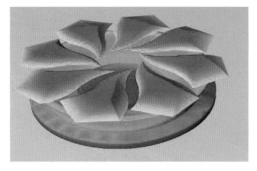

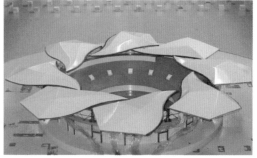

图 3.3-6 计算机风洞试验研究 　　　　　　　　　　　图 3.3-7 实体风洞试验研究

3. 施加预应力以增强结构整体性和试验研究

开闭屋盖结构支承在圆环形的钢筋混凝土看台结构上，结构体系第一振型为扭转，这与《建筑抗震设计规范》GB 50011-2010 避免扭转成为主振型的要求不一致。为增强结构整体性，避免强震下扭转破坏，在钢筋混凝土结构顶部加了两圈预应力环梁结构，其顶部环梁截面尺寸为 4600mm × 800mm，有效预应力为 28200kN；柱顶部环梁截面尺寸为 1960mm × 1000mm，有效预应力为 9400kN；在 64 榀钢筋混凝土框架的端部也施加了 2730kN 沿梁中心方向的预应力，如图 3.3-8 所示。施加预应力后，计算发现，整体结构的变形更为均匀。对施加双向预应力的钢筋混凝土节点进行低周反复荷载的试验研究，如图 3.3-9 所示，确保节点受力性能。对整体结构缩尺模型进行振动台试验研究，如图 3.3-10 所示，试验加载工况包括 7 度多遇、7 度基本、7 度罕遇和 8 度罕遇。每个试验工况的台面激励地震波输入顺序为：El Centro 波、Pasadena 波和上海人工地震波 SHW2。试验完成后得出如下结论：由径向和环向预应力梁构成的空间预应力结构体系，具有良好的抗震性能。

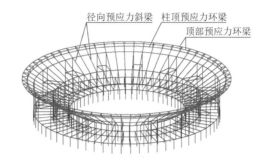

图 3.3-8　结构施加空间预应力示意图

图 3.3-9　双向预应力节点低周反复荷载试验研究　　　　图 3.3-10　振动台试验研究

4.周长 400m 钢筋混凝土结构不设伸缩缝的设计和施工研究

在以往许多大型体育场结构设计经验的基础上，以无数均匀分布的、肉眼几乎看不见的微裂缝来替代设置集中变形伸缩缝的理念，对周长 400m 的钢筋混凝土结构采用不设伸缩缝的设计。进行了钢筋混凝土温度应力分析、收缩应力分析，合理地配置了温度应力和收缩应力钢筋。另外，从施工工艺、分段跳跃式浇捣及混凝土配合比等方面进行研究和施工，尽量减少混凝土的收缩量。目前，工程已使用近 20 年，效果良好。

3.3.2　旋转开闭屋盖系统

上海旗忠国际网球中心活动屋盖在结构规模、开启方式、开启效果等多方面均为世界首创，开启屋盖机械传动系统的设计施工面临极大的挑战。工程涉及钢结构制作安装与机械设备安装两个不同专用领域的交叉，屋盖工程具有典型的非标准特性，很难借鉴以往的经验，没有相关的标准或规范可以参考，设计施工过程的每一步都是工程实践新的尝试，都需要根据实际情况研究讨论确定。传动机械和轨道的设计和制造严格按照原定条件进行，所有的设备都经过检验和地面安装调试并在监控下就位（图 3.3-11～图 3.3-13）。

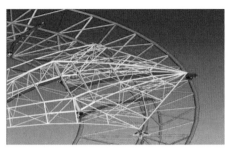
图 3.3-11　机械传动系统示意

图 3.3-12　传动机械和轨道台车

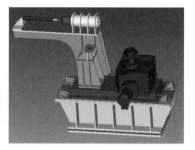
图 3.3-13　驱动装置模型

3.3.3　创新安装技术研究

　　施工分析中，通过多方案的分析比较，采纳了无固定物理轴心的、累积旋转就位的、创新先进的安装技术方案。其总体技术路线是：圆环钢桁架地面分段分批拼装、分阶段定区域安装、累积旋转滑移至合拢，花瓣形钢结构屋盖整榀定点吊装按 1、3、5、7、2、4、6、8 榀顺序，圆环钢桁架带着花瓣形结构旋转逐个就位；精确定位后，圆环钢桁架与混凝土结构焊接固定。施工过程如图 3.3-14～图 3.3-17 所示。该方案节约了大型吊装设备成本约 400 万元；同常规结构安装工艺相比，减少了安装过程产生的各叶片之间的变形和变形差；节约措施用钢 200 多吨。

图 3.3-14　圆环钢桁架地面分段吊装累积旋转滑移至合拢

图 3.3-15　花瓣形钢结构屋盖吊装

图 3.3-16　花瓣形钢结构屋盖旋转滑移安装

图 3.3-17　花瓣形钢结构屋盖旋转滑移安装完成

3.4　试验研究

3.4.1　风洞试验研究

1. 数值模型试验研究

　　数字风洞试验研究由同济大学承担，数值模型为刚性模型，数值建模和计算采用国际领先的计算流体力学软件 CFX5.5 完成。分屋盖关闭、屋盖开启 15°、屋盖开启 30° 和屋盖开启 45° 四个数值模型，如图 3.4-1 所示。屋盖上表面风压如图 3.4-2 所示。

   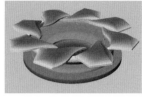

(a) 屋盖关闭 (b) 屋盖开启 15° (c) 屋盖开启 30° (d) 屋盖开启 45°

图 3.4-1 数值风洞模型

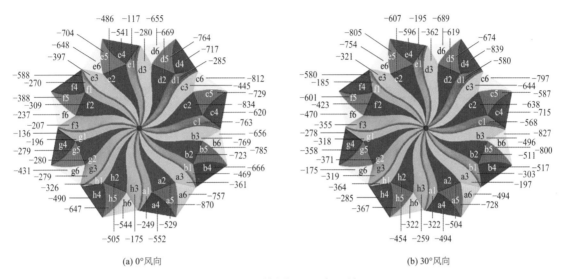

(a) 0°风向 (b) 30°风向

图 3.4-2 屋盖上表面风压（N/m²）

2．实体风洞试验研究

实体风洞试验由中国船舶科学研究中心低速风洞实验室承担，如图 3.4-3 所示。测试网球中心屋盖全闭合及开启不同角度状态，在不同风向作用下的屋盖风压分布，包括平均压力和压力脉动特性，用于提供屋盖结构设计风荷载分布，并为屋面覆层和支撑结构的材料选取提供依据。

(a) 屋盖关闭 (b) 屋盖开启 15° (c) 屋盖开启 30° (d) 屋盖开启 45°

图 3.4-3 实体风洞模型

3.4.2 相贯焊接节点试验研究

屋盖桁架为平面曲线形或空间曲线形，大部分为曲弦杆形式的空间相贯焊接节点，尽管以前设计的工程有应用，但设计及试验研究还相当少。研究了 K、KK、KT、KKT、TT 及多腹杆等类型节点，进行了 K、KK 型节点的直弦杆与曲弦杆的力学对比试验研究，作了节点加强设计和研究，如图 3.4-4～图 3.4-11 所示。保证了设计安全，加工方便，节省造价。

图 3.4-4 曲弦杆相贯焊接节点试验研究　　　　　图 3.4-5 KT 曲弦杆焊接节点试验研究

图 3.4-6 KK 曲弦杆焊接节点试验研究　　　　　图 3.4-7 多腹杆焊接节点试验研究

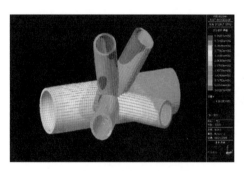

图 3.4-8 KK 曲弦杆焊接节点分析　　　　　图 3.4-9 多腹杆焊接节点分析

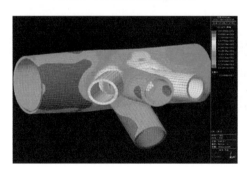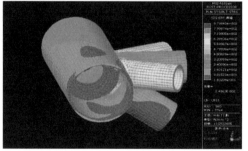

图 3.4-10 KTT 曲弦杆焊接节点分析　　　　　图 3.4-11 KTT 焊接节点分析

3.5 结论

工程于 2005 年 10 月建成,经历了麦沙和卡努两次强台风的实际考验。活动屋顶在旋转开合、自动控制、屋盖密封排水等各方面都达到设计要求，成功实现了大悬挑平面旋转开闭屋盖结构与装备一体化技术。2005 年 11 月成功举办 ATP 网球大师赛，受到社会各界的一致好评，取得了良好的经济效益和社会效益。

参考资料

[1] 同济大学航空航天与力学学院. 上海旗忠网球中心屋盖平均风压分布数值风洞模拟[R]. 2003.

[2] 同济大学，上海建筑设计研究院. 上海旗忠体育城网球中心开合屋盖风荷载分析[R]. 2003.

[3] 同济大学建筑工程系. 上海旗忠网球中心预应力看台空间节点抗震试验研究报告[R]. 2004.

[4] 同济大学. 上海旗忠网球中心看台结构整体静力试验研究报告[R]. 2004.

[5] 上海建筑设计研究院. 上海旗忠网球中心平面旋转开闭屋盖结构设计研究[R]. 2004.

[6] 中国船舶科学研究所. 上海旗忠网球中心屋盖风载分布风洞试验[R]. 2003.

[7] 同济大学土木工程学院. 上海旗忠网球中心钢结构节点试验研究报告[R]. 2004.

设计团队

结构设计单位：上海建筑设计研究院有限公司（初步设计+施工图设计）

结构设计团队：林颖儒、林　高、徐晓明、李剑峰、陈海华

执　笔　人：林颖儒、张士昌、江　瑶

获奖信息

2006 年上海市科技进步二等奖

2007 年上海市优秀工程设计一等奖

2007 年全国优秀建筑结构设计一等奖

2007 中国钢结构金奖

2007 年第七届中国土木工程詹天佑奖

2008 年建设部全国优秀工程勘察设计金奖

2008 国际奥委会体育设施（IOC）银奖

第 4 章

苏州奥林匹克体育中心
体育场、游泳馆

4.1 工程概况

4.1.1 概述

苏州奥林匹克体育中心位于苏州工业园区内，项目占地 47.25hm²，总建筑面积约 35 万 m²。由 45000 座席体育场、13000 座席体育馆、3000 座席游泳馆和配套服务楼组成，为集竞技、健身、商业、娱乐于一体的多功能、生态型体育中心。项目整体效果图如图 4.1-1 所示，实景图如图 4.1-2 所示。

图 4.1-1　效果图

图 4.1-2　实景图

4.1.2 设计基本参数

结构设计基本参数见表 4.1-1。

结构设计基本参数　　　　　　　　　　　　表 4.1-1

项目		体育场	游泳馆
结构设计基准期		50 年	50 年
建筑结构安全等级		二级（钢屋盖一级）	二级
结构重要性系数		1.1	1
建筑抗震设防分类		重点设防类（乙类）	标准设防类（丙类）
地基基础设计等级		甲级	甲级
设计地震动参数	抗震设防烈度	7 度	7 度
	设计地震分组	第一组	第一组
	场地类别	Ⅲ类	Ⅲ类
	特征周期	0.53s	0.53s
	基本地震加速度	0.1g	0.1g

4.2 结构体系

4.2.1 体育场看台结构

1. 概况

体育场结构为地上 5 层混凝土看台结构 + 钢结构屋面体系。体育场大平台以上为单跨框架，因此采用了混凝土框架＋防屈曲约束支撑结构。体育场无地下室，仅有局部地下通道与车库相连。钢结构屋面除在混凝土结构三层设置柱底铰接钢结构和高看台侧面设置连杆外，自成平衡体系，如图 4.2-1 所示。混凝土看台顶标高为 31.800m，钢结构屋面顶标高为 52.000m。嵌固端设置在桩基承台顶面，桩基承台顶面标高−2.500m。

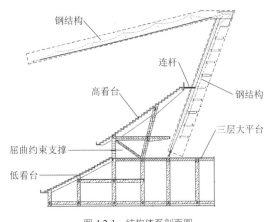

图 4.2-1　结构体系剖面图

2．基础结构

基础采用桩基＋承台＋承台连系梁形式。工程桩采用四种规格：ϕ600mm 抗拔桩，桩长 37m，用于局部地下室，持力层位于⑦₂ 粉砂夹粉土层，抗拔承载力特征值 1000kN；ϕ600mm 抗压桩 A，桩长 39m，用于大平台下，持力层也位于⑦₂ 粉砂夹粉土层，抗压承载力特征值 1800kN；ϕ600mm 抗压桩 B，桩长 20m，用于一层地坪下，以减小沉降，持力层位于⑤₁ 粉质黏土层，抗压承载力特征值 780kN；ϕ800mm 抗压桩，桩长 53m，桩端后注浆，用于看台下，持力层位于⑩ 粉砂夹粉土层，抗压承载力特征值 4600kN。

3．新型楼梯滑移支座

常规滑动楼梯采用图集做法，混凝土现浇在聚四氟乙烯板上，但混凝土与聚四氟乙烯板之间的摩擦系数比钢板与聚四氟乙烯板之间的摩擦系数大。为了减小滑动摩擦系数，在上、下混凝土板之间设置了成品滑动钢支座，梯段纵筋与钢支座焊接，地震作用下支座的滑动性能更有保证，如图 4.2-2 所示。

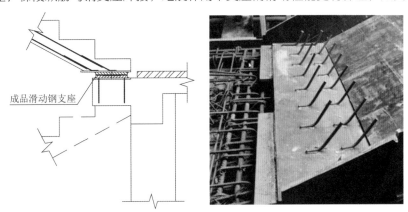

图 4.2-2　新型滑动楼梯支座

4．超长混凝土结构应力分析

体育场混凝土结构为超长无缝结构，结构环向贯通，按建筑连续飘带造型要求不设置永久缝，温度变化和混凝土收缩会对混凝土结构产生较大的应力。看台内环尺寸为 521m、外环尺寸为 695m，结构最大外边线尺寸达 800m，如图 4.2-3 所示，远超过框架结构不设置温度缝的 55m 长度要求。

对体育场进行温度应力分析发现，存在以下有利因素：三层大平台外边线尺寸虽然最大，但其高度较高，距离基础 13.8m，基础对其约束作用小；体育场为环形结构，温度应力小于等长度矩形结构，以图 4.2-4 为例，矩形结构长度等于环形结构中轴线周长，但环形结构降温温度应力仅为矩形结构的 38%。为保证结构正常使用，对温度和混凝土收缩应力进行了精细化分析。综合考虑了混凝土收缩、温度变化、徐变应力松弛、混凝土刚度折减、桩基约束刚度和后浇带封闭时间对混凝土应力的影响。

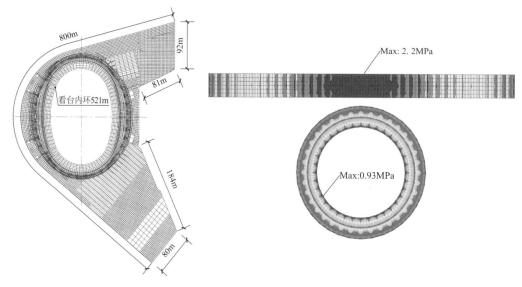

图 4.2-3　体育场平面尺寸示意　　　　　图 4.2-4　等长矩形结构和环形结构温度应力对比

1）混凝土收缩

混凝土前期收缩应变发展较快，90d 龄期混凝土的收缩应变相当于 60% 的极限收缩应变。

设计要求体育场后浇带浇筑时间不早于两侧混凝土构件浇筑后 90d，并应尽量延长此时间段。将后浇带闭合前各个分段结构中的收缩量等代为部分后期的收缩量，经计算模拟，将后浇带闭合前各个分段结构中的收缩量等代为 10% 的最终收缩量。其概念是 10% 的最终收缩量在后浇带闭合后在整体结构中产生的最大拉应力等于 60% 的最终收缩量在后浇带闭合前在各区段内产生的最大拉应力。通过以上分析可知，最终的有效收缩量可取 $\varepsilon_s^e = (0.1 + 0.4)\varepsilon_y(\infty) = 1.35 \times 10^{-4}$。混凝土的收缩当量温差 T_s 计算公式为

$$T_s = \varepsilon_s^e / \alpha$$

式中：α——混凝土的线膨胀系数，$\alpha = 1 \times 10^{-5}$。故 $T_s = -(1.35 \times 10^{-4})/(1 \times 10^{-5}) = -13.5℃$。

2）温度变化

根据《建筑结构荷载规范》GB 50009-2012 附录 E，苏州地区 50 年重现期的月平均最高气温 T_{max} 和月平均最低气温 T_{min} 分别为 36℃和-5℃。设计要求后浇带浇筑的时机为日平均气温不高于 20℃。由于混凝土的热惰性，在夏季和冬季，即使室内空调关闭，室内气温也不会达到室外的最高或最低气温。按照暖通专业建议，偏于保守考虑，对于混凝土结构，取夏季室内温度为 30℃，冬季室内温度为 10℃。计算正温差时，考虑大平台和斜看台混凝土结构表面的日照升温。对于混凝土结构取夏季日照时段内太阳辐射照度平均值对应的升温，对于钢结构取夏季正午 12 时太阳辐射照度对应的升温。日照升温 T_r 的计算公式为

$$T_r = \rho \alpha J / \alpha_w$$

式中：ρ——太阳辐射热的吸收系数，对于混凝土取 0.7；

　　　　α——PTFE 膜材的透光率，取 0.13，三层混凝土大平台上部无膜结构，不考虑此系数；

　　　　J——太阳辐射照度，根据《民用建筑供暖通风与空气调节设计规范》GB 50736-2012 附录 C，苏州地区大气透明度等级为 5 级，混凝土结构斜看台和大平台取夏季日照时段内太阳辐射照

经典回眸　上海建筑设计研究院有限公司篇

度平均值 325W/m²，钢结构顶面取夏季正午 12 时的太阳辐射照度 962W/m²；

α_w——围护结构外表面的换热系数，取为 18.6W/(m²·℃)。

根据前述，日照升温 T_r 对于混凝土屋面、混凝土斜看台和顶面钢结构分别取为 12℃、2℃、2℃。体育场结构温度分区示意如图 4.2-5 所示。体育场结构温度工况下设计温差如表 4.2-1 所示。

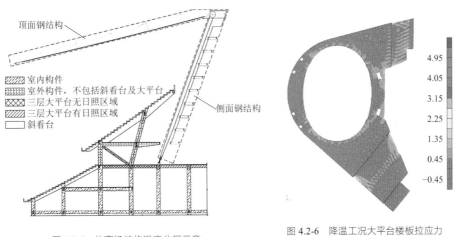

图 4.2-5 体育场结构温度分区示意

图 4.2-6 降温工况大平台楼板拉应力
（单位：N/mm²）

体育场结构正、负温差的计算   表 4.2-1

温度分区	初始温度/℃	是否考虑日照	最高温度/℃	最低温度/℃	混凝土收缩当量温差/℃	正温差/℃	负温差/℃
室内构件	20	否	30	10	−13.5	10	−23.5
室外构件，不包括斜看台及大平台	20	否	36	−5	−13.5	16	−38.5
三层大平台无日照区域	20	否	30.5	8.8	−13.5	10.5	−24.7
三层大平台有日照区域	20	是	31.5	8.8	−13.5	11.5	−24.7
斜看台	20	是	38	−5	−13.5	18	−38.5

注：正温差＝最高温度−初始温度；负温差＝最低温度−初始温度＋混凝土收缩当量温差。

3）徐变应力松弛

混凝土由于温差和收缩造成的内力源于其变形受到约束。对于因变形受到约束产生的应力，应考虑混凝土徐变应力松弛的特性，徐变应力松弛系数取为 0.3。为简化计算，将按表 4.2-1 计算得到的混凝土结构的内力乘以徐变松弛系数 0.3 作为实际温差内力标准值。

4）混凝土刚度折减

在混凝土收缩和温度作用下，必须考虑钢筋混凝土构件截面开裂的影响，将混凝土截面弹性刚度乘以 0.85 予以折减。

5）桩基约束刚度

作为非荷载效应的结构收缩和温度变化，不同于重力、风荷载和地震作用，如果结构没有外界约束，在温差、收缩作用下结构自由变形，不会在结构中产生内力。对于体育场结构，这个外界约束就是桩基对结构底部的约束。竖向构件底部为嵌固端的计算假定就是将地基或桩基的约束刚度设定为无限大。实际上，地基或桩基对竖向构件的约束是有限的，地基或桩基和竖向构件协调变形后的结构内力和变形才是最终实际的温差、收缩效应。

体育场混凝土收缩和温度应力计算时，在保持桩顶竖向为不动铰的前提下，引入桩基的水平抗侧刚度和转动刚度，用有限刚度的弹簧代替无限刚度的固定端，根据《建筑桩基技术规范》JGJ 94-2008 附录 C，计算体育场柱底桩基的平动刚度和转动刚度。

6）超长混凝土应力分析结果

表 4.2-2 列出了超长混凝土结构拉应力计算结果，可见升温工况不起控制作用。体育场大平台在降温工况下的拉应力云图如图 4.2-6 所示。

超长混凝土拉应力分析结果 表 4.2-2

位置	拉应力	降温工况	升温工况
6.000m 标高楼板	普遍拉应力/MPa	0～0.6	0～0.2
	峰值拉应力/MPa	1.73	0.3
三层大平台楼板	普遍拉应力/MPa	0.2～0.5	几乎无拉应力
	峰值拉应力/MPa	5.32	0.61
18.000m 标高楼板	普遍拉应力/MPa	0.6～1.5	几乎无拉应力
	峰值拉应力/MPa	1.86	0.12
上层斜看台板	普遍拉应力/MPa	1～2	几乎无拉应力
	峰值拉应力/MPa	2.26	—
下层斜看台板	普遍拉应力/MPa	1.3～2	几乎无拉应力
	峰值拉应力/MPa	2.52	0.1

在三层大平台阴角处等局部位置有应力集中现象，此处的拉应力明显高于该层楼板拉应力平均值，达到 5.32MPa。考虑应力集中的影响，可在一定范围内将局部拉应力值予以平均，作为楼板配筋的依据。在上述分析计算基础上，配合严格的施工要求，包括延长后浇带封闭时间、低温封闭后浇带、掺入抗裂纤维等。体育场混凝土结构闭合后的两年内进行了持续裂缝和渗水观察，结构在温度作用和混凝土收缩下表现良好，仅局部环梁中部出现一道微裂缝，其他未出现明显裂缝和渗水情况，达到了设计预期的效果。通过精细化分析、设计和施工措施，实现了 800m 超长混凝土结构不设缝、不设预应力筋。

5．型钢混凝土柱节点设计

体育场下部混凝土看台有三圈框架柱采用了型钢混凝土柱，型钢混凝土柱的混凝土强度等级均为 C40，型钢强度等级均为 Q345B。包括：低看台前端短柱，其刚度大，地震工况下承担剪力大，柱截面尺寸为 1000mm×1000mm，型钢截面为十字形，截面尺寸为 500mm×250mm×6mm×36mm；高看台前端柱，高看台为单榀框架，顶部为大悬挑结构，径向预应力梁的最大悬挑尺寸达 10.2m，前端柱在大震工况下承受拉力，柱截面尺寸为 1100mm×1100mm，型钢截面为十字形，截面尺寸为 600mm×300mm×36mm×36mm；支承上部钢结构 V 形柱的框架柱，截面尺寸为 1200mm×1200mm，型钢截面为十字形，截面尺寸为 700mm×350mm×36mm×36mm。型钢混凝土柱位置如图 4.2-7 所示。体育场型钢混凝土柱与斜梁、预应力梁、BRB 支撑、钢结构柱脚相连，节点构造复杂。设计时对其进行了深入研究，并要求土建施工采用三维放样，细化到每一根纵筋，出深化节点详图，经设计审核后方可下料施工，以确保现场施工顺利。

1）型钢混凝土柱与混凝土斜梁节点

本工程看台典型框架斜梁（截面从 600mm×900mm～700mm×1300mm 不等）与型钢混凝土柱连接方式三维图如图 4.2-8 所示。

斜梁部分纵筋与型钢柱翼缘板采用连接板连接，连接板的宽度同型钢柱翼缘宽度，长度 = 5d + 牛腿板角焊缝高度 + 施工余量，其中d为钢筋直径，连接板与钢柱焊接采用全熔透焊。在连接板位置，柱内设置水平加劲板，以传递钢筋水平力。斜梁部分纵筋穿过型钢柱腹板，腹板孔径比钢筋直径大 8mm。斜梁纵筋穿透型钢腹板时考虑斜度，开椭圆孔，长度方向为纵筋直径两倍。顶层斜梁后张拉预应力钢筋绕过型钢，如图 4.2-9 所示。

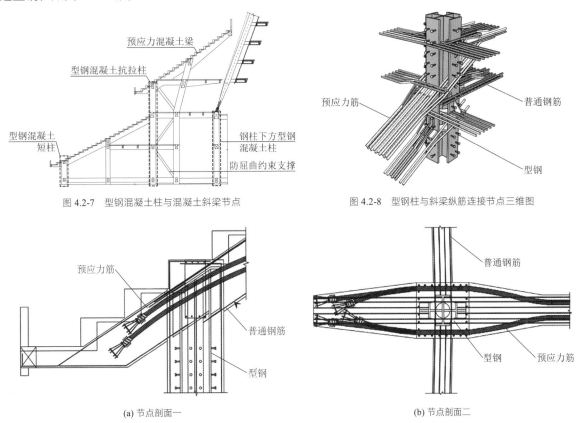

图 4.2-7　型钢混凝土柱与混凝土斜梁节点　　　　图 4.2-8　型钢柱与斜梁纵筋连接节点三维图

(a) 节点剖面一　　　　　　　　　　　　(b) 节点剖面二

图 4.2-9　型钢柱与预应力筋连接节点示意

2）型钢混凝土柱与混凝土梁、防屈曲约束支撑节点

型钢混凝土柱侧面设置十字加劲肋，与防屈曲约束支撑等强全熔透焊接。混凝土梁设置上、下端板，端板间设置全长加劲板相连，加劲板间隔 50mm 设置 50mm 缝，方便梁箍筋通过，下端板与防屈曲约束支撑等强全熔透焊接连接，如图 4.2-10 所示。

3）型钢混凝土柱与 V 形钢柱脚节点设计

屋顶钢结构柱脚与型钢混凝土柱相连，钢柱脚采用向心关节轴承，对安装精度要求很高，因此，采用了可以主动调整误差的安装方式。型钢柱在顶部分成两段，上段为棱台形，上段、下段之间采用钢板相连，如图 4.2-11 所示。施工时，第一步，将型钢柱下段与混凝土梁下部钢筋连接好，浇筑阴影范围之外的梁柱混凝土；第二步，测量连接钢板标高，加工型钢柱上段，将钢柱脚与型钢柱上段焊接成整体节点，将整体节点与连接钢板焊接，浇筑阴影范围之内的梁柱混凝土。

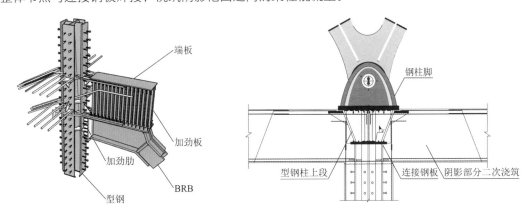

图 4.2-10　型钢柱与梁纵筋、防屈曲约束支撑连接节点示意　　　　图 4.2-11　型钢柱与钢柱脚连接节点示意

4.2.2 体育场屋盖结构

1. 概况

体育场的屋盖结构基于建筑师的马鞍形曲线的设计构思，采用马鞍形轮辐式单层索网结构。体育场的屋盖外边缘环梁几何尺寸为 260m × 230m，马鞍形的高差为 25m。体育场屋盖主要几何尺寸如图 4.2-12 所示。体育场屋盖结构主要由三部分组成：屋面覆盖拱支承的膜结构、主体结构外倾 V 形柱 + 马鞍形外压环 + 索网、外幕墙格栅体系，如图 4.2-13 所示。

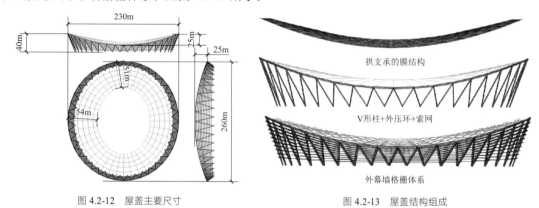

图 4.2-12　屋盖主要尺寸　　　　　图 4.2-13　屋盖结构组成

2. 轮辐式索网结构

体育场的屋面结构体系设计原理是全封闭的索网体系，参考自行车轮辐的受力原理，如图 4.2-14 所示，也称为轮辐式结构体系。内部的受拉环以及外侧的受压环通过对径向索施加预应力而形成预应力态。

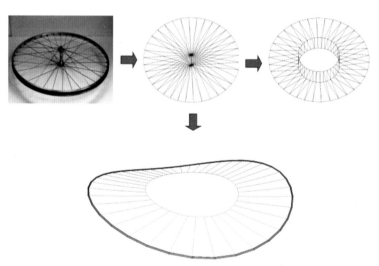

图 4.2-14　轮辐式索网结构体系

主要的结构体系包括结构立柱、外压环梁、径向索以及内拉环索，侧面为幕墙结构，顶面为拱支承的膜结构，如图 4.2-15 所示。施加在屋盖上的荷载，通过径向索传递到外压环上，外压环受压，径向索和内环索受拉，如图 4.2-16 所示（红色为受压，蓝色为受拉）。

因为平面的索网结构的平面外刚度较弱，在荷载下会产生较大的位移，所以通过优化计算选取了 25m 的马鞍形高差，从而有效地形成屋面结构的刚度。通过有效的结构受力找形的工作，确定了内环和径向索的预应力，从而使得外压环在自重作用下不会产生任何的弯矩，而只有在外力下才会产生弯矩。通过结构的受力找形，大大地节省了结构的用钢量。所有的径向索以及环向索均采用全封闭索。径向索根据不同的受力部位，直径为 110～120mm（内环曲率大的地方预应力大）。内环索采用 8 根直径 100mm 的

经典回眸　上海建筑设计研究院有限公司篇

全封闭索。

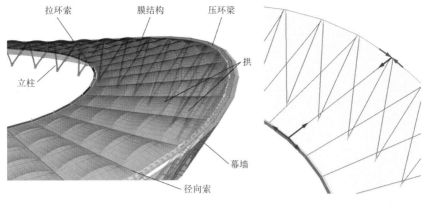

图 4.2-15　屋盖结构体系构成　　　　　图 4.2-16　结构受力示意

3. 单层索网和双层索网体系选择

原建筑方案马鞍形较平，结构采用双层索网体系，后期建筑方案调整，加大了马鞍形高差。对双层索网和单层索网进行了对比分析后发现，马鞍形高差大于15m后，单层索网结构效率开始优于双层索网；25m马鞍形高差可以使单层索网结构有效地形成屋面刚度，如图4.2-17所示。

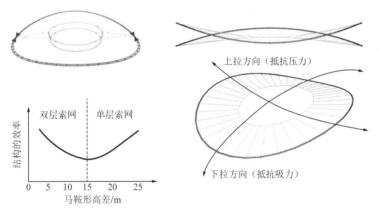

图 4.2-17　单层索网和双层索网体系效率对比

4. 索结构支承体系

传统索结构支承体系一般采用三种方案。

方案一：混凝土墙柱加混凝土环梁，索锚固在混凝土环梁上。如加拿大卡尔加里滑冰馆（图4.2-18），缺点是混凝土框架结构刚度很大，其在索网张拉时产生的次内力很大，相应构件截面加大，经济性欠佳。

方案二：在方案一混凝土柱或环梁上布置滑动支座，支座上方设置钢压环。如科威特国家体育场（图4.2-19），钢压环可以在索预应力的作用下向场内伸缩，避免了对下方混凝土看台结构的不利影响；缺点是钢压环不参与整体结构抗震，看台混凝土结构需要另外布置环梁，造成了一定程度的浪费。

方案三：竖直钢柱加钢压环梁。如深圳宝安体育场（图4.2-20），钢柱柱底铰接，钢框架刚度相比混凝土框架小，索网张拉时钢柱随着环梁向内场变形，不利次内力小。缺点是竖直钢柱刚度较小，需要另外增加支撑，以抵抗水平风荷载和地震力。

体育场经过多轮方案分析比选，提出"外倾V形柱 + 马鞍形外压环"支承体系，如图4.2-21所示。V形柱外倾，和外压环梁一起在空间上形成了平面内外刚度都非常好的锥形壳体结构，能很好地抵抗水平风荷载和地震力。柱底采用关节轴承或球形钢支座，可以径向和环向双向转动，索张拉时柱随环梁转动，支撑结构不利次内力小。该支承体系综合了上述三种方案的优点，同时避免了其缺点，是一种受力合理、结构效率高的新型支承体系。

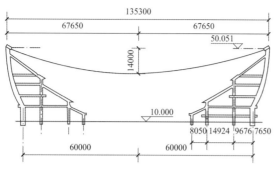

图 4.2-18 加拿大卡尔加里滑冰馆

图 4.2-19 科威特国家体育场

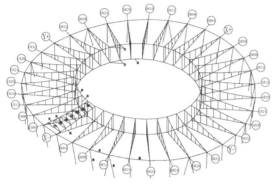

图 4.2-20 深圳宝安体育场

图 4.2-21 "外倾 V 形柱 + 马鞍形外压环"支承体系

5. 钢结构与混凝土结构连接

原结构方案，钢结构在混凝土结构三层设置铰接柱脚，自成平衡体系。后期根据风洞试验结果对结构方案作了调整。由于高看台区的墙面结构非常高，达到了 40m，风振系数很大，幕墙结构设计困难。为了使结构受力更加有效，在高看台处增设 28 根水平连杆，截面 ϕ140mm × 10mm，如图 4.2-22 所示。墙面部分自振频率从 0.39Hz 增加到 0.61Hz，风振系数从 4 降至 3.5。

为了尽量减少屋盖结构和混凝土结构的相互影响，水平连杆采用带向心关节轴承的二力杆。二力杆在所有主体结构及上部恒荷载施加完成后，再进行连接。水平连杆仅承担风荷载及其他附加效应。

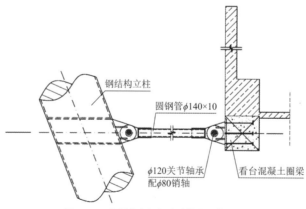

图 4.2-22 钢结构与混凝土结构之间的连接

6. 荷载选用

钢构件自重由程序自动考虑，并将密度放大 1.1 倍以考虑节点的重量。其他荷载还包括：径向索头荷载、内环索铸钢节点荷载、马道荷载、膜及膜拱荷载、幕墙荷载、屋面设备荷载、不上人屋面荷载、均布雪荷载、不均布雪荷载（雪荷载分布在屋面较低处）、积雪荷载（雪荷载堆积在膜拱拱脚）、积水荷载、温度作用、风荷载、钢柱脚沉降差、地震作用。按照《建筑结构荷载规范》GB 50009-2012 进行组合，承载能力极限状态组合＋正常使用极限状态组合总数达到了 340 个。

同济大学土木工程防灾国家重点实验室对结构进行了刚性实体模型风洞试验研究和*CFD*数值风洞模拟研究，两者结果比较接近，数值模拟的体形系数绝对值比风洞试验结果大 0.1～0.2；用 ANSYS 的瞬态分析方法计算了结构的风致响应，计算时考虑了结构大变形引起的几何非线性效应，得到了钢屋盖的风振系数；同时，为了考虑柔性屋面结构和风荷载之间的耦合作用，实验室人员进行了气弹性模型风洞试验研究。研究发现，除了屋盖挑篷悬挑端部分在试验风速下有较大振幅，其脉动风压系数明显大于刚性模型测压试验结果外，其他位置的差别较小，整体屋盖的风振系数为 1.81，小于 ANSYS 的计算结果 1.86。

风洞试验提供了 24 个不同风向角作用下的风荷载值，将这些荷载进行分析计算后，选取 6 个不同风向角的风荷载用于整体分析：0°风向角风荷载，此风荷载引起的整体结构产生向上的最小风吸力；15°风向角风荷载，此风荷载引起整体结构产生*Y*向的最大反力；60°风向角风荷载，此风荷载引起的整体结构产生向上的最大反力，同时也引起局部结构产生较大的风吸力；75°风向角风荷载，此风荷载引起局部结构产生较大的风吸力；90°风向角风荷载，此风荷载引起最大的整体结构*X*向的反力；135°风向角风荷载，此风荷载对于幕墙结构而言是最不利荷载。

7. 材料和主要截面

V 形柱根据受力不同，材料采用 Q345C 和 Q390C，截面采用圆管或圆管＋内加强板形式，如图 4.2-23 所示，40m 高柱，截面控制在 ϕ1100mm×35mm，如图 4.2-24 所示。环梁采用 Q345C 圆钢管，直径 1500mm，壁厚 45～60mm 不等。

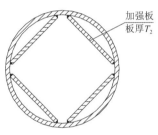

图 4.2-23　内加强板圆钢管柱

图 4.2-24　40m 高 V 形柱

径向索、内环索均采用进口全封闭索，其索夹抗滑能力、索承受索夹压力能力、防腐蚀能力、抗疲劳强度均优于螺旋索，钢丝抗拉强度标准值不小于 1570N/mm²。径向索为单根索，直径有 100、110、120mm 三种规格。内环索为 8 根索，直径均为 100mm。屋面膜材采用《膜结构技术规程》CECS158：2004 中代号为 GT 的膜材，其基材为玻璃纤维，双面涂聚四氟乙烯（PTFE）涂层，抗拉强度满足国标 G 类 A 级要求。

为减小柱脚销轴直径，以减小支座整体高度，达到美观效果，柱脚销轴采用符合欧洲标准 EN 10343 的高强 34CrNiMo6 材料，QT 处理，国内大的钢材供应厂商都可以生产，并出口到欧洲，在机械行业应用比较普遍。销轴直径在 161～250mm 之间时，其屈服强度标准值达到 600MPa，比常规 40Cr 的屈服强度标准值 500MPa 提高 20%。

同样，为了减小索夹、柱脚的构件尺寸，铸钢材料采用符合欧洲标准 EN 10213 的高强 G20Mn5QT 材料，并把材料屈服强度标准值要求从 300MPa 提高到了 385MPa。铸造时，C、Mn 等元素要达到中上限，并需加入 Cr 和 Ni 等合金元素，还要严格控制 P、S 的含量，合理调配 Si 的含量，提高钢水的纯净度，才能保证铸钢件的力学性能，碳当量控制在不大于 0.48%。强度的增加会带来延性的降低，体育场采用轻质膜屋面，地震作用不起控制作用，对材料的延性要求可适当降低，经过专家会论证，伸长率允许从规范要求的 22% 降低到 20%。

8．V形柱设计

外圈倾斜的V形柱在空间上形成了一个刚度良好的圆锥形空间壳体结构，直接支承设置于顶部的受压外环梁。

最高40m的V形柱和环梁形成了刚度巨大的桁架，其展开面如图4.2-25所示。刚性桁架对基础沉降较为敏感，为了减小基础沉降差的影响，对结构柱的设置进行了方案优化的比较，让特定部位的立柱承受指定的荷载，图4.2-26为局部的立柱（1/4整体）平面布置图，所有节点均绕径向和环向铰接。柱脚节点1（编号ZZ01）的柱承受屋盖、幕墙竖向荷载，以及径向和环向水平荷载；柱脚节点2（编号ZZ02）竖向滑动，柱不承受屋盖竖向荷载，但承受幕墙竖向荷载并传递给上方的外环梁，承受径向与环向水平荷载；柱脚节点3（编号ZZ03）竖向和环向滑动，柱不承受屋盖竖向荷载，但承受幕墙竖向荷载，承受径向水平荷载，但不承受环向水平荷载；柱脚节点4（编号ZZ04）的单肢柱竖向滑动，不承受屋盖竖向荷载，但承受幕墙竖向荷载，承受径向和环向水平荷载。

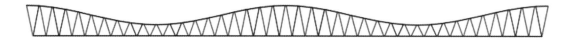

图4.2-25　V形柱和外环梁展开面

在满足结构刚度需要的前提下，部分柱边界条件的释放使基础沉降差产生的柱应力由95.1MPa减小到34.1MPa，节约了用钢量。

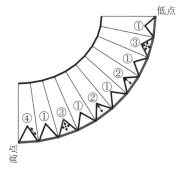

图4.2-26　局部立柱平面布置图（1/4整体）

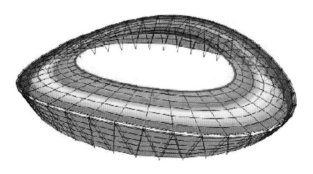

图4.2-27　钢屋盖第一阶振型

9．钢屋盖弹性计算结果

采用SAP2000分析软件，建立单钢屋盖、钢屋盖+混凝土结构两个模型，考虑P-Δ效应和大位移进行计算分析。根据找形结果，拉索预应力用降温方法来模拟，并作为基础工况参与各工况组合。钢结构和混凝土看台顶端的连杆在所有主体结构及上部恒荷载施加完成后再进行连接施工，并采用非线性阶段施工方法对其进行模拟。

采用Ritz向量法进行模态分析，考虑的振型数量为100个，累计质量参与系数三个方向均超过97%。前6阶振型均为屋盖上下振动，表明结构竖向刚度较弱，第一阶振型频率仅0.313Hz，如图4.2-27所示。

按照《苏州奥体中心抗震设防专项审查意见》，对结构进行7度罕遇地震下的时程分析，结果表明，地震作用仍然不是控制工况。100年一遇风荷载组合下的承载能力极限状态下，拉索应力最大，最大应力比为0.8。拉索采用进口全封闭索，抗拉力设计值按照欧洲标准EN 12385-10取值，拉索抗力分项系数即拉索极限抗拉力标准值除以抗拉力设计值为1.65，小于中国《索结构技术规程》JGJ 257-2012要求的2。《索结构技术规程》JGJ 257-2012第5.6.1条条文说明指出，规程中的安全系数2是基于钢丝束、钢绞线和索综合取值的，高强钢丝束的安全系数实际为1.55，经专项审查专家讨论，同意安全系数取1.65。另外，按照安全系数2进行计算，拉索最大应力比为0.97，略小于1。钢结构和混凝土结构整体模型分析的钢屋盖各项指标也均满足规范要求。

10. 钢屋盖双非线性整体稳定分析

屋盖为空间受力体系，V 形柱和钢环梁、拉索互为弹性支承，无法同常规钢框架结构一样，按照规范查表得出其计算长度系数。因此，采用通用有限元程序 ANSYS，对结构进行了考虑几何非线性和材料非线性的整体稳定分析。

钢环梁和 V 形柱采用 Beam 188 单元，拉索采用 Link 10 单元。钢材本构关系曲线如图 4.2-28 所示。按结构每一工况的第一阶屈曲模态考虑 260m 跨度 1/300 的初始缺陷。分析按照两个荷载步进行：第一荷载步计算预张应力和重力的作用（包括索头、索夹重力等），第二荷载步计算其余外荷载的作用。按《建筑结构荷载规范》GB 50009-2012 要求采用荷载标准组合进行分析，在雪荷载和风荷载同时组合的工况中，考虑到组合较多，风荷载仅选取使结构变形、受力较大的三个典型的风向角（0°、75°、90°），共计 60 个工况。

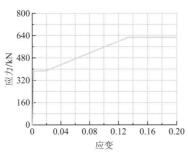

图 4.2-28 钢材本构关系曲线

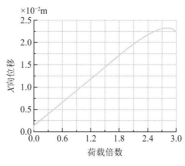

图 4.2-29 荷载-位移曲线

计算结果表明，各工况下结构整体稳定极限承载力系数 $K > 2$，满足规范要求，典型工况下荷载-位移曲线如图 4.2-29 所示。

11. 节点设计

柱顶节点如图 4.2-30 所示，V 形柱与环梁通过连接板刚性连接，环梁之间通过法兰刚性连接，径向索与法兰盘延伸出来的耳板通过销轴连接。

如前所述，结构有 4 种形式的支座。柱脚节点 1 为关节轴承铰接支座，柱脚节点 2 为可上下滑动的关节轴承铰接支座，柱脚节点 3 为可上下左右滑动的关节轴承铰接支座，柱脚节点 4 为可上下滑动的关节轴承铰接套筒节点。节点绕径向和环向双向铰接，通过向心关节轴承实现；竖向、径向、环向滑动或三者的组合滑动通过关节轴承、轴承座、轴承压盖、双金属材料滑板等来实现。对柱脚节点 1~4 完成了有限元分析和节点试验，应力、变形等结果满足设计各项指标要求。柱脚节点 4 如图 4.2-31 所示。

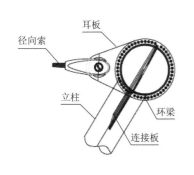
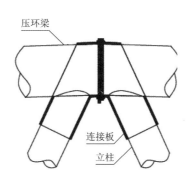
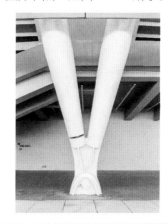

图 4.2-30 柱顶节点

图 4.2-31 可上下滑动的关节轴承铰接套筒节点

12. 屋盖健康监测

对体育场设置了健康监测系统,对钢结构屋盖的施工过程和长期工作状态进行监测和故障预警。监测内容包括风向、风速、钢构件应力、索力、变形、内环加速度等。监测发现,拉索施工成型后,磁通量传感器索力实测值和数值模拟计算结果相差约5%以内,小于《索结构技术规程》JGJ 257-2012 第7.4.9条规定的10%。竖向位形实测值和数值模拟计算的差值多数少于10mm,最大的为17mm,远小于设计允许的100mm,施工精度很高。

结构封顶后,苏州当地经历一次降雪过程,大雪中拉索的位形有些许变动,应力变化很小,与数值模拟计算结果吻合。大雪过后,拉索的位形恢复到正常水平,说明本次雪荷载对于结构的影响轻微,结构处于安全状态。

13. 用钢量

体育场跨度260m,钢索模型理论质量338t,环梁理论质量1634t,V形柱理论质量1899t,总计3871t。按照屋盖投影面积(34700m²)计算,索用钢量9.7kg/m²,索 + 环梁用钢量56.8kg/m²。通过采用高强度钢索,显著降低了大跨结构的用钢量,减少了碳排放量,符合国家绿色建筑的发展方向。屋面覆盖材料之下仅有单层索网主结构,索最大直径120mm,马道、电缆沟等创造性地放在了屋顶上方,最大限度地实现了结构的简洁效果。内场实景图如图4.2-32所示。

图4.2-32 内场实景图

4.2.3 游泳馆看台结构

游泳馆由地上4层看台结构及钢结构屋盖组成,看台的抗侧力体系为混凝土框架-剪力墙结构。钢结构屋盖在混凝土结构三层12.000m标高处设置铰接柱脚,自成平衡体系。混凝土看台顶标高15.600m,钢结构屋盖顶标高32.000m。游泳馆剖面如图4.2-33所示。

图4.2-33 游泳馆剖面图

游泳馆局部设一层地下室,含地下室的地方,嵌固端设置在底板面,不含地下室的区域,嵌固端设置在承台顶面。

钢屋盖结构位于标高 12.000m 混凝土结构上方，地震的放大效应取决于混凝土结构刚度。经过整体模型计算，将整体模型钢结构柱脚与混凝土柱脚的绝对加速度进行了比较，结果介于 1.7～1.9 倍之间；整体模型和单钢结构模型内力对比，结果介于 1.3～1.6 倍之间，立柱的放大系数较大，压环的放大系数较小，而索的放大系数几乎没有改变。在单体模型的计算中地震效应的放大系数采用 2。

基础除局部地下室采用钻孔灌注桩 + 筏板之外，其余基础形式均为钻孔灌注桩 + 承台 + 连系梁。大平台一般区域为单层或双层框架结构，柱底反力小，采用直径 600mm 钻孔灌注桩，桩长 39m，桩端持力层为⑦₂ 粉砂夹粉土，单桩竖向极限承载力为 3800kN；其余多层框架—剪力墙区域采用直径 800mm 钻孔灌注桩，桩长 51m，桩端持力层主要为⑨粉质黏土夹粉土，考虑桩底后注浆，单桩竖向极限承载力为 8100kN。

4.2.4 游泳馆屋盖结构

1. 概况

游泳馆的屋盖是基于马鞍形曲线的设计构思发展起来的正交单层索网结构，结构的外侧为整个游泳馆的幕墙，屋盖外边缘环梁为正圆形，直径 107m，马鞍形的高差为 10m，游泳馆屋盖主要几何尺寸如图 4.2-34 所示。

屋盖结构形状的几何形成过程如下：

（1）在标高 12.000m 处均匀布置柱脚支座，在平面上围成一个直径 83.9m 的圆形平面；

（2）在标高 27.000m 处，设置一个直径为 107m 的受压环；

（3）将受压环的Z向坐标根据余弦曲线变化形成马鞍形：受压环Z向坐标 $Z(\varphi) = 5\cos\varphi + 27$，其中 φ 为受压环坐标点平面投影与中心点连线和Y轴夹角，$0 < \varphi \leqslant 2\pi$，如图 4.2-35 所示。

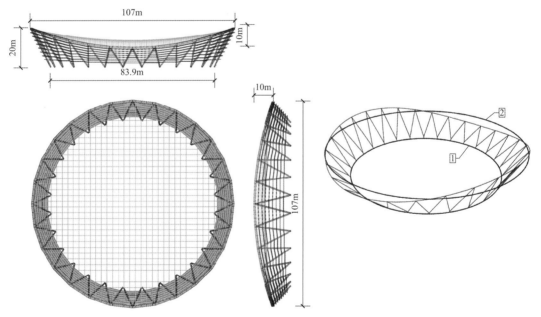

图 4.2-34 游泳馆屋盖平、立面图   图 4.2-35 屋盖结构几何形成过程

游泳馆屋盖结构主要由三个部分组成：直立锁边屋面体系，主体结构 V 形柱 + 外环梁 + 索网，外幕墙格栅体系。正交单层索网结构体系的设计思路来源于网球拍的受力原理，外压环是网球拍的外框，而索网则是网球拍的网状结构。预应力索网与受压环梁形成自锚体系，索的拉力使受压环梁产生压力，如图 4.2-36 所示。10m 高差的马鞍形进一步提高了屋面结构的刚度，稳定索矢跨比 1/38，承重索矢跨比 1/15，承重索和稳定索均为双索，各 31 对，间距 3.3m，在双向正交索网层的交汇点处设置索夹具，以连接上下预应力钢索（图 4.2-37）。

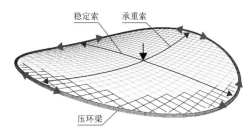

| 图 4.2-36 屋盖受力原理 | 图 4.2-37 索网张拉完成后的结构 |

2. 荷载选用

钢构件自重由程序自动考虑，并将密度放大 1.1 倍，以考虑节点的重量。其他荷载还包括：直立锁边屋面系统荷载，索夹荷载，马道荷载，幕墙荷载，屋面设备荷载，不上人屋面荷载，均布雪荷载，不均布雪荷载，温度作用，风荷载，钢柱脚沉降差，地震作用。按照《建筑结构荷载规范》GB 50009-2012 进行组合，承载能力极限状态组合与正常使用极限状态组合总数达到了 394 个。

项目在同济大学土木工程防灾国家重点实验室进行了刚性实体模型风洞试验研究和CFD数值风洞模拟研究，两者结果比较接近，数值模拟的体型系数绝对值比风洞试验结果大 0.1～0.2；用 ANSYS 的瞬态分析方法计算了结构的风致响应，考虑了结构大变形引起的几何非线性效应，得到钢屋盖的风振系数为 1.7。

风洞试验与《建筑结构荷载规范》GB 50009-2012 并没有对风摩擦力进行规定，出于安全考虑，风摩擦力 w_{fr} 根据欧洲荷载规范 EC1 取值：

$$w_{fr} = w_k C_{fr} = \beta_z \mu_z \mu_s w_0 C_{fr} = 0.03 \text{kN/m}^2 \tag{4.2-1}$$

式中：β_z——风振系数，根据风洞试验报告取 1.7；

μ_z——风压高度变化系数；

μ_s——风荷载体形系数；

w_0——基本风压；

$\mu_z \mu_s w_0$——取各个风向角下的最大值；

C_{fr}——摩擦系数，取 0.02。每个风向的风摩擦力均作为该方向风工况的一部分，与风压或风吸荷载共同输入到该方向风工况中。

3. 材料和主要构件截面

V 形柱采用 Q390 钢管，高 20m，截面 850mm × 30mm，其余柱截面 850mm × 15mm、850mm × 20mm。环梁采用 Q390C 圆钢管，截面 1050mm × 40mm。

游泳馆拉索在工作中长期处于高氯气当中，根据国际标准化组织发布的《钢结构防护涂料系统防腐蚀保护》ISO 12944，为 C4（高）腐蚀环境。全封闭索中心钢丝表面作热浸锌处理，富锌复合材料填充，外表面两层用 Z 形 Galfan 镀层钢丝，如图 4.2-38 所示。相比螺旋索，全封闭索抗腐蚀能力更强，游泳馆拉索全部采用进口全封闭索。钢丝抗拉强度标准值不小于 1570N/mm²，弹性模量 $E = (1.62 \pm 0.05 \times 10^5) \text{mm}^2$，承重索和稳定索均采用双索，直径 40mm。

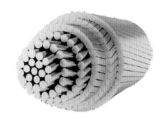

(a) 螺旋索　　　　　　　　　　　(b) 全封闭索

图 4.2-38 螺旋索及全封闭索示意图

4．钢屋盖弹性计算结果

采用 SAP2000 分析软件，建立单钢屋盖、钢屋盖加混凝土结构两个模型，考虑 P-Δ 效应和大位移，进行计算分析。拉索预应力根据找形结果，用降温方法来模拟，并作为基础工况参与各工况组合。

采用 Ritz 向量法进行模态分析，考虑的振型数量为 100 个，累计的质量参与系数 X、Y、Z 三个方向均超过 98%。前 6 阶振型均为屋盖上下振动，表明结构竖向刚度较弱，第一振型频率仅 0.58Hz，如图 4.2-39 所示。

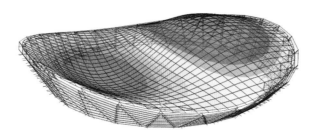

图 4.2-39　钢屋盖第一振型示意图

按照抗震设防专项审查意见，对结构进行 7 度罕遇地震下的时程分析，发现地震作用仍然不是控制工况。100 年一遇风荷载组合下的承载能力极限状态分析下，拉索应力最大，应力比 0.72。拉索采用进口全封闭索，抗拉力设计值按照欧洲荷载规范 EC1 取值，拉索抗力分项系数即拉索极限抗拉力标准值与抗拉力设计值的比值，为 1.65。

恒载＋活载标准组合下，索网跨中变形达到 860mm，为跨度的 1/124，超出《索结构技术规程》JGJ 257-2012 第 3.2.13 条中 1/200 的要求，给附属结构包括马道、水管、直立锁边屋面带来了困难，后文进行详述。钢结构和混凝土结构整体模型分析下的钢屋盖各项指标均满足《建筑抗震设计规范》GB 50011-2010 的要求。

5．钢屋盖双非线性整体稳定分析

屋盖为空间受力体系，V 形柱和钢环梁、拉索互为弹性支承，无法同常规钢框架结构一样，按照《钢结构设计规范》GB 50017-2003 查表得出其计算长度系数。因此，采用通用有限元程序 ANSYS，对结构进行了考虑几何非线性和材料非线性的整体稳定分析。

钢环梁和 V 形柱采用 Beam188 单元，拉索采用 Link10 单元。钢材的本构关系曲线如图 4.2-40 所示。按结构每一工况的第一阶屈曲模态考虑整体跨度 1/300 的初始缺陷。分析按照两个荷载步进行：第一个荷载步计算预张应力和重力的作用（包括索头、索夹重力等），第二个荷载步计算其余外荷载的作用。按《建筑结构荷载规范》GB 50009-2012 的要求采用荷载的标准组合进行分析，在雪荷载和风荷载同时组合的工况中，考虑到组合较多，风荷载仅选取典型的和结构变形、受力较大的三个角度，同时考虑雪荷载半跨布置，共计 52 个工况。

计算结果表明，各工况下结构整体稳定极限承载力系数 $K > 2$，满足规范要求，典型工况荷载-位移曲线如图 4.2-41 所示。

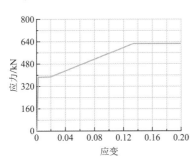

图 4.2-40　钢材本构关系曲线

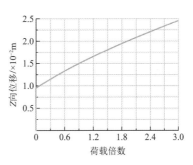

图 4.2-41　荷载-位移曲线

6．节点设计

柱顶节点如图 4.2-42 所示，V 形柱与环梁通过加劲板刚性连接，环梁之间通过法兰刚性连接，法兰采用 32 个 8.8 级摩擦型镀锌高强度螺栓 M36，施加 100%预应力，由于镀锌高强度螺栓扭矩系数不稳定，故采用专用张拉器张拉高强度螺栓后拧紧，如图 4.2-43 所示。

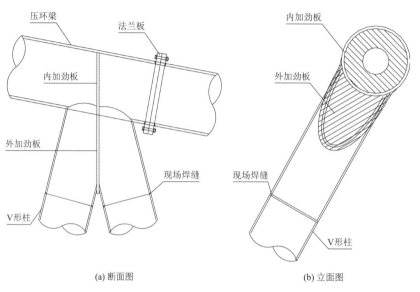

(a) 断面图　　　　　　　　　　(b) 立面图

图 4.2-42　柱顶节点

《索结构技术规程》JGJ 257-2012 第 7.2.5 条规定：当拉索长度 $L \leqslant 50m$ 时，允许偏差±15mm；当拉索长度 $50m < L \leqslant 100m$ 时，允许偏差±20mm；当拉索长度 $L > 100m$ 时，允许偏差±L/5000。假定索长制作误差和索网端节点安装误差满足均值为 0 的正态分布，其 3 倍标准方差为误差限值。索长误差沿索长按照各索段长度比例分布，端节点安装误差布置在索端，误差样本数量 1000 个。仅考虑《索结构技术规程》JGJ 257-2012 规定的索长制作偏差时，索力误差在 5.9%～19.2%之间，不能满足《索结构技术规程》JGJ 257-2012 10%的要求。设计要求索长误差允许值为规范允许值的 1/2，计算发现，索力误差在 2.9%～12.8%之间，仍有部分索不满足规范要求。同时考虑设计要求的索长偏差和±30mm 的钢结构安装误差，索力误差在 11%～58.6%之间，误差较大的索主要是边索，因其索长较短，最短仅 31.7m，索长误差占索总长比例最大。

V 形柱柱脚如图 4.2-44 所示，由圆钢管逐渐过渡到梭形钢管和铸钢件，与混凝土柱上方的球形钢支座相连。球形钢支座竖向压力设计值 7500kN，竖向拉力设计值 3915kN，水平剪力设计值 6160kN，承载力试验结果满足设计要求。

　　　　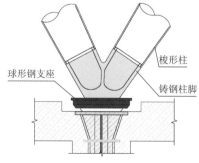

图 4.2-43　高强度螺栓张拉器　　　　图 4.2-44　柱脚节点

7．柔性屋面大变形对附属结构影响研究

单层索网竖向刚度弱，风荷载下的竖向变形很大，需要重点考虑附属结构如排水管、马道、直立

锁边屋面等适应屋面大变形的能力。在排水管靠近环梁的位置设置软接头，以适应索网在环梁位置处的转角变形。

图 4.2-45 为局部马道示意图，马道每隔 3.3m 在索夹处设置吊杆，两头悬挑 1.1m 形成 5.5m 受力单元，单元之间用 60mm×60mm×5mm 方钢管相连，钢管两端设置转动＋滑动连接。同时，在整体模型中设置非结构虚拟单元，统计滑动节点滑动量，两端滑动量取±15mm。

直立锁边刚性屋面如何适应柔性单层索网大变形是游泳馆设计难点之一，在常规直立锁边体系基础上进行了创新设计。屋面体系主要受力构件从下至上包括：索夹上方连接板，主檩条，次檩条，铝合金滑移固定座，直立锁边板。在整体模型中设置非结构虚拟单元，模拟主檩条、次檩条端部滑动节点滑动量，设置长圆孔进行释放。

直立锁边板通长，其平面内外的转动能力较难通过计算模拟，因此，设计了屋面系统大变形试验。选取 2×2 索网区格，网格尺寸 3.3m×3.3m，将索网之外的所有屋面组件包括隔汽、保温层等安装在试验支架上，保证试验条件与实际工程一致。按照索网模型选择 4 个 X 向最大转角组合，4 个 Y 向最大转角组合，对网格点进行位移加载，在每个变形加载后进行水密性试验。试验结果表明，现场未发现屋面下层面板渗水，创新屋面系统能承受主体结构大变形。屋面试验装置如图 4.2-46 所示。

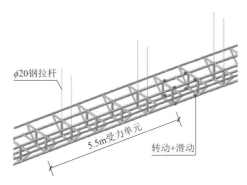

图 4.2-45 局部内环马道示意图　　　　　图 4.2-46 游泳馆屋面试验

游泳馆屋面安装时，钢柱临时缝尚未封闭，结构较柔，分析发现，屋面重量就能使索网中心下挠 1100mm，该变形会导致屋面安装不紧密，后期产生漏水。解决方案为采取等同屋面重量的配重，每安装一层屋面系统，卸载一批同重量配重，保证屋面安装时索网的变形在可控范围。

8. 屋盖健康监测

游泳馆屋面变形大、创新设计多、难度挑战大、科技含量高。因此，设置了健康监测系统，对钢结构屋盖的施工过程和长期工作状态进行监测和故障预警。监测内容包括风向、风速、温度、钢构件应力、索力、变形等。监测发现，钢结构合拢期间，V 形立柱和环梁应力和位移实测值与 ANSYS 计算值基本相符。索张拉期间，磁通量传感器共监测了 12 根拉索的索力值。与设计索力偏差最大的为 7.61%，最小的为 0.84%，偏差在 5%～10% 的有 3 根，偏差小于 5% 的有 9 根，满足《索结构技术规程》JGJ 257-2012 第 7.4.9 条中不宜大于 10% 的要求。

9. 用钢量

游泳馆跨度 107m，钢索模型理论质量 96t，环梁理论质量 366t，V 形柱理论质量 513t，总计 975t。按照屋盖投影面积（8983m²）计算，索用钢量 10.7kg/m²；索＋环梁用钢量 51.4kg/m²。通过采用高强钢索，显著降低了大跨结构的用钢量，减少了碳排放，符合国家绿色建筑的发展方向。

钢管柱高 20m，最大截面仅 850mm×30mm；环梁直径 107m，最大截面仅 1050mm×40mm。屋面系统之下，仅有单层索网主结构，直径 40mm，最大限度地实现了结构的简洁效果。内场实景图如图 4.2-47 所示。

图 4.2-47　内场实景图

4.3　关键技术

4.3.1　体育场基于"三索共面"原则和改进遗传算法的索网形态优化方法

轮辐式单层索网结构由周边支承的柱和外压环以及索网的径向索和环索构成,是典型的张力结构,如图 4.3-1 所示,其中索网的位形和预应力构成了索网的形态,两者相互制约、密不可分。索网的形态是"形"和"力"的统一,不仅确定了结构曲面造型,更是结构刚度的决定因素,对结构力学性能有重要影响。合理的"形"(位形)应保证索网曲面优美;合理的"力"(预应力分布和水平),过大导致拉索和支承构件负载过大,过低导致刚度过小,甚至在外载作用下拉索松弛。因此,形态优化在轮辐式单层索网结构设计中是必要的工作。

索网结构的常规形态优化是基于已知的索网周边节点坐标和边界约束条件,内容包括找形分析和找力分析,前者是寻求满足已知预应力条件的索网位形,后者是寻求满足已知位形条件的预应力。

在具体体育场工程中,受建筑功能的要求限制,结构的外缘轮廓和内缘开口的平面形状尺寸是已知条件,需要优化的参数包括:索网的外缘(外压环)节点和内缘(环索)节点的竖向标高、拉索的预张力和截面规格。与上述常规形态优化相比,不仅索网周边节点的竖向标高为变量,且同时要进行力和形的优化。若工程中有 48 根径向索,则优化参数共有:48 × 4 = 192个。若补充结构对称的条件,则优化参数仍有192/4 = 48个,显然参数多且相互影响,优化难度很大。

本项目提出了基于改进并行策略和最佳保留策略的遗传算法进行轮辐式单层索网结构形态优化的方法:建立轮辐式单层索网的简化模型,以最小投资为优化目标,以索网的外缘(外压环)节点和内缘(环索)节点的竖向标高、拉索的预张力和截面规格为变量,并根据轮辐式单层索网的特点合理简化、优化变量,提高优化效率和优化质量。

1. 合理简化、优化变量方面

首先,根据轮辐式单层索网的几何拓扑关系,提出了"张力条件下共节点的三根拉索共面"原则(简称"三索共面",见图 4.3-2),即:与一个环索节点相连的两个环索单元和一个径向索单元(共 3 个索单元)在一个平面内;其次结合索网形状对称性,可从对称轴上的环索节点开始,设定该环索节点竖向标高和相连环索竖向角的迭代初值,在一个迭代过程中依次确定环索各节点标高,从而将环索各节点标高参数缩减为 2 个;再次,根据"力平衡"原则,按照平面几何关系,在一个环索节点处可由一根索预拉力推算出另两根索的拉力，因此可从对称轴上的径向索开始，设定该索预张力的迭代初值，在一个迭代过程中依次确定各径向索和环索的预张力，从而将拉索预张力参数缩减为 1 个；最后，考虑到一般工程的拉索预张力水平约为拉索破断力的 20%，按此比例可由拉索预张力选定拉索规格，因此可将拉索截面规格参数省去。由以上方法，仍以工程中有 48 根径向索为例，考虑结构对称性，优化参数由 48 个减少为 12 + 2 + 1 = 15 个，数量大大降低。

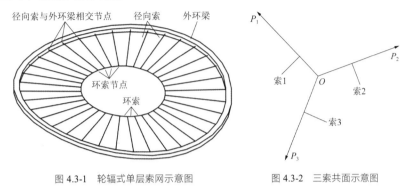

图 4.3-1　轮辐式单层索网示意图　　　　　　　图 4.3-2　三索共面示意图

2. 遗传算法方面

首先，根据基本遗传算法的基本理论建立了整个优化算法的基本框架；然后，运用改进的并行策略，将总种群分化为数个子种群，并根据预定的代数进行信息交换，直至算法满足终止条件，从而有效避免算法早熟现象；在此过程中，又通过改进的最佳保留策略，设置遗传代沟，在保留最高适应度的个体的同时，保证该个体参与交叉、变异等遗传操作，从而有效避免遗传操作陷入局部最优解，增强了全局搜索能力。

为了高效使用遗传算法实现结构优化，编制了相关程序，使用 MATLAB 调用 ANSYS 进行遗传操作，解决了两种软件信息交换的关键问题，如图 4.3-3 所示。优化方法和程序应用于苏州奥林匹克体育中心体育场轮辐式单层索网结构中，验证了可行性和高效性，如图 4.3-4 所示。

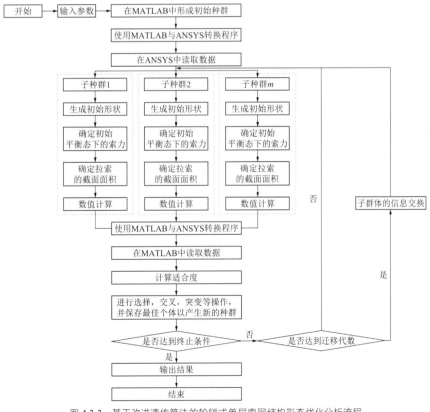

图 4.3-3　基于改进遗传算法的轮辐式单层索网结构形态优化分析流程

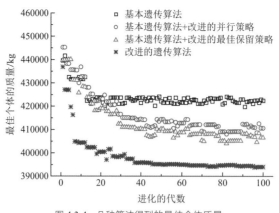

图 4.3-4　几种算法得到的最佳个体质量

4.3.2　体育场 V 形柱脚设置可滑动关节轴承以适应基础不均匀沉降

如前所述，体育场 V 形柱和环梁形成了刚度巨大的桁架，其对于基础沉降较为敏感，为了减小基础沉降差的影响，对于结构柱的设置进行了方案优化的比较，让特定部位的立柱承受指定的荷载。所有节点均绕径向和环向铰接。柱脚节点 1（编号 ZZ01）的柱承受屋盖、幕墙竖向荷载，承受径向和环向水平荷载；柱脚节点 2（编号 ZZ02）竖向滑动，柱不承受屋盖竖向荷载，但承受幕墙竖向荷载并传递给上方的外环梁，承受径向与环向水平荷载；柱脚节点 3（编号 ZZ03）竖向和环向滑动，柱不承受屋盖竖向荷载，但承受幕墙竖向荷载，承受径向水平荷载，但不承受环向水平荷载；柱脚节点 4（编号 ZZ04）的单肢柱竖向滑动，滑动的单肢柱不承受屋盖竖向荷载，但承受幕墙竖向荷载，承受径向和环向水平荷载。

部分柱边界条件的释放，在满足结构刚度需要的前提下，减小了基础沉降差异对钢屋盖结构受力的影响，节约了用钢量。设置向心关节轴承支座的效果对比分析如图 4.3-5 所示。在满足结构刚度需要的前提下，部分柱边界条件的释放使基础沉降差产生的柱应力由 95.1MPa 减小到 34.1MPa，节约了用钢量。

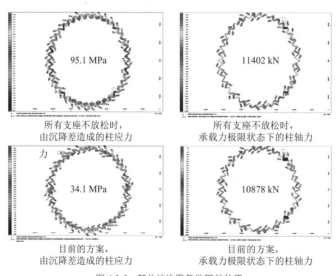

图 4.3-5　部分柱边界条件释放效果

柱边界条件能否顺利释放，节点构造至关重要，ZZ01～ZZ04 节点装配和三维图如图 4.3-6～图 4.3-9 所示。采用有限元仿真分析和试验进行各零件的强度校核，确保设计安全可靠。创新节点有限元和试验分析，保证了部分柱脚约束释放符合设计假定，索网支承结构适应基础不均匀沉降的能力大大加强，结构用钢量得到有效降低。

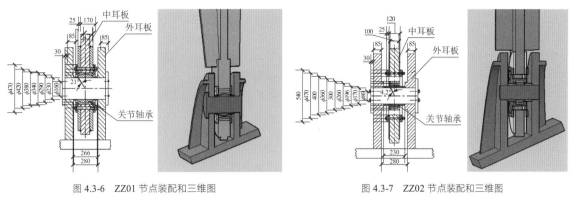

图 4.3-6　ZZ01 节点装配和三维图　　　　　　　图 4.3-7　ZZ02 节点装配和三维图

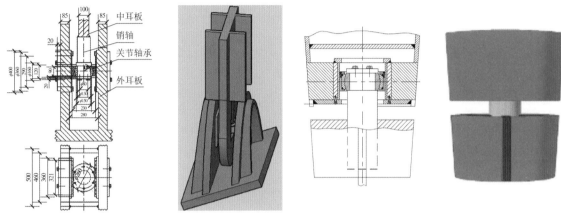

图 4.3-8　ZZ03 节点装配和三维图　　　　　　　图 4.3-9　ZZ04 节点装配和三维图

4.3.3　体育场钢板和铸钢件组合环索索夹节点

　　轮辐式单层索网径向索与环向索连接索夹，是此类结构最为关键的传力节点。因其形状复杂，一般均采用整体铸造；缺点是铸造难度大、可靠度低，甚至出现了断裂的严重事故。提出一种钢板与铸钢件组合索夹，如图 4.3-10 所示。耳板及加强板采用低合金钢，索槽采用铸钢，两者整体焊接，发挥了钢材强度高、性能可靠、造价低的优势，降低了铸造难度，大幅提高了节点可靠性。

　　另外，常规铸钢索夹根据径向索索力不同，耳板厚度不同，每种类型索夹均需要新开模铸造，造成模具浪费。钢板与铸钢件组合索夹，耳板可根据受力需要采用不同厚度低合金钢板，而所有索槽铸钢件均采用同一的几何尺寸，浇铸成型后进行机械加工，与下部不同角度的中间耳板进行焊接，模具数量可减少 80%。在加工过程中，将侧边多余的铸钢件切除，既美观也经济合理，如图 4.3-11 所示。

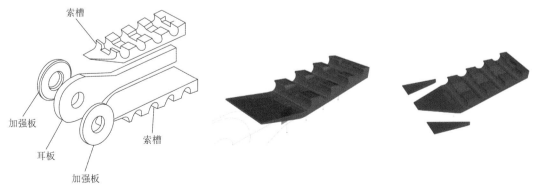

图 4.3-10　钢板和铸钢件组合环索索夹节点图　　　　　图 4.3-11　铸钢件采用统一尺寸浇铸后局部切除

东南大学土木工程学院对创新环索索夹进行了有限元分析和1∶1模型试验。分析和试验结果表明，索夹能承受14500kN的拉力，如图4.3-12所示。

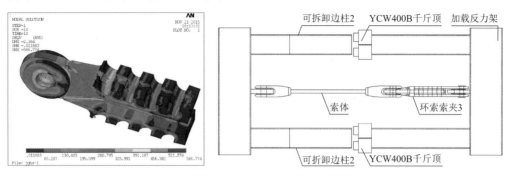

图 4.3-12　创新环索索夹节点有限元分析和模型试验

4.3.4　体育场适用于索网大变形的马道结构设计

体育场单层索网结构刚度弱，在极限荷载下的变形很大。在100年一遇风荷载作用下，内环最大竖向位移达到2.8m，远超出了规范对变形的限值要求。屋面覆盖采用膜材，适应变形的能力很强。但是附属结构如径向马道、环向马道、径向排水管、环向天沟、径向电缆沟等，在屋面大变形以及振动作用下，其受力状态应进行专门深入分析，确保其安全性。

1. 马道静力分析及设计

马道的设计思想是要主动适应屋盖的大变形，因此在马道中设置了许多滑动连接节点和旋转连接节点，以减小屋盖大变形对马道的不利影响，避免不必要的次应力，使主体结构分析更接近实际。在整体模型中设置了非结构连接单元，以模拟和分析马道的变形，如图4.3-13所示。该单元等效于线性弹簧，因此连接单元的变形即为马道滑动节点的释放需求。环向马道的总长度为435m，由40个非结构连接单元（编号0～39）模拟。

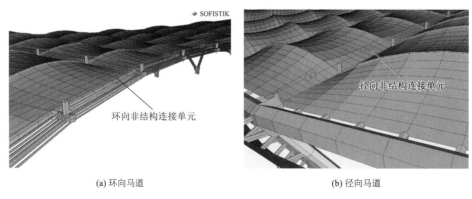

(a) 环向马道　　　　　　　　　　　　(b) 径向马道

图 4.3-13　马道计算模型

图4.3-14是每个连接单元在不同工况下的伸缩量。从图中可以看出，每个单元的伸缩量为-5～11.3mm（拉力为正，压力为负）。径向马道通过六个非结构连接单元（编号1～6）来模拟，并选择四个径向马道（轴编号1～4）进行分析。图4.3-15是不同工况下四个径向马道的伸长量（max）和压缩量（min）的包络值。可以看出，每段径向马道的变形量都很大。

2. 环向马道设计

为了满足建筑师对屋面效果的要求，体育场的马道摒弃了传统的"吊挂"形式，所有马道均上翻，布置在内环索与径向索相交处索头上方，以保证看台观众不能直接看到正上方的马道构件。内环上翻马道结构三维图如图 4.3-16 所示。考虑到照明布局要求,环向马道分为两种情况,带灯具马道和不带灯具马道。环向上翻马道三维图如图 4.3-16 所示。

上翻马道中,相邻环索索夹上的支撑立柱间均通过内外两根"连接横梁"连接,横梁最大跨度近 12m。每跨横梁上三等分位置,设置两道栏杆立柱,以降低上层横向构件的跨度,如图 4.3-17 所示。连接横梁是上翻马道受力的主要构件,其两侧均通过支撑立柱与环索索夹相连,因此在两端铰接的前提下,任何工况变形中,横梁始终保持着与每节环索平行的状态。因此,横梁需设置的伸缩值也即为各工况下,环索自身伸缩量的包络值。设计中,连接横梁与支撑立柱间的连接,一端采用固定铰,另一端采用铰接 + 轴向滑动,预留了 20mm 的伸缩量,详细结构示意如图 4.3-18 所示。

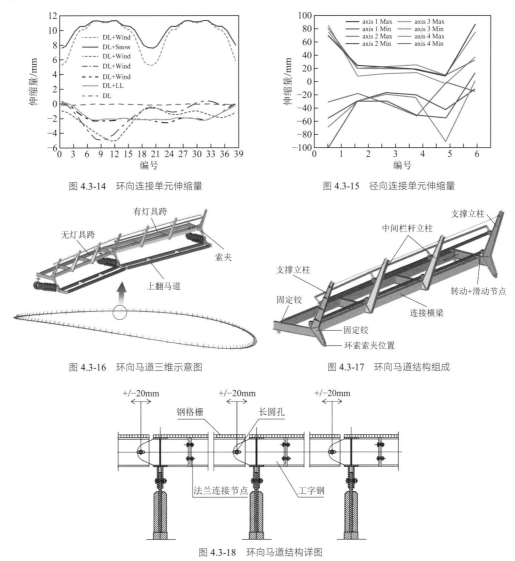

图 4.3-14 环向连接单元伸缩量

图 4.3-15 径向连接单元伸缩量

图 4.3-16 环向马道三维示意图

图 4.3-17 环向马道结构组成

图 4.3-18 环向马道结构详图

1)无灯具跨马道

栏杆立柱设置在连接横梁上,当相邻索夹之间发生较大的竖向变形差时,由于栏杆立柱与横梁间刚接,其会随着横梁的位形变化发生一定的转角,造成两侧边跨产生较大的变形量。若按普通的三跨设置常规栏杆的做法,两侧边跨需要预留较大的伸缩量,如图 4.3-19 所示。较大的伸缩量会造成节点过长,增大节点的数量,造成加工困难、建筑整体效果差,同时增加了内环拉索处的负荷。通过研究单跨马道的变形机制后可以发现,当发生竖向相对变形的前后,相邻索夹间的三段栏杆总长是基本保持不变的,如图 4.3-20 所示。因此设计中摒弃了传统栏杆的做法,修改为单跨贯通的拉索。拉索仅在索夹上支撑立柱处进行锚固,在中间两榀栏杆柱上,设置贯通圆孔让拉索穿过。贯通孔内壁设 EPDM 保护套,以免刮伤索体，如图 4.3-21 所示。设置拉索使马道整体外观效果简洁，省去了烦琐的栏杆释放节点。拉索选用不锈钢索，弹性模量较低，适应变形能力较强。贯通后拉索最长 12m，在使用过程中，拉索完全能适应主体结构的变形。

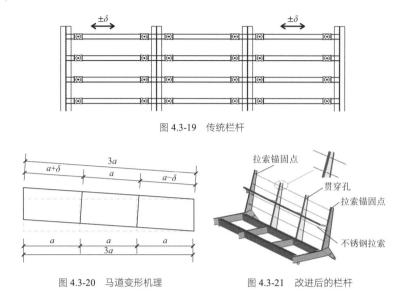

图 4.3-19　传统栏杆

图 4.3-20　马道变形机理　　　　图 4.3-21　改进后的栏杆

2）有灯具跨马道

灯具荷载较大，且风荷载会引起柔性屋面的风振效应，产生往复的动力荷载，若采用一根 12m 长的通长横梁来支承灯具，跨度太大，受力更为不利。因此，考虑将灯具梁在中间拉杆柱处分段，设置支撑节点，如图 4.3-22 所示。灯具梁采用 80mm×60mm×4mm 的方钢管。由于栏杆柱与下层"连接横梁"的刚接效应，随着索夹位移差引起的连接横梁倾斜，中间跨灯具梁的长度是保持不变的，引起的仅是两侧边跨灯具梁的伸长、缩短。因此，中间跨灯具梁的两侧均设置为固定铰节点，而边跨灯具梁采用铰接＋轴向滑动的节点。通过有限元分析发现，灯具梁的最大伸缩量要达到 50mm，才能保证使用过程中的安全性。为了简化节点，减小节点尺寸，采用了两侧释放的形式，即每侧各确保±25mm 的伸缩量。由于灯具荷载大、数量多，且外倾角度较大，灯具梁上存在较大的扭矩，设计中采用双耳板形式，以使灯具梁在能够沿销轴转动、轴向伸缩的同时，有效地传递灯具产生的扭矩。

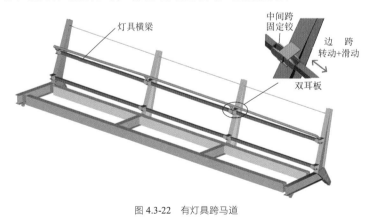

图 4.3-22　有灯具跨马道

3．径向马道设计

结构正常使用过程中，径向索的变形较大，因此，取消了径向马道，利用膜结构本身可以承重的特点，在径向索上部设置覆盖保护膜，形成天然马道。检修人员仅需要在保护膜行走就可以到达内侧环向马道。电缆沟槽采用一端铰接，一端铰接＋滑动的形式，分析发现，由于电缆沟设置在膜拱之上，高出了径向索较多，径向索的变形叠加相对转角，引起了沟槽较大的变形量，设计中最大的滑动量达到了

±90mm，如图 4.3-23 所示。

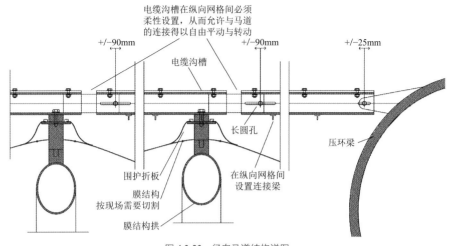

图 4.3-23 径向马道结构详图

4．径向马道风振响应分析

为了避免静力分析考虑不完全，对马道进行了风致响应分析，分析方法如图 4.3-24 所示。首先，对体育场屋盖进行风致响应时程分析。然后，提取内环索头的三维位移时程，并将其作为输入载荷应用于马道支撑，以获得节点变形的时程曲线。将索头的最大变形与静力分析结果进行比较。

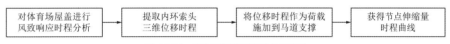

图 4.3-24 环向马道风致响应分析方法

环向马道局部有限元模型如图 4.3-25 所示。节点分为两种类型：第一种是底部横梁节点，第二种是灯具横梁节点。环向马道底部横梁节点的前十个最大变形量达 10mm。灯具横梁节点的最大变形为 33mm。节点伸缩量的需求值小于设计中预留的伸缩量（底部横梁 20mm，灯具梁 50mm）。

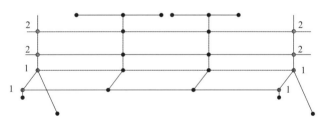

图 4.3-25 径向马道有限元模型

4.3.5 游泳馆柱顶设临时设缝优化结构柱受力

索网结构相比一般刚性结构，多了预应力张拉的过程，这一过程，会让边界结构部分构件产生压应力，部分构件产生拉应力。因此，可以利用张拉过程，创新设计方法，优化屋盖用钢量，控制柱截面。在设计阶段对施工工序进行了主动控制，选择部分钢柱在柱顶临时设缝，在索网张拉、屋面安装完成之后，幕墙安装之前，再封闭临时缝。这样做的优点是：①部分柱设缝，结构在索网张拉时变柔，能有效避免张拉过程中产生的钢结构不利次应力；②原设计在使用中承受较大压力的柱子设缝，在安装施工的过程中不再承受屋面恒载，使用过程中仅用于承受周侧幕墙、可变荷载所产生的附加压力；③未设缝的柱子为完成态时受拉钢柱，巧妙运用施工步骤，使其施工时预先受压。以上②③共同发挥作用，使得钢柱在使用过程中的受力变得均匀，降低了结构的用钢量，柱截面尺寸也可以趋近于统一，从而可以采用最少的用钢量来实现最佳的建筑效果。

不同的柱设置临时缝有不同的效果，游泳馆设计初期，选择了六个临时设缝方案进行分析对比。在施工安装过程中选择单侧柱上预留安装空隙，其中原因如下：①在完成态的结构中，倾向高点的立柱均承受较高的压应力；②在固定柱脚支座以前，作用在结构体系上的荷载由倾向低点的、在施工过程中所采用的受力柱承担，此时柱内产生压力；③在施工完成的最终状态下，倾向低点处的受力柱承受活荷载所产生的附加拉力。图 4.3-26 所示为 6 个施工备选方案，红色为索网张拉、屋面安装阶段受力柱，灰色为柱顶临时设缝柱。

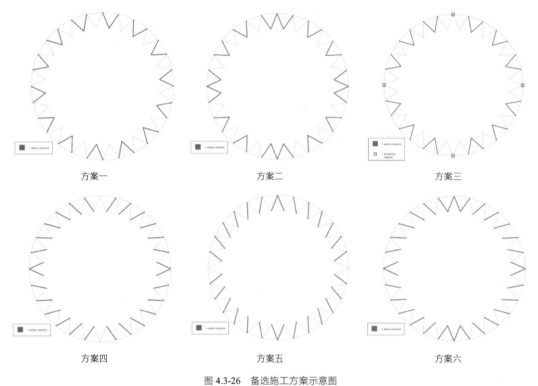

方案一　　　　　　　　　　方案二　　　　　　　　　　方案三

方案四　　　　　　　　　　方案五　　　　　　　　　　方案六

图 4.3-26　备选施工方案示意图

对于上述六个不同的施工方案，均作出相应的计算结果比较分析，方案一—方案三效果不如方案四—方案六，不再赘述，其余方案柱轴力、柱底X向反力和柱底Y向反力结果汇总如表 4.3-1、表 4.3-2 所示。

柱轴力　　　　　　　　　　　　　　　　　　　　　　　　　表 4.3-1

施工方案	最大值/kN
不设缝方案	−3243
方案四	−1618
方案五	−2436
方案六	−1617

柱底X向、Y向反力　　　　　　　　　　　　　　　　　　　表 4.3-2

施工方案	最大值/kN
施工方案中所有柱同时受力	1546
方案四	1242
方案五	1890
方案六	1241

由以上结果看出，方案四与方案六之间区别甚微，方案六中更多的节点在预先加工中得以施焊完成，在屋面安装完成后，所需进行现场焊接连接的柱子预留缝，方案六比方案四少 4 处。且方案六更容易进行施工安装的监控。因为在施工过程中最高点与最低点处对称地设置了有效的抗侧力体系，所以在整个施工过程中结构变形对称于两端高点间与两端低点间的连线，可以比较简单地进行监控和测量。临时设

缝节点如图 4.3-27 所示。V 形柱顶临时设缝，使得钢柱在使用过程中的受力变得均匀，降低了结构的用钢量，柱截面尺寸也可以趋近于统一，107m 跨度游泳馆，20m 高钢管柱，直径控制在 850mm，采用最少的用钢量实现了最佳的建筑效果。

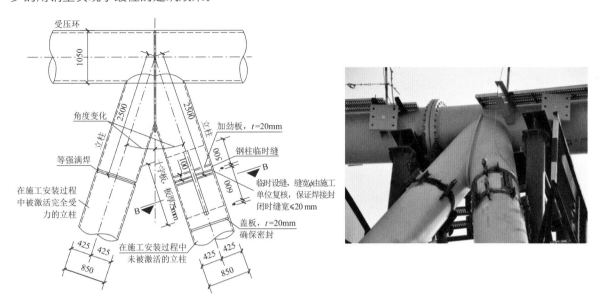

图 4.3-27 V 形柱施工安装过程中的临时缝

4.3.6 游泳馆适用于施工中依次夹紧双向拉索的索夹节点

方案设计时考虑游泳馆同体育场一样，索网采用地面组网、整体张拉的施工方法，但游泳馆与体育场不同，体育场有平整地面和圆形碗状看台，方便地面组网。游泳馆地面有游泳池，看台也只是泳池长方向两侧布置，这使得游泳馆地面标高凹凸不平，地面组网需要搭设大量脚手架形成工作面，费用较高，工期较长。因此，南京东大现代预应力公司提出一种创新的高空组网方案：将索夹分为上下两层，先将承重索和下层索夹夹紧，高空安装到位，再铺设稳定索，夹紧上层索夹，张拉稳定索，施工成型。

为配合上述施工方案，创新地提出一种适用于依次夹紧双向拉索的索夹节点（图 4.3-28），该索夹在传统索夹的基础上，在高强度螺栓上设置中间螺母和端头螺母，实现施工过程中两次紧固索夹分别夹紧承重索和稳定索。

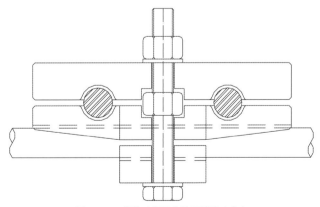

图 4.3-28 依次夹紧双向拉索的索夹节点

索夹在施工过程中分两次安装和紧固，该方法克服了传统索夹节点无法分别依次紧固承重索和稳定索的缺陷，可以用于双向单层索网结构的高空组网作业。索夹安装流程如图 4.3-29 所示。

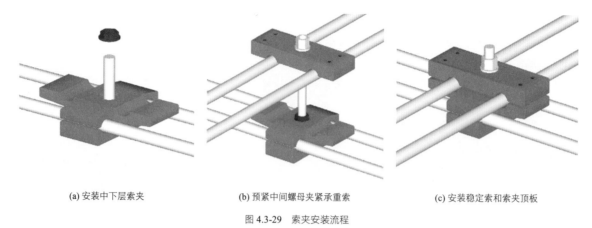

(a) 安装中下层索夹   (b) 预紧中间螺母夹紧承重索   (c) 安装稳定索和索夹顶板

图 4.3-29 索夹安装流程

4.3.7 游泳馆适用于大变形索网的直立锁边刚性屋面设计

单层索网结构竖向刚度弱,游泳馆恒载下的变形为 429mm,屋面活载下的变形为 431m,恒载加活载标准值下的挠度为 1/124;风荷载(285°风荷载)下最大变形为 451mm,挠度为 1/237,结构变形远超规范要求。游泳馆常需要采用保温、吸声、排水效果更好的直立锁边刚性屋面体系,其如何适应柔性单层索网大变形是设计难点之一。

本项目在常规直立锁边体系基础上进行了创新设计,屋面体系主要受力构件从下至上包括:索夹上方连接板,主檩条,次檩条,铝合金滑移固定座,直立锁边板。主檩条、次檩条、压型金属板均设置滑动连接以适应屋面大变形。屋面体系如图 4.3-30 所示,压型金属板滑动连接如图 4.3-31 所示。

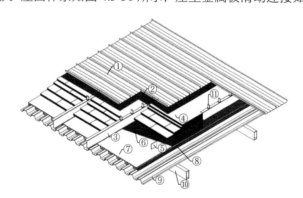

图 4.3-30 适用柔性屋面大变形直立锁边屋面体系

1—直立锁边板;2—防水透气膜;3—Z 形次檩条;4—岩棉;5—主次檩条连接板;6—PVC 卷材隔汽层;7—玻璃丝纤维吸声棉;8—防水隔汽膜;9—压型金属板;10—主檩条;11—铝合金滑动固定座

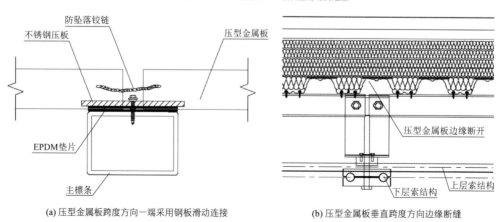

(a) 压型金属板跨度方向一端采用钢板滑动连接   (b) 压型金属板垂直跨度方向边缘断缝

图 4.3-31 压型金属板滑动连接

在整体模型中索网上方设置正交两向弱弹簧进行分析，模拟主檩条、次檩条、压型金属板端部滑动节点在施工和正常使用中的极限滑动量。按照此滑动量进行屋面附属结构设计，保证主体结构大变形对屋面次结构的影响通过转动和滑动连接得以释放。

为验证创新直立锁边屋面系统适应索网大变形的性能，设计了屋面系统大变形试验。选取 2×2 索网区格，网格尺寸 3.3m×3.3m，将索网之外的所有屋面组件（图 4.3-30 中 1～11 组件）安装在试验支架上，保证试验条件与实际工程一致，如图 4.3-32 所示。最大加载点加载位移 336.7mm。

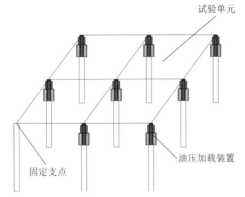

图 4.3-32　位移加载装置

进行位移加载后做现场淋墨水试验。试验结果显示，现场未发现屋面下层面板的渗水现象，创新屋面系统能适应柔性索网大变形。

4.4 结论

苏州奥林匹克体育中心体育场采用地上 5 层混凝土看台结构 + 钢结构屋盖，钢结构屋盖采用外倾 V 形柱 + 马鞍形外环梁 + 260m 跨轮辐式单层索网结构；游泳馆采用地上 4 层混凝土看台结构 + 钢结构屋盖，钢结构屋盖采用外倾 V 形柱 + 马鞍形外环梁 + 107m 跨正交单层索网结构。项目实现国内单层索网结构应用于体育场馆建筑的突破，结构设计主要创新如下。

1. 800m 超长混凝土结构不设温度缝、不设预应力筋

体育场看台设计中，对超长混凝土结构进行应力分析时考虑多种因素影响，包括混凝土收缩、温度变化、徐变应力松弛、混凝土刚度折减、桩基约束刚度变化、后浇带封闭时间等，并配合严格的施工要求，实现了 800m 超长混凝土结构不设温度缝、不设预应力筋。

2. 建立"外倾 V 形柱 + 马鞍形外压环 + 单层索网"整体结构体系

单层索网需边缘支承结构平衡索网预拉力，传统支承结构存在附加弯矩大、外观笨重的问题。项目建立了构型简洁、力流清晰明确的"外倾 V 形柱 + 马鞍形外压环 + 单层索网"整体结构体系。体育场采用马鞍形大开孔轮辐式单层索网，游泳馆采用马鞍形正交单层索网。提出基于"三索共面"原则和改进遗传算法的索网形态优化方法，优化外压环和内拉环空间位形及拉索预应力水平。

3. 研制适应索网大变形的柔性马道和新型直立锁边屋面

单层索网竖向刚度弱，风荷载下的竖向变形很大，需要重点考虑附属结构如马道、直立锁边屋面等适应屋面大变形的能力。

体育场马道主要采取"放"的形式，让附属构件在发挥自身受力作用的同时，去适应主体结构的大

变形位移。通过对变形机制的深入分析，设计了更能适应大变形的附属结构形式。通过节点的释放，使附属结构在屋面大变形的作用下，受力降到最低的同时，也降低了附属结构对主体结构的刚度影响，使主体结构的计算更接近真实。对附属结构风致响应的时程分析，确定了动力放大系数模拟主体屋面振动对附属结构产生的动力影响，保证了附属结构设计的安全性。对附属结构风致响应的时程分析，确定了各细部节点的最大伸缩量，确保了关键节点在使用过程中正常工作。

游泳馆在常规直立锁边体系基础上进行了创新设计，压型钢板、主檩条、次檩条都设置了滑动装置；在整体结构中设置非结构虚拟单元，计算滑移需求量；进行了屋面系统大变形试验，位移加载后做水密性试验，未发现渗水现象。

4．发明适用新型结构体系的节点

体育场外圈 V 形柱和环梁形成了刚度巨大的桁架，对基础沉降较为敏感，为了减小基础沉降差的影响，对结构柱的设置进行了方案优化的比较，让特定部位的立柱承受指定的荷载，发明了可竖向滑动关节轴承节点、可竖向和环向滑动关节轴承节点、单肢柱竖向滑动关节轴承节点。部分柱边界条件的释放，在满足结构刚度需要的前提下，减小了基础沉降差异对钢屋盖结构受力的影响，节约了用钢量。

体育场新型环索索夹由低合金钢的耳板和加强板与铸钢的索槽组合焊接成整体，发挥钢板强度高、性能可靠、造价低的优势，降低铸造难度，大幅提高可靠性，比传统整体铸造索夹重量减轻约 40%。另外，实际工程中环索索夹空间角度各异，整体铸造模具量多，采用新型组合索夹可统一铸钢索槽模具，浇铸成型后机械加工，与中间钢板按不同角度焊接，模具量减少约 80%。实体有限元弹塑性分析和 1∶1 模型 1500t 加载试验验证安全可靠。

游泳馆改进新型索夹在高强度螺栓上增设中间螺母，并在中、顶板间设凹槽。先组装底、中板和承重索并拧紧中间螺母，后安装稳定索和顶板并拧紧端头螺母，此时中间螺母自动失效。该索夹是实现正交单层索网在高空组网的重要技术支撑之一。

5．高腐蚀环境和高应力条件下密封索抗腐蚀试验和寿命预测

索结构应用于游泳馆等腐蚀环境时，其高应力状态下的抗腐蚀性能是设计需要重点考虑的问题。按照游泳馆腐蚀条件设计了恒温恒湿腐蚀试验和中性盐雾加速腐蚀试验，分别进行了无应力无涂装拉索、有应力无涂装拉索和有应力有涂装拉索的腐蚀试验。对比无应力拉索在恒温恒湿和中性盐雾环境的早期腐蚀行为和相关性，推测该拉索在高腐蚀环境中的中后期腐蚀速度；在此基础上对比无应力和高应力拉索在中性盐雾腐蚀下的腐蚀速度相关性，推测高应力拉索在高腐蚀环境下的中后期腐蚀速度。最后根据试验结果给出了设计建议。

另外，方案阶段进行了体育场不同马鞍形高差下的单层索网和双层索网结构体系效率对比分析。对体育场结构进行了刚性实体模型风洞试验研究和 CFD 数值风洞模拟研究；用 ANSYS 的瞬态分析方法计算了结构的风致响应，计算时考虑了结构大变形引起的几何非线性效应，得到了钢屋盖的风振系数；为了考虑柔性屋面结构和风荷载之间的耦合作用，进行了气弹性模型风洞试验研究。对体育场和游泳馆钢屋盖结构进行了考虑几何非线性和材料非线性的整体稳定分析，得出结构整体稳定极限承载力系数。对索长误差和索网端节点安装误差对索力的影响进行了分析，给出了施工误差控制标准。

体育场和游泳馆钢屋盖结构创新设计多、难度挑战大、科技含量高，因此设置了健康监测系统，对钢结构屋盖的施工过程和长期工作状态进行监测和故障预警。监测内容包括风向、风速、温度、钢构件应力、索力、变形等。2018 年 3 月竣工验收并投入使用后，已经历一场大雪和台风的考验，健康监测系统显示，结构运行状态良好。

参考资料

[1] 上海建筑设计研究院有限公司. Sbp 施莱希工程设计咨询有限公司. 苏州奥体中心体育场、游泳馆超限高层建筑抗震设计可行性论证报告[R]. 2013.

[2] 同济大学土木工程防灾国家重点实验室. 苏州奥体体育场气弹性模型风洞试验报告[R]. 2013.

[3] 同济大学土木工程防灾国家重点实验室. 苏州奥体体育场内环大变形对附属结构影响分析[R]. 2016.

[4] 同济大学工程结构耐久性实验室. 苏州奥体游泳馆拉索腐蚀试验报告[R]. 2017.

[5] 同济大学钢与轻型结构研究室. 苏州奥体体育场向心关节轴承试验报告[R]. 2016.

[6] 同济大学空间结构研究室. 苏州奥体游泳馆金属屋面大变形水密性试验报告[R]. 2016.

[7] 同济大学多功能振动台实验室. 苏州奥体游泳馆球形支座压剪试验报告[R]. 2016.

[8] 南京东大现代预应力工程有限责任公司. 苏州奥体体育场环索索夹极限承载力试验报告[R]. 2016.

[9] 南京东大现代预应力工程有限责任公司. 苏州奥体体育场索夹抗滑承载力试验报告[R]. 2016.

[10] 南京东大现代预应力工程有限责任公司. 苏州奥体游泳馆索夹试验报告[R]. 2016.

[11] 北京建筑工程研究院有限公司. 苏州奥体体育场、游泳馆健康监测报告[R]. 2022.

[12] 北京建筑工程研究院有限公司. 苏州奥体体育场超长混凝土应力监测报告[R]. 2016.

设计团队

结构设计单位：上海建筑设计研究院有限公司（初步设计+施工图设计）
　　　　　　　Sbp 施莱希工程设计咨询有限公司（方案+初步设计）

结构设计团队：徐晓明、张士昌、高　峰、史炜洲、陈　伟、殷　文、侯双军、周宇庆、李剑峰、黄　怡、陆维艳、孟燕燕

执　笔　人：徐晓明、张士昌

获奖信息

2018 年全球体育场专业评比（Stadium of the Year 2018）专业组亚军

2018 年江苏省土木建筑学会土木建筑科技奖一等奖

2019 年中国钢结构金奖

2019 年中国钢结构协会技术创新奖

2020 年上海市优秀工程勘察设计一等奖

2021 年第十八届中国土木工程詹天佑奖

2021 年第十八届中国土木工程詹天佑奖创新集体

2021 年中国建筑学会建筑设计结构一等奖

2022 年华夏建设科学技术奖一等奖

第 5 章

沈阳奥林匹克体育中心

5.1 工程概况

5.1.1 项目背景

2005 年年底，北京奥运会的各项目场馆都已全面展开施工，而采用日本佐腾创意方案的沈阳奥林匹克体育中心体育场由于种种原因迟迟未能启动，面临足球赛区被撤销的危险。12 月下旬，上海建筑设计院魏敦山院士、院长和有关设计人员应邀到沈阳，向有关领导介绍上海院在大型体育场馆设计方面的经验，受到欢迎。随即业主于 2006 年 1 月中旬与上海院签约，希望上海院运用成熟、先进的经验将体育场尽快建成。设计团队立即对佐腾创意方案进行优化，在 2006 年 2 月 2 日（农历新年初五）提交结构扩初设计文件和钢材用料规格清单，2 月 10 日提供工程桩施工图，以保证 3 月冻土稍融就正式动工。

5.1.2 工程简介

沈阳奥体中心是沈阳市为 2008 年北京奥运会足球沈阳赛场规划建设的重点体育设施项目。以"绿色奥运、科技奥运、人文奥运"三大建设理念为指导，在浑南新区的核心区建设一个环境优雅、造型独特、绿色节能、设施先进、国内一流的综合性体育中心。项目的建设不仅满足了 2008 年北京奥运会足球比赛赛场的需要，更是为沈阳以后承接国内外高标准的运动盛会奠定了坚实的基础。

体育场设 6 万座，总建筑面积约 14 万 m²。工程于 2007 年 7 月建成并进行了测试赛，是北京奥运会最晚启动而最早建成的大型场馆。沈阳奥体中心总体效果图如图 5.1-1 所示，体育场建成图如图 5.1-2、图 5.1-3 所示。

图 5.1-1　沈阳奥体中心总体效果图

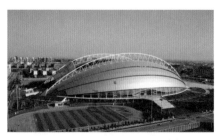

图 5.1-2　沈阳奥体中心体育场外景　　　　　图 5.1-3　沈阳奥体中心体育场内景

5.1.3 工程结构概况

沈阳奥体中心体育场被称为"水晶皇冠"，屋盖几何外形取自一直径约为 433m 的球体，空间形体近似为一块两端点着地且倾斜放置的 1/5 球壳，两着地点间水平距离 360m，两球壳相距水平投影尺寸 111m，球壳南北两端以一块 36m 宽双曲网壳结构相连，最高点距地约 82m，屋面结构采用单层网壳结构体系，南北部分内侧悬挑处各设置一空间加劲三角桁架拱，跨度 360m，两端截面收进成梭形，支承在地面柱墩上。屋面网壳采用单根大口径钢管，一端支撑在地面，另一端直接与悬挑端的空间加劲桁架相贯连接。钢屋盖结构三维模型如图 5.1-4 所示。屋盖主结构使用的材料均采用大口径钢管，主要规格有：$\phi1524mm \times 23mm$、$\phi1422mm \times 33mm$、$\phi1422mm \times 23mm$、$\phi1321mm \times 33mm$、$\phi1218mm \times 23mm$、$\phi965mm \times 16mm$、$\phi914mm \times 16mm$、$\phi508mm \times 15mm$、$\phi457mm \times 15mm$、$\phi351mm \times 8mm$、$\phi356mm \times 13mm$，屋盖钢结构总质量约 12800t。屋面采用复合铝合金板，采光部分为玻璃和阳光板。

看台采用钢筋混凝土框架结构，与钢结构在基础以上断开，各自独立承担水平和竖向荷载，混凝土框架结构模型如图 5.1-5 所示。体育场无地下室，基础采用钢筋混凝土钻孔压灌桩 + 承台 + 连系梁，基础连系梁体系如图 5.1-6 所示。

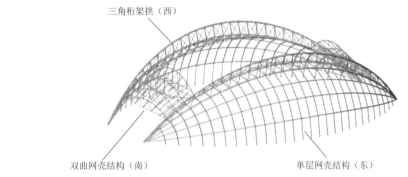

图 5.1-4 钢屋盖结构体系

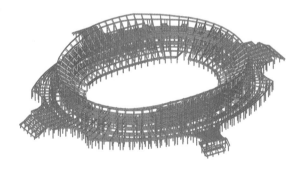

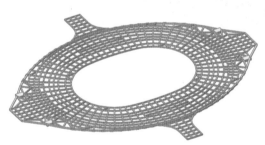

图 5.1-5 混凝土看台框架结构体系   图 5.1-6 基础连系梁体系

5.1.4 设计参数

结构主要设计参数如表 5.1-1 所示。

设计参数列表 表 5.1-1

项目	标准
结构设计基准期	50 年
建筑结构安全等级	二级（钢屋盖一级）
结构重要性系数	1

建筑抗震设防分类		重点设防类（乙类）
地基基础设计等级		一级
设计地震动参数	抗震设防烈度	7度
	设计地震分组	第一组
	场地类别	II 类
	特征周期	0.35s
	基本地震加速度	0.10g
建筑结构阻尼比	混凝土	0.05
	钢结构	0.02

5.2 结构体系与分析

采用 LARSA、MIDAS 和 SATWE 三个不同的结构程序进行分析设计。

5.2.1 钢屋盖结构分析

计算模型如图 5.2-1 所示，风荷载、多遇地震等工况组合下的应力比均小于 1。

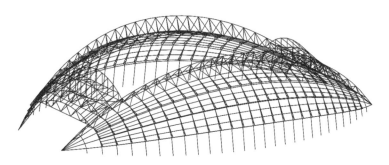

图 5.2-1 钢结构计算模型

在结构遭遇到偶发荷载的情况下，结构的部分构件有可能受到破坏。为了避免由于关键杆件的失效导致结构整体失效，对结构进行抗连续倒塌分析。采用拆除主要杆件的方法进行受力分析后发现，剩余结构应力比最大 0.98，但仍然处于弹性状态，如图 5.2-2 所示。

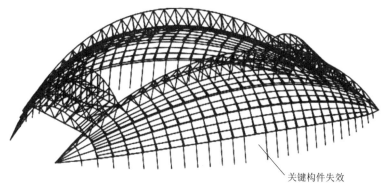

关键构件失效

图 5.2-2 某关键杆件失效模型

5.2.2 混凝土结构分析

本工程看台混凝土结构抗震按振型分解反应谱法进行计算，并考虑耦联作用及偶然偏心的影响，主要计算结果如表 5.2-1 所示。

混凝土分析计算结果   表 5.2-1

		SATWE	规范限制	判断
结构总质量		186827t	—	—
结构自振周期/s	T_1	0.80	—	—
	T_2	0.66	—	—
	T_3	0.59	—	—
第一扭转周期与第一平动周期比		0.72	< 0.9	满足
水平地震作用	X向 基底剪力	129064kN	—	—
	剪重比	4.86%	> 1.6%	满足
	最大层间位移角	1/1057	< 1/800	满足
	最大层间位移比	1.26	< 1.5	满足
	Y向 基底剪力	134941kN	—	—
	剪重比	5.24%	> 1.6%	满足
	最大层间位移角	1/1334	< 1/800	满足
	最大层间位移比	1.38	< 1.5	满足

5.3 关键技术

结构重点难点包括：

（1）在建筑上应用梭形的 360m 跨的钢拱结构，在国内是第一次，需要对其受力进行重点分析，对钢拱拱脚水平力对基础结构的影响作专门研究；

（2）大直径曲弦杆型的空间相贯焊接节点设计及试验研究；

（3）800m 周长的钢筋混凝土结构不设伸缩缝的设计和施工研究；

（4）预制预应力看台板的温度变形和抗震设计研究。

通过对以上重点难点问题的分析和试验研究，形成了以下关键技术。

5.3.1 360m 超大跨度梭形钢拱结构水平推力分析研究

体育场 360m 超大跨度梭形钢拱结构当时在国内建筑上是第一次应用，如何安全和合理地解决 360m 跨的钢拱结构拱脚的巨大水平力，是工程成败的关键。目前，跨度 200m 拱结构多用钢拉杆或预应力钢索来承担受拱的水平推力，而这种做法存在以下问题：

（1）钢拉杆或预应力钢索很难和钢筋混凝土结构基础在受力和变形上协同工作；

（2）钢拉杆受力产生较大的伸长，而钢拱的钢筋混凝土结构基础不能适应这种位移和转角，严重影响钢拱结构的安全；

（3）水平而且超长预应力钢索由于自重和摩擦力的作用，预应力损失巨大而效能低下；

（4）施工上也相互影响，拖延工期而且施工复杂；

（5）容易造成场地的不同变形，譬如造成体育比赛场地不平整；

（6）造价较高。

钢筋混凝土地基基础梁系统经闭合加强后，形成整体钢筋混凝土网格，如图 5.3-1 所示，来抵抗钢拱结构水平推力，能很好地解决以上问题，屋盖钢结构 + 地梁体系如图 5.3-2 所示。采用闭合的网格式地梁方案，比普通承台梁方案增加钢筋和混凝土费用共计 1300 万元，而采用高强度预应力拉索方案须增加 1700 万元，两者相比节省投资 400 万元，且免去了拉索防腐蚀和后期修缮费用，缩短工期一个半月，效果显著。目前，采用闭合的网格式地梁抵抗大钢拱结构水平推力的方法已在多项工程推广应用。

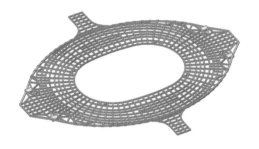

图 5.3-1　钢筋混凝土整体地梁体系

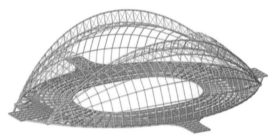

图 5.3-2　屋盖钢结构 + 地梁体系

5.3.2　大直径曲弦杆的钢管空间相贯 K、KK、KT、KKT、TT 焊接节点分析和试验

当时国内外曲弦杆的钢管空间相贯焊接节点研究很少，设计团队与同济大学合作，对 K、KK、KT、KKT、TT 及多向腹杆等类型曲弦杆的钢管空间相贯焊接节点进行设计和试验研究，典型节点试验和分析如图 5.3-3 和图 5.3-4 所示。

图 5.3-3　曲弦杆 KTT 节点试验

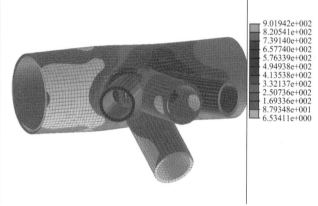

图 5.3-4　曲弦杆 KTT 节点分析

5.3.3　800m 周长钢筋混凝土结构不设伸缩缝和预应力的设计和施工研究

在以往许多大型体育场结构设计经验的基础上，以无数均匀分布的、肉眼几乎看不见的微裂缝来替代设置集中变形伸缩缝的理念，对周长 800m 的钢筋混凝土结构作不设伸缩缝和预应力的设计。进行了钢筋混凝土温度应力分析、收缩应力分析，合理地配置了温度应力和收缩应力钢筋。另外，从施工工艺、分段跳跃式浇捣及混凝土配合比等方面进行研究和施工，尽量减少混凝土的收缩量，实施效果良好。

5.3.4　预制预应力看台板的构造处理

体育场的看台板均为全预制装配一步到位，没有其他面层和湿作业。为了满足建筑效果、防水和抗震要求，设计了最大跨度达 13m 的特殊预制预应力看台板，板上部有构造防水和灌缝处理，板下部有特殊的预埋件，使预制预应力看台板的设计与施工完全达到一个新的水平，如图 5.3-5 所示。

(a) 预制预应力看台板   (b) 完成后的看台

图 5.3-5　预制预应力看台板

5.4　试验研究

5.4.1　数值风洞试验研究

数值风洞试验研究由同济大学完成，数值建模和计算采用国际领先的计算流体力学软件 CFX5.5 完成，数值风洞模型如图 5.4-1 所示。通过数值风洞试验得到了 0°～180°每间隔 15°共 13 个风向作用下的平均风压结果，另一侧风向（11 个风向）作用的结果可利用对称性得到，90°风向平均风压结果如图 5.4-2 所示。

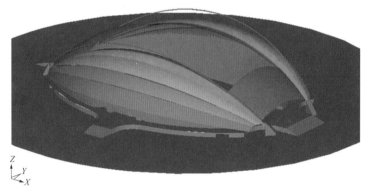

图 5.4-1　数值风洞模型

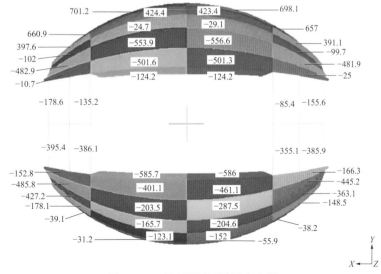

图 5.4-2　90°风向平均风压结果（N/m²）

5.4.2 实体风洞试验研究

实体风洞试验由同济大学、南京航空航天大学合作完成，主要测定体育场屋盖内外表面在各种风向角下 252 个测点的局部风荷载数据，为结构设计提供依据。同时，风洞试验时，在内场五个位置测量了平均风速，为田径比赛提供依据。此外，提供了屋盖部分风向角下瞬态风荷载数据，为屋盖风振理论分析使用。风洞模型如图 5.4-3 所示。

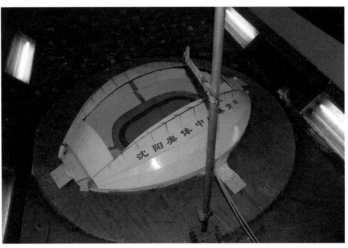

图 5.4-3　风洞试验模型

5.5 结论

沈阳奥体中心体育场钢屋盖采用 360m 超大跨度拱支承单层网壳结构，在结构设计过程中，主要完成了以下创新和关键技术研究：

（1）对钢屋盖结构进行了规范工况组合分析、关键构件失效结构抗连续倒塌分析、整体稳定分析，确保了大跨结构的受力安全。

（2）提出利用基础地梁系统承担 360m 跨钢拱水平推力的创新解决方案，节约了工程造价和后期维护费用，缩短了工期，目前已在多项工程中推广应用。

（3）进行了大直径曲弦杆的钢管空间相贯 K、KK、KT、KKT、TT 焊接节点分析和试验，为本项目和后期类似项目提供了参考依据。

（4）完成了 800m 周长的钢筋混凝土结构不设伸缩缝和预应力的设计和施工研究。

项目于 2007 年投入试运营，并于 2008 年成功举办了北京奥运会 12 场足球比赛。2009 年，项目获得新中国成立 60 周年"百项经典暨精品工程"称号，取得了良好的经济效益和社会效益。

参考资料

[1] 同济大学航空航天与力学学院. 沈阳奥林匹克中心体育场数值风洞模拟[R]. 2006.

[2] 南京航空航天大学空气动力学研究所. 沈阳奥体中心体育场风荷载风洞试验研究报告[R]. 2006.

[3] 同济大学, 上海建筑设计研究院. 沈阳奥体中心体育场屋盖结构风振分析[R]. 2006.

[4] 上海建筑设计研究院. 沈阳奥体中心 360m 大跨钢拱结构水平钢筋混凝土闭合地梁系统抗力研究[R]. 2007.

[5] 同济大学土木工程学院. 沈阳奥体中心体育场钢结构节点试验研究报告[R]. 2007.

设计团队

结构设计单位：上海建筑设计研究院有限公司

结构设计团队：林颖儒、林　高、徐晓明、李剑峰、陈海华、张士昌、黄　怡

执　笔　人：林颖儒、张士昌、江　瑶

获奖信息

2008 年第八届中国土木工程詹天佑奖

2009 年上海市优秀工程设计一等奖

2008 年沈阳市科技进步二等奖两项

2009 年全国优秀建筑结构设计二等奖

2009 年中国钢结构金奖

2009 年新中国成立 60 周年"百项经典暨精品工程"

第 6 章

2021 世俱杯上海体育场应急改建工程

6.1 工程概况

6.1.1 工程简介

上海体育场（Shanghai Stadium），又称"上海八万人体育场"，位于上海西南部要脉，上海内环高架路和沪闵高架路交汇处，1997 年建成，是中国第八届全国运动会的主会场，同时也是 2008 年奥运会的足球比赛场地、中国足球协会超级联赛球队上海海港足球俱乐部的原主场。体育场总建筑面积约为 13 万 m²（地上约 11 万 m²，地下 2 万 m²）。2019 年上海体育场被国际足联官宣为 2021 年改制后首届世俱杯的开闭幕式和总决赛场地，为满足国际足联对总决赛场地的要求，上海体育场需进行相应的改造升级。改造后的上海体育场将从现有 58000 人的观众席规模扩展为 72000 人，并大大增加体育、娱乐的互动设施，将成为全国建设标准最高的体育场之一。项目改建前后鸟瞰图如图 6.1-1 所示。

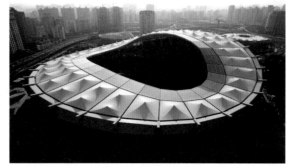

(a) 改建前　　　　　　　　　　　　　　　　　　(b) 改建后

图 6.1-1　上海体育场改建前后鸟瞰图

6.1.2 原结构体系

体育场由底部混凝土结构和顶部屋盖钢结构组成，混凝土和钢结构均呈现一个非常规的马鞍形，东西向高，南北向低。地下室结构平面尺寸约为 315m×240m，钢结构屋盖外轮廓尺寸约为 285m×269m，建筑±0.000 对应的绝对标高为+4.950m。既有建筑东西向剖面图如图 6.1-2 所示。

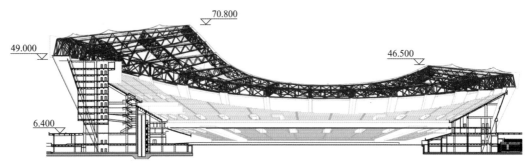

图 6.1-2　既有建筑东西向剖面图

下部混凝土结构仅在西区东亚酒店区域布置有少量的剪力墙，为少墙框架体系，原底部混凝土结构三维示意如图 6.1-3 所示；东亚酒店与看台结构之间，地下室顶板和二层区域楼层相连，三层及以上设置拉结空梁。看台区域结构的局部径向框架设交叉斜撑（8 榀，分布于 4 个通道口处）。整个混凝土结构呈碗状，外侧的大斜柱在提高结构整体抗侧刚度的同时，也是顶部屋盖钢结构的有效支座。混凝土结构最大板顶标高 49.550m，位于西区东亚酒店顶部。

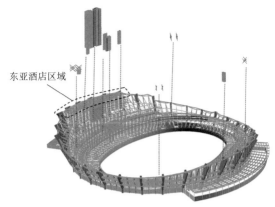

图 6.1-3　原底部混凝土结构三维示意图

原屋盖钢结构采用空间管桁架体系,西区最高点标高约70.800m,东区最高点标高约46.500m,南北向最低点约34.500m。最大悬挑65m(西区东亚富豪酒店顶部)。结构由32榀径向桁架加四圈环向桁架组成,屋盖钢结构的悬挑主要通过径向桁架根部的固结实现:径向桁架根部竖向额外设置两节管桁架,"倒插"埋结于背部的混凝土大斜柱内。同时,为了减轻结构最大悬挑处的跨度,原结构设计时,在西区酒店顶部设置局部支承杆(6组),如图6.1-4所示。原结构的屋面覆盖材料采用PTFE膜材,在梢部和外环处局部覆盖彩钢板,并设置天沟。

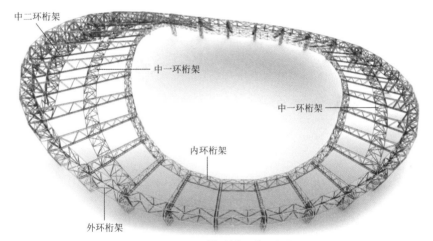

图 6.1-4　原屋盖钢结构三维示意图

6.2 结构改造设计和参数

6.2.1 改建内容及原因

对于世俱杯开闭幕式和总决赛的场地,国际足联的主要要求包括:接待区域的升级;场馆容纳的有效视线人数增加至6万,同时前排观众尽量靠近场芯以满足专业足球场的氛围;屋盖体系投影面对看台全覆盖。相应地,上海体育场结构进行了必要的改建,主要内容有:

(1)场馆混凝土部分,因功能升级带来了相应的改建和加固。

(2)为满足国际足联对场馆容纳人数和专业足球场观众视距的要求,采用看台上抬与场芯下挖相结合的方式,以最大限度地拉开视线高差,在范围内增设临时看台,在实现场馆容纳人数扩增的同时,让前排观众更接近场芯。

(3)将钢屋盖需要在原来悬挑65m的基础上,向内场继续延伸16.5m,改建后悬挑跨度增加至81.5m,

以实现对新增看台的投影覆盖。同时,在新增结构上南北侧增加两块大屏。体育场总体改建内容如图 6.2-1
所示。

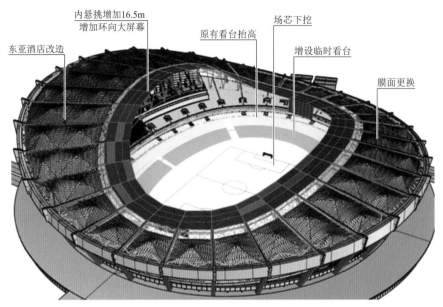

图 6.2-1 体育场改建示意图

1. 看台及场芯改建

根据赛场观众的视线及座椅数量的要求,原体育场球场草地下挖的同时,原有的一层看台抬高,以
最大可能地增加观众的视线差。看台改造分为永久看台和临时看台,永久看台位于原一层看台顶部,抬
高约 1.6m,场芯区域的新增看台为临时看台,剖面及视线分析如图 6.2-2 所示。

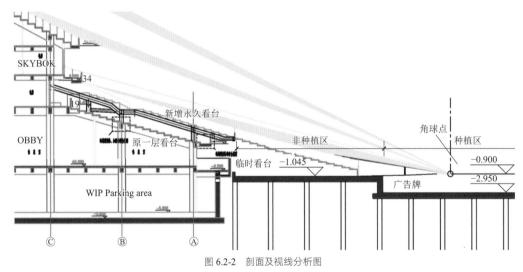

图 6.2-2 剖面及视线分析图

2. 场芯改造

场芯下挖后,比赛场地区域草坪种植区完成面相对标高−0.900m,场芯以下还需设置草皮通风系统,
系统底部标高约为−2.900m,而体育场区域地下水高、水位标高为−0.950m。为保证比赛草坪正常生长,
在草坪系统下设置了基础底板。

为了最大限度地降低工程造价,将场芯区域的基础底板分为种植区和非种植区。种植区域为满足草
皮通风系统的要求,板顶标高为−2.900m,上铺天然草皮;非种植区域板顶标高为−1.045m,上铺人工草
皮。整个场芯基础形式选用桩基＋筏板,与原主体结构设缝脱开。桩基设计中,整个场芯在后续使用中
的高水位作用下,存在上浮拔力,通过桩体的抗拔作用来保证结构在高水位工况下的稳定;而在整个结

构的改建施工过程中，场芯是施工方重要的施工场地，施工荷载作用下场芯基础为竖向压力控制，设计中考虑了桩土共同作用，以减少桩数、缩短工期、降低总造价。

3．看台结构改造

对于新增的临时看台，搭建方法是选用可拆卸的盘扣式脚手架支撑。该方法具有搭建和拆除速度快、经济性好的优点，且能够满足结构强度、刚度和稳定性的要求，在国内外的一些重要赛事中均得到了成功应用，实景如图 6.2-3 所示。看台的抬升改建采用了新增钢结构框架的方案，结构布置图如图 6.2-4 所示。所有新增看台部分的荷载通过钢框架柱直接传递给原混凝土柱顶，而不与原混凝土梁、板发生力学关系，最大限度地降低了对原结构的影响，从而有效地降低了原结构的加固量。

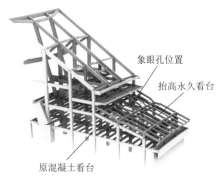

图 6.2-3　临时看台实景　　　　　　图 6.2-4　新增永久看台

4．新增看台板设计

看台板需要尽可能地轻质，以最大限度地降低看台板对既有结构的影响，因此，创新地采用了一种钢—混组合的肋梁形式的预制清水混凝土看台板。此看台板重量是常规清水混凝土看台板的 2/3，如图 6.2-5 所示。在预制看台板中，座椅连接件创新地采用了一种 C 形槽预埋的形式，极大程度地方便了座椅在后期使用中的替换，避免了座椅替换中新增化学螺栓对看台板产生的损伤。

5．屋盖钢结构改造

屋盖钢结构需在原悬挑 65m 的基础上，向内场增加 16.5m 的悬挑以满足看台被屋盖全覆盖的要求，总悬挑跨度达 81.5m。这种改建方案在国内尚属首例，填补了国内在既有空间钢结构上进行大比例悬挑延伸改建的空白，新增内悬挑方案场内效果示意如图 6.2-6 所示。

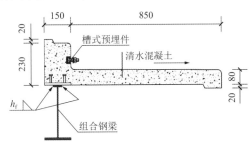

图 6.2-5　新增看台板详图　　　　　图 6.2-6　新增内悬挑方案场内效果示意

6.2.2　后续设计参数

根据《现有建筑抗震鉴定与加固规程》DGJ 08-81-2015，体育场设计建造于 20 世纪 90 年代，后续使用年限采用 40 年，对应于规范中的 B 类建筑抗震鉴定方法。根据《建筑工程抗震设防分类标准》GB 50223-2008 的规定，本体育场后续使用中，固定座位数 59250 个，抗震设防类别应划分为重点设防类（乙类），按本地区 7 度设防烈度提高一度的要求核查抗震措施，按不低于本地区设防烈度的要求进行抗震验算，结构设计基本参数如表 6.2-1 所示。

结构设计基本参数 表 6.2-1

建筑结构安全等级	二级
结构后续使用年限	40 年
地基基础设计等级	甲级（原结构）/丙级（新增场芯部分）
建筑抗震设防类别	重点设防类（乙类）
抗震设防烈度	7 度
设计地震分组	第二组
设计基本地震加速度	0.10g
多遇地震水平地震影响系数最大值	0.08
建筑场地类别	IV类
特征周期	0.90s
阻尼比	混凝土结构 0.05，钢框架 0.03，屋盖钢结构 0.02
周期折减系数	0.8
房屋高度	71.25m（室外地坪−0.450m）
抗震等级	混凝土框架:西区东亚酒店&看台区域柱顶最大标高 18.000m 以上为一级，看台区域柱顶最大标高 18.000m 以下为二级； 剪力墙二级； 钢框架三级

6.3 结构设计重点难点分析

（1）上海体育场既有结构为钢管悬臂桁架体系，主要包含 32 榀径向桁架和 4 圈环向桁架。屋盖整体成非对称马鞍造型，东西向高、南北向低，同时屋盖东、西侧最高点间存在较大高差，新增悬挑部分对原结构的影响应尽可能降低到最小，以降低加固量，减少造价。

（2）对于轮辐式索承结构体系，环索越接近正圆形，索网的索力越均匀，结构的效率也就越高。

（3）上海八万人体育场作为改造项目，原屋盖使用了 20 余年，内环桁架和外环桁架处，存在部分锈蚀（锈蚀量为 10%～20%）。

（4）改建后既有结构受荷大幅增加，因此需对既有结构进行加固。既有结构仍处在高应力状态，此做法为国内首次探索高应力状态下对钢管杆件和相贯节点进行焊接加固的技术，且在现行规范中未有涉及。

6.4 设计关键技术

6.4.1 国内首次利用索承体系对既有结构进行悬挑延展改造

传统方案一：增加刚性桁架方案，如图 6.4-1 所示。此做法缺点是新增体系的自重较大，对原结构增加负担大，原结构在负荷状态下焊接量较大。

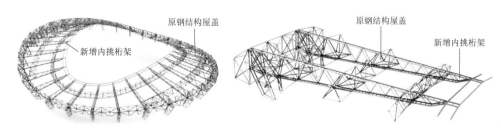

图 6.4-1 刚性桁架方案

传统方案二：新增顶部吊索方案，如图 6.4-2 所示。此做法的缺点是对建筑外形影响较大。

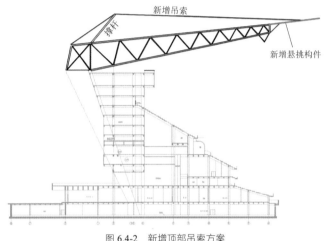

图 6.4-2 新增顶部吊索方案

最终采用：内侧增加轮辐式索承体系，如图 6.4-3 所示。利用原结构为了降低径向桁架计算长度而"构造性存在"的中一环作为外压环，通过增加局部杆件，形成一个闭合的、平面投影上接近完美椭圆的受压环桁架。在原结构内环桁架底部增加一圈环索，环索顶部设置 V 形飞柱。V 形柱外肢连接于内环桁架，与环索、径向索、外压环形成封闭的力流；V 形柱的内肢支承新增的悬挑构件。

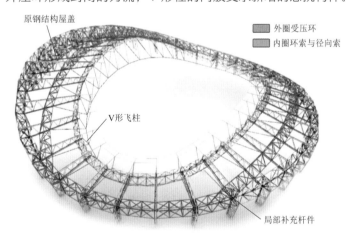

图 6.4-3 屋盖改建后的三维模型

此方案的优点在于：①最大化地利用原结构中受力较小的杆件；②通过拉索的布置，将新增的 16.5m 悬挑部分重量降到最低，尽可能地做到轻质，以减小对既有结构的影响；③通过径向索将增加的重量向径向桁架根部传递，缩短了传力路径。从而高效率地实现了新增 16.5m 的悬挑延展，降低了对原结构的影响和加固量（图 6.4-4）。

改建后屋盖三维模型如图 6.4-5 所示。

新增内圈环索截面为 4ϕ75mm，新增径向索截面为 1ϕ75mm。径向索和环向索均采用横向承压能力和索夹的抗滑能力好的密封索，其中环索由 4 根拉索并列构成。索体弹性模量 1.6×10^5MPa，钢丝抗拉强度等级为1570MPa，防腐形式采用锌—5%铝—混合稀土合金镀层。索头与环索索夹连接端为热铸锚叉耳式U形连接件，张拉端通过锚头螺杆并设置球形万向铰连接。拉索索材和规格如表6.4-1所示。

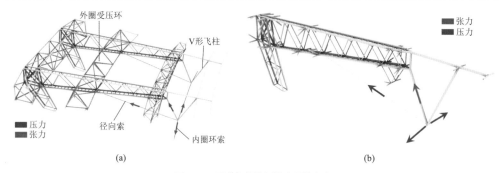

(a)   (b)

图 6.4-4 屋盖钢结构新增内悬挑方案

图 6.4-5 屋盖改建后的三维模型

拉索索材和规格   表 6.4-1

	类型	级别/MPa	规格	索体防护	索截面/mm²	最小破断力/kN
环向索	密封索	1570	4φ75mm	Galfan	4×3913	4×5620
径向索	密封索	1570	φ75mm	Galfan	3913	5620

为了谋求尽量均匀的索力，在内环桁架形态的基础上，将环索找形目标定义为长短轴极致接近的椭圆：高区的V形柱外肢铅直，低区的V形柱内肢铅直。这样的造型，也更有利于南北两侧（低区）新增大屏的布置。环索标高布置：根据建筑视线和结构受力需求，明确了高点和低点的环索标高，高低点之间的环索标高按余弦曲线确定。新增结构体系形态如图6.4-6所示。

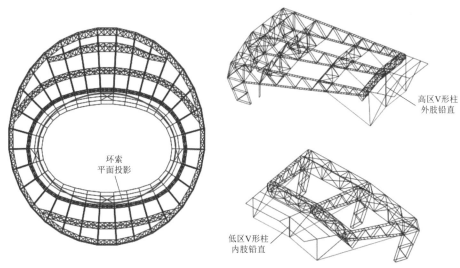

图 6.4-6 新增结构体系形态

6.4.2 原结构的检测

上海体育场于 1997 年建成投入使用，至今已使用 25 年之久，对结构现有状态的把控，是后续改建设计的基础条件。设计初期，相关单位对体育场原结构进行了详细检测，其中钢结构部分的结果如下：

（1）构件材料：屋盖钢结构杆件抗拉强度达到 Q355 以上；

（2）屋盖钢结构径向桁架杆件外径尺寸、壁厚基本满足原设计要求；

（3）原钢结构焊缝外观质量无明显缺陷，焊缝尺寸基本满足原设计要求；

（4）部分杆件涂层老化脱落；内环桁架和外环桁架处，部分杆件明显锈蚀（图 6.4-7）。

图 6.4-7 屋盖钢结构内环桁架处杆件锈蚀情况

原屋盖钢结构内环桁架和外环桁架处，由于外立面装饰的是铝板，使得杆件表面存在一定的积水情况，也因此存在部分的锈蚀（锈蚀量基本为 10%～20%），其分布如图 6.4-8 所示。

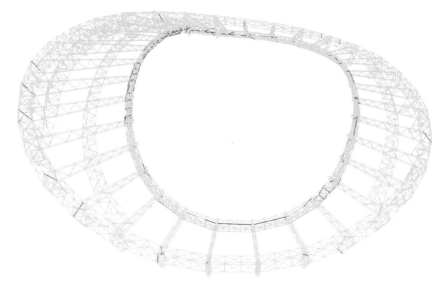

图 6.4-8 屋盖钢结构锈蚀情况分布

为真实考虑结构改建后的受力情况，设计中将上述锈蚀进行数值量化后，引入到计算模型中进行了截面修正。

6.4.3 结构杆件的负载加固

屋盖钢结构增加内悬挑后，在恒载、活载、风荷载、水平和竖向地震作用下，结构存在受力不足的情况。分析结果表明，新增 16.5m 后，原结构设计应力比超过 0.9 的杆件为 116 根，其中杆件净截面强度比超过 0.9 的为 78 根，其分布如图 6.4-9 所示。

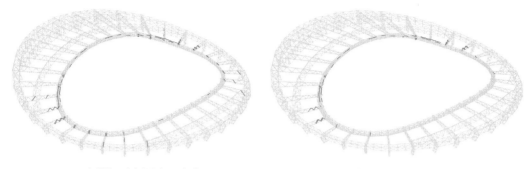

(a) 原有结构设计应力比超 0.9 杆件　　　　　　　　(b) 净截面强度比超 0.9 杆件

图 6.4-9　原结构加入新增结构超限构件分布

针对改建后结构构件承载力不足的情况，在设计中，制定了从多个维度进行加固的方案：

（1）通过改变结构体系的加固：考虑到内环的拱效应，在西侧 45°的径向桁架根部增加了 6 组斜撑，分析发现，该做法降低了约一半的杆件加固量，如图 6.4-10 所示。

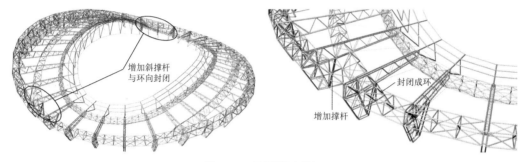

图 6.4-10　局部增设支撑杆

（2）通过受力转换的加固：径向桁架根部下弦杆件受力大，对焊接热敏感，因此采用增加面内斜腹杆的形式，降低弦杆受力的同时，增加弦杆的面外刚度，如图 6.4-11 所示。

（3）增大构件截面的加固：对于承载力不足的杆件，按强度不足和稳定不足分别进行加固，加固均采用了外包套管进行，区别在于稳定加固的外套管不伸入节点区域（图 6.4-12）。

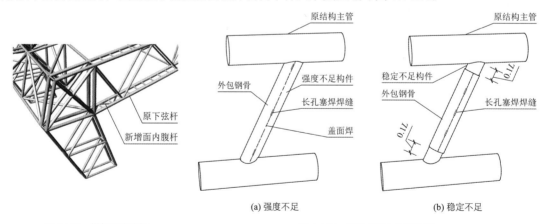

(a) 强度不足　　　　　　　(b) 稳定不足

图 6.4-11　增加面内腹杆　　　　　　　　　图 6.4-12　杆件承载力不足加固

由于现场施工条件和工艺的限制，无法对原有结构进行完全卸载，也因此难以避免地存在结构带应力状态下的焊接操作。高应力下的焊接，因为焊接热影响，存在使得原有杆件失效或产生不可逆变形的风险，对后续使用产生不利影响。因此需通过试验，来验证结构在带应力状态下进行焊接加固的可行性、焊接阶段的安全性和杆件加固后的后期受力可靠性（图 6.4-13）。

在研究杆件加固后的承载力的同时，设计团队在设计中更是注重在结构高应力下，杆件焊接的安全性和对结构整体受力的影响。

图 6.4-13　加载装置

通过试验得到如下结论：

（1）构件在带应力状态下的焊接加固过程中，跨中未出现明显的侧向变位。所提出的构件加固形式施工可行，带应力下焊接阶段安全。

（2）试件经外包管加固后，极限承载能力得到了明显提高。试验中选取了三类规格的构件，其加固后承载力分别提高了 72%、84% 和 80%，达到其全截面屈服承载力的 0.8、0.76 和 0.78 倍。加固后构件承载力满足设计要求，且具有一定的安全储备。

（3）加固后构件极限承载能力受到加固时初始负载的影响。初始负载越大，加固后构件承载能力提升得越少，原因是高负载下构件具有较大的侧向位移且焊接加固后可能引入较大的侧向残余变形。

（4）不同焊接加固方式对加固后构件承载能力的影响较小。采用通长焊与间断焊结合的焊接方式，可在保证加固后构件承载能力的同时，减小焊接量以及减小焊接收缩变形，在焊接过程中也不易产生较大的往复波动。

6.4.4　相贯节点的负载加固

由于原结构杆件径厚比较大，经过分析，新增 16.5m 后原结构需加固相贯节点为 428 个。根据不同的受力形式和受力需求，设计方设计中通过详细分析，最终选定了 4 种不同的加固形式：采用外贴碳纤维加固的节点为 36 个；采用鞍板加固的节点为 96 个；采用外包钢骨的节点为 168 个（含中一环与径向桁架的交点处理）；采用外加劲肋加固的节点为 128 个，其分布如图 6.4-14 所示。

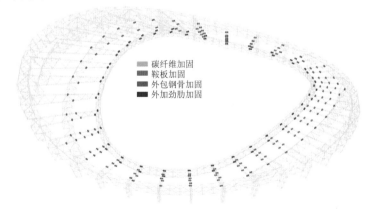

图 6.4-14　结构最终加固方案

相贯节点的碳纤维加固、鞍板加固、外包钢骨、外加劲肋加固形式，如图 6.4-15 所示。

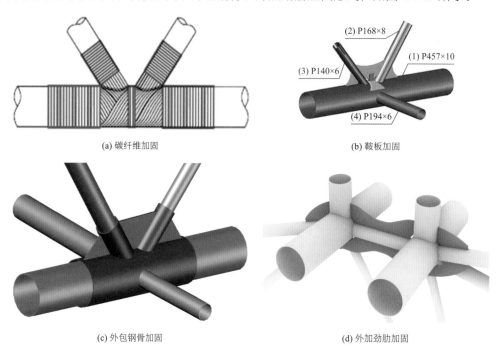

(a) 碳纤维加固

(b) 鞍板加固

(c) 外包钢骨加固

(d) 外加劲肋加固

图 6.4-15　相贯节点加固形式

由于此四种加固方式在现行规范中均未有涉及，设计中对屋盖钢结构的各节点进行了 ABAQUS 有限元分析以及 1∶1 的足尺试验，以验证所提出节点加固形式的施工可行性、焊接阶段安全性和后期受力可靠性（图 6.4-16、图 6.4-17）。

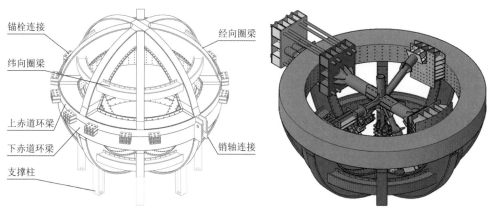

图 6.4-16　球形加载反力架组成与布置

图 6.4-17　节点安装示意图

由于所有节点均为带载加固，分析和试验中，均按实际的施工步骤进行了模拟，即先在试验节点中施加"1 自重 + 1 施工活荷载"的作用，然后在此基础上增加、焊接加强构造，最后再进行节点后续的受力加载，直至节点在试验力下产生破坏，如图 6.4-18 所示。

对于 K 型节点的鞍板加固试验，保守地以弦杆径向变形达到 1%D作为承载力极限，则根据试验结果，鞍板加固节点承载力达到了设计需求值的 1.48 倍，满足后续使用的要求。

对于 K 型节点的外包钢骨加固，保守地以弦杆径向变形达到 1%D作为承载力极限，则根据试验结果，节点的外包钢骨加固承载力达到了设计需求值的 2.36 倍，满足后续使用的要求。

对于外加劲肋与外包钢骨相结合的综合加固，保守地以弦杆径向变形达到 1%D作为承载力极限。根据试验结果，如图 6.4-14 所示，该节点加固承载力达到了设计需求值的 2 倍，满足后续使用的要求。

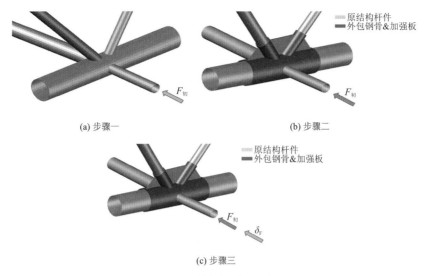

(a) 步骤一   (b) 步骤二

原结构杆件
外包钢骨&加强板

(c) 步骤三

图 6.4-18 节点试验步骤示意图

6.4.5 新增膜结构体系拉索拉力自适应

ETFE 膜具有轻质、通透、可有效匹配"不共面"等优点，因此屋盖新增体系的围护层拟铺设单层 ETFE 膜，如图 6.4-19 和图 6.4-20 所示。

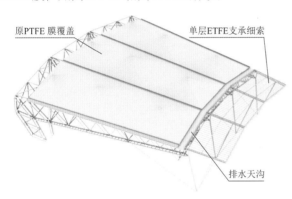

图 6.4-19 屋盖新增屋面围护体系

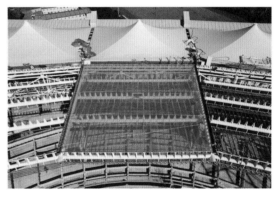

图 6.4-20 新增膜结构实景图

拉索 + ETFE 膜为水平布置，在风荷载等垂直荷载下产生较大的拉索内力。采用拉索径向贯通，在端部设置弹簧，同时在中间设置 PE 索套，滑移连接，防止刮伤索体，结构示意如图 6.4-21 所示。此做法虽然牺牲一定的拉索边界刚度，但是可以换取拉索拉力的自适应性，降低面外荷载下的拉索内力，从而降低对钢结构的负担。同时，可以维持拉索内力在一定水平，使其不产生松弛。通过弹簧的变形，随时准确地确定拉索内力，后期的维护工作更加方便。

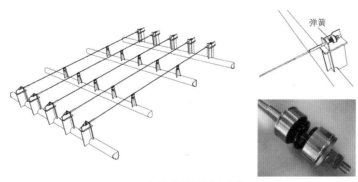

图 6.4-21 新增膜结构拉索的结构示意

6.4.6 环索连接索夹的升级

由于几何外形复杂，常规索夹采用铸钢的形式。由于铸造工艺所限，铸件存在产生难以探查的缺陷的可能，从而导致节点可靠度低，甚至在服役期间产生断裂的可能。同时，对于索夹而言，传统的铸钢铸造难度大，模具繁多且费用高；同时，为满足工艺需求，铸钢件最薄处有最小厚度要求，使得索夹较为厚重，对结构受荷和建筑效果均产生不利影响。

随着国内钢板工艺的不断加强，使得可靠性高的厚钢板的生产成为了可能。在上海体育场的改建中，环索索夹舍弃了传统的铸钢形式，而采用轧制钢板机加工成型，耳板和索槽板均采用了热轧钢板的材质，分别采用机加工成型，各部件通过焊接进行连接，如图 6.4-22 所示。

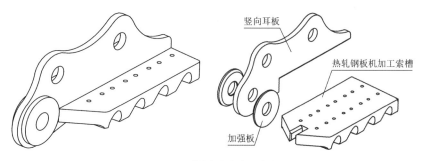

图 6.4-22 轧制钢板机加工索夹

该方案的创新性在于：这种索夹形式完全摆脱了对铸钢的依赖，节点可靠性进一步增强。可以发挥钢材强度高、性能可靠、造价低的优势，降低了铸造难度，大幅提高了节点可靠性。

6.5 健康监测

上海体育场屋盖结构内挑的增加，使得设计在多方面突破国家规范，受力、施工复杂，创新节点多，跨度挑战大，科技含量高。同时，改建以后的上海体育场是全国重大型比赛的场地，社会影响大。因此，对其改造及运营期间的工作状态进行监测必不可少，监测内容包括应力应变、索力、变形、温度、风速风向等，从而了解结构服役期间的"健康状态"。

1. 台风概况

2022 年 9 月，第 11 号台风"轩岚诺"和第 12 号台风"梅花"从上海市东部经过，台风路径如图 6.5-1、图 6.5-2 所示。

2. 监测内容

在结构的施工监测和运营监测中，结构的内力是反映结构受力情况最直接的参数，跟踪结构关键构件施工过程及运营过程中的内力变化，是了解施工过程形态和受力情况最直接的途径。通过对关键部位构件的应变情况进行实时监测，可以把握结构的应力情况，确保结构的安全性。钢构件应力监测分为原钢结构和新增钢结构两个部分。改建前后，原屋盖内环桁架"拱效应"明显、原径向桁架弦杆和腹杆受力变化明显、新增 6 组钢斜支撑受力关键、新增内部悬挑体系受力复杂，是施工和使用中监测需重点关注的部位。此外，还对新增 V 撑的应力应变进行了监测。

3. 监测结果

索力采样频率：日常为 30min/次，台风登录时为 1～3min/次，图 6.5-3、图 6.5-4 所示是两次台风的其中两根索力-时程曲线。监测结果表明，台风期间各监测点受台风影响索力出现波动，波动值一般在20kN 以内。台风后各监测点的索力与台风前相比无特别剧烈变化，结构在台风作用下安全运行。

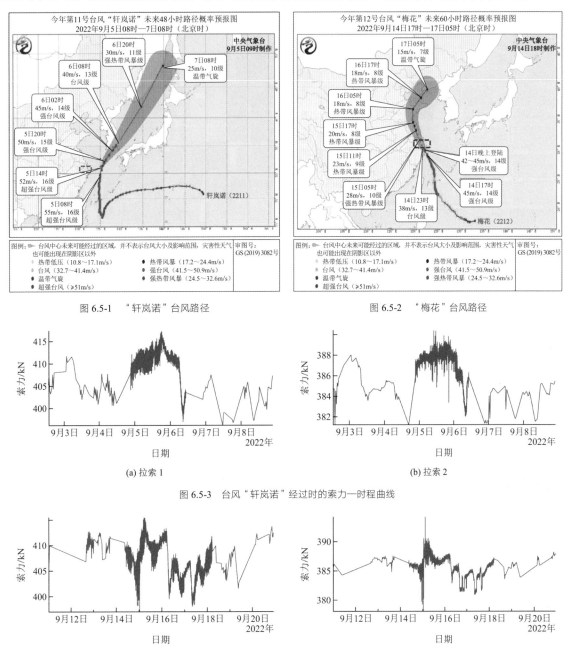

图 6.5-1 "轩岚诺"台风路径　　　　图 6.5-2 "梅花"台风路径

(a) 拉索 1　　　　　　　　　(b) 拉索 2

图 6.5-3 台风"轩岚诺"经过时的索力—时程曲线

图 6.5-4 台风"梅花"经过时的索力-时程曲线

6.6 结论

作为 2021 年世俱杯比赛场地，对上海体育场进行改建升级，并对加固关键技术进行了介绍，主要结论如下：

（1）看台上抬和场芯下挖相结合，可最大限度地拉开视线高差，实现场馆容纳人数的扩增。

（2）对于屋盖钢结构悬挑延展的改建在国内是首例，采用在原结构底部增加轮辐式索网体系的方案，有效地将竖向荷载直接传递至外压环外，缩小了传力路径，高效率地实现了结构内 16.5m 悬挑的增加。

（3）国内外首次探索高应力状态下对钢管杆件和相贯节点进行焊接加固技术，综合改变结构体系、受力转换和节点补强等多种加固方法，并通过加固构件进行了足尺的静力加载试验，验证了加固形式施工可行，带应力下焊接阶段安全，成功完成体育场的改造加固。

（4）上海体育场改建工程经过台风"轩岚诺"和台风"梅花"的考验，健康监测结果表明，各结构指标均满足规范要求，结构服役期间正常运行。

设计团队

结构设计单位：上海建筑设计研究院有限公司

结构设计团队：徐晓明、高　峰、张士昌、史炜洲、潘　钦、叶　伟、万　瑜、倪　萍、贾如钊、周　露、王凯星、熊志伦、梁金虎、江　瑶、陆维艳、侯建强、侯小英

执　笔　人：徐晓明、高　峰、张士昌、史炜洲、江　瑶

第 7 章

合肥滨湖国际会展中心二期

7.1 工程概况

7.1.1 建筑概况

合肥滨湖国际会展中心位于安徽省合肥市,基地西临广西路,北面为锦绣大道,东为庐州大道,南临南京路,是集展览和会议功能为一体的大型公共建筑,总建筑面积 40 万 m²。项目分为两期建设,会展中心整体规划见图 7.1-1,其中一期工程已经建成使用,合肥滨湖国际会展中心二期工程由两个标准展馆和一个综合展馆组成,其中综合展馆为大跨度空间结构,屋盖跨度 144m,是国内会展建筑跨度最大的张弦空间桁架屋盖体系之一。

综合馆建筑外轮廓尺寸为 170m×192m,单体建筑面积为 4.9 万 m²,最高点 36m,其中展厅尺寸为 144m×134m,主要功能为展览展示及演出,展厅内部净高 18m,要求展厅内部无结构柱。展厅周边东、南、西三侧局部设置两层夹层,夹层首层为门厅、库房和设备用房,二层设置大小会议室若干,东西侧夹层屋面呈弧形,夹层建筑高度不超过 24m,南北立面利用建筑倒锥形立面造型设置抗风柱。局部设有一层地下室,主要功能为消防疏散通道。综合展馆建筑整体效果如图 7.1-2 所示。

图 7.1-1 合肥滨湖国际会展中心总体鸟瞰图   图 7.1-2 综合馆建筑效果图

7.1.2 设计条件

1. 设计依据的规范规程

(1)《建筑结构荷载规范》GB 50009-2012

(2)《建筑抗震设计规范(2016 年版)》GB 50011-2010

(3)《空间网格结构技术规程》JGJ 7-2010

(4)《钢结构设计标准》GB 50017-2017

(5)《钢结构工程施工质量验收规范》GB 50205-2001

(6)《高层民用建筑钢结构技术规程》(下文简称《高规》)JGJ 99-2015

(7)《冷弯薄壁型钢结构技术规范》GB 50018-2002

(8)《组合结构设计规范》JGJ 138-2016

(9)《建筑钢结构焊接技术规程》JGJ 81-2002

(10)《钢结构制作安装施工规程》YB 9254-1995

(11)《钢结构高强度螺栓连接技术规程》JGJ 82-2011

(12)《低合金高强度结构钢》GB/T 1591-2008

(13)《合金结构钢》GB/T 3077-2015

(14)《厚度方向性能钢板》GB/T 5313-2010

（15）《一般工程用铸造碳钢件》GB/T 11352-2009

（16）《碳素结构钢》GB/T 700-2006

（17）《优质碳素结构钢》GB/T 699-2015

（18）《非合金钢及细晶粒钢焊条》GB/T 5117-2012

（19）《钢结构用扭剪型高强度螺栓连接副》GB/T 3632-2008

2．设计标准和设计参数

本项目工程设计使用年限为 50 年，建筑结构安全等级为一级（重要性系数 1.1），建筑抗震设防类别为乙类。地基基础设计等级为甲级，抗震设防烈度为 7 度，设计基本地震加速度值为 0.1g，考虑竖向地震，设计地震分组为第一组，场地类别Ⅱ类，小震下阻尼比为 0.02。钢结构抗震等级为三级。

本项目属于大跨度轻型结构，亦属于雪荷载敏感结构，基本雪压 0.70kN/m²（100 年），雪荷载考虑半跨分布、积雪不均匀分布。按照《索结构技术规程》JGJ 257-2012 附录 A 分析不均匀分布雪荷载。拟定屋面合拢温度为 7～24℃，最热月为 7、8 月，平均气温 37℃，最冷月为 1 月，平均气温–6℃。最大温升为 30℃，最大温降为–30℃。

风荷载按 100 年一遇取基本风压为 0.4kN/m²，大跨屋盖为敏感结构，风载体形系数和风振系数均根据风洞试验结果取值，模型缩尺比例为 1：150。风洞试验将建筑外侧表面划分为若干个分块，求出每个分块的体形系数。建筑结构表面分块及测点对应如图 7.1-3 所示。测压试验在 0°～360° 范围内的不同风向角下进行，风向角间隔 10°，共 36 个。

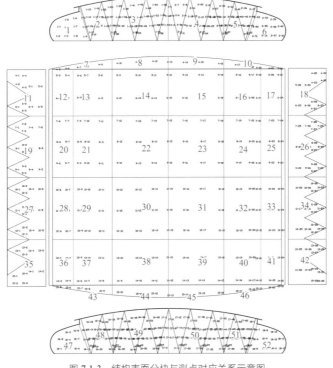

图 7.1-3　结构表面分块与测点对应关系示意图

各分块在所有风向角下的最大、最小值分别如图 7.1-4 和图 7.1-5 所示。

风洞试验提供了两种形式的围护结构设计用风荷载，即阵风风荷载和极值风荷载。在实际应用时，偏保守地取两者中最不利的一组作为用于屋面围护结构设计用风荷载。

通过风荷载加载计算，得到结构关键点的最大位移。通过分析比较发现：结构 20°、240°、250°等角度较为不利，风洞试验所得风荷载较规范值更为不利，因此构件设计验算时以风洞试验所得数据加载，考虑 0°、180°、90°、270°、20°、240°、250°风向角的风荷载工况，逐一组合验算。

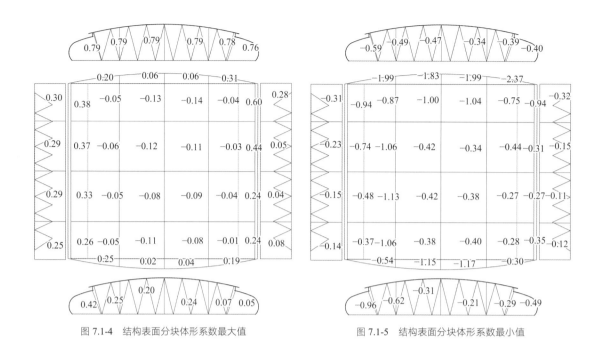

| 图 7.1-4 结构表面分块体形系数最大值 | 图 7.1-5 结构表面分块体形系数最小值 |

7.2 建筑特点

7.2.1 屋盖跨度 144m

综合馆建筑外轮廓尺寸为 170m×192m，其中展厅尺寸为 144m×134m，展厅周边东、南、西三侧局部设置两层夹层，见图 7.2-1。屋盖采用张弦空间桁架体系，屋盖跨度 144m，是目前国内会展建筑中跨度最大的张弦空间桁架屋盖体系之一。整个屋盖由 10 榀张弦空间桁架组成，每榀张弦桁架中心间距为 18m，实现了包含展厅范围在内的 144m×166m 无柱大空间。

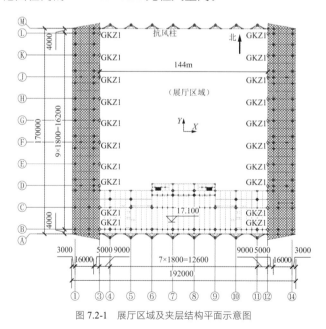

图 7.2-1 展厅区域及夹层结构平面示意图

张弦桁架为平面受力构件，沿屋盖纵向设置 4 道次桁架将 10 榀张弦桁架连接为整体，其中，端部两道次桁架分别设置在张弦桁架两个支承点处，中间两道次桁架在张弦桁架跨中约三分点处，其余位置设置屋面水平交叉支撑。屋盖结构布置如图 7.2-2 所示。

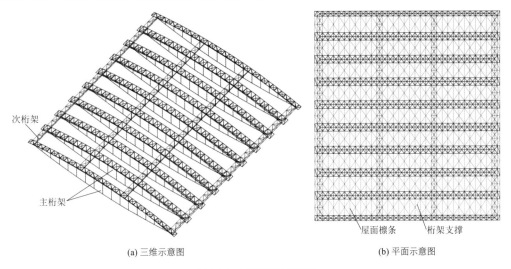

次桁架

主桁架

屋面檩条　桁架支撑

(a) 三维示意图　　　　　　　　　　(b) 平面示意图

图 7.2-2　屋盖结构布置简图

7.2.2　建筑沿周边三侧设置夹层

建筑在展厅周边东、南、西三侧局部设置两层夹层（图 7.2-1），结构存在平面、竖向不规则情况。为避免在地震作用下产生过大的扭转变形，结构体系采用钢结构框架—支撑结构体系，在平面楼、电梯间的位置设置钢支撑，如图 7.2-3 所示，通过计算分析确定支撑的形式和位置，增加结构的扭转刚度，降低平动模态与扭转模态的耦联度，形成具有两道防线的抗震设防结构体系。屋盖与抗侧力构件的关系如图 7.2-4 所示。

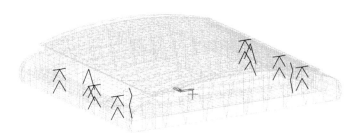

图 7.2-3　钢框架—支撑抗侧力体系中支撑空间布置示意

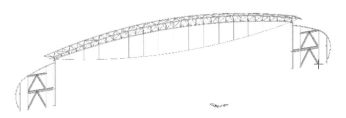

图 7.2-4　屋盖与抗侧力构件关系示意图

7.3　体系与分析

7.3.1　张弦桁架

单榀张弦桁架矢高为 17.2m，结构矢高约为跨度的 1/8；桁架采用倒三角形空间管桁架，跨中桁架高度 4.5m，为跨度的 1/32，支座处桁架高度 2.5m，为跨度的 1/58；拱架矢高 10.7m，约为跨度的 1/14；张弦的垂度 6.5m，约为跨度的 1/22，如图 7.3-1 所示。所有桁架杆件和屋面支撑均采用圆钢管，张弦桁架和次桁架杆件截面尺寸见表 7.3-1。

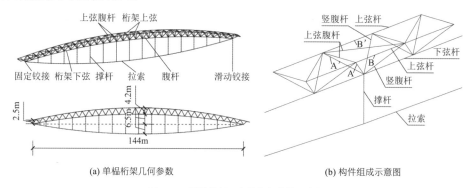

(a) 单榀桁架几何参数   (b) 构件组成示意图

图 7.3-1 张弦桁架、立体桁架构件示意图

张弦空间桁架主要杆件截面（mm）   表 7.3-1

构件位置		张弦桁架	次桁架
上弦杆		$\phi480 \times 16$	$\phi299 \times 10$
下弦杆	近支座处	$\phi560 \times 18$	$\phi299 \times 16$
	跨中	$\phi560 \times 16$	
上弦腹杆	平腹杆	$\phi180 \times 6$	$\phi194 \times 8$
	斜腹杆	$\phi194 \times 8$	
竖腹杆	近支座处	$\phi299 \times 10$	$\phi194 \times 8$
	跨中	$\phi245 \times 10$	
撑杆		$\phi325 \times 10$	—
拉索		$\phi7 \times 583$	—

7.3.2 支座条件

大跨屋盖体系为风敏感结构，为避免下部钢结构框架与上部屋盖体系在风荷载作用下的变形不协调，在建筑南北两侧结合建筑造型设置抗风柱，如图 7.3-2 所示。抗风柱为倒锥形格构柱，柱底铰接，柱顶为屋面管桁架，屋面管桁架与张弦桁架屋面采用两端铰接的链杆连接。

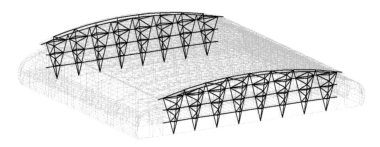

图 7.3-2 南北立面倒锥形斜柱和支撑体系

本项目为国内会展建筑跨度最大的张弦空间桁架屋盖体系之一，屋盖跨度 144m，超过规范大跨结构 120m 限值，温度荷载会在张弦桁架杆件内产生较大应力，为释放温度荷载产生的应力，桁架端部节点采用一端铰接、另一端滑动的支座形式。

张弦桁架拉索锚固端部节点一方面为张弦桁架下弦杆和下弦拉索的连接节点，同时也是上弦桁架腹杆的相交节点，此处交汇杆件较多，节点受力复杂，因此采用铸钢节点，如图 7.3-3 所示，铸钢节点搁置处一端采用固定铰支座，另一端采用滑动铰支座。

经典回眸 上海建筑设计研究院有限公司篇

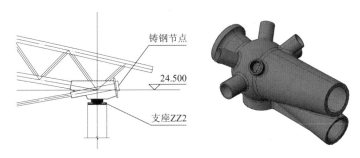

图 7.3-3　端部支座及铸钢节点示意

撑杆位置和间距是张弦桁架设计的重要参数，涉及受力合理性及经济性等，经计算分析和比较后，撑杆间距取 9m，其与桁架下弦、拉索的连接方式如图 7.3-4 所示。

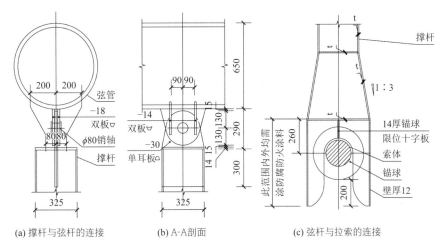

(a) 撑杆与弦杆的连接　　　(b) A-A剖面　　　(c) 弦杆与拉索的连接

图 7.3-4　张弦桁架撑杆与桁架下弦、拉索连接示意图

7.3.3　找力分析，拉索初始预应力值的确定

拉索初始预应力值对张弦桁架的内力和初始形态具有较大的影响，张弦桁架结构在施加预应力后，由于预应力重分布，在未施加其他外荷载之前，索内的预应力已经有了一定损失，且损失值较大，不能满足工程上的精度要求。所以，在进行各类工况下的结构分析前，需要寻找初始预应力值，使得结构在预应力平衡态下的索杆内力等于设计值。找力分析就是寻找这组预应力值。

经综合考虑，以结构在自重作用下保持建筑构型为目标进行索力迭代分析，得到中间榀初始预应力值为 4600kN，边榀为 2250kN，并以此为基础进行结构分析。图 7.3-5 所示为结构三维计算模型。

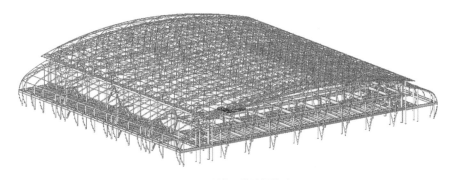

图 7.3-5　结构三维计算模型

对结构进行静力荷载分析并考虑施工过程模拟，以屋盖结构在自重和拉索预应力作用下的受力状态为起始条件，进行结构在活荷载、风荷载、温度作用和地震作用下的受力计算，同时考虑沿结构X向和Y

向布置半跨活荷载的不利影响。

7.3.4 结构分析

1. 支座形式比选

考虑施工过程模拟，通过对屋盖结构两端固支和一端滑动一端固支模型的分析发现，不同支座约束形式对屋盖结构的整体受力和下部结构柱的受力均有较大影响。表 7.3-2 列出了两个分析模型施工完成阶段X向风荷载、降温工况和X向地震作用三种单工况下的中间跨桁架两端柱顶反力和拉索轴力（X向为桁架跨度方向）。

支座边界条件及内力   表 7.3-2

边界条件	比较位置	X向地震作用	X向风荷载	降温工况
右端滑动	支座剪力（位置）/kN	198.9（左）	−117.8（左）	−271.6（左）
	拉索内力（位置）/kN	37.3	单工况索松弛	77.1
两端固支	支座剪力（位置）/kN	185.9（左） 186.4（右）	−801.9（左） 964.0（右）	−679.8（左） 684.3（右）
	拉索内力/kN	10.8	单工况索松弛	413.2

注：表中负号表示力的方向与整体坐标系X轴正向相反；单工况条件下不考虑拉索初拉力。

从表 7.3-2 中可看出，相较于两端固支模型，采用一端滑动一端固支的支座形式，屋盖结构下部柱的剪力有明显减小。预应力索杆结构具有强非线性，荷载作用下结构发生大变形，通过不断调整自身形状和刚度，在新的几何形态下达到平衡状态。一端滑动一端固支的支座形式，保证张弦桁架在拉索平面内具有一定的变形空间，从而通过自身位形的调整"消耗"了杆件应力，充分发挥了索杆结构的优势。而两端固支模型限制了结构变形，外荷载的增加体现在结构内力的增加上。通过上述对比，采用一端滑动一端固支的支座形式较为合理。

由于展馆南北侧倒锥形抗风柱顶部与屋盖上弦层相连，水平荷载工况下屋盖的变形在端部受到一定约束，各滑动端支座不能做到完全自由滑动，故其固定端支座不同于单榀分析结果，柱顶会有水平力产生。

2. 静力分析

采用 YJK 和 MIDAS Gen 软件分别进行计算，结果表明，两种软件计算的结构总质量、振动模态、周期、基底剪力、层间位移指标等均基本一致，可以判断建模分析的结果基本可信。周期计算结果见表 7.3-3。

周期计算结果（s）   表 7.3-3

振型号	YJK 计算周期	Midas Gen 计算周期	差值
1	1.5212	1.5571	2.31%
2	1.3393	1.3901	3.65%
3	1.1115	1.1642	4.53%
4	0.7873	0.7619	3.33%
5	0.7281	0.7491	2.80%
6	0.6537	0.7280	10.21%
7	0.6280	0.6396	1.81%

1）位移

屋盖结构位移计算结果见表 7.3-4，张弦桁架结构最大竖向挠度为 353.8mm，控制工况为 1 恒 + 1 活 + 0.6 降温，如图 7.3-6 所示。《空间网格结构技术规程》JGJ 7-2010 中规定立体桁架屋盖结构（短向跨度）挠度限值为 1/250，专家根据以往的工程实践建议预应力张弦桁架在恒荷载和活荷载标准值作用下的挠度限值为其跨度的 1/400，本工程计算结果表明，最大竖向挠度值为跨度的 1/407，满足设计要求。

各标准工况下结构最大位移（mm）　　　　　　　　　　　　　　　　表 7.3-4

工况	X向最大	X向最小	Y向最大	Y向最小	Z向最大	Z向最小
D	66.6	−66.4	13.1	−12.2	23.4	−282.3
L	58.3	−9.7	11.4	−5.6	20.5	−247.0
Wx	14.3	−59.4	9.9	−6.6	93.2	−21.1
Wy	3.6	−3.9	16.8	−9.8	37.5	−5.2
组合工况	76.3	−66.4	54.9	−38.4	272.3	−353.8

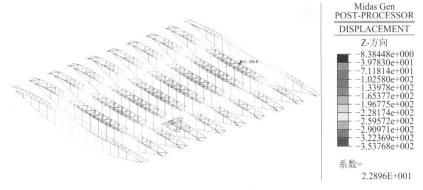

图 7.3-6　张弦桁架竖向最大位移（mm）

2）内力计算

根据最不利荷载组合对结构的杆件进行验算，验算结果表明，桁架构件最大应力在桁架下弦靠近支座处，最大应力比为 0.801，撑杆最大应力集中在各榀张弦桁架跨中处，最大应力比为 0.2，拉索最大应力比为 0.5，主要控制工况为 1.2 恒荷载 + 1.4 活荷载 + 0.84 风荷载（X向），杆件截面满足强度要求，桁架杆件应力比见图 7.3-7。

3. 拉索不松弛验算

对于索单元，只有在受拉状态下才能发挥其在结构中的作用，一旦发生松弛，拉索即退出工作（图 7.3-8）。分别取中间榀张弦桁架和边榀张弦桁架跨中索单元（39329 号和 25722 号，图 7.3-8），经分析得到各工况组合下索力分布，如图 7.3-9 所示。

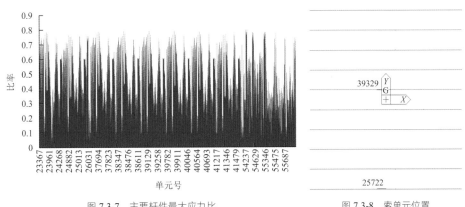

图 7.3-7　主要杆件最大应力比　　　　　　　图 7.3-8　索单元位置

由图 7.3-9 可知，基本组合和标准组合工况下索内力均为正值，均受拉不松弛。中间榀张弦桁架 39329 号索单元，索力最大值 8350.9kN，最小值 1370.6kN；边榀张弦桁架 25722 索单元，索力最大值 6477.1kN，最小值 1090.3kN，最大索力均小于索破断力的一半。

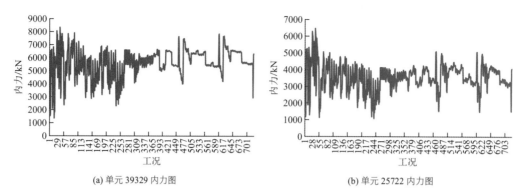

(a) 单元 39329 内力图   (b) 单元 25722 内力图

图 7.3-9　索力分布图

4．屋盖体系稳定性能

张弦桁架在荷载作用下通过拉索内力的变化，不断调整结构位置和形态，以达到平衡状态，具有很强的几何非线性，桁架单元以受轴力为主，因此结构的承载力时常由稳定承载力控制。对屋盖结构进行特征值屈曲分析、考虑几何非线性的非线性屈曲分析。非线性分析采用一致缺陷模态法，以特征值屈曲的最低阶屈曲模态作为初始缺陷，初始缺陷最大值按照张弦桁架跨度的 1/300 考虑。

屋面结构体系除 10 道横向张悬主桁架及 4 道纵向次桁架（图 7.2-2a）外，还包括桁架间支撑、两端悬挑部分、建筑屋面系统等。为校核主要结构系统的整体稳定性能，本次模态屈曲分析，仅将主、次桁架隔离出进行分析。分析时，所有屋面荷载及自重（包括桁架间支撑、两端悬挑部分、建筑屋面系统等）转换为节点荷载，保证了荷载的不丢失。

1）模态屈曲分析结果

以恒荷载 + 活荷载工况进行屈曲分析，同时考虑沿结构 X 向和 Y 向布置半跨活荷载的不利影响（图 7.3-10），分析工况见表 7.3-5，计算结果见表 7.3-6，表中 D + L 表示恒荷载 + 活荷载；full 表示满跨布置活荷载；half X 表示沿 X 向半跨布置活荷载；half Y 表示沿 Y 向半跨布置活荷载。

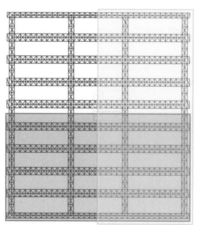

蓝色：沿 Y 方向半跨活荷载　　　黄色：沿 X 方向半跨活荷载
　　　布置范围　　　　　　　　　　　布置范围

图 7.3-10　半跨活荷载布置详图（俯视图）

模态屈曲分析的工况表　　　　　　　　　　　　　　　　表 7.3-5

序号	工况名称	具体荷载情况
1	D + L(full)	1 自重 + 1 附加恒荷载 + 1 活荷载（全跨）+ 1 预应力
2	D + L(half X)	1 自重 + 1 附加恒荷载 + 1 活荷载（X 方向半跨）+ 1 预应力
3	D + L(half Y)	1 自重 + 1 附加恒荷载 + 1 活荷载（Y 方向半跨）+ 1 预应力

张弦屋盖屈曲分析结果　　　　　　　表 7.3-6

荷载工况	特征值屈曲临界荷载系数
D + L(full)	11.73
D + L(half X)	15.27
D + L(half Y)	15.17

　　3 种荷载工况下，结构的特征值屈曲分析最小临界荷载系数为 11.7。图 7.3-11 所示为 D + L(full)工况下张弦桁架屋盖第一阶特征值屈曲模态，表现为张弦主桁架的整体侧弯失稳，事实上，3 种荷载工况下，屋盖结构的第一阶特征值屈曲模态均为张弦主桁架整体侧弯失稳。

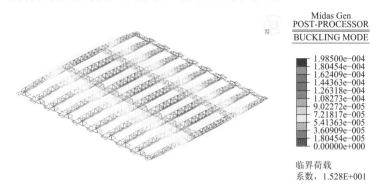

图 7.3-11　D + L(full)工况第一阶特征值屈曲模态

2）考虑几何非线性的单非线性屈曲分析结果

　　考虑几何非线性的结构整体稳定性能分析时，分仅隔离出屋盖结构的截断模型和包含下部结构的整体模型分别进行。分析工况同模态屈曲，所有屋面荷载与自重均等价为节点荷载施加在主桁架上。初始缺陷基于模态屈曲分析计算的一阶（整体）模态屈曲引入，最大偏位取跨度的 1/300。位移加载控制节点取弹性分析时最大位移的节点。收敛条件采用位移控制，相对精度取为 0.001。

　　截断模型计算结果见表 7.3-7。

截断模型非线性屈曲分析结果　　　　　　　表 7.3-7

荷载工况	非线性屈曲临界荷载系数
D + L(full)	4.3
D + L(half X)	4.9
D + L(half Y)	4.8

各工况下截断模型非线性分析位移-荷载曲线见图 7.3-12～图 7.3-14。

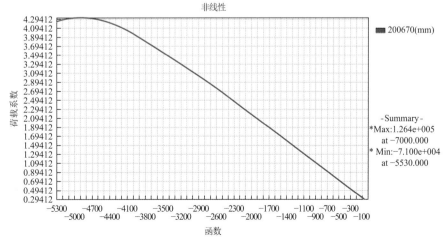

图 7.3-12　截断模型—全跨活荷载

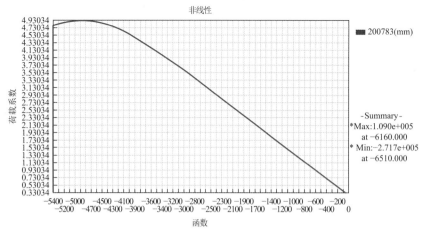

图 7.3-13 截断模型—X方向半跨活荷载

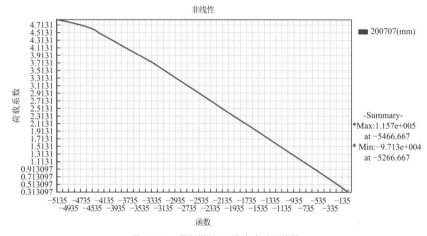

图 7.3-14 截断模型—Y方向半跨活荷载

由以上结果可知，截断模型在各个分析工况的荷载系数均大于 4.2 倍的恒荷载 + 活荷载，屋顶桁架系统稳定性能能满足要求。

整体模型计算结果见表 7.3-8。

截断模型非线性屈曲分析结果   表 7.3-8

荷载工况	非线性屈曲临界荷载系数
D + L(full)	4.3
D + L(half X)	4.9
D + L(half Y)	4.8

各工况下截断模型非线性分析位移-荷载曲线见图 7.3-15～图 7.3-17。

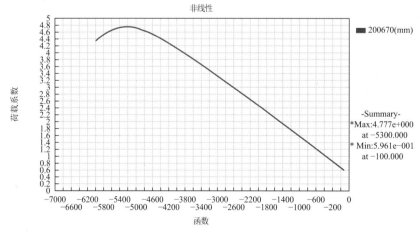

图 7.3-15 整体模型—全跨活荷载

经典回眸
上海建筑设计研究院有限公司篇

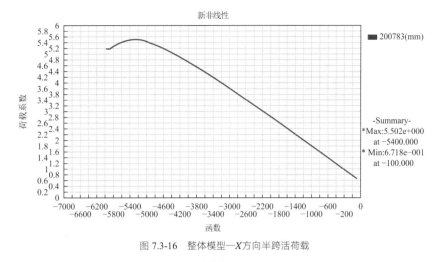

图 7.3-16　整体模型—X方向半跨活荷载

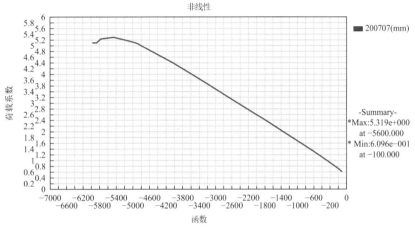

图 7.3-17　整体模型—Y方向半跨活荷载

由以上结果可知，整体模型在各个分析工况的荷载系数均大于 4.2 倍的恒荷载 + 活荷载，屋顶桁架系统稳定性能能满足要求。

7.4 专项设计

7.4.1 施工模拟分析

采用 MIDAS Gen 进行施工阶段模拟，施工阶段模拟分为五步：下部主体结构→主桁架→次桁架（施加预应力）→倒锥形斜柱和支撑体系→屋面其他结构。其中，在第三步次桁架安装完成之后，进行张弦桁架拉索预应力张拉。

具体施工阶段模拟过程如图 7.4-1 所示。

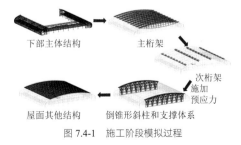

下部主体结构　　主桁架

屋面其他结构　　倒锥形斜柱和支撑体系　　次桁架施加预应力

图 7.4-1　施工阶段模拟过程

最后施工阶段完成后，在结构自重和张弦桁架预应力作用下，结构位移如图 7.4-2 和图 7.4-3 所示。

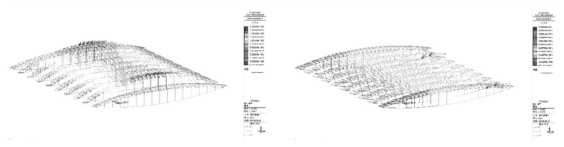

图 7.4-2　张弦桁架Z向位移（最大值 216.696mm）　　图 7.4-3　张弦桁架X向位移（最大值−111.111mm）

最后施工阶段完成后，在结构自重和张弦桁架预应力作用下，预应力拉索内力如图 7.4-4 所示。

图 7.4-4　索轴力分布（由中间榀至两边桁架拉索轴力逐次减小）

7.4.2　不采用施工阶段模拟时计算对比

考虑施工模拟过程，直接计算整体结构在自重和预应力作用下的位移，结果如图 7.4-5 和图 7.4-6 所示。

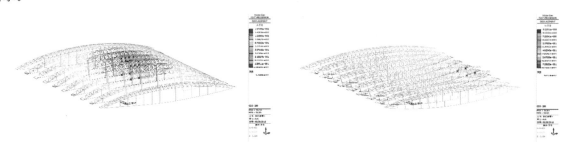

图 7.4-5　张弦桁架Z向位移（最大值 157.498mm）　　图 7.4-6　张弦桁架X向位移（最大值−81.556mm）

不考虑施工模拟过程，在结构自重和张弦桁架预应力作用下，拉索内力如图 7.4-7 所示。

考虑施工阶段模拟和不考虑施工阶段模拟桁架位移对比见表 7.4-1。

施工阶段分析模型中，预应力施加在独立的屋面桁架结构上，桁架结构变形独立，各榀桁架变形规律相似。不考虑施工阶段结构模型中，在施加预应力时，桁架结构处于整个结构整体中，与周围结构柱和抗风柱相连，结构南北两侧抗风柱对边榀张弦桁架有较大约束，边榀桁架Z向位移较小，桁架位移集中在屋盖中间主桁架和次桁架部位，且两侧边柱对桁架侧向位移有约束作用，不考虑施工阶段模型张弦桁架最大X向位移较施工阶段模型小。

同时，不考虑施工阶段分析模型中，由于南北侧抗风柱对桁架的约束作用，桁架无法自由变形，预应力与变形的调整过程受到约束影响，中间榀桁架受影响较小，因此拉索内力由中间榀至梁边桁架逐次增大。施工阶段分析模型中，桁架能自由实现力与形的平衡状态，因此拉索的内力较不考虑施工阶段模型拉索内力小。

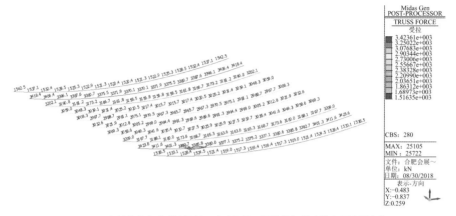

图 7.4-7　索轴力分布（除边桁外，由中间桁至两边桁架拉索轴力逐次增大）

考虑施工阶段模拟和不考虑施工阶段模拟桁架位移对比　　　　　　　　表 7.4-1

模型	桁架位移集中部位	最大Z向位移/mm	最大X向位移/mm
施工阶段分析模型	各桁主桁架中间部位	216.696	−111.111
不考虑施工阶段模型	屋盖中间主桁架和次桁架	157.498	−81.556

7.4.3　防倒塌分析

1．重要构件判断

结构跨度较大，达 144m，结构采用张弦桁架形式，大跨屋盖主要传力路径：屋面荷载→张弦桁架上弦、下弦拉索→两侧钢柱。初步判断大跨屋盖结构的重要构件为张弦桁架上部桁架、拉索，此类构件为大跨屋盖的关键构件，如果发生损坏有可能造成结构整体垮塌。次向桁架、屋面支撑、抗风柱都属于次要构件，此部分局部损坏不会导致整个屋盖结构倒塌。

对大跨屋盖结构进行抗连续性倒塌分析，取 1 恒荷载 + 1 活荷载的荷载组合作为分析工况，暂不考虑风荷载的作用。

2．动力系数确定

国内学者对中柱失效的平面钢结构框架进行了动力反应分析。分析结果表明，当结构处于线弹性状态时，结构的动力放大效应仅与构件的失效时间和结构的阻尼比有关，动力放大系数的最大取值为 2，且随着构件失效时间和阻尼比的增大而减小。有学者对平面和空间钢框架柱失效后的动力效应进行了研究，研究发现，无论是边柱失效还是中柱失效，等效动力增大系数均远小于 GSA 和 UFC 规范所取动力放大系数 2，且不考虑节点转动刚度时小于 1.4，考虑节点转动刚度时小于 1.6。

如上所述，目前对于静力计算荷载动力放大系数的研究主要集中在框架结构上，而对于大跨空间网格结构动力放大系数的研究相对较少。然而，空间网格结构在力学性能上与框架结构差别较大，前者刚度主要取决于各杆件的数量及其刚度，后者则取决于梁板柱的可靠连接。考虑本项目跨度较大，拉索在正常使用下处于高应力状态，如果发生断裂对结构的影响是致命的，因此，动力放大系数取 2，对静力计算结果进行放大。

3．断索分析

假定一根索在意外事件下突然失效，根据模型分布特点，去除中部一桁张弦桁架下部索。假定结构正常使用情况下，受力模式为 1DL + 1LL，考虑几何非线性。去除索的情形如图 7.4-8 所示。

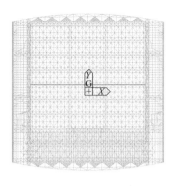
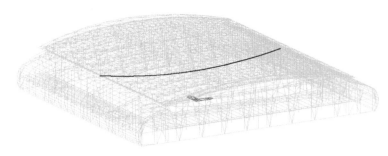

(a) 去除索位置示意图   (b) 截断拉索

图 7.4-8　整体模型—X方向半跨活荷载

4．计算结果

　　考虑几何非线性对断索进行分析，得到结构位移、应力结果，由图 7.4-9 可知结构在断掉中部一根索后最大竖向位移 1221mm，位移增加较大。桁架应力如图 7.4-10 所示，断索处上部桁架最大应力为 377MPa，小于钢材屈服强度。计算结果显示，断索后上部桁架仍然可处于弹性状态，支撑钢柱也处于弹性状态，桁架支座外侧次梁在断索后应力迅速增加，已进入塑性状态，因此构件为次要构件，此构件损坏不会造成屋面垮塌。

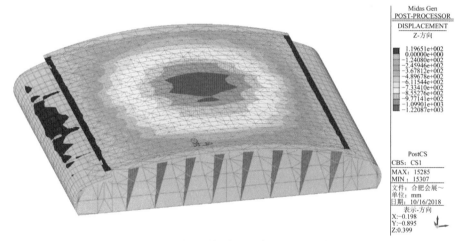

图 7.4-9　断索后屋盖竖向位移（最大 1221mm）

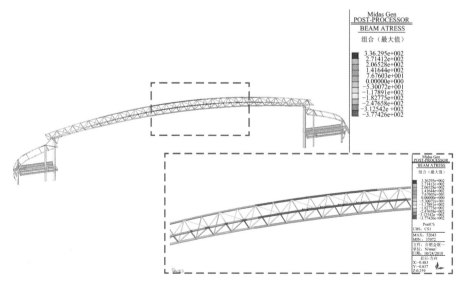

图 7.4-10　断索后上部桁架应力

此外，在中部断一根索后相邻桁架应力增大，最大达 379MPa，应力虽然增加，但是仍处于弹性状态。由图 7.4-11 可知，结构在断一根索后其余索力分布最大索内力为 10580kN，小于索破断荷载，因此，中部一根索突然损坏断裂后，其余索不会断裂，屋面不会发生垮塌。

图 7.4-11　断索后索内力（断一根索后其余索内力最大为 10580kN）

由以上分析可知，结构在突发事件中断掉中部一根索后，上部桁架、相邻桁架及支撑桁架钢柱仍可保持弹性状态，剩余索内力均有增大，但都小于索破断荷载，大跨屋盖结构关键构件均可保持弹性。因此，可以认为屋盖在断一根索的情况下，不会造成屋盖整体倒塌。

7.4.4　关键节点分析

1. 节点选取

张弦桁架两端支座节点为上弦杆和下弦拉索的连接节点，同时也是屋盖上弦桁架腹杆的相交节点，拉索节点穿过节点中心，此处交汇杆件较多，节点受力较为复杂，因此采用铸钢节点，钢管材质为 G20Mn。对该节点建立有限元模型进行具体受力分析，以验证该节点的可靠性，为简化计算，部分后焊的普通 Q355B 材质的钢材均按铸钢件材质代入计算（图 7.4-12 中绿色部分）。

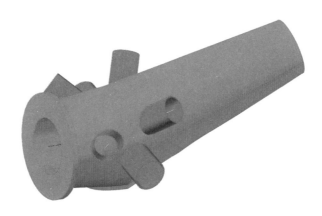

图 7.4-12　分析节点轴测图

2. 有限元模型

采用有限元软件 ANSYS19.0 分析。有限元分析原则如下：

（1）节点有限元分析采用实体单元。

（2）复杂应力状态按照 Von-Mises 屈服准则判断是否达到屈服。

（3）有限元计算时作用在节点上的外荷载（构件内力或支座反力）必须满足刚体平衡条件。

铸钢件材质为：G20Mn5，热处理状态为调质。经查《铸钢节点应用技术规程》CECS 235-2008 可知，材料弹性模量 $E = 2.06 \times 10^5$MPa，剪变模量 $G = 7.9 \times 10^4$MPa，泊松比 $\mu = 0.3$，线膨胀系数 $\alpha = 1.2 \times 10^{-5}/℃$，质量密度 $\rho = 7.85 \times 10^3$kg/m^3，其材性指标见表 7.4-2 和表 7.4-3。

铸钢化学成分表（%）　　　　　　　　　表 7.4-2

牌号	C	Si≤	Mn	P≤	S≤	Ni≤
G20Mn5	0.17～0.23	0.6	1～1.6	0.02	0.02	0.8

铸钢力学性能表　　　　　　　　　　　表 7.4-3

牌号	G屈服强度	抗拉强度	伸长率/%	抗冲击性能/J
G20Mn5QT	300	500～650	≥22	≥27

根据《铸钢节点应用技术规程》CECS 235-2008 中第 3.2.1 条规定，设计强度取 235MPa。

根据以上分析原则，并结合本工程节点实际情况制订以下分析思路：

（1）根据节点设计尺寸，建立节点空间三维模型作为计算模型。

（2）考虑到节点连接处应力状况较为复杂，局部难免存在应力集中现象，导致材料应力过大。为尽量符合实际，采用弹塑性有限元分析。

（3）分析荷载。选取节点编号为 15108，杆件内力最大的 1.2D + 1.4L-0.84WindY 工况组合下的内力进行计算，与下部支座连接的端面施加固定约束，其余端面根据整体结构分析所得节点力施加荷载。此处偏保守地使用了各杆件的杆端内力。杆件内力截图如图 7.4-13～图 7.4-15 所示。

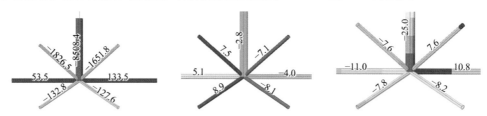

图 7.4-13　节点杆件内力截图（分别为轴力*FX*，剪力*FY*，剪力*FZ*，单位 kN）

图 7.4-14　节点杆件内力截图（分别为扭矩*MX*，弯矩*MX*，弯矩*MY*，单位 N·mm）

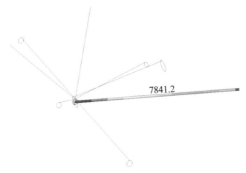

图 7.4-15　桁架单元*FX*（kN）

各杆件内力均匀加载在杆件截面上，整体铸钢件模型杆件加载情况及支座条件如图 7.4-16 所示。

图 7.4-16 支座条件及杆件内力加载示意

3. 计算结果

根据给定的荷载计算，节点应力云图和变形云图如图 7.4-17 所示。

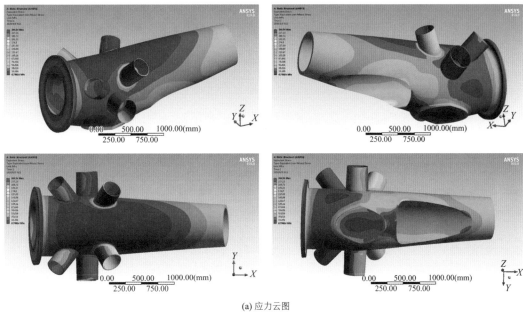

(a) 应力云图

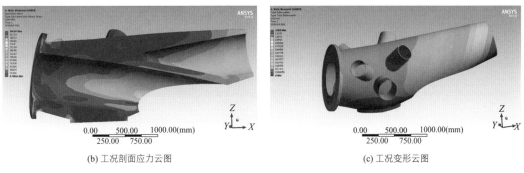

(b) 工况剖面应力云图　　　　　　　　　　(c) 工况变形云图

图 7.4-17 应力及变形计算结果

从图 7.4-17 的计算结果可以看出，在给定的荷载作用下，铸钢节点的核心区域均处于线弹性状态，大部分应力处于 235MPa 以内，小于铸钢件设计值。最大 Von-Mises 应力 244MPa，位于与铸钢件后焊的绿色 Q355 材质的普通材质杆件上，小于该种材料的强度设计值。铸钢节点杆端的空间最大竖向变形约为 1.2mm。根据以上结论及《铸钢结构技术规程》JGJ/T 395-2017 第 5.4.5 条，故可认为该节点是安全的。

7.5 桁架滑移施工技术

7.5.1 滑移施工概述

结构采用"结构累积滑移"的方式进行安装施工。利用结构条件，在南侧 B 轴及 C 轴位置搭设拼装支撑胎架，最先开始拼装 K 轴和 L 轴的桁架，利用"液压同步顶推滑移"系统将所有的桁架结构拼装成整体，并累积整体滑移到设计位置。

如图 7.5-1 所示，桁架结构滑移施工共设置 2 条通长滑移轨道，2 条通长滑道分别设置于结构的 3 轴、12 轴；另外在跨中设置 3 条短轨道，用于桁架索张拉前滑移。桁架结构滑移施工的具体流程如下：

（1）在结构 B～C 轴线位置搭设桁架结构临时支撑胎架。

（2）安装桁架结构滑移用临时滑移梁等。

（3）安装滑道结构，包括轨道、挡板等。

（4）在拼装胎架上拼装 L 轴线桁架结构及滑移底座。

（5）安装第一组液压同步顶推设备，包括液压泵站、液压顶推器、油管、传感器等。

（6）调试液压同步顶推系统的电气系统，并做好滑移准备。

（7）将 L 轴桁架向前滑移一个柱距，安装拉索并张拉。

（8）拼装 K 轴桁架。

（9）将 K—L 轴桁架向 L 轴线滑移一个柱距（18m），暂停滑移。

（10）安装 K 轴拉索并张拉。

（11）按照以上顺序依次完成所有桁架的滑移作业。

（12）安装支座，并对局部的支座位置进行微调。

（13）原位吊装最后一榀桁架，安装拉索并张拉，拆除液压同步顶推滑移系统。

（14）完成整个桁架滑移安装作业。

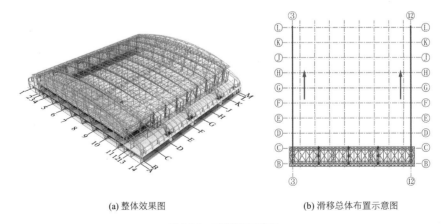

(a) 整体效果图　　　　　　　　(b) 滑移总体布置示意图

图 7.5-1　滑移施工示意图

跨中设置三条短轨道，采用临时支撑胎架进行搭设，临时支架采用 2m×2m 标准胎架，侧向设置缆风绳，缆风绳采用直径 20mm 的钢丝绳，强度为 1770MPa，靠近 5 轴线及 9 轴线位置短轨道支架设置在 8.9m 标高楼面上，楼面上设置 H588×300×12×20 的分配梁，靠近 7 轴线位置的短轨道胎架底部设置独立基础，短轨道具体设置方式如图 7.5-2 所示。

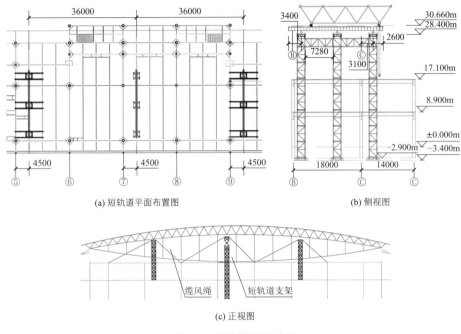

(a) 短轨道平面布置图　　　　　　　　(b) 侧视图

(c) 正视图

图 7.5-2　短轨道设置示意图

7.5.2　索张拉施工模拟分析

对合肥滨湖国际会展中心张弦桁架钢屋盖张拉施工过程进行力学分析，提取结构响应，验证过程中的结构安全性，并提供张拉施工参数。

采用有限元分析软件 MIDAS Gen 2019，分析模型中的荷载，包括：拉索预应力、结构自重。施工阶段分析包含 12 种工况，见表 7.5-1。

索张拉施工模拟工况　　　　　　　　　　　　　　　　　表 7.5-1

工况号	施工阶段
1	胎架上拼装 L、K 轴张弦桁架及其中间连系桁架
2	张拉 L 轴拉索
3	累积滑移 L～K 轴张弦桁架，安装 J 轴钢构及其连系桁架，并张拉 K 轴拉索
4	累积滑移 L～J 轴张弦桁架，安装 H 轴钢构及其连系桁架，并张拉 J 轴拉索
5	累积滑移 L～H 轴张弦桁架，安装 G 轴钢构及其连系桁架，并张拉 H 轴拉索
6	累积滑移 L～G 轴张弦桁架，安装 F 轴钢构及其连系桁架，并张拉 G 轴拉索
7	累积滑移 L～F 轴张弦桁架，安装 E 轴钢构及其连系桁架，并张拉 F 轴拉索
8	累积滑移 L～E 轴张弦桁架，安装 D 轴钢构及其连系桁架，并张拉 E 轴拉索
9	累积滑移 L～D 轴张弦桁架，安装 C 轴钢构及其连系桁架，并张拉 D 轴拉索
10	累积滑移 L～C 轴张弦桁架，安装 B 轴钢构及其连系桁架，并张拉 C 轴拉索
11	累积滑移第 L～B 榀，并张拉 B 轴拉索
12	安装 A、M 轴悬挑构件，结构成型

7.5.3　索张拉施工模拟分析结果

根据施工过程逐榀张拉桁架拉索，模拟过程计算结果如表 7.5-2 和表 7.5-3。

施工模拟分析各工况张弦拉索索力（kN）　　　　　　　表 7.5-2

工况号	L轴拉索	K轴拉索	J轴拉索	H轴拉索	G轴拉索	F轴拉索	E轴拉索	D轴拉索	C轴拉索	B轴拉索
1										
2	2034.5									
3	2051.8	3686.9								
4	2106.9	3587.0	3566.5							
5	2124.2	3558.8	3414.4	3509.2						
6	2141.3	3545.7	3359.9	3332.4	3485.8					
7	2162.3	3545.3	3336.6	3268.2	3298.0	3477.9				
8	2180.6	3551.0	3330.4	3243.2	3233.2	3289.5	3478.8			
9	2195.3	3558.8	3332.3	3236.3	3209.0	3225.9	3291.0	3481.9		
10	2178.0	3533.4	3333.2	3238.0	3204.0	3203.9	3229.5	3295.5	3485.2	
11	2188.9	3560.9	3339.8	3245.1	3211.0	3207.5	3222.2	3260.0	3366.2	1825.4
12	2081.6	3500.4	3324.1	3245.0	3212.7	3213.0	3245.7	3324.8	3500.6	2083.2

注：表中斜体加粗力值为该阶段索端施工张拉力。

施工模拟分析各工况位移及应力结果　　　　　　　表 7.5-3

工况	竖向位移/mm	支座位移/mm	钢构组合应力/MPa
1	−49.30/9.05	−9.12/9.26	−111.88
2	−22.37/2.58	−9.51/8.90	−56.98
3	−10.00/27.97	−14.52/14.29	−108.29
4	−37.26/13.83	−19.52/16.53	−115.32
5	−37.70/16.38	−18.71/18.32	−115.33
6	−37.66/17.79	−21.32/17.78	−114.91
7	−38.15/18.61	−20.25/19.99	−114.82
8	−38.80/19.20	−20.58/20.34	−114.96
9	−39.44/19.57	−20.78/20.64	−115.16
10	−41.30/19.65	−20.84/20.73	−114.75
11	−41.80/19.60	−21.17/20.34	−114.96
12	−28.81/19.42	−21.15/20.26	−138.80

经拉索施工过程模拟分析，主要结论如下：

（1）施工过程中结构最大竖向变形−49mm，出现在前两榀钢桁架安装就位时；结构施工成型后，全结构竖向变形很小：基本满足屋盖结构在自重作用下保持建筑构型的设计理念。

（2）施工过程中结构最大支座位移21mm，出现在工况6中G轴拉索张拉后。

（3）施工过程中最大索力为3687kN，出现在工况3，即K轴张弦拉索张拉。

（4）施工过程中钢构最大组合应力为139MPa，处于弹性应力状态，结构安全。

7.5.4　滑移施工理论与实际施工对应结果

合肥滨湖国际会展中心屋盖跨度144m，采用"结构累积滑移"的方式进行安装施工，属于危大工程项目范畴。为保证施工质量及施工安全性，施工过程基于实时监测系统对滑移过程进行全程跟踪监测，监测内容包含桁架主要构件应力、桁架变形及滑移支座变形。

　　根据健康监测结果，在张拉卸载过程中，桁架应力发生变化，但变化较为缓慢，最大应力波动在20MPa以内，且张拉过程中，其他榀桁架索力变化较小，未有应力松弛现象发生。各榀桁架索力在最终状态下与计算张拉值最大差值在8%以内，与理论计算结果吻合。其余桁架构件在滑移施工完成后，受力变化较小，结构安全稳定。

7.6 结语

　　张弦桁架自重轻、跨度大，传力路径清晰合理，适用于较大跨度的屋盖结构。合肥滨湖国际会展中心综合馆屋盖跨度144m，是国内会展建筑跨度最大的张弦空间桁架屋盖体系之一。这里，对该张弦屋盖结构进行了设计和非线性有限元分析。在结构设计过程中，主要完成了以下几方面的创新性工作：

　　（1）张弦桁架拉索初始预应力取值对桁架的内力和变形具有较大影响，预应力度偏小，拉索会产生松弛，预应力度偏大，对结构刚度提高效果有限，造成用钢量的增加和施工困难。合理确定拉索预应力值是此类结构设计的重点，本项目以结构在自重作用下保持建筑构型为目标进行索力迭代分析，结果显示，初拉力数值界定合理。

　　（2）次桁架可以有效增强屋盖结构的整体性。经分析，在张弦主桁架之间设置次桁架可以有效控制结构变形，增强屋盖的整体受力性能。

　　（3）对于大跨度张弦屋盖结构，线性屈曲和非线性屈曲计算结果相差较大，在此类结构稳定性验算中，必须考虑几何非线性和初始缺陷的影响。

　　（4）对于张弦屋盖结构，周边下部结构构件对屋盖结构的约束作用对屋盖结构计算影响较大，在设计过程中需考虑施工过程模拟，预拉力施加于周边约束之前，才能反映整体张拉后的结构真实状态；同时，对此类结构，设计施工模拟和实际滑移施工模拟又有所区别，设计施工模拟将张弦屋盖作为整体同时进行张拉，实际施工过程是逐榀张拉，需考虑桁架每榀张拉时对其余榀桁架的影响，根据实际施工方案进行专项设计。

　　（5）张弦桁架传力路径简单，结构冗余度小，一旦杆件失效对结构整体影响很大，需进行防连续倒塌设计。本文所述结构在一榀桁架失效后，其相邻桁架杆件内力有明显增加，但仍处于弹性状态，其余桁架杆件内力有所增加，但增加幅度较小，屋盖整体性能较好，不会发生连续倒塌。

参考资料

[1] 上海建筑设计研究院有限公司. 合肥滨湖国际会展二期综合馆超限高层建筑抗震设计可行性论证报告[R]. 2018.

[2] 东南大学. 合肥滨湖会展：张弦桁架屋盖滑移施工过程分析[R]. 2019.

[3] 上海同磊土木工程技术有限公司. 合肥滨湖国际会展中心二期钢结构健康监测报告[R]. 2020-2021.

[4] 李亚明. 复杂空间结构设计与实践[M]. 上海：同济大学出版社, 2021: 77-99.

[5] 同济大学. 合肥滨湖国际会展中心二期风荷载风洞试验[R]. 2018.

设计团队

结构设计单位：上海建筑设计研究院有限公司（初步设计＋施工图设计）

结构设计团队：刘宏欣、李亚明、许建立、孙求知、潘法超、贾水钟

执　笔　人：刘宏欣、孙求知

获奖信息

2022 年中国钢结构金奖

2023 年安徽省工程勘察设计协会优秀工程奖

经典回眸 上海建筑设计研究院有限公司篇

第 8 章

第十届中国花卉博览会
花博园工程

8.1 工程概况

8.1.1 概述

第十届中国花卉博览会（简称花博会）于 5 月 21 日至 7 月 2 日在上海崇明举办。花博会项目位于上海市崇明区东平镇，东至林风公路，南至老北沿公路，西至规划园西路，北至规划园北路，用地面积 3165150m²，总建筑面积 50708m²，其中永久建筑 6368m²，临时建筑 44340m²。工程范围为新建花博园区内，总设计面积约为 193.99hm²。

花博会总体规划布局"六馆"，分别为复兴馆、世纪馆、竹藤馆、百花馆、花艺馆和花栖堂。其中，复兴馆、世纪馆和竹藤馆为永久性场馆，而百花馆、花艺馆、花栖堂则是临时性场馆。花博园效果见图 8.1-1，鸟瞰实景见图 8.1-2。

图 8.1-1 花博园效果图

图 8.1-2 花博园鸟瞰实景图

8.1.2 设计条件

本项目中包含永久建筑和临时建筑，针对不同类型的建筑物或构筑物分别设定了不同的设计条件。

（1）永久建筑：结构设计使用年限为 50 年，抗震设防烈度为 7 度，基本地震加速度为 0.1g，建筑场地类别为Ⅲ类，设计地震分组为第二组，特征周期为 0.55s，地震影响系数最大值 $\alpha_{max} = 0.08$，50 年一遇基本风压 0.55kN/m²。

（2）临时建筑：结构设计使用年限为 5 年，抗震设防烈度为 7 度，抗震设防类别为丙类，场地类别为上海Ⅲ类，基本风压为 0.4kN/m²。

8.2 复兴馆（永久场馆）设计

8.2.1 单体概况

复兴馆为花博园主场馆，用地面积约为 5.7 万 m²，花博会期间承担了 35 个省、直辖市、自治区及港澳台地区的室内布展功能。复兴馆为单层中型展览建筑，建筑面积 3.7 万 m²，平面尺寸约 303m × 123m，地上局部三层，局部设置一层地下室。屋盖造型为错列波浪形屋面（图 8.2-1），取"波澜壮阔"的复兴之意。屋面高度为 10~16m，建筑柱网 18m × 18m 或 18m × 9m，上部结构采用钢框架结构体系（图 8.2-2、图 8.2-3）。

图 8.2-1　建筑实景图

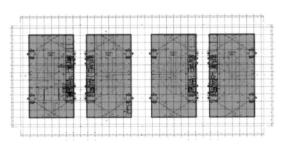

(a) 一层平面图

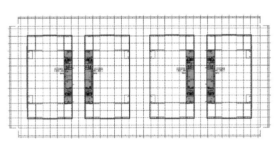

(b) 二层平面图

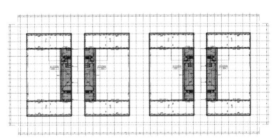

(c) 三层平面图

图 8.2-2　建筑平面图

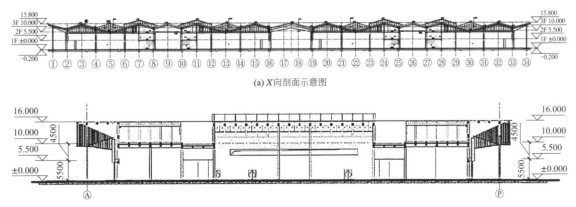

(a) X 向剖面示意图

(b) Y 向剖面示意图

图 8.2-3　建筑剖面示意图

复兴馆作为永久场馆，根据展览建筑的特点，设计时需要考虑后续可能使用的情况。根据会后的建筑功能预期，会后基本柱网为 9m × 9m，在二层和三层均增加建筑使用面积，如图 8.2-4 所示。上部结构设计时考虑会后荷载预留，基础设计时按照 9m × 9m 柱网布置桩基—承台，荷载会时和会后两种工况的包络设计。

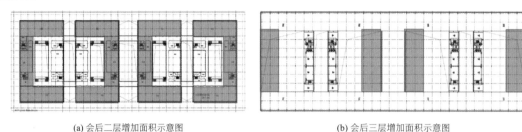

(a) 会后二层增加面积示意图　　　　　　　(b) 会后三层增加面积示意图

图 8.2-4　会后增加面积示意图

8.2.2　主体结构设计

1. 结构选型与布置

结合场馆柱网跨度较大、存在屋面平面不规则，以及 40% 的预制率要求等特点，同时为符合建筑使用功能需求，场馆最终采用了钢框架结构体系（图 8.2-5）。针对本单体屋面超长情况，考虑建筑效果要求，单体楼板较少及屋盖在长向呈波浪形有利于温度应力释放等特点，本单体整体未设结构缝。

图 8.2-5　结构三维模型

本工程框架柱采用方管或圆管截面，框架梁采用焊接 H 形截面或箱形截面，框架梁与框架柱均采用刚接连接（图 8.2-6）。其中，框架柱截面尺寸为边长 500～600mm 方钢管和直径 600～900mm 圆管，框架梁截面尺寸约 H(500～600) × 300，结构平面布置图见图 8.2-7。

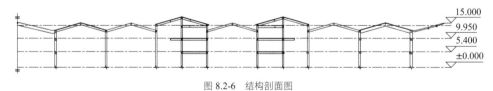

图 8.2-6　结构剖面图

经判断，结构不规则项共有三项，属于特别不规则结构。不规则项如下：不按楼面分区情况考虑偶然偏心的扭转位移比为 1.39，三层楼板有效楼板面积为 25%，屋面错层，局部楼层存在穿层柱和夹层等。

2. 结构概念分析与计算假定

本单体上部结构造型多变，搭接关系复杂，楼层特性非常规，需要根据各楼层的具体情况确定模型计算时的楼层假定。

二层面积较小（小于整层面积的 30%），该层按夹层进行设计，整体指标计算和判定时忽略夹层的影响，在内力分析时考虑夹层的作用。三层面积略大于整层面积的 30%，其中与屋面上下重叠部分面积为

3492m²，占整层面积的 10%，其余部分为平屋面，与坡屋面低点相连。对三层（10m）和坡屋面层（10～16m）的变形和刚度进行分析。三层和屋面层在水平力下的侧向变形存在一致性（图 8.2-8）；同时，三层和屋面层的侧向刚度比仅为 0.08。结果表明，三层的结构性能与屋面层基本协调一致，因此将三层和屋面层按一个空间层进行合并，考察结构竖向规则性指标时，按一个整体楼层考虑。

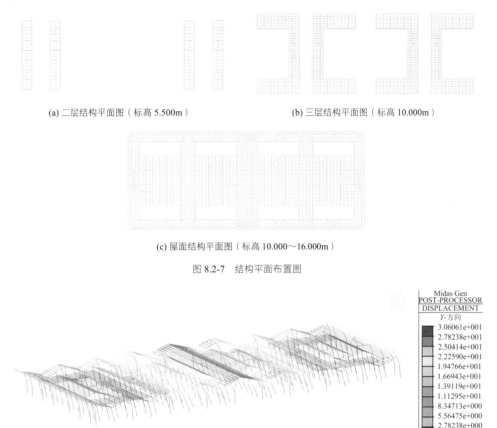

(a) 二层结构平面图（标高 5.500m） (b) 三层结构平面图（标高 10.000m）

(c) 屋面结构平面图（标高 10.000～16.000m）

图 8.2-7　结构平面布置图

图 8.2-8　水平力作用下的结构变形

本项目存在大量穿层柱，且屋面高低错层较多，对于屋面各区域，不同位置竖向构件在屋面处的顶部节点高差较大，导致竖向构件的长度存在较大差异，直接考察最大层间位移与平均层间位移比不具有常规的参考意义。针对以上情况，为实现对结构性能指标的准确评估，本工程对扭转位移比计算采用楼层两端抗侧力构件弹性水平位移与平均值的比值，即分区考察该层最大位移与层平均位移的比值。

3. 结构抗震分析与计算

根据本工程的结构特点，设定了主要结构构件的抗震性能目标：穿层柱和楼板错层处的框架柱定义为关键构件，控制其设防地震下满足正截面不屈服，斜截面弹性要求；三层和屋面层楼板满足设防地震下不屈服要求。

多遇地震下，采用 YJK 软件对结构进行分析计算，主要指标如表 8.2-1 所示。

结构自振特性　　　　　　　　　　　　　　　　　　　　表 8.2-1

振型阶数	周期/s	平动系数		扭转系数
		X向	Y向	
第一阶	1.2637	1(0.99 + 0.01)	0	1.2637
第二阶	1.2537	1(0.05 + 0.95)	0	1.2537
第三阶	1.1206	0.2(0.18 + 0.02)	0.8	1.1206

结构自振特性分析结果根据表 8.2-1 所示，前 2 阶振型均为平动，第三阶为扭转，且 $T_3/T_1 < 0.9$；最

大层间位移角为X向 1/506、Y向 1/432，满足 1/250 的规范要求；剪重比（表 8.2-2）均满足大于 1.6 的规范要求。

结构剪重比指标　　　　　　　　　　　　　　表 8.2-2

层号	X向剪重比	Y向剪重比
RF	5.237%	4.845%
3F	4.944%	4.594%
2F	4.776%	4.458%

扭转位移比采用楼层两端抗侧力构件弹性水平位移与平均值的比值，分区考察该层最大位移与层平均位移的比值（图 8.2-9）。根据表 8.2-3 结果可知，区域位移比均小于 1.2，小于不分区的统计结果。

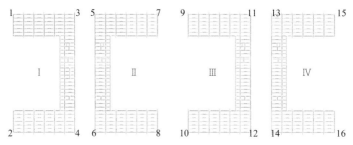

图 8.2-9　三层平面布置图及分区统计点编号

结构分区统计位移　　　　　　　　　　　　　　表 8.2-3

编号		X向地震		Y向地震	
		绝对位移/mm	区域位移比	绝对位移/mm	区域位移比
区域 I	1	15	1.03	11.9	1.04
	2	15.6		11.9	
	3	15.3		12.9	
	4	15.9		12.9	
区域 II	5	18.2	1.02	18.1	1.12
	6	18.8		18.1	
	7	18		22.9	
	8	18.5		22.9	
区域 III	9	18.7	1.01	23.3	1.1
	10	18.7		23.3	
	11	18.9		19	
	12	19		19	
区域 IV	13	16.4	1.01	13.7	1.07
	14	16.5		13.7	
	15	16.1		11.8	
	16	16.2		11.8	

4．屋盖钢结构温度应力分析

复兴馆屋面长度 303m，宽度 123m，屋面整体不设缝，属于超长结构。分析温度作用下钢结构构件的应力情况，室内部分温差取±25℃，室外部分温差取±35℃。温度作用下，屋面构件的平均应力为 30～

80MPa，局部最大应力为 120～130MPa；温度组合工况下，框架梁的最大应力为 306MPa，框架柱的最大应力为 216MPa（图 8.2-10），应力均满足承载力要求。

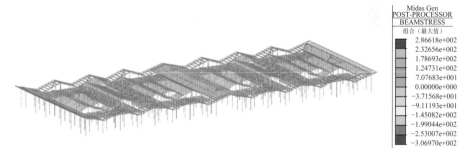

图 8.2-10　温度组合工况下结构整体应力

经分析，由于本项目屋盖沿长向波浪形的特征，以及屋面较多开洞的影响，在满足屋面结构整体刚度的要求下，极大地减小了超长屋盖结构的温度应力。

5. 关键竖向构件的分析与设计

本工程将穿层柱和楼板错层处的框架柱设定为关键竖向构件，对其提出抗震性能设计要求，设防地震下满足正截面不屈服、斜截面弹性要求。本工程柱的钢材强度为 Q390B，经验算，中震工况下，框架柱最大应力比约为 0.98，符合抗震性能目标要求。

6. 多遇地震弹性时程分析

弹性时程分析中采用特征周期 $T_g = 0.65s$ 的 3 组天然地震波，加速度峰值为 $35cm/s^2$。3 组地震波的地震影响系数曲线与反应谱法所用的地震影响系数相比，在对应于结构主要振型的周期点上的偏差不大于 20%（表 8.2-4）。

地震作用下基底剪力与振型反应谱法结果比值　　　　　　　　　　　　　　表 8.2-4

方向	天然波 SHW10	天然波 SHW3	天然波 SHW5	包络值
X向	92%	90%	89%	92%
Y向	82%	83%	89%	89%

由表 8.2-4 可以看出，所选择的地震波符合规范要求，且动力时程分析的结果均小于振型分解反应谱法分析结果。在承载力设计时，采用振型分解反应谱法的计算结果。

8.2.3　重点难点分析

1. 嵌固端选择与设计

本工程首层无地下室区域设置建筑刚性地坪，除外围幕墙底设置混凝土梁外，其余区域均无结构梁板。首层的结构布置如图 8.2-11 所示。

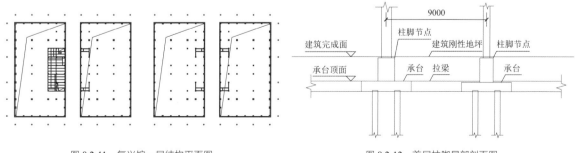

图 8.2-11　复兴馆一层结构平面图　　　　　　　图 8.2-12　首层柱脚局部剖面图

±0.000m 至承台顶面为混凝土外包柱脚，承台顶面位于−2.000m，上部钢柱下插至承台顶面高度。根据《钢结构设计标准》GB 50017-2017 中对于外包刚接柱脚的要求，外包厚度混凝土根据柱截面大小取 200～300mm，承台至首层的局部剖面如图 8.2-12 所示。为研究将±0.000m 作为上部结构计算嵌固端的可行性，取单榀框架结构，按照有无下部混凝土柱分别建立结构模型，分析下部混凝土柱对上部结构的嵌固效应。

模型 1A 与模型 1B 中钢柱均长 12m，钢柱截面均为 $\phi900mm \times 30mm$ 和 $\phi600mm \times 25mm$。其中，模型 1A 中柱底为固定支座；模型 1B 中钢柱下端为 2m 长混凝土柱，混凝土柱截面为 1400mm × 1400mm 和 1000mm × 1000mm。施加 1000kN 的水平力，考察两模型柱顶和±0.000m 处柱的水平变形情况，具体分析结果见表 8.2-5。

取三跨框架进行对比分析，其中一跨在 4.5m 和 10m 处有钢梁，模拟柱在楼层处受到约束。其中，模型 3A 为上部钢柱在±0.000m 处设固定端；模型 3B 为上部钢柱底部−2.000～±0.000m 处设置混凝土柱墩。分析结果如图 8.2-13 和图 8.2-14 所示。

单跨柱水平位移 表 8.2-5

模型编号	模型简图	柱顶水平位移/mm	
		$\phi900 \times 30$	$\phi600 \times 25$
模型 1A	164.1　164.7　165.3　3.0　3.0	164.1	165.3
模型 1B	164.2　164.8　165.4　0.1　0.0　0.1　0.0	164.2	165.4
	±0.000m 处水平位移	0.1	0.1
	±0.000m 处位移角	1/20000	1/20000

图 8.2-13　模型 3A 水平荷载下变形图

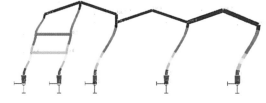

图 8.2-14　模型 3B 水平荷载下变形图

以上分析结果表明，在单跨结构对比模型中，模型 1A 和 1B 的柱顶位移较接近，模型 1B 在±0.000m 的位移角小于 1/9999。

在多跨结构对比模型中，当±0.000m 以上钢柱截面相同时，楼层约束增加了框架的抗侧刚度，因此有楼层约束的混凝土柱墩需比无楼层约束的柱墩截面大 15%～20%，才能满足在±0.000m 处的位移和柱顶位移与无混凝土柱墩模型计算结果相近，且±0.000m 的位移角小于 1/9999。综上，在目前布置的混凝土柱截面满足上述要求的前提下，可以取±0.000m 作为上部结构的计算嵌固端。

2. 错列波浪形屋面分析与设计

由于建筑对于屋面造型和使用功能的要求，屋面造型为多条错列的波浪，屋面高度为 10～16m 不等，4 个展馆和 3 个主要通道处，屋面均设置面积较大的采光屋面。基于以上原因，屋面存在大量错层和楼板开洞情况，同时产生了大量穿层柱和错层框架柱，对结构体系成立性和屋面整体性造成了一定的影响。

为增加屋面结构的整体性,需提高水平荷载下屋面结构的整体刚度。方案研究时,根据结构前几阶振型的局部振动确定影响屋面结构整体性的关键位置,并在这些位置设置水平拉杆,拉杆布置见图8.2-15所示的中间6个交叉斜杆布置区域。

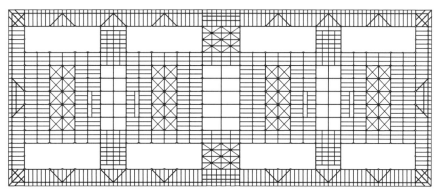

图8.2-15　屋面拉杆布置图

设置拉杆后,结构的前十阶振型均为整体振动,屋面局部振动被有效控制,且结构的扭转位移比较大问题也得到了较好的改善。因此,屋面拉杆对增加结构整体刚度起到了必要的作用。

针对屋面存在的平面不规则现象,分析了错列波浪形屋面楼板在双向多遇地震工况下的应力情况,楼板应力分析结果如图8.2-16所示。

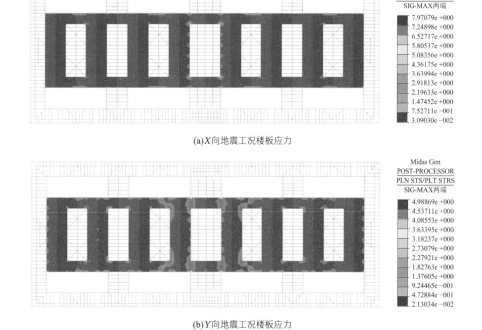

(a)X向地震工况楼板应力

(b)Y向地震工况楼板应力

图8.2-16　地震工况屋面楼板应力

小震下,屋面楼板平均拉应力在0.1～0.7MPa范围,按中震不屈服考虑放大系数2.8时,能够满足混凝土抗拉强度标准值要求。屋顶层在局部位置存在应力集中现象,局部最大拉应力达到1.5MPa左右,应力集中部位基本在楼板角部或者边缘处,这些位置的楼板在恒+活荷载下的弯矩较小,根据计算结果,配置ϕ8mm@150mm板顶钢筋即可满足计算需要。因此,在楼板角部和边缘处布置板底通长钢筋,由板底钢筋的面积加上板中附加钢筋的面积以满足中震不屈服要求。同时,为了保证楼板双向受力特性,屋面楼板采用了厚度120mm的钢筋桁架楼板。

3.大长细比的不等截面外廊柱设计

外廊的结构设计根据建筑需求，采用不等截面柱＋悬挑梁的设计，外廊柱采用不等截面钢柱，柱高约13m，最大处钢柱截面为ϕ400mm×10mm；大悬挑处采用折形屋面，实现轻盈的外廊大跨及大悬挑效果（檐口结构高度200mm）。

设计过程中通过对外廊钢柱的稳定性分析和合理的梁柱结构布置，实现了建筑效果所需的纤细的外廊柱和悬挑屋面的要求。

4.会时和会后的结构一体化设计

复兴馆作为永久场馆，根据展览建筑的特点，设计时需要考虑后续可能使用的情况。根据会后的建筑功能预期，会后基本柱网为9m×9m，在二层和三层均增加建筑使用面积。上部结构设计时考虑会后荷载预留，基础设计时按照9m×9m柱网布置桩基—承台，荷载会时和会后两种工况的包络设计。会时和会后计算均以首层为嵌固端，会时钢框架柱采用刚接柱脚（图8.2-17a），可满足会时和会后的抗侧刚度需求；预留会后新增钢框架柱的柱脚，柱脚采用铰接做法（图8.2-17b）；新增框架梁与会时框架柱铰接，与会后框架柱刚接，提供额外的抗侧刚度。会时预留柱脚处于建筑地坪以下，且采用素混凝土包裹，会时不影响建筑功能，会后改造时凿除即可安装钢柱。

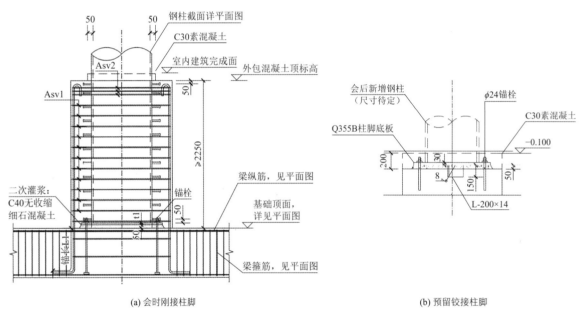

(a) 会时刚接柱脚　　　　　　　　　　　　(b) 预留铰接柱脚

图8.2-17　柱脚详图

8.2.4　抗震设计措施

针对本工程的多项不规则，设计中对关键构件提出了合理的抗震性能目标：

（1）由于扭转不规则、楼板开大洞或坡屋顶错层造成的楼板不连续，对楼板按弹性楼板分析，控制小震作用下楼板主拉应力小于f_{tk}，验算在中震作用下，使其在组合工况下板内钢筋不屈服。

（2）对于楼板不连续的楼层，对其扭转位移比按照实际情况采用分块统计，控制每个区域内的扭转位移比不超过1.2。

（3）考虑主体结构的不规则性，对整体模型进行弹性时程分析，并在构件承载力设计时，取弹性时程分析和振型分解反应谱法结果的包络值。

（4）对于关键钢框架柱（穿层柱、错层处框架柱），采用中震下正截面不屈服、斜截面弹性的抗震性能指标，满足应力比小于1的要求。

8.3 百花馆、花艺馆、花栖堂（临时场馆）设计

8.3.1 单体概况

花艺馆、百花馆建筑功能为展览，花栖堂建筑功能为配套餐饮，建筑高度均小于 24m，属于多层建筑。百花馆和花艺馆单个场馆总建筑面积 5400m²，小屋面高度 11.9m，为单层会展场馆（图 8.3-1）。花栖堂总建筑面积 9262m²，小屋面高度 12.25m，为双层会展场馆（图 8.3-2）。上述场馆建筑平面长轴和短轴方向尺寸分别约为 150m 和 54m。

上述单体均为花博会临时场馆，考虑会后场馆保留可能性，按照永久场馆要求进行设计。本节以百花馆为例，对临时场馆的设计进行分析总结。

图 8.3-1　百花馆实景图

图 8.3-2　花栖堂实景图

8.3.2 主体结构设计

结构选型及布置：

百花馆采用钢框架 + 局部钢支撑体系。钢框架柱采用圆钢管，截面直径 400～600mm。框架梁采用焊接 H 型钢，典型截面高度 550mm。屋面水平支撑采用方钢管，截面尺寸 140mm，斜撑采用焊接 H 型钢。钢材均采用 Q355B。场馆首层楼盖体系采用钢筋混凝土楼盖，大屋面及小屋面采用铝镁锰金属轻质屋面板，无结构楼板，其余楼层采用钢筋桁架楼承板（图 8.3-3）。

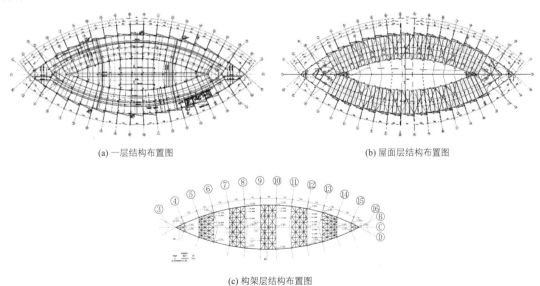

(a) 一层结构布置图　　　　　　　　　　(b) 屋面层结构布置图

(c) 构架层结构布置图

图 8.3-3　百花馆结构布置图

为加强结构整体抗扭刚度及屋面平面内刚度，在平面纵向两端增设立面钢斜撑，并在大小屋面增设水平钢拉杆，立面钢支撑及屋面水平钢拉杆的布置形式、支撑截面通过优化算法确定（图 8.3-4）。花栖堂因二层楼板较为完整，相对层高较小，屋面不设置水平支撑便可满足计算要求。

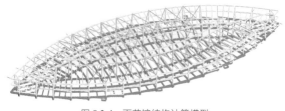

图 8.3-4　百花馆结构计算模型

8.3.3　重点难点分析

1. 屋面水平支撑设计

通过对无支撑的普通钢框架结构进行计算分析可知，模型振型数为 40 阶且振型参与有效质量系数总计达到 100%的前提下，低阶振型中，小屋面及大屋面处存在局部振动。以上表明屋面层结构整体性差，需要在屋面层腹中位置增设水平支撑加以调节。

因此，本单体在屋面设置水平钢支撑，采用 X 形布置，水平钢拉杆的位置设置选择以屋面建筑做法、拉杆效率、拉杆截面尺度为边界条件（建筑做法大屋面两侧采用铝合金格栅，其余采用铝板；小屋面采用玻璃采光顶及铝板间隔），其次考虑结构计算需要，经过多次迭代比较分析，最终选取大屋面设置水平支撑满布，小屋面设置水平支撑间隔布的方案。此方案可有效改善腹中区域水平刚度不足问题。

压杆需要满足整体稳定要求，需要较大的截面尺寸，综合考虑建筑效果实现，水平支撑按单拉杆进行设计。地震工况下，水平支撑最大轴拉力为 86.5kN。

2. 斜撑设置

由于建筑外形要求，场馆端部 Y 向抗侧刚度较弱，通过对不带斜撑的模型计算分析得知，结构出现层间位移角超限及扭转效应明显，可通过设置单斜杆支撑解决上述问题。

8.4　入口大门（临时建筑）设计

8.4.1　单体概况

入口大门是花卉博览会的入口建筑，整体造型为两棵枝繁叶茂的大树（图 8.4-1），高度约 20m，平面尺寸约为 40m×100m。

图 8.4-1　建筑实景图

结构形式为仿生钢结构 + 柔性幕墙。其中，主体结构为仿生钢结构，采用复杂空间异形钢结构体系，承担建筑的竖向及水平荷载，提供整体竖向及抗侧刚度，同时考虑柔性幕墙找形后对主体结构产生的附加应力；柔性幕墙采用膜结构体系，张拉成型，为不承担主体结构荷载的装饰性结构（图 8.4-1）。

入口大门属于临时建筑，建筑安全等级为三级，温度荷载按±30℃考虑。其他参数详见 8.1.2 设计条件。

8.4.2 结构特点

入口大门属于典型的仿生结构。仿生结构是自然界演化精髓与先进现代工程技术结合的产物，往往能够同时具备精巧、生动的建筑造型以及高效、合理的结构形态。本工程中，大门的结构布置形态便是借鉴树叶叶脉的交叉网状支撑结构，同时从拓扑优化的结果也能发现叶脉形布置形式的力学合理性。

8.4.3 结构方案研究

1. 基于拟吊法的整体结构找形

本工程中建筑初始造型的约束条件为顶部对称半橄榄形及底部落地圆形柱脚，建筑专业对大门曲面整体弧度及空间造型无明确要求，这给予了结构工程师足够的发挥空间。方案研究中，使用 Grasshopper 软件中的 Kangaroo 插件利用逆吊法对初始曲面进行找形分析。

找形前后的曲面造型见图 8.4-2，可见找形后的曲面相对于找形前有内收弧度更高的趋势，且更接近于旋转抛物线曲面。对比找形前后曲面在竖向工况下曲面的面外弯矩可知（图 8.4-3、图 8.4-4），找形后曲面最大面外弯矩较找形前减少了 80% 左右，曲面整体面外弯矩显著下降。可以认为找形后的曲面，在自重工况下，整体受力以面内轴力为主,对于单层自由曲面的空间结构为较为合理的曲面形态(表 8.4-1)。

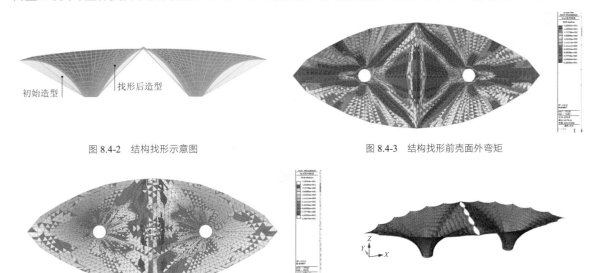

初始造型　找形后造型

图 8.4-2 结构找形示意图　　　　　　　图 8.4-3 结构找形前壳面外弯矩

图 8.4-4 结构找形后壳面外弯矩　　　　　图 8.4-5 大门结构找形后的有限元分析模型

结构找形前后壳面外弯矩对比　　　　　　　　　　　　　　表 8.4-1

	典型弯矩		最大弯矩	
	弯矩值/（kN·m）	比值（后/前）	弯矩值/（kN·m）	比值（后/前）
找形前	10	—	52	—
找形后	3.3	33%	10	19%

2. 基于拓扑优化的杆件布置

在结构整体形状确定的基础上，使用 ABAQUS 软件的拓扑优化分析模块，利用变密度法对上文中找形后的曲面进行拓扑优化，旨在找出在给定约束条件下结构杆件的最优分布。有限元分析初始模型见图 8.4-5。

结合建筑造型需求，以应变能最小为优化目标，设定 50% 的体积优化量，锁定顶部及底部为不优化区域进行优化分析。同时，分别使用竖向单位力和 Y 向水平单位力条件，来模拟自重及风荷载工况的影响，并最终形成了两种不同的拓扑优化布置方案，分别为图 8.4-6 所示的优化方案 A 和图 8.4-7 所示的优化方案 B。自重荷载下的结构拓扑优化方案，其结构布置类似于垂直于地面的多个斜柱组合；而风荷载下的结构拓扑优化方案，其结构布置接近于斜交网格结构。

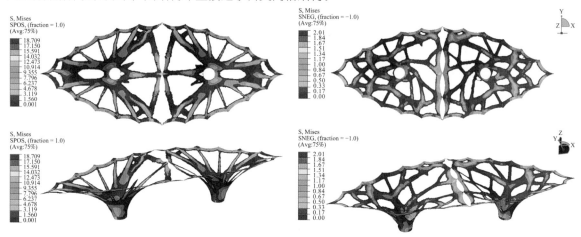

图 8.4-6　优化方案 A：自重荷载下的结构拓扑优化结果　　　　图 8.4-7　优化方案 B：风荷载下的结构拓扑优化结果

结果显示，迭代 40 次以后，结构形态基本稳定，竖向单位力和 Y 向给定水平力条件下，最终结构总应变能优化为初始模型的约 30%，结构效率大幅提高。

3. 结构方案比选

在上述结构杆件布置拓扑优化的基础上，形成了三种结构布置方案，分别有基于优化结果 B 的杆系结构布置、基于优化结果 A 的杆系布置和基于优化结果 A 的板系布置（图 8.4-8）。对结构进行 Y 向风荷载及竖向荷载作用下的计算分析，三个结构方案的典型杆件截面、两侧悬挑杆件竖向最大挠度、顶部杆件最大水平位移、线性稳定分析结构屈曲因子及整体含钢量结果如表 8.4-2 所示。

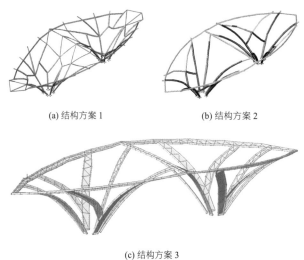

(a) 结构方案 1　　　　　　　　　　(b) 结构方案 2

(c) 结构方案 3

图 8.4-8　三种结构布置方案图

由表中计算结果可知，当水平位移指标接近时，三个方案的含钢量相近，综合屈曲稳定性能、竖向刚度大小和建筑形态，选取了方案 1 作为主入口大门结构布置的最终方案。

该方案中，结构材料强度为 Q355B，底部截面为 ϕ600mm 圆管，中部截面为 ϕ440mm 圆管，顶部截面为 ϕ299mm 圆管。

不同结构方案指标对比 表 8.4-2

方案	杆件截面/mm	竖向挠度/mm	水平位移/mm	屈曲因子	含钢量/t
1	300~600	31	74	45	343
2	600~1000	60	79	63	341
3	2000 宽板	52	77	23	331

8.4.4　主体结构设计

1．风荷载分析

本工程主体结构为复杂异形空间钢结构，风荷载为主要控制工况。由于立面造型为空间自由曲面，规范中无相似风荷载体形系数供参考，同时尚需考虑周边建筑对本建筑的干扰影响。根据上述情况，对入口大门进行了数值风洞模拟计算，作为主体结构设计时风荷载大小的取值依据。通过数值风洞稳态计算，获得了主体结构在 12 个风向角下，不同高度、不同位置的体形系数，作为主体结构设计时风荷载的取值依据（图 8.4-9、图 8.4-10）。

本工程按 10 年重现期进行风荷载取值。

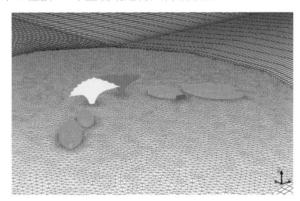

图 8.4-9　风洞数值模拟 CFD 模型

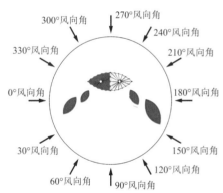

图 8.4-10　风洞试验角度

2．覆盖膜张力对结构影响分析

与刚性幕墙不同，柔性幕墙需要通过预张拉形成自身刚度。主体结构设计时，需要考虑覆盖膜张拉时，在主体构件中产生的附加应力影响。在 3D3S 软件中建立主体钢结构杆单元及膜单元，并对膜单元进行张拉找形，得到膜结构预张拉在主体钢构件中产生的附加应力比（最大值为 0.175）。在主体结构构件承载力设计时，考虑此附加应力影响。

3．结构变形与应力

主体结构设计时考虑了恒载、活载、风荷载、温度荷载、施工荷载、雪荷载及地震作用等工况的组合。以下列举了各分析结果。

根据表 8.4-3 所示的结构自振特性结果，本结构 Y 向刚度较弱，分析中需要重点考虑各荷载工况下结构 Y 向的反应。经分析，本项目中风荷载引起的荷载效应远大于地震作用，风荷载起控制作用，需要重点分析。

振型阶数	周期/s	平动系数		扭转系数
		X向	Y向	
第一阶	0.9561	0	1	0
第二阶	0.8884	0	0.01	0.99
第三阶	0.6959	0.85	0.15	0

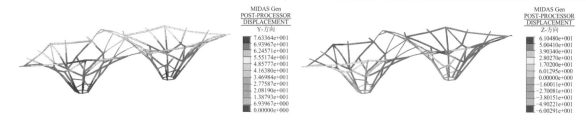

图 8.4-11 风荷载作用下的结构水平变形   图 8.4-12 风荷载作用下的结构竖向变形

图 8.4-13 风荷载组合工况下的结构应力

根据图 8.4-11～图 8.4-13 的分析结果，正常使用荷载组合下，主体结构竖向挠度为 61mm，水平位移为 76mm；承载能力极限状态下，杆件应力比控制在 0.8 以内，考虑膜结构张拉在主体结构中产生的附加应力比，构件强度满足设计要求。

8.5 花与艺术（临时构筑物）设计

8.5.1 单体概况

本单体为花博会中"花与艺术"儿童游乐平台。平台呈八瓣花形，花瓣内侧落地，外侧悬空。其中，外侧直径约 11.2m，落地侧直径约 6m，花瓣向外悬挑的平面距离约 2.8m，平台最高点高度约 2.35m（图 8.5-1、图 8.5-2）。

图 8.5-1 游乐平台三维效果图

图 8.5-2 游乐平台侧视图

考虑平台轻盈的建筑效果，且存在人员密集活动情况，以及悬挂游乐设备、室外防腐蚀的需求，本项目采用异形空间薄壳结构体系，并采用了超高性能混凝土（UHPC，Ultra-High Performance Concrete）作为结构的主受力材料。兼顾制作精度和现场施工条件，平台结构部分分成若干构件单元，所有构件在工厂预制完成后，现场进行对位拼接完成组装。

本项目按临时构筑物考虑，结构设计使用年限为 5 年，建筑结构安全等级为三级。

8.5.2 UHPC 材料特性

1. 基本材料描述

UHPC 作为一种新型水泥基建筑材料，具有高强的力学性能，抗压强度是普通高强混凝土的 2～3 倍。在掺入纤维材料后，材料的抗拉强度相对于普通混凝土有显著的提高，抗弯强度可达到 20～30MPa，同时具有很好的延展性。由于 UHPC 拥有出色的不连通孔隙结构，因此在不利环境条件和具有腐蚀性化学制剂的情况下，还具有很强的耐久性。UHPC 的水泥基质由于其颗粒堆积的防渗漏性以及纳米尺寸气孔之间的不可连接性，使其同样具有较强的防渗漏性。

2. 材料参数

本项目超高性能纤维增强混凝土的计算以法国规范为依据，选用了不锈钢纤维增强混凝土 UHPC B3 FI 175 STT，具体的材料参数见表 8.5-1。

UHPC 材料参数表   表 8.5-1

参数	数值	参数	数值
平均弹性模量	$E_{cm} = 52000$MPa	弹性抗拉极限标准值	$F_{ck} = 130$MPa
泊松系数	$n = 0.2$	弹性抗拉极限平均值	$f_{ctk,el} = 7.5$MPa
蠕变系数	$f = 1$	开裂后抗拉强度标准值	$f_{ctm,el} = 8.5$MPa
钢纤维长度	$L_f = 14$mm	开裂后抗拉强度平均值	$F_{ctfk} = 6.9$MPa
质量密度	$g = 2400$kg/m³	弹性抗拉极限标准值	$F_{ctfm} = 7.5$MPa
热膨胀系数	$\lambda = 1.1 \times 10^{-5}$		

3. 本构关系

本项目采用了 T1 型的不锈钢纤维 UHPC 材料，即应变软化模型，项目所使用的材料为拉法基豪瑞（Lafarge Holcim）的 Ductal 系列产品中的不锈钢纤维 UHPC。材料的本构关系曲线是参考该材料性能参数指标卡得出，其本构关系见图 8.5-3。

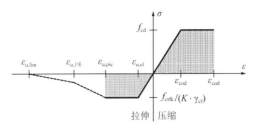

图 8.5-3 UHPC 材料本构关系

在极限状态下，材料受拉时的应力应变从弹性阶段开始，到达由分项系数、纤维分布影响系数等安全系数折算的弹性极限后，保持塑性平台阶段，塑性平台应变极限限制在裂缝宽度 0.3mm，后应力下降到应变值 0.01 为一个拐点，最后应力趋于 0。材料的受压性能：正常使用极限状态下保持在由即时弹性模量定义斜率的弹性阶段，承载力极限状态下可以保持一定程度的塑性受压性能，塑性受压应变限制在ε_{cud}。

8.5.3 结构分析与设计

1. 结构模型及计算假定

结构整体由 14 个 UHPC 预制构件拼合而成（图 8.5-4、图 8.5-5），预制构件之间以湿接缝的方式进行现场拼接，上部结构底部通过 26 个高强螺栓与基础相连。

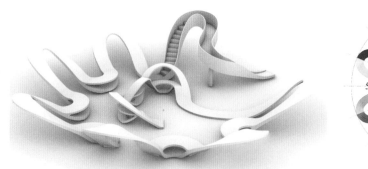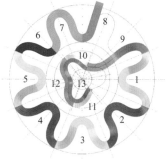

图 8.5-4　结构三维模型　　　　　　　图 8.5-5　结构构件拆分示意图

平台总高度约为 2.35m，外圈由 7 个 Π 形和 2 个曲线预制构件组成，外径约为 5.6m，外圈构件宽度约为 0.6m，构件高度约为 1.85m。内圈由 3 个 Π 形和 2 个曲线预制构件组成，外径约为 2.15m，内圈构件宽度约为 0.3m。构件的厚度根据设计需求及成品效果均匀变化，变化范围为 60～100mm，楼梯栏板厚度为 30mm。构件与基础按刚接柱脚连接进行设计。各构件的分割点选取在悬挑最高处（构件弯矩最小），从而避免由于湿接缝处的加固措施影响到整个结构轻盈的外观效果。

计算采用有限元软件 Sofistik 2020，结构计算模型如图 8.5-6 所示。计算根据前文所述的本构关系考虑 UHPC 材料的材料非线性。本项目恒载仅有自重和栏杆重量；活荷载平台处按 2kN/m² 考虑，局部悬挂儿童设备处，每个挂点附加 2.5kN。

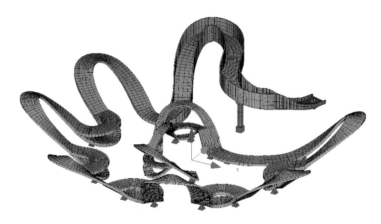

图 8.5-6　Sofistik 计算模型—3D 视图

2. 结构应力分析结果

在承载力极限状态荷载组合下，构件的最大拉应力约为 3.93MPa（图 8.5-7）。根据分析结果，红色区域为应力最大区域，该范围内的材料应力处于本构曲线的塑性平台上。

在该荷载组合下，构件的最大压应力为 8.9MPa，压应力水平较低，符合 UHPC 材料的抗压强度在普通受弯构件中利用率较低的现象。常规项目中，构件最大受压应力为 30～40MPa。

3. 结构变形和裂缝分析结果

正常使用极限状态荷载组合下，在考虑了材料的长期徐变效应后，结构的最大竖向挠度约为10mm≤ $L/250 = 20$mm（图 8.5-8）。其中，L 为两倍的悬挑长度。该变形值可以满足构件的变形设计要求。

在该荷载组合下，需通过控制最大拉应力的极限值，来确保受弯构件的最大裂缝宽度满足规范要求。在正常使用极限状态下，最大裂缝宽度控制在 0.05mm。该裂缝宽度相对应的最大应变值控制在 0.457‰。该裂缝宽度对应的应力值为 5.11MPa，处于材料计算本构曲线平台段。

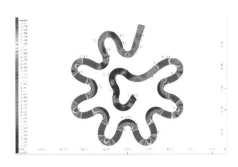
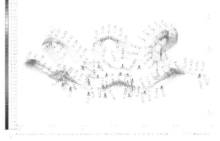

图 8.5-7　承载力极限状态组合下最大拉应力分布　　　　图 8.5-8　正常使用荷载组合下最大挠度

4．结构振动分析

根据结构的自振分析可知，结构的前六阶自振振型均为悬挑部分的竖向振动（图 8.5-9、表 8.5-2），且振动频率都高于 8Hz。

(a) 结构第一阶振型　　　　　　　　　　　　　　　　　(b) 结构第二阶振型

图 8.5-9　结构前两阶三维振型图

结构自振特性　　　　　　　　　　　　　　　　表 8.5-2

振型阶数	周期/s	自振频率/Hz	振动描述
第一阶	0.115	8.66	悬挑部分竖向形变
第二阶	0.111	8.98	悬挑部分竖向形变
第三阶	0.111	9.04	悬挑部分竖向形变
第四阶	0.098	10.22	悬挑部分竖向形变
第五阶	0.091	11.02	悬挑部分竖向形变

8.6　总结

第十届中国花卉博览会已圆满闭幕，大部分场馆根据"能留尽留"原则作为花博文化园功能得到了保留，建筑与结构的相辅相成在花博园项目中得到了完美的呈现。在结构设计过程中，主要完成了以下几方面的创新性工作。

1．会时和会后的结构一体化设计

本工程的各场馆和构筑物，设计时需考虑后续使用的可能性。设计过程中，从经济性、施工可行性、结构合理性、后续改造简单性等方面综合给出最终的结构设计方案。

2．错列波浪形屋面分析与设计

复兴馆屋面为错列波浪形，造型多变，搭接关系复杂，楼层特性非常规，需要根据各楼层的具体情况确定模型计算时的楼层假定。根据不同楼层面积占比大小、楼层刚度比值、侧向变形趋势对各楼层是

否参与整体指标计算以及不同标高楼层如何归并进行判断。

错列波浪形屋面存在大量错层和楼板开洞情况。可以通过振型分析，在关键位置设置水平拉杆，来增加屋面结构的整体性。

3．仿生结构的分析与设计

入口大门设计中，采取了仿生结构的设计方法。参考叶脉结构形态，通过逆吊法找形分析、拓扑优化等手段得到了给定约束条件下相对最优的结构布置。最终的建筑形态兼具建筑造型新颖和结构效率高的优点，体现了仿生结构的合理性和优越性，也为后续仿生结构的应用提供了借鉴。

4．高性能混凝土材料的运用

在花与艺术单体设计中，为适应建筑造型需求，创新地运用了 UHPC 高性能混凝土材料。但受限于缺乏系统的设计理论以及较高的材料价格，目前 UHPC 在结构设计中应用案例较少。本工程将 UHPC 作为结构主要材料，基本解决了 UHPC 结构的设计流程和关键问题，为 UHPC 在结构中应用起到了指导作用。

参考资料

[1] 第十届中国花博会复兴馆抗震设防专项审查报告[R]. 上海: 上海建筑设计研究院有限公司, 2019.

[2] 世博会临时建筑物构筑物设计标准[R]. 上海: 上海现代建筑设计（集团）有限公司, 2009.

[3] 刘桂然, 张西辰, 赵燕妮. 超高性能混凝土在花博会游乐平台结构中的设计与应用[J]. 建筑结构, 2021(051-S02).

[4] 张坚, 周正久. 结构优化技术在上海某项目中的应用[J]. 建筑科学, 2020(36): 98-101.

[5] 刘桂然, 李梦露. 第十届中国花博会复兴馆结构分析与设计[J]. 建筑结构, 2021.

设计团队

结构设计单位：上海建筑设计研究院有限公司

结构设计团队：刘桂然、徐　迪、张西辰、刘艺萍、李　黎、李梦露、陈　岑、官樽龙、陈金波、王月茹、张松凯、任静雅、周正久

执　笔　人：刘桂然、张西辰

第 9 章

沈阳文化艺术中心

9.1 工程概况

9.1.1 工程简介

沈阳文化艺术中心（盛京大剧院）位于沈阳五爱浑河隧道以西，青年大街以东，浑河北岸，沈水路（南二环路）以南，总建筑面积约 8.9 万 m²，其中地下面积约 2.9 万 m²。项目采用德国建筑师奥尔·韦博的创意，突破了传统的观演建筑大空间并置的布局，创造性地将 1200 座的音乐厅置于 1800 座的大剧院上部，并通过复杂结构设计使建筑的构成和声学的构思成为可能，在钻石体室内形成一种恢弘的气势、高雅的气质，同时满足了业主在有限的建筑用地内实现大剧院、音乐厅和多功能厅的建设要求。2009 年举行工程设计招标，上海院团队仔细分析了工程的难点，详细介绍了围绕这些难点我们要做的设计和研究计划，招标组综合考量后认为，虽然上海院报价较高，但技术方案切实可行，能在项目完成度、工期节约、造价节省上为工程带来更多的回报，决定把这个工程交给上海院设计。

项目效果图如图 9.1-1 所示，建成图片如图 9.1-2、图 9.1-3 所示。

图 9.1-1　沈阳文化艺术中心总体

图 9.1-2　沈阳文化艺术中心外景

图 9.1-3　沈阳文化艺术中心夜景

9.1.2　工程结构概况

本工程地下 1 层，地上 10 层。结构安全等级：二级；设计使用年限：50 年；地基基础设计等级：甲级；地下室防水等级：一级；抗震设防烈度：7 度；设计基本地震加速度值：0.1g；设计地震分组：第一组；建筑场地类别：Ⅱ类场地；抗震设防类别：乙类，按本地区基本烈度提高 1 度（8 度）加强其抗震措施。

项目屋盖钢结构为"大跨度非常态无序空间网壳结构"，其平面跨度为 190m×160m，高为 60m，由 64 个大小和方向无序的三角形网格组成，是我国最大、最复杂的非常态无序空间网壳结构。其显著特点是：三角形网格面内刚度很大，面外刚度很小，其整体稳定性必须特别关注。在深入设计中，对结构进行多工况的分析，特别注意风、雪荷载和地震效应，保证大跨空间结构的安全性、经济性、耐久性和美观性。

地上结构为两个不规则的钢筋混凝土空间结构竖向垒在一起（1200 座音乐厅垒在 1800 座综合剧场上），成为一个在水平和垂直方向都极不规则的钢筋混凝土空间结构体系。

9.2　结构体系

9.2.1　钢结构体系

本工程屋盖钢结构紧密贴合建筑钻石造型，采用"大跨度非常态无序空间网壳结构"，其平面尺寸为 190m×160m，由众多大小和方向无序的三角形网格组成单层折面非常态空间网壳。三维模型图如图 9.2-1 所示。

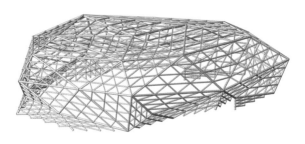

图 9.2-1　钢结构三维模型图

屋盖结构采用大型空间结构计算软件 SAP2000 和 MIDAS 进行抗风、抗震及各种荷载组合下的内力分析设计。部分复杂节点采用大型铸钢节点，屋盖钢结构系统要求有专用数控相贯曲线切割加工设备及全位置焊接水平的加工制作及安装单位施工，焊接连接要有专门的焊接工艺设计及焊接工艺试验，并根据焊接工艺试验的结果来指导施工。屋盖钢结构的质量评定及验收除按现行的国家有关规范要求外，还应由设计、加工、施工、监理单位共同商定一些特定的要求进行施工。现场施工照片如图 9.2-2 所示。

图 9.2-2　沈阳文化艺术中心屋盖钢结构照片

9.2.2 钢筋混凝土结构体系

主体结构采用现浇的钢筋混凝土框架—剪力墙结构体系，主体结构三维模型图如图 9.2-3 所示。结构抗震等级：框架及剪力墙为一级，转换层下面的圆柱为特一级；地下层与上部相同。由于主体结构各部分之间不设伸缩缝、沉降缝分开，结构超长，因此要考虑温度应力和钢筋混凝土的收缩应力影响。主体结构的施工要求从混凝土的级配和施工措施，来防止和尽量减少钢筋混凝土收缩的影响。

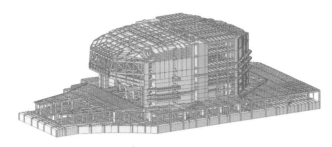

图 9.2-3 主体结构三维模型图

1200 座音乐厅叠合在 1800 座综合剧场上的特殊空间设计，使得两个不规则的钢筋混凝土空间结构竖向垒在一起，成为一个在水平和垂直方向都极不规则的钢筋混凝土空间结构体系。建筑横向剖面图如图 9.2-4 所示。

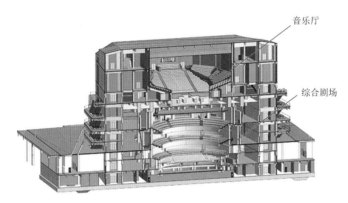

图 9.2-4 横向剖面图

同时，上部的音乐厅由于建筑的需要，在下部综合剧场的顶上悬挑出 20 多米，部分观众席和三层的服务配套用房就安置在大悬挑区域。建筑纵向剖面图如图 9.2-5 所示。如此大悬挑大跨度叠合带转换混凝土结构比较罕见。

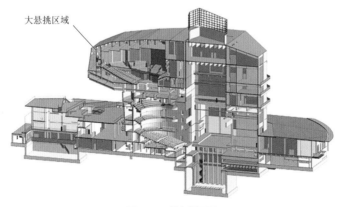

图 9.2-5 纵向剖面图

综合剧场的顶盖在竖向构件为数不多的情况下，需要将大空间转换和大悬挑解决在一层平面里，设计难度很大。设计采用总高为 3.8m 的双层混凝土大梁，并在双层梁之间设置抗剪剪力墙作为主要受力构件，双层大梁呈工字形，沿转换层（综合剧场顶）纵向布置，结构纵向剖面图如图9.2-6所示。同时，在大梁中施加后张有粘结预应力，此种处理方式不仅提供了结构所需的抗弯刚度，亦有效地控制了受力构件的变形和裂缝。为配合建筑及舞台设备工艺，在工字形混凝土梁腹部特别设置了空腔，这种空腹腔梁的设置不仅提供了舞台设备水平平移及储藏的可能性，且有效地利用了空间，更有效地减轻了结构自重。转换层平面如图9.2-7所示。无阴影区域为工字形空腹腔梁，如图9.2-8（a）所示。阴影区域为工字形实腹腔梁，如图9.2-8（b）所示。

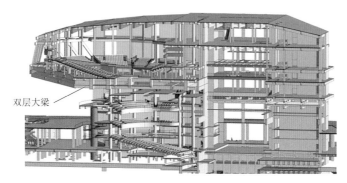

图 9.2-6　结构纵向剖面图

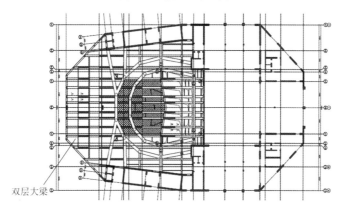

图 9.2-7　转换层（综合剧场顶）平面图

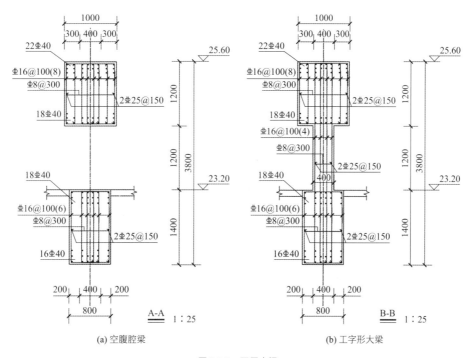

(a) 空腹腔梁　　　　　　　　　　　　(b) 工字形大梁

图 9.2-8　双层大梁

上部的音乐厅亦是大空间结构，在屋顶横向布置 2.2m 高的后张有粘结预应力混凝土大梁作为主要承力构件，设置在两端竖向构件上，纵向梁内也施加预应力来实现音乐厅顶盖的大悬挑。在立柱内施加后张有粘结预应力，将上下的预应力悬挑构件联系起来，形成一套空间预应力体系，通过横向和竖向构件内预应力筋的张力，为大悬挑部位提供了可观的整体刚度。大悬挑部分结构剖面如图 9.2-9 所示，预应力柱布置图如图 9.2-10 所示。

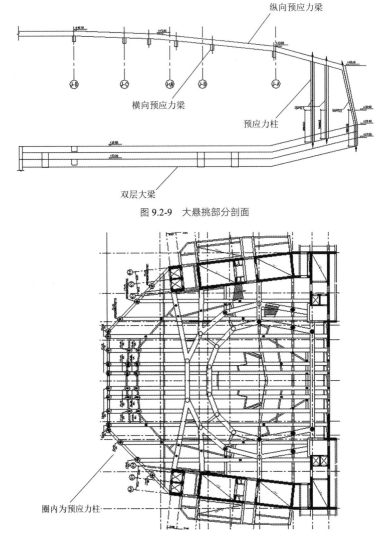

图 9.2-9　大悬挑部分剖面

图 9.2-10　大悬挑部分的预应力柱布置图

为了进一步增加结构的安全性，在音乐厅两侧从剪力墙筒体内伸出的混凝土大梁通过若干混凝土斜杆联系起来，竖向平面上形成了一段 8m 多高的混凝土桁架，增加悬臂端的整体性，如图 9.2-11、图 9.2-12 所示。

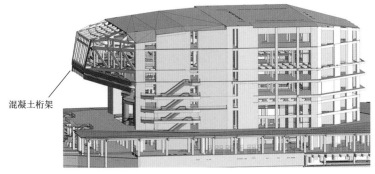

图 9.2-11　大悬挑部分的桁架示意图

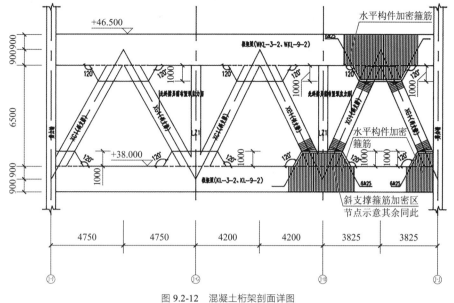

图 9.2-12 混凝土桁架剖面详图

9.2.3 结构分析

结构的分析模型如图 9.2-13～图 9.2-15 所示，采用 LARSA、MIDAS 和 SATWE 三个不同的程序进行分析设计。多遇地震分析时，按规范反应谱计算结果的基底剪力，满足规范最小剪力系数的要求。多遇地震作用下钢结构最大水平位移均小于 1/250，符合规范要求，钢结构应力比均小于 0.9。多遇地震作用下钢筋混凝土结构最大水平位移均小于 1/800，符合规范要求。罕遇地震作用下钢筋混凝土结构最大转角小于 1/100，不会引起结构倒塌，满足"大震不倒"的要求。

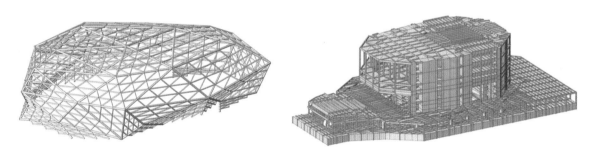

图 9.2-13 钢结构分析模型　　　　　　　　　图 9.2-14 钢筋混凝土结构分析模型

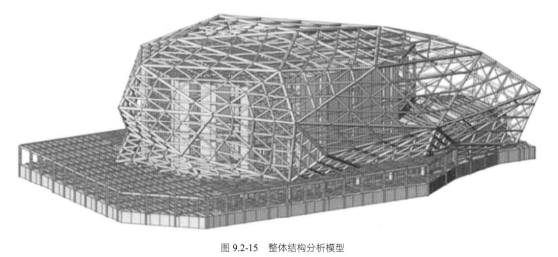

图 9.2-15 整体结构分析模型

9.3 关键技术及试验研究

9.3.1 数值风洞试验研究

沈阳文化艺术中心复杂空间大跨钢结构，风荷载是结构安全控制荷载之一。进行了数值风洞计算来确定风荷载，图 9.3-1～图 9.3-4 所示分别为数值风洞模型、平均风压和风场流线图。

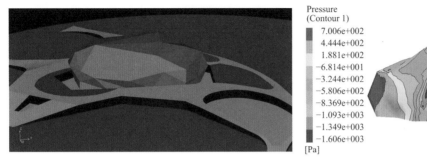

图 9.3-1 数值风洞模型

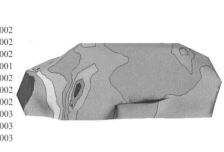

图 9.3-2 0°平均风压图

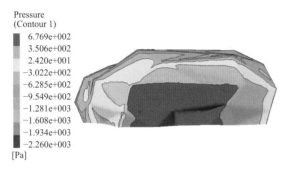

图 9.3-3 90°平均风压图

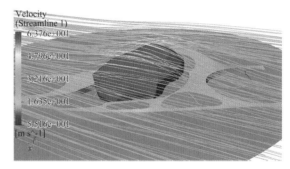

图 9.3-4 风场流线图

9.3.2 钢结构整体模型荷载试验研究

非规则空间单层网格内力分布对结构几何变化非常敏感，整体稳定将成为突出问题，有必要通过整体模型试验（模型比例为 1/20）进一步掌握其特性，以保证结构设计安全可靠，试验模型如图 9.3-5 所示。试验目的：①了解结构内力变化最为敏感的区域，揭示其受力机理；②把握结构在最不利荷载组合下的破坏模式和安全储备；③验证设计的可靠性，发现可能存在的安全隐患。试验结果发现：沈阳文化艺术中心主体钢结构冗余度较大，在设计组合荷载作用下，结构安全可靠，且具有较好的强度储备。

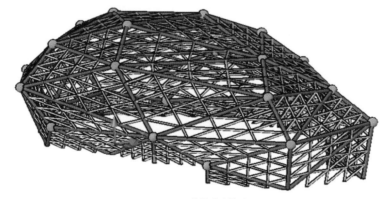

图 9.3-5 整体试验模型

9.3.3　超大钢管铸钢节点试验研究

屋盖网壳结构构件采用圆形钢管，主构件截面最大尺寸 1430mm×40mm。构件交叉成三角形网格，受力复杂处节点采用大型铸钢件，加工制作和焊接难度很大。为了保证整体结构具有可靠的工作性能，铸钢节点应具有足够的承载力和刚度，在荷载作用下不能先于构件破坏。对具有代表性、重要性较高的节点进行试验研究，为工程应用提供可靠依据。节点试验表明，节点的铸钢部分在至少 1.5 倍设计荷载范围内均处于弹性阶段，设计偏安全。图 9.3-6 和图 9.3-7 所示分别为试验加载装置和节点有限元分析结果。

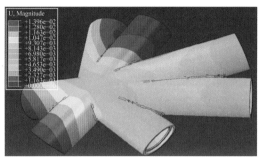

图 9.3-6　试验节点及加载装置　　　　　　　　图 9.3-7　试验节点有限元分析

9.3.4　三维空间预应力节点抗震性能试验研究

预应力梁—预应力柱空间框架节点（以下简称预应力梁柱节点）位于结构大悬挑端部，梁、柱斜交，是结构的关键受力部位，其性能直接影响结构的安全。此外，现行规范对此类斜交梁、柱的空间框架节点、梁柱均配置预应力筋的框架节点均没有明确的设计规定。因此，有必要针对此类节点开展专门的试验研究，试验模型如图 9.3-8、图 9.3-9 所示。

本试验的主要目的包括：

（1）基于关键部位的预应力混凝土斜交梁柱空间框架节点模型的低周反复荷载试验结果，对该类节点的抗震性能与工程的安全性进行验证。

（2）基于不同侧向约束构造的、预应力混凝土斜交梁柱空间框架节点的低周反复荷载试验结果，深入探讨侧向混凝土梁约束对预应力斜交梁柱空间框架节点抗震性能的影响，并提出抗震设计优化建议。

试验结果显示，6 个节点均满足设计要求，抗震性能良好，个别部位可适当减少配筋量，以降低建造成本。

图 9.3-8　三维预应力梁柱节点试验　　　　　　图 9.3-9　节点试件 JD-1 加载装置图

9.3.5　两个不规则的钢筋混凝土空间结构竖向错位相垒体系的抗震性能试验研究

采用 1/30 模型振动台试验方法，研究两个不规则的钢筋混凝土空间结构竖向错位相垒结构体系在不同地震作用下（包含竖向地震）的整体抗震性能，尤其是悬挑部位在小震和大震状态下的表现，试验如

图 9.3-10 所示，主要研究内容如下：

（1）根据模型结构在试验中的现象，研究结构在不同地震作用下的反应特点。

（2）记录在不同地震作用下，结构的位移、加速度反应和主要结构构件的应变反应，分析结构的扭转反应、加速度放大系数、层间位移角，以评估结构的安全性能。

（3）观察结构在不同地震作用下的混凝土构件开裂、压碎等损伤破坏形态和破坏过程，尤其是预应力构件在地震作用下的表现，从而研究结构的破坏机理和破坏模式，考察结构可能存在的抗震薄弱部位。

（4）结合模型的试验全过程记录和计算机建模分析结果，检验原型结构的抗震安全性，能否满足在设防条件下，达到"小震不坏、大震不倒"的基本要求。

试验结果：在七度多遇地震作用下，结构处于弹性阶段，位移角小于 1/800，结构的承载能力和变形均满足规范要求；在七度基本地震作用下，裂缝没有明显发展，结构构件均未屈服，满足中震可修的设防要求；在七度罕遇地震作用下，该结构未出现明显的薄弱楼层，水平两个方向的层间位移角均小于 1/100，满足大震不倒的规范要求。

经典回眸
上海建筑设计研究院有限公司篇

图 9.3-10　混凝土整体结构振动试验照片

9.4 结论

沈阳文化艺术中心钢屋盖结构紧密贴合建筑钻石造型，采用大跨度非常态无序空间网壳结构，通过数值风洞试验确定了风荷载，进行了各种工况的计算分析，作了钢结构整体模型荷载试验研究和超大钢管铸钢节点试验研究。分析和试验研究表明，钢结构体系满足强度和整体稳定要求。

下部结构为音乐厅和大剧院两个大跨度不规则的钢筋混凝土空间结构竖向叠合在一起，采用混凝土框架—剪力墙结构体系。下部结构存在大跨度转换和 20m 跨大悬挑等复杂受力挑战，大跨度转换采用3.8m 高的工字形预应力混凝土大梁作为主要受力构件，大悬挑采用预应力混凝土大梁＋局部混凝土桁架的结构形式。对下部结构进行了多遇地震和罕遇地震作用下的计算分析，对预应力混凝土斜交梁柱空间框架节点模型进行了低周反复荷载试验分析，采用 1/30 模型作了下部结构振动台试验。分析和试验研究表明，下部复杂结构满足受力安全需要，实现了"小震不坏、中震可修、大震不倒"的设计目标。

工程建成已经 10 年，受到社会各界的一致好评，取得了良好的经济效益和社会效益，成为沈阳市的新地标和人民文化艺术活动的首选之地。

参考资料

[1]　同济大学. 沈阳文化艺术中心数值风洞研究[R]. 2010.

[2]　同济大学, 上海建筑设计研究院. 沈阳文化艺术中心屋盖结构风振分析[R]. 2010.

[3]　同济大学, 上海建筑设计研究院, 沪宁钢机. 沈阳文化艺术中心钢结构整体模型荷载试验研究[R]. 2011.

[4]　同济大学. 沈阳文化艺术中心预应力混凝土斜交梁柱空间框架节点抗震性能试验研究[R]. 2011.

[5]　同济大学. 沈阳文化艺术中心大悬挑结构模型地震模拟振动台试验研究[R]. 2011.

[6]　同济大学, 上海建筑设计研究院, 沪宁钢机. 沈阳文化艺术中心超大钢管铸钢节点试验研究[R]. 2011.

设计团队

结构设计单位：上海建筑设计研究院有限公司

结构设计团队：林颖儒、徐晓明、林　高、李剑峰、周宇庆、朱保兵、孟燕燕、李　根、董兆海、陈重力

执　笔　人：林颖儒、张士昌、江　瑶

获奖信息

2015 年中国钢结构金奖

2016 年全国优秀建筑结构设计三等奖

2015 年上海优秀工程设计一等奖

2013 年上海第五届原创设计佳作奖

2015 年沈阳市科技进步二等奖三项

第10章

中国航海博物馆

10.1 工程概况

10.1.1 建筑概况

中国航海博物馆位于上海市南汇区临港新城中心区 B2 道路申港大道南侧、C2 道路环湖西二路与 C3 环湖西三路之间，业主为上海港城开发（集团）有限公司。基地面积 48660m²，建筑总面积约 46434m²，主体采用钢筋混凝土框架结构，天象馆采用单层网壳结构，中央帆体为钢网格结构与钢索张拉结构，坐落在 +12m 标高的平台上。

中国航海博物馆以其富于表现的屋面形式而独具特色。两个对置的轻质屋面壳体在广义上表现了海洋这一主题，使人联想起航海的风帆，构成了整个博物馆建筑的重要而富有个性的标志。在此屋顶下大厅空间可展示大型古代船舶。博物馆简洁、平实的外观与船帆壳体富有表现力的结构相呼应。独特的形象突出了临港新城与航海事业的密切关系，强调了其在全球航海贸易中的杰出作用（图 10.1-1、图 10.1-2）。

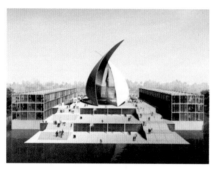
图 10.1-1 航海博物馆建筑效果图

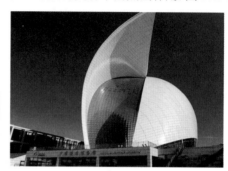
图 10.1-2 航海博物馆建成照片

10.1.2 设计条件

航海博物馆中央帆体结构设计主控参数如表 10.1-1 所示。

控制参数表   表 10.1-1

项目		标准
结构设计基准期		50 年
建筑结构安全等级		二级
结构重要性系数		1
建筑抗震设防分类		标准设防类（丙类）
地基基础设计等级		一级
设计地震动参数	抗震设防烈度	7 度
	设计地震分组	第二组
	场地类别	IV 类
	小震特征周期	0.9s
	大震特征周期	1.1s
	基本地震加速度	0.10g
建筑结构阻尼比	多遇地震	0.04
	罕遇地震	0.05
水平地震影响系数最大值	多遇地震	0.08
	设防烈度	0.23
	罕遇地震	0.45
地震峰值加速度	多遇地震	35cm/s²
基本风压		0.55kN/m²
地面粗糙度类别		A 类
风荷载体形系数		根据不同部位的风动力学特性结合风洞试验确定

10.1.3 设计荷载

因本工程地处滨海，故风荷载为设计控制荷载，荷载列表如表 10.1-2 所示。

荷载列表（kN/m²）   表 10.1-2

恒荷载		活荷载	风荷载（00）、风荷载（600）、风荷载（900）、风荷载（1400）		
铝板屋面	玻璃屋面	屋面	屋面悬挑部分	索网幕墙	其余屋面
0.8	0.6	0.5	2	2	1.5
温度作用：钢结构壳体部分覆盖材料中含保温层，故取±20℃；单层索网玻璃幕墙考虑辐射热影响较大，故取±30℃					
地震作用：抗震设防烈度 7 度，地震分组为第一组，场地类别Ⅳ类，场地特征周期 0.9s					

注：风荷载一栏中数字为风振系数。

10.2 建筑特点——外观造型

中国航海博物馆中央帆体犹如两张仅在一点上相互接触的弯曲的风帆。这两张风帆有 3 个独立的呈三角形的端点。大型透明的弧形立面玻璃幕墙将建在两张风帆之间。

该帆体造型总高度大约为 58m（至风帆顶端）。每个三角形风帆的底部两支点间间距大约为 70m。两张风帆的交叉点即立面最高点大约离地 40m。弧形立面玻璃幕墙各处宽度不等，但最宽不超过 24m。最高处为 6.7m 的斜立面玻璃幕墙，位于建筑的边缘（图 10.2-1、图 10.2-2）。

图 10.2-1 航海博物馆中央帆体日景

图 10.2-2 航海博物馆中央帆体夜景

10.3 体系与分析

10.3.1 结构布置

中央帆体结构体系可分为主、从结构体系，主结构体系包括：边缘箱梁和三铰拱；从结构体系包括侧幕墙立柱、屋面两向正交月牙形桁架体系、单层索网体系。结构体系分布图如图 10.3-1～图 10.3-3 所示。

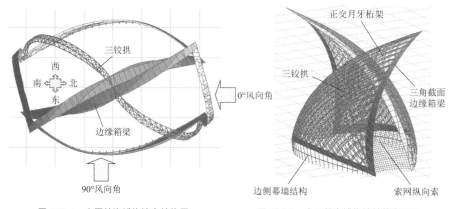

图 10.3-1 中国航海博物馆主结构图　　　　图 10.3-2 中国航海博物馆结构布置图

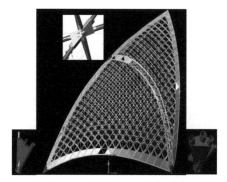

图 10.3-3 铸钢件节点布置图

钢结构所用钢材大多为 Q345B，内外表面均暴露在空气中的悬挑部分钢材用 Q345C。索采用不锈钢钢绞线，具有稳定的力学性能。钢结构壳体内外表面覆盖复合铝板，单层索网幕墙及边侧幕墙玻璃采用中空双层夹胶钢化玻璃。材料表如表 10.3-1 所示。

材料及截面表　　　　　　　　　　　　　　　　　　　　　　表 10.3-1

所属结构分系统	截面/mm	截面号	位置
边缘桁架系统 01	$\phi400 \times 20$	101	边缘桁架最外端
	$\phi530 \times 22$	102	边缘桁架最外端（与侧幕墙柱相连）
	$\phi203 \times 16$	103	边缘桁架内表面弦杆
	$\phi203 \times 16$	104	边缘桁架外表面弦杆
	$\phi273 \times 16$	105	边缘桁架内表面弦杆（三铰拱支座区域）
	$\phi273 \times 16$	106	边缘桁架外表面弦杆（三铰拱支座区域）
	$\phi159 \times 8$	107	边缘桁架底部腹杆
	$\phi159 \times 8$	108	边缘桁架底部斜腹杆
	$\phi159 \times 12$	109	边缘桁架内表面斜腹杆
	$\phi59 \times 12$	110	边缘桁架外表面斜腹杆

所属结构分系统	截面/mm	截面号	位置
三铰拱系统 02	φ530×22	201	三铰拱外表面弦杆
	φ530×22	202	三铰拱内表面弦杆
	φ630×30	203	三铰拱内表面弦杆（靠近铸钢件）
	φ219×12	204	三铰拱竖腹杆（上下弦间）
	φ219×12	205	三铰拱斜腹杆（上下弦间）
	φ219×12	206	三铰拱斜腹杆（上弦）
	φ273×16	207	月牙形桁架上弦杆兼作三铰拱竖腹杆（上弦）
支撑系统及支座 03	φ159×12	301	外表面斜撑
	φ159×12	302	内表面斜撑
月牙形桁架系统 04	φ245×12	401	平行三铰拱的月牙形桁架外表面弦杆
	φ245×12	402	平行三铰拱的月牙形桁架内表面弦杆
	φ159×8	403	平行三铰拱的月牙形桁架斜腹杆
	φ159×6	404	月牙形桁架竖腹杆
	φ273×16	405	垂直三铰拱的月牙形桁架外表面弦杆
	φ273×16	406	垂直三铰拱的月牙形桁架内表面弦杆
	φ159×8	407	垂直三铰拱的月牙形桁架斜腹杆
侧幕墙结构系统 05	φ219×16	501	侧幕墙结构柱—内柱
	φ219×16	502	侧幕墙结构柱—外柱
	φ273×16	503	侧幕墙结构柱—角部单柱
	φ219×12	504	侧幕墙结构—横梁
	φ159×12	505	侧幕墙结构柱—横向撑杆
索网结构系统 06	φ32	601	索网纵索
	φ24	602	索网横索

10.3.2 结构设计参数及设计难点

本项目结构设计难点如下：

（1）建筑造型独特，帆体为不可解析的曲面，给计算模型的建立带来困难。

（2）体量庞大，两片钢结构帆体仅通过离地 52m 高处的铰接点相连，底部通过四个支座将荷载传递到下部混凝土结构，所以五个节点的设计是项目安全的关键。

（3）项目位于海边，台风频遇，且结构为风敏感结构，合理确定风荷载在建筑表面的分布及风振系数是结构设计的关键。

（4）支承在造型奇特、巨大的钢结构壳体上的双曲面单层索网玻璃幕墙，据查是世界首例，无规范可依，设计与施工都有世界性的难度。

（5）单层索网的刚度与帆体钢结构的刚度相互影响，必须合理设计单层索网的预应力形态，同时满足建筑形态、结构安全的双重要求。

（6）钢结构的吊装施工、索网张拉过程必须控制，保证施工终态满足设计要求。

10.3.3 计算分析结果

1. 结构变形

为综合考察帆体结构在强风下的变形情况，以帆体的东、西壳体顶点、三铰拱中点、索网结构最大变形作为指标，其在各工况下的变形值见表 10.3-2 如示，可得出以下结论：

东西壳体顶点在强风作用下变形较大，但考虑到初始预张力及骨架自重情况，结构已经存在较大变形。故真实结构变形应取两者相对值，即 $\Delta U_{zmax} = 303\text{mm}$（向上）、$\Delta U_{zmin} = 179\text{mm}$（向下），壳体悬挑最大跨度为 39.7m，故比值分别为：$L/131$（向上）、$L/222$（向下）。

三铰拱中点变形相对较小，可见帆体整体结构刚度较大。

各工况下，索网最大变形矢量为 349mm，为索网最大跨度的 $L/69$，满足规范要求。

结构最大变形值列表（mm） 表 10.3-2

工况组合	西面帆体顶点				东面帆体顶点			
	U_x	U_y	U_z	U_{sum}	U_x	U_y	U_z	U_{sum}
PreForce + g	−89	39	−150	179	89	−39	−150	179
1.0D + 1.0L	−128	56	−206	249	129	−55	−207	250
1.0D + 1.0Wind0°	−226	89	−287	376	−74	−7	3	74
1.0D + 1.0Wind60°	163	−6	59	174	313	−75	−311	448
1.0D + 1.0Wind90°	139	−9	53	149	274	−84	−283	403
1.0D + 1.0Wind140°	190	−11	134	233	241	−77	−257	361
1.0D + 1.0Wind0° + 0.7T +	−243	89	−305	400	−57	−9	−15	60
1.0D + 1.0Wind60° + 0.7T +	147	−4	41	153	331	−75	−329	472
1.0D + 1.0Wind90° + 0.7T +	123	−7	35	128	291	−83	−301	427
1.0D + 1.0Wind140° + 0.7T +	173	−9	116	209	259	−77	−274	385
1.0D + 1.0Wind0° + 0.7T −	−209	89	−269	352	−90	−5	21	93
1.0D + 1.0Wind60° + 0.7T −	180	−9	77	196	295	−75	−293	423
1.0D + 1.0Wind90° + 0.7T −	155	−11	71	171	256	−84	−265	378
1.0D + 1.0Wind140° + 0.7T −	207	−13	153	258	224	−77	−239	336

工况组合	三铰拱中点				索网最大变形			
	U_x	U_y	U_z	U_{sum}	U_x	U_y	U_z	U_{sum}
PreForce + g	0	0	3	3	−26	−39	−21	40
1.0D + 1.0L		1	17	17	−24	64	−75	102
1.0D + 1.0Wind0°	−62	6	12	63	−93	145	−72	187
1.0D + 1.0Wind60°	114	−2	7	114	189	−181	213	337
1.0D + 1.0Wind90°	100	−8	15	102	126	−176	−80	231
1.0D + 1.0Wind140°	88	−3	18	90	121	−201	−97	254
1.0D + 1.0Wind0° + 0.7T +	−62	6	7	63	−70	165	67	191
1.0D + 1.0Wind60° + 0.7T +	114	−1	3	114	196	−188	219	349
1.0D + 1.0Wind90° + 0.7T +	100	−7	10	101	87	−203	64	230
1.0D + 1.0Wind140° + 0.7T +	88	−2	13	89	118	−168	−80	220
1.0D + 1.0Wind0° + 0.7T −	−62	7	16	64	−102	175	−89	221
1.0D + 1.0Wind60° + 0.7T −	114	−2	11	115	181	−174	207	325
1.0D + 1.0Wind90° + 0.7T −	100	−8	19	102	133	−204	−91	260
1.0D + 1.0Wind140° + 0.7T −	88	−3	22	91	129	−231	−111	287

2. 支座反力

结构的支座分为三种类型，一为边缘箱梁和三铰拱支座；二为结构侧面玻璃幕墙立柱支座；三为正面索网幕墙竖向索锚地点（支座位置如图 10.3-4 所示）。大部分外荷载是通过主结构的边缘箱梁及三铰拱传递到底部结构，与此同时，外荷载作用下的索网拉力也是通过主结构传递的，因此四个角点支座为主要支座。

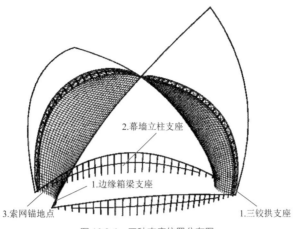

图 10.3-4 三种支座位置分布图

反力分布总体特征:

所有工况下,四个角点承受大部分的上部荷载,其反力之和与钢结构部分总竖向反力比值在 50% 左右;
风荷载参与组合的工况下,四角点支座出现拔力。

3. 动力性能分析

前 20 阶频率如表 10.3-3 所示,前 3 阶振型如图 10.3-5 所示。

前 20 阶振型频率列表 (Hz)　　　　　　　　　　　　表 10.3-3

1	2	3	4	5	6	7	8	9	10
0.854	0.950	1.219	1.496	1.527	1.528	1.646	1.648	1.738	2.003
11	12	13	14	15	16	17	18	19	20
2.007	2.104	2.105	2.130	2.130	2.170	2.170	2.452	2.465	2.498

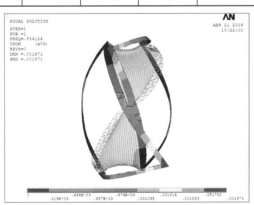
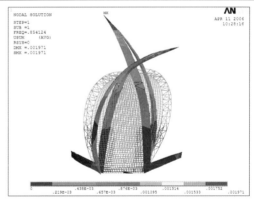

(a) 一阶振型 ($f_1 = 0.854$Hz)

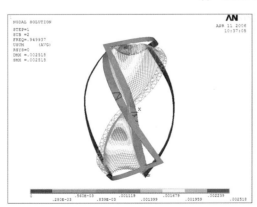
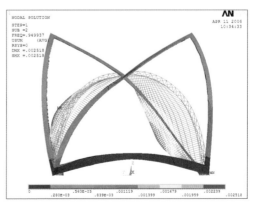

(b) 二阶振型 ($f_2 = 0.950$Hz)

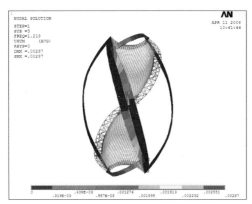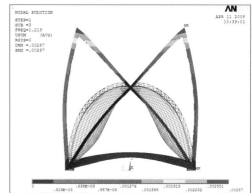

(c) 三阶振型（$f_3 = 1.219\text{Hz}$）

图 10.3-5　结构振型图

10.3.4　抗震性能分析

采用振型分解反应谱法计算常遇地震下的结构性能。抗震设防烈度 7 度，地震分组为第一组，场地类别Ⅳ类，场地特征周期 0.9s，计算所用谱为按照上海空间格构结构设计规程所列的反应谱。以下表格中，seismic 后括号中的 X、Y、Z 分别代表谱的激励方向。谱分析的所有结果均只考虑反应谱激励。由结构动力性能可以看出结构的振型复杂，自振频率非常密集，对地震响应贡献较大的阵型出现较晚，按照上海空间格构结构设计规程，为防止结果误差较大，谱分析取结构前 30 阶阵型进行组合。振型组合考虑振型之间的相关性，采用"全部二次项（CQC）法"进行，计算结果如表 10.3-4、表 10.3-5 所示。

地震反应谱作用下结构最大变形值列表（mm）　　　　　　　　　　　　　　　　　表 10.3-4

区域/节点编号	seismic（X）			seismic（Y）			seismic（Z）		
	U_x	U_y	U_z	U_x	U_y	U_z	U_x	U_y	U_z
三铰拱中点	18.0	4.0	0.0	6.0	15.0	0.0	0.0	0.0	1.2
帆体顶点	50.0	16.0	47.0	24.0	60.0	32.0	9.0	9.0	16.0
索网最大变形	23.0	16.0	7.0	24.0	60.0	32.0	3.0	9.0	4.0

地震反应谱作用下支座反力汇总列表（kN）　　　　　　　　　　　　　　　　　表 10.3-5

区域/节点编号	seismic（X）			seismic（Y）			seismic（Z）		
	F_x	F_y	F_z	F_x	F_y	F_z	F_x	F_y	F_z
SUM 四角点	1619.2	2499.6	2109.9	320.6	1220.3	1698.4	375.5	489.6	486.1
SUM 钢结构部分	2403.3	2969.7	7248.0	633.6	1432.3	4162.7	471.1	553.8	1290.1
SUM 索网部分	25.1	27.95	106.5	149.2	80.2	562.1	17.2	9.0	60.1
SUM 四角点/SUM 钢结构部分	0.674	0.842	0.291	0.506	0.852	0.387	0.797	0.884	0.406

由上表可见：

与风荷载相比，常遇地震对结构性能影响较小，本工程为风敏感结构。

所有方向的激励下，四个角点承受很大部分的地震荷载；从总体支座反力来看，X 向谱激励对结构的影响最大。

所有方向的激励下，位移最大位置一般发生在索网位置和帆体的顶点位置，索网有振颤现象。

三铰拱中点的变形很小，证明结构整体刚度较大，钢结构部分能为单层索网提供足够的边界刚度，地震荷载下两部分能有效协同工作。

10.3.5 结构整体稳定性分析

在静载＋活载工况作用下对整个结构进行特征值屈曲分析，前3阶特征值如表10.3-6所示。

前3阶屈曲模态特征值列表 表10.3-6

屈曲模态阶数	1	2	3
荷载特征值	8.2	8.2	9.1

进一步考虑结构几何非线性对整体稳定性能进行跟踪，可得出弹性极限承载力超过规范要求的5倍，具有较高的安全储备，结构的整体稳定性在外荷载下应能得到保证。

10.4 专项设计

10.4.1 风荷载研究

在现行建筑结构风荷载规范中，大跨空间结构的抗风设计参数取值方法尚不完善，大多沿用高层或高耸结构设计规范。大跨空间结构的形式、自振特性不同，结构相应的振动形式也有所不同。空间网格结构一般以抖振现象为主，且抖振现象的起振风速低、频度高。空间张拉结构颤振和驰振问题比较突出。另一方面，由于大跨度空间结构具有质量较轻、阻尼较小等特点，其风致动力响应较为明显。很多情况下，风载是控制性荷载。在我国，大跨空间结构风工程问题得到一定研究。发展了以风速曲线的计算机模拟为基础的非线性随机振动时域分析方法，且部分考虑了风与结构的耦合作用；研究了大跨度平屋面结构的风振响应及风振系数。尽管如此，对大跨空间结构，因缺乏足够依据，我国目前仍较普遍采用高耸、高层结构的荷载规定计算风振系数。这样的处理显然不合适，甚至会出现较大偏差。因为大跨空间结构的风振问题与高层高耸结构相比，毕竟有重要区别，许多研究结论不能直接照搬和借用，表现在下列方面：

（1）前者除考虑水平风力作用外，还须考虑竖向风力作用，它们的影响处于同数量级。

（2）前者的风场具有三维空间相关性。

（3）前者需模拟大量节点的风时程。因为风荷载在大跨结构表面的分布情况明显不同，必须针对大量节点进行时域、空间的风时程模拟。

（4）前者模态密集，风致振动响应需考虑多模态及模态交叉项影响，其等效静力风荷载具有与高层建筑结构不同的特点。

（5）前者结构与来流之间的耦合作用不能忽略，其风致振动随结构刚度而变化，而其风振响应又在一定程度上取决于风对结构的作用。气流与结构的耦合作用，使得风荷载不能如后者分解成平均风和脉动风的形式。并且，由于结构风振响应与风荷载间呈非线性关系，后者适用的荷载风振系数在理论上已不正确，而应确定结构的响应风振系数，如位移或内力风振系数。

本工程跨度较大，体系复杂，屋面材料采用轻质蜂窝铝板及玻璃，风敏感性增强，风荷载成为结构抗风设计、防灾减灾分析的控制荷载。长时间持续的风致振动可能使结构某些部分出现疲劳损伤，危及结构安全。为保证结构抗风设计的合理性，项目组进行了风洞试验（图10.4-1）。为获得屋盖表面风压的时空特性，采用多通道测压系统扩大同步测压点的数目，对结构刚性模型上所有测点的风压进行了同步测量，以此为基础构造了用于频域计算的非定常气动力谱；进一步用CQC法计算屋盖结构的风振响应，考虑了多模态及模态间的耦合影响。最后对计算结果进行分析，得出基于响应的风振系数（图10.4-2、表10.4-1）。

图 10.4-1　刚性测压试验模型

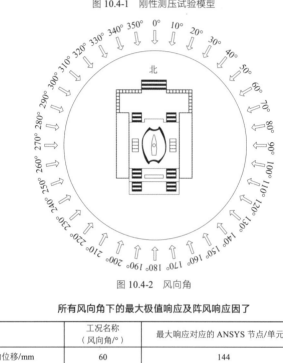

图 10.4-2　风向角

所有风向角下的最大极值响应及阵风响应因了　　　　　　　　　表 10.4-1

响应类型	工况名称（风向角/°）	最大响应对应的 ANSYS 节点/单元号	最大极值响应	阵风响应因子
空间桁架三铰拱中点 X 向平动位移/mm	60	144	67.4	1.56
空间桁架三铰拱中点 Y 向平动位移/mm	110	144	−35.3	1.92
空间桁架三铰拱中点 Z 向平动位移/mm	50	144	−13.6	2.06
空间桁架三铰拱中点绕 X 向转动位移/rad	150	4468	0.00282	2.01
空间桁架三铰拱中点绕 Y 向转动位移/rad	60	4468	−0.00379	1.53
空间桁架三铰拱中点绕 Z 向转动位移/rad	130	4468	−0.00380	1.77
帆体顶点 X 向平动位移/mm	150	158	209.4	1.83
帆体顶点 Y 向平动位移/mm	130	158	−85.8	1.56
帆体顶点 Z 向平动位移/mm	150	158	254.2	1.74
索网面 X 向平动位移/mm	50	3571	149.9	1.89
索网面 Y 向平动位移/mm	50	3565	−278.1	1.99
索网面 Z 向平动位移/mm	60	4149	133.6	1.91
与三铰拱中点相连杆件的轴力/kN	60	646	1507.2	1.52
与三铰拱中点相连杆件的剪力（Y 向）/kN	130	778	−141.4	1.56
与三铰拱中点相连杆件的剪力（Z 向）/kN	60	143	−307.8	1.51
四个角点 X 向支座反力/kN	60	604	−1746.2	1.53
四个角点 Y 向支座反力/kN	150	249	−2680.3	1.84
四个角点 Z 向支座反力/kN	150	249	2810.5	1.97
其余支座（东西侧）Z 向支座反力/kN	60	2065	−1659.3	1.56
其余支座（南北侧）Z 向支座反力/kN	50	3547	−108.1	1.69

10.4.2　基于弹性边界的索网结构设计理论

索网张力结构体系结构预应力是随着结构成型而产生的，它的工作原理是：索的伸缩及节点运动将不断改变外形，由此产生和改变预应力的分布，使结构时刻处于结构自平衡状态，最后成为稳定的结构状态，并具有足够的刚度抵抗外荷载。其在成型、预应力产生等过程中有着自身独特的性质，表现在以下几个方面：

（1）索网结构自身几乎不存在自然刚度，结构系统由预应力过程使单元、单元体乃至整个结构产生初应力，初应力对索网结构提供刚度。初始张力越大则刚度也越大。

（2）索网结构是一种具有非线性性状的结构。非线性的性状表现在各个方面，其中最直观的反映是荷载与其响应成非线性；其次，描述结构在荷载作用过程中受力性能的平衡方程，应该在新的平衡位置处建立；第三，结构中的初应力对结构的刚度有不可忽略的影响。

（3）索网结构在安装过程中同时完成了结构成型和预应力张拉，其最后形状、成型中各单元的受力情况与施工方法和过程相关。因此，施工方法和过程如果与理论分析时的假定和算法不符，那么有可能形成的结构面目全非或者极大地改变了结构形状。

（4）当边界结构的刚度相对索网不是无限大时，就必须考虑边界结构变形的影响。如果边界结构设计太强则浪费材料，不经济，所以一般都适当设计小一点。这时在计算分析整个结构时，边界结构的刚度就应当加以考虑，否则会引起很大的误差。

中国航海博物馆中的索网结构不仅具有上述所有特性，更因为其支承在体形复杂的弹性体上，更使得其设计和施工难度增加，体现出区别于已有研究的结构形态确定问题。中国航海博物馆的核心设计就是索网形态设计，索网结构自身刚度是由其形态决定的，而其中最重要的部分就是初始形态设计。因此，初始刚度设计必须满足四个条件：

（1）根据建筑功能要求、建筑形状要求、荷载情况、结构支承条件以及对结构受力性能的估计等因素来综合考虑结构形式，即索网布置。

（2）索网结构在荷载态下必须满足单索破断力、不松弛的要求。

（3）通过合理的刚度设计，保证正交索网四点基本共面。

（4）在满足上述要求的前提下，索网刚度设计还必须考虑不给作为其支承边界的钢结构壳体受力带来过大的负担。

10.4.3　关键部位细部设计

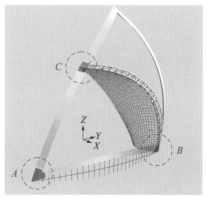

图 10.4-3　典型节点位置示意图

如图 10.4-3 所示，A、B、C 节点为中央帆体结构最典型、最重要的节点，是结构设计的关键环节。节点 A、B 为帆体结构向下部混凝土结构过渡的重要环节，位于帆体平面角点；节点 C 为两片帆体顶部相交节点，分别与三铰拱和边缘箱梁相交。除典型节点A、B、C外，壳体内纵横月牙形桁架的相交节点数量最多，且在风荷载下受力较大。为保证此类节点的整体性和均匀性，使得在各种荷载作用下都能有较大的安全度，而且便于工厂制作和现场安装，设计为：弦杆相贯焊接，竖腹杆直接与弦杆焊接，斜腹杆用过节点板和螺栓与桁架弦杆铰接。

节点A、B、C为三向铰接节点，各风向角下风荷载产生的节点内力复杂，无明显受力主轴方向，且受力巨大，因此有足够承载力和三向铰接的节点是节点设计的关键。通过调研，自润滑接触关节轴承能基本满足三向铰接节点的构造要求，但必须改良才能完全满足设计要求，其构造如图10.4-4、图10.4-5所示。

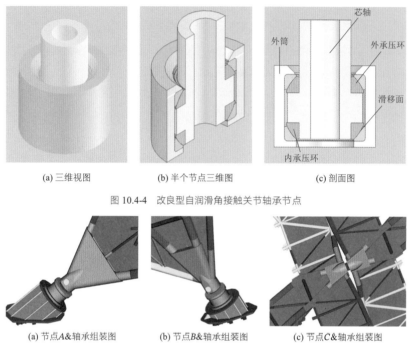

(a) 三维视图　　　　　(b) 半个节点三维图　　　　　(c) 剖面图

图 10.4-4　改良型自润滑角接触关节轴承节点

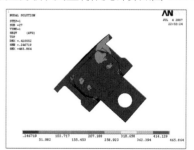

(a) 节点A&轴承组装图　　　(b) 节点B&轴承组装图　　　(c) 节点C&轴承组装图

图 10.4-5　铸钢节点与轴承组装示意图

以上几种典型节点的设计、验算，须验证以下内容：

（1）因自润滑推力关节轴承的构造原因，内、外承压环的相对转角中，除扭转转角无限制外，绕另两轴间的转角不宜太大（不超过2°）。

（2）用块体单元模拟节点实体，进行有限元强度分析，确保数值结果的安全度满足设计要求。

（3）分析三铰拱中点节点力，在预应力索网及向下恒荷载作用下，三铰拱中点产生巨大的压力（东、西帆体紧密靠拢），以至于在法向分布的风荷载作用下仍为压力。

（4）分析三铰拱中点、四角点支座转角，外荷载下这些节点的转角较小，均满足自润滑角接触关节轴承转角构造要求。

（5）三铰拱、四角点支座构造均采用改良型自润滑角接触关节轴承节点。

根据上述要点，设计人员进行了钢构件实体有限元模型分析，典型有限元计算如图10.4-6、图10.4-7所示。

图 10.4-6　轴承组合体有限元模型及分析结果

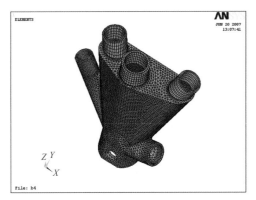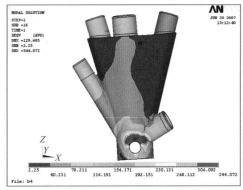

图 10.4-7　铸钢节点B有限元模型及分析结果

10.4.4　网格布置研究

通过对力学形态的理论研究，着重分析索网或索膜找形、荷载分析和裁剪等。关于翘曲情况的数据处理部分，应用 C++语言编程计算得到，并将翘曲分布情况链接到 CAD 图形中。本项目中的索网包括相同的两片索网，因此，对索网的基本找形和特征分析取一片，但协同找形为整体模型（包括两片空间钢桁架体系构成的网壳、两片索网）。分别对 4 种不同索网布置方式的几何形状、力的分布情况、找形之后的几何形状和找形前后的网格翘曲情况进行了对比分析。

4 种不同索网布置方式分别为：

第一种索网布置方式采用建筑师要求的原始索网几何模型，如图 10.4-8（a）所示。另外 3 种索网模型的横向索相同，竖向索布置方式不同。

纵向网格的布置方式如下（3 种方式均按照从下到上的方式）：

第二种布置方式（双向主曲率方向布索）是先将底部边界线平均分为 18 份，然后由下端向上依次作每一条横向索的空间垂线，这样形成 18 条纵向索。左边部分按照 1m 左右（与右边 18 条宽度相同）的原则加 5 条纵向索，这样总共形成了 23 条纵向索，如图 10.4-8（b）所示。

第三种布置方式（竖向索平行于边桁梁边弦杆）是从右侧边界线开始按照 1m 距离沿每一条横向索向左连接与右侧边界的平行线，这种方式共产生 20 条纵向索，如图 10.4-8（c）所示。

第四种布置方式是在参考建筑师要求的原始网格的基础上形成的，从下往上按照均分的原则进行调整，共形成 17 条纵向索，如图 10.4-8（d）所示。

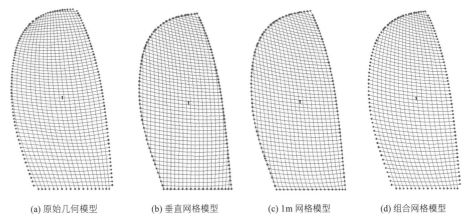

(a) 原始几何模型　　　(b) 垂直网格模型　　　(c) 1m 网格模型　　　(d) 组合网格模型

图 10.4-8　索网网格布置比选

综合建筑要求及索网内力均匀度、玻璃翘曲等要求后，选择建筑师期望的网格形式，并采用"定长索"找形方法进行分析（图 10.4-9）。网格采用两种协同找形方法，利用 ANSYS 的整体协同找形方法和

ANSYS 与 Easy 结合的整体协同找形方法。两种找形方法都考虑帆体钢网壳、索网的共同作用，反映索网成型过程的协同作用机理（图 10.4-10、图 10.4-11）。在协同找形分析过程中，结构整体计算模型包括：杆单元、梁单元、板单元、索单元。两种协同找形方法的基本原理、思路相同，采用小弹性模量方法实现钢结构和索网的整体协同找形，建立两组相同的索网系统，通过单元生死（ALIVE，KILL）实现小弹性模量找形和真实弹性模量找形之间的变换。

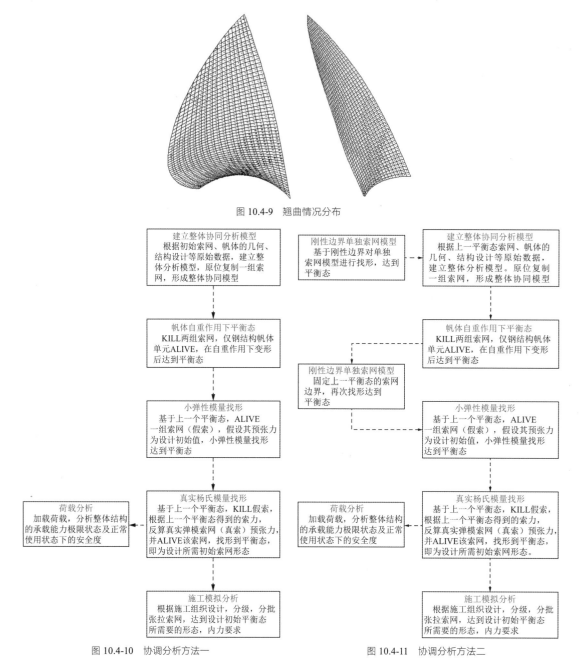

图 10.4-9　翘曲情况分布

图 10.4-10　协调分析方法一

图 10.4-11　协调分析方法二

10.5　试验研究

10.5.1　双曲面索网缩尺模型张拉试验研究

为验证索网成型和张拉施工过程的可行性，同时考虑到试验的可操作性，经建设方、设计方和施工方讨论，决定进行双曲索网结构的缩尺模型试验。索网中拉索张拉完成后的内力是决定索网结构是否达到设计要求以及是否能够安全工作的重要指标之一，而索网张拉完成以后的形态也是能否满足建筑效果的重要评价指标。基于本工程中双曲面索网幕墙设计和施工的复杂性，有必要对索网结构进行模型张拉试验和数值仿真分析，确定索网的力与形能否满足设计要求。本试验的目的如下：

验证索网施工张拉方案的可行性，比较不同张拉方案的优劣性，发现施工张拉中可能出现的问题并提出解决方案；

检验数值仿真模拟计算结果与模型试验实测结果的吻合程度；

根据试验结果，推荐合适的索网施工张拉方案，并给出施工控制精度的合理建议值（图 10.5-1～图 10.5-3）。

图 10.5-1　试验场景

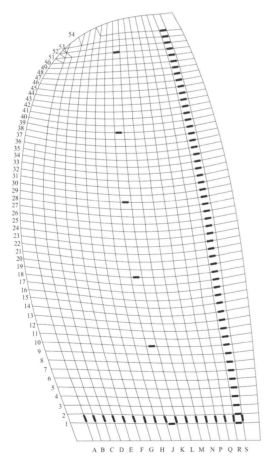

图 10.5-2　索力测点布置图（77 个）

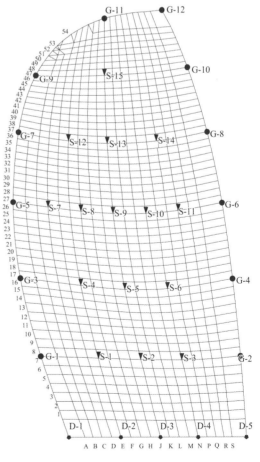

图 10.5-3　位移测点布置图（32 个）

10.5.2 相贯-板式节点承载力试验研究

中国航海博物馆正交月牙形桁架体系中采用的节点为主管贯通、支管与主管直接相贯和插板连接的形式（图10.5-4、图10.5-5）。这类节点在本工程中大量应用，但当时钢结构设计规范中没有针对这类节点的设计计算作出明确规定，属于非标准节点。且节点上汇交杆件较多，焊缝重叠，焊接残余应力较大，传力机理不明确；而且该结构地处滨海地带，风荷载是主要控制荷载，风的脉动对结构受力影响很大。综合考虑上述不利因素，为保证帆体结构设计合理和安全可靠，有必要对正交月牙形桁架连接的一些复杂、重要节点进行承载力的试验研究和有限元分析。

图 10.5-4 标准节点轴测图

试验目的是通过原型足尺节点试验来评估在给定的节点构造条件下的应力分布状况和该类节点的极限承载能力，研究的具体思路如下：

（1）选取正交月牙形桁架连接节点中受力最为不利的典型节点进行2倍设计荷载作用下的原型足尺检验性试验，以获取节点区的应力分布。

（2）将试验结果与数值计算结果进行比较，确定有限元计算的可靠性和合理性。

（3）根据试验结果和数值计算结果对节点的受力状况和安全性进行分析和评估。

图 10.5-5 标准节点轴测图——实物

10.5.3 铸钢节点试验研究

帆体结构的三铰拱顶部、边箱梁底部柱脚位置汇交杆件较多，节点受力十分复杂，设计中采用铸钢节点。本工程中铸钢节点共计四种，由于这些铸钢节点是关乎结构安全性的关键部件，而且铸钢节点上汇交杆件较多，受力复杂，传力不明确；同时，该结构地处滨海地带，风荷载是主要控制荷载，风的脉动对结构受力影响很大。综合考虑上述不利因素，为保证帆体结构设计合理和安全可靠，有必要对其中的铸钢节点进行承载力的试验研究和有限元分析。铸钢节点采用缩尺模型进行 2.5 倍设计荷载承载力检验性试验和有限元计算，根据中国工程建筑标准化协会标准《铸钢节点应用技术规程》CECS 235-2008 第 4.4.4 条规定，选用 1/2 缩尺模型进行试验，试验目的如下：

（1）选取铸钢节点 B 和 C 左节点进行 2.5 倍设计荷载作用下的 1/2 缩尺模型承载力检验性试验，以获取节点区的应力分布（图 10.5-6、图 10.5-7）。

（2）对试验节点进行有限元数值计算，通过数值计算结果与试验结果的比较确定有限元计算的可靠性和合理性。

（3）通过有限元数值计算方法分析 A 和 C 右足尺铸钢节点在 2.5 倍设计荷载作用下的应力分布。

（4）根据试验结果和数值计算结果对节点的受力状况和安全性进行分析和评估。

图 10.5-6　铸钢节点 B 试验概况

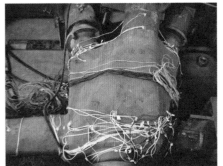

图 10.5-7　铸钢节点 C 试验概况

10.5.4　不锈钢轴承承载力试验研究

(a) 工况 1　　　　　　　　　　　　　　　　　(b) 工况 2

图 10.5-8　轴承节点试验概况

底部铸钢件 A、B 与下部结构之间的连接以及三铰拱顶部铸钢件 C 之间的连接均采用轴承节点。由于这个轴承节点是关乎结构安全性的关键部位，为保证帆体结构设计合理和安全可靠，有必要对其进行承载力试验以及进一步的计算分析，对其受力性能进行研究。本试验对轴承节点进行 1：2 缩尺模型承载力检验性试验，试验目的如下：

（1）模拟轴承节点在最不利荷载组合下的受力情况进行加载，对其进行承载力检验性试验，研究节点在设计荷载作用下的安全性（图 10.5-8）。

（2）对比试验结果和有限元数值计算结果，验证数值分析的适用性和设计计算的可靠性，通过有限元计算考察节点的应力分布。

10.5.5　索夹抗滑移承载力试验研究

通过索网缩尺模型试验发现在张拉成形过程中由于索的不平衡力造成许多索夹产生滑移，导致索网网格产生畸变和索力的不均匀。由此可以看出索网中索夹具是确保双曲面索网成形的关键，也是保证索网成形后横索和纵索索力是否达到设计要求的一个重要部件，同时也是关乎索网幕墙在使用阶段安全可靠性的一个重要因素。基于上述原因，有必要对索网幕墙所用改进后的索夹进行抗滑移承载力试验，对其使用阶段的安全性作出分析和评估。改进后的索夹设计要点：

（1）索夹同时夹住横索和纵索后，当索夹相邻索段索力差在一定范围内时，能保证索与索夹间不发生滑移。

（2）因为索网中横纵索夹角在一定范围内变化，索夹需能自动调整索间夹角的功能。

（3）索夹四块玻璃交接处不在同一个平面内，索夹要满足适应玻璃不共面的要求。

按照上述要求设计的索夹实体如图 10.5-9 所示，索夹与索和玻璃夹具的组合体如图 10.5-10 所示，索夹扭转试验如图 10.5-11 所示。

图 10.5-9　索夹实体

图 10.5-10　索夹与玻璃夹具组合实体

图 10.5-11　索夹扭转试验

10.6 结语

2005 年 7 月，党中央和国务院隆重举行郑和下西洋 600 周年纪念活动，以此为契机，经征得中宣部和交通部同意，上海市人民政府决定在上海市临港新城投资建造国家级航海博物馆，暨中国航海博物馆。自建成以来，持续发挥科研、教育、展览、旅游等诸多具有重大社会意义的功能，为临港新片区的高速发展注入活力。

作为临港新城首批地标性建筑，在建设过程中，结构设计人员为实现"扬帆起航"的造型，对空间双曲单层索网的结构受力理论、节点形式、施工流程及关键工艺进行了深入的分析和研究工作，其中大部分研究成果及应用均为国内首次，形成了多个关键技术。建成至今已有 15 年，运营期间历经多次强台风侵蚀，其结构安全可靠性得到充分验证，在我国空间结构设计、建造领域，该项目在以下几个方面具有突出的代表性及先进性：

（1）建成时为国内最大单层空间双曲面索网结构单体。

（2）引入、完善了单层空间双曲面索网结构的结构受力分析理论。

（3）对单层空间双曲面索网结构的关键技术及关键节点进行了成套技术开发和试验研究。

（4）对索网结构施工工序、张拉控制工艺等关键施工技术进行了系统性研究和应用。

（5）对复杂空间网格结构的数字化、参数化找型及受力分析一体化设计进行了国内早期探索和应用。

参考资料

[1] 李亚明, 周晓峰, MAGDALENEW. 直挂云帆济沧海——中国航海博物馆设计[C]//中国建筑学会. 中国建筑学会建筑结构分会年会论文集, 2012.

[2] 刘军进, 刘枫, 朱礼敏, 等. 中国航海博物馆曲面幕墙单层索网结构设计[J]. 建筑结构, 2011, 41(3): 4.

[3] 李亚明, 周晓峰. 新型复杂空间结构设计与研究[C]//第二届全国建筑结构技术交流会论文集, 2009.

[4] 顾明, 孙五一, 黄鹏, 等. 中国航海博物馆风压分布的模型试验研究[J]. 建筑结构, 2009(1): 4.

设计团队

结构设计单位：上海建筑设计研究院有限公司；德国 Werner Sobek 事务所（结构概念方案）

结构设计团队：李亚明、周晓峰、虞　炜、刘艺萍、吴亚舸、张月楼、张良兰、张　海

执　笔　人：贾水钟、李瑞雄、张仪放

获奖信息

2011 年第七届全国优秀建筑结构设计一等奖

2011 年上海市科技进步三等奖

第11章

上海图书馆东馆

11.1 工程概况

11.1.1 建筑概况

上海图书馆东馆位于浦东新区花木地区，属于上海市重大工程，项目占地面积 3.95 万 m²，总建筑面积 11.5 万 m²，高度 50m，地上 7 层，地下 2 层，埋深−9.9m。建筑整体如同一块正在雕琢的玉石，为了打造出"漂浮感"，主体建筑的 3～7 楼采用大跨度外悬挂结构，外立面玻璃通过 3D 彩釉打印技术呈现不同层次的透明度，像大理石表面自然变化的肌理。项目建设单位为上海图书馆（上海科学技术情报研究所），设计单位为上海建筑设计研究院&丹麦 SHL 事务所，施工总包单位为上海建工四建集团。建筑效果如图 11.1-1 所示。

经典回眸 上海建筑设计研究院有限公司篇

图 11.1-1　上海图书馆东馆效果图

11.1.2　设计条件

1. 主体控制参数（表 11.1-1）

控制参数表　　　　　　　　　　　　　　　　　　表 11.1-1

项目		标准
结构设计基准期		50 年
建筑结构安全等级		二级
结构重要性系数		1
建筑抗震设防分类		标准设防类（丙类）
地基基础设计等级		一级
设计地震动参数	抗震设防烈度	7 度
	设计地震分组	第二组
	场地类别	IV 类
	小震特征周期	0.9s
	大震特征周期	1.1s
	基本地震加速度	0.1g
建筑结构阻尼比	多遇地震	地上：0.04
	罕遇地震	0.05
水平地震影响系数最大值	多遇地震	0.08
	设防烈度	0.22
	罕遇地震	0.5
地震峰值加速度	多遇地震	35cm/s²

2．风荷载

结构变形验算时，按 50 年一遇取基本风压为 0.55kN/m²，承载力验算时按 100 年一遇取基本风压为 0.6kN/m²，场地粗糙度类别为 B 类。项目开展了数值风洞计算，风向角取 15°。设计中采用了规范风荷载和数值风洞计算结果进行位移和强度包络验算。

3．雪荷载

上海市基本雪压值为 0.25kN/m²（按 100 年一遇取值），按照《建筑结构荷载规范》GB 50009-2012 考虑积雪均匀分布和不均匀分布的影响，并考虑半跨、不对称分布等不均匀分布情况。

4．温度荷载

升温和降温温差均取 30℃（使用阶段温室室内常年温差变化小），施工阶段按照升温和降温 50℃复核。

11.1.3　建筑平、立、剖面图

建筑典型平面、立面和剖面如图 11.1-2 所示。

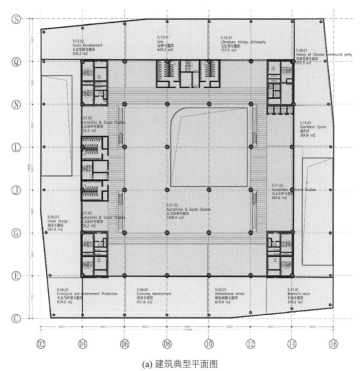

(a) 建筑典型平面图

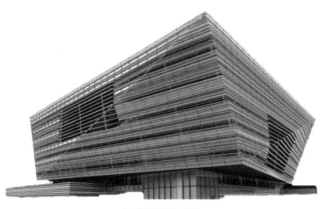

(b) 建筑典型立面图

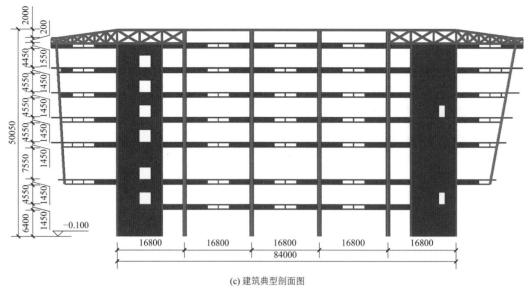

(c) 建筑典型剖面图

图 11.1-2　建筑平、立、剖面图

经典回眸　上海建筑设计研究院有限公司篇

11.2　建筑特点

11.2.1　大柱网布置

建筑单体体量较大，柱网尺度较大；柱网尺度为 16.8m × 16.8m；单边的长度由跨距为 16.8m 的七跨组成；平面尺寸达到 117.6m × 117.6m，外围悬挑长度 16.8m，采用钻石切割由上至下逐层减小悬挑长度。典型平面如图 11.1-2（a）所示。

11.2.2　大悬挑吊挂

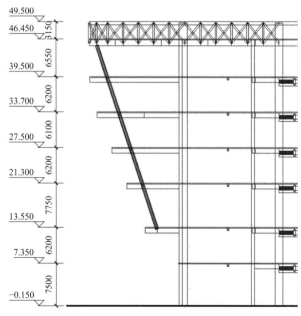

图 11.2-1　建筑悬挑区域立面

建筑四周一跨均为悬挂结构，吊柱由屋面上翻的悬挑桁架下挂至各个楼层，下部悬挂五层结构楼面，建筑物立面由二层顶板（三层楼板）起始，四周均悬挑出最大 16.8m 跨度的楼面结构。结构四周大悬挑，抗侧力构件靠近楼层中部，扭转阵型与平动阵型接近，墙体刚度对扭转阵型的影响显著，墙体调整的局限性大。典型悬挑示意如图 11.2-1 所示。

11.2.3　平立面不规则

主要抗侧力构件为位于四个角部的现浇钢筋混凝土剪力墙筒体，且建筑效果要求剪力墙为清水混凝土，除必要的门洞和设备洞口外，不允许设置其余的结构洞口；建筑层高较高，建筑内部大型中庭较多；典型楼层层高为 6.2m，其中首层、三层的层高分别达到 7.5、7.75m；建筑物内部的大型中庭较多，层与层之间的中庭交错直通至屋面（图 11.2-2）。

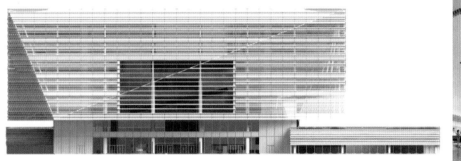

(a) 建筑立面　　　　　　　　　　　　　　(b) 楼板开洞

图 11.2-2　建筑立面、平面不规则

11.3　结构体系比选与计算分析

11.3.1　方案比选研究

外方结构方案体系采用型钢混凝土柱 + 混凝土梁（内部）/型钢混凝土梁（外部悬挑）+ 混凝土剪力墙，如图 11.3-1 所示。

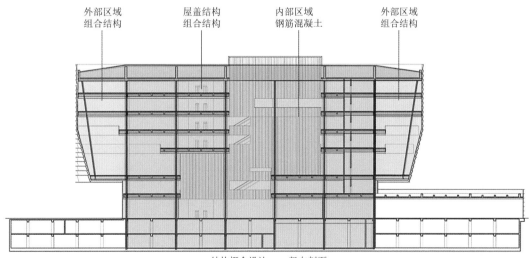

外部区域组合结构　　屋盖结构组合结构　　内部区域钢筋混凝土　　外部区域组合结构

结构概念设计——竖向剖面

图 11.3-1　原结构设计方案

1. 预制率

本项目单体预制率计算主要根据上海市住房和城乡建设管理委员会文件《关于本市装配式建筑单体预制率和装配率计算细则（试行）的通知》（沪建建材〔2016〕601号文，以下简称601号文）所提供的附件《上海市装配式建筑单体预制率和装配率计算细则（试行）》进行计算。

综上所述，目前外方所提供的方案不满足上海市有关预制率的相关要求，因此存在下述问题：

（1）为满足预制率要求，需要补充主梁、剪力墙和柱的预制量，相应地将引起造价的大幅增加，需要重新进行成本核算。（预制主梁、剪力墙和柱的单价远大于叠合楼板）

（2）因柱为钢骨混凝土柱，如采用预制，其上下柱段的拼接无成熟做法。

（3）主梁截面为800mm×1200mm，采用叠合梁其预制部分尺寸约为800mm×1000mm，单根梁预制部分质量约33t，考虑吊装能力问题，需要分段和现场拼接，同时需设置大量临时支撑，将增加施工的复杂程度，容易产生安全隐患。

2. 施工支模难度

由于建筑中庭各层开洞上下层不对齐，导致中庭不少区域模板支撑系统施工难度加大，如四层局部一跨、三层局部两跨、二层局部两跨模板需支撑到地下室顶板。如图11.3-2所示。

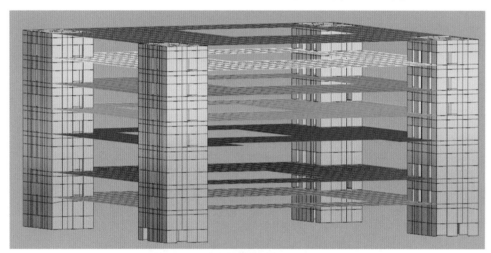

(a) 各层楼板开洞

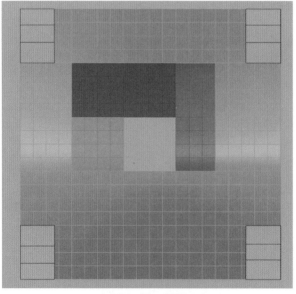

(b) 中庭开洞对施工支模的影响

图11.3-2　楼板开洞示意

同时，由于建筑层高较大，尤其是一层层高为 8m，三层层高为 9m，脚手架系统较常规建筑复杂，同时结构跨度为 16.8m，上层支撑系统及支撑上层模板、结构梁板自重对下层已施工结构影响较大。

此外，屋顶悬挑大梁为(4～2)m × 1.4m 现浇钢骨混凝土梁，其施工时的模板支撑难度大。框架梁为 800mm × 1200mm 现浇混凝土梁，其配筋率大，梁柱节点施工难度大。

3．室内净高

原设计方案框架主梁高度为 1200mm，建筑及结构总厚度为 1800mm，扣除吊顶及面层厚度后留给设备管线的高度只有 400mm，根据设备专业反馈，此高度太理想化，很难满足要求，因此室内净高将进一步压缩。净高分析如图 11.3-3 所示。

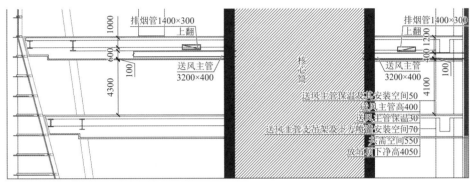

图 11.3-3　净高分析剖面图

11.3.2　工业化结构设计方案

针对原设计方案在上述预制率、施工支模难度、室内净高等方面的不足，结合建筑方案大跨度、大悬挑的特点，本项目设计提出了钢框架—混凝土剪力墙筒体的结构体系，具体布置如图 11.3-4 所示。

竖向构件：型钢混凝土劲性柱，钢板混凝土剪力墙核心筒（4 个）。

水平构件：钢梁（悬挑区域），主次钢桁架及钢梁（核心区）。

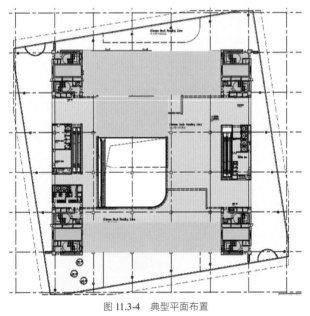

图 11.3-4　典型平面布置

（黄色区域为悬挑区，粉色区域为核心区，绿色区域为 4 个核心筒）

框架柱、四个剪力墙筒体采用现浇清水钢筋混凝土结构，柱和混凝土筒体角柱内设置"十字形"钢骨，楼板除屋顶和悬挑区域采用钢筋桁架楼承板外，其余区域均采用全预制整体式板。

考虑设备管线的布置要求，框架梁采用钢桁架，中间三分之一跨度采用空腹桁架，两端三分之一跨度在空腹桁架内设置腹板从而形成实腹梁，主桁架（框架梁）中点处设置空腹桁架形成十字交叉的次桁架（一级次梁），次梁（二级次梁）采用 H 型钢梁。次桁架、次梁与混凝土墙体之间采用铰接连接，主桁架上下弦弦杆穿越混凝土墙体与另外一侧框架梁上下弦弦杆对接。在屋顶悬挑区域及往内延伸一跨范围布置上翻桁架，为了减小上翻桁架的构件尺寸，可在桁架上弦内部设置预应力钢拉杆，在悬挑桁架端部设置吊柱以悬挂下部各层悬挑区域的荷载，桁架与吊柱之间采用铰接连接，与吊柱相连的周边一圈桁架采用带斜腹杆常规桁架。结构整体预制率从 18.5% 提升至 45.6%。

钢结构及楼板采用工厂制作、现场拼装的装配化施工。钢桁架与混凝土柱内钢骨之间腹板采用螺栓连接、翼缘现场焊接，楼板底部二级次梁与框架梁及一次次梁之间连接与此相同。预制楼板之间接缝采用现场整浇的方式，保证楼板的整体性。结构布置如图 11.3-5 所示。

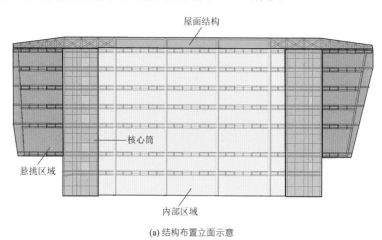

(a) 结构布置立面示意

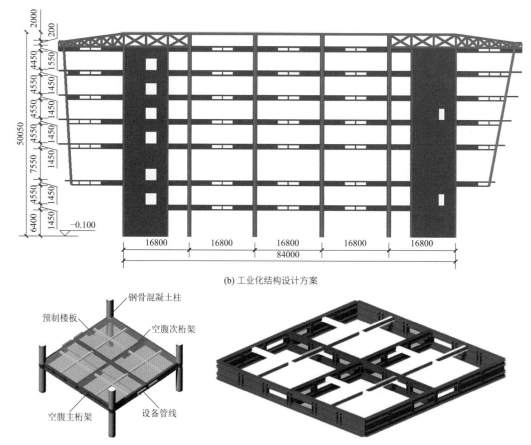

(b) 工业化结构设计方案

(c) 核心区标准跨楼面结构单元

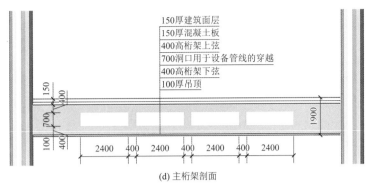

150厚建筑面层
150厚混凝土板
400高桁架上弦
700洞口用于设备管线的穿越
400高桁架下弦
100厚吊顶

(d) 主桁架剖面

图 11.3-5　结构布置示意图

在核心区标准大跨度柱网间楼面结构采用空腹主、次钢桁架的结构形式，便于装配式施工，且实现了设备管道集成楼面系统，有效节约了楼面净高。管线集成如图 11.3-6 所示。

图 11.3-6　设备管道集成楼面系统

11.3.3　结构分析模型

本项目上部结构具有如下特点：

结构跨度大，柱网尺寸为 16.8m × 16.8m，悬挑尺寸大，最大达 16.8m；主要抗侧力构件为位于四个角部的现浇钢筋混凝土剪力墙筒体，且建筑效果要求剪力墙为清水混凝土，除必要的门洞和设备洞口外，不允许设置其余的结构洞口；建筑高宽比小（49.5/86.2 = 0.57），为"矮胖形"结构，结构抗侧刚度大；结构四周大悬挑，抗侧力构件靠近楼层中部，扭转阵型与平动阵型接近，墙体刚度对扭转阵型的影响显著，墙体调整的局限性大；对于大跨度框架梁，采用钢结构空腹桁架，并在桁架两端靠近支座处设置封板形成实腹式，设备管线穿越桁架腹杆之间的空间，增加了室内建筑净高，如图 11.3-7 所示。

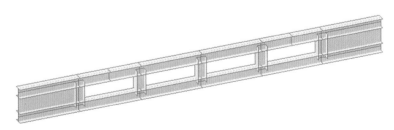

图 11.3-7　空腹桁架框架梁

对于悬挑区域，考虑到建筑对于结构高度的限制要求，在屋顶设置上翻桁架，该桁架通过吊柱悬挂下部各层悬挑区域荷载。

由于结构刚度大，混凝土剪力墙承担地震剪力大，且建筑效果对剪力墙调整局限性大，根据大震弹塑性时程分析结果，施工图阶段将在剪力墙暗柱内局部设置钢骨。

11.3.4　性能目标与控制指标

根据《建筑抗震设计规范》GB 50011-2010（2016 年版）、《上海市超限高层建筑抗震设防管理实施细则》（沪建管〔2014〕954 号）和《超限高层建筑工程抗震设防专项审查技术要点》（建质〔2015〕67 号）中有关结构性能设计的要求，结构应遵循规范三水准两阶段的抗震设防思想，进行第一阶段的抗震设计，来满足"小震不坏，中震可修"，通过概念设计及抗震措施来满足第三水准设防目标，即"大震不倒"。本项目上部结构三层以上整体大悬挑（最大悬挑尺寸 16.8m），且三层为薄弱层，造成结构受力复杂，有必要进行构件性能设计，控制关键构件性能目标。

根据本项目的功能及结构受力特点，确定本项目的结构抗震性能目标为 D 级。性能目标及控制指标如表 11.3-1、表 11.3-2 所示。

结构关键构件及部位抗震性能目标　　　　　　表 11.3-1

构件	构件性质	性能要求	备注
柱	关键构件	中震弹性	考虑到结构框架部分承担的剪力及倾覆力矩较小，提高框架柱的性能目标
剪力墙筒体外圈墙体	关键构件	中震钢筋不屈服	
剪力墙筒体内部墙体	普通竖向构件	小震弹性	
主桁架（框架梁）	耗能构件	中震不屈服	
剪力墙连梁	耗能构件	中震钢筋不屈服	
屋顶上翻桁架	关键构件	中震弹性，大震不屈服	
吊柱	关键构件	中震弹性，大震不屈服	
各层楼板	关键构件	中震钢筋不屈服	考虑到结构跨度大，剪力墙间距在X向达到 60m 左右，在Y向也接近 50m，楼板对水平力的传递至关重要，提高楼板性能目标

结构位移及构件性能控制指标　　　　　　表 11.3-2

主桁架、主梁挠度	1/500
次桁架、次梁、楼板挠度	1/250
悬挑梁、悬挑桁架挠度	1/250（悬挑长度）
首层层间位移角	1/2000
其他层层间位移角	1/800
钢吊柱长细比	1/300
主梁、主桁架应力比	0.8
次桁架、次梁应力比	0.85
吊柱应力比	0.7

11.3.5　计算分析

1. 位移计算

采用 MIDAS Gen 软件对结构进行计算分析，得到各工况组合竖向及水平向位移。典型位移如图 11.3-8～图 11.3-11 所示。

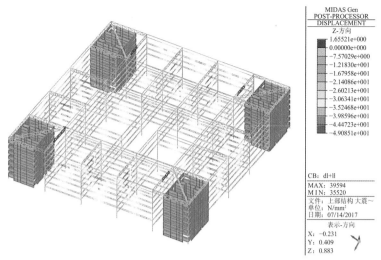

图 11.3-8 恒荷载 + 活荷载作用下核心区主桁架竖向位移（最大值为 −49.1mm）

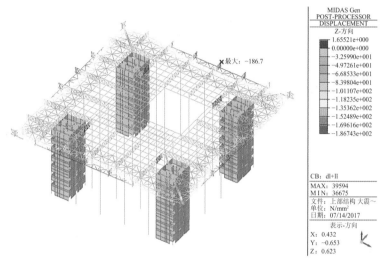

图 11.3-9 恒荷载 + 活荷载作用下屋顶悬挑桁架竖向位移（最大值为 −186.7mm）

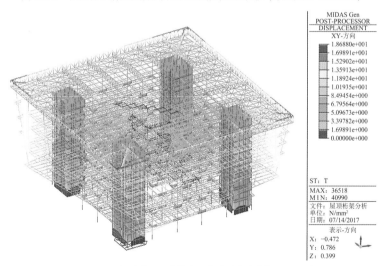

图 11.3-10 温度作用下结构水平位移（最大值为 18.7mm）

恒荷载 + 活荷载作用下核心区主桁架结构最大竖向位移为 −49.1mm，位于主桁架跨中，挠跨比为 49.1/16800 = 1/342，略大于前述 1/500 的限值要求，施工阶段需对桁架进行预起拱，起拱值为恒载作用下的位移（32mm），考虑起拱值后竖向位移为 −17.2mm，相对于桁架跨度的挠跨比为 1/976，满足前述 1/500 的限值要求。恒荷载 + 活荷载作用下核心区结构最大水平位移为 16mm，位移角为 16/47500 = 2968，而竖向地震作用下引起核心区结构水平位移只有 1.1mm,说明竖向荷载作用下引起结构的水平位移很小。

恒荷载＋活荷载作用下屋顶悬挑桁架最大竖向位移为−186.7mm,相对于悬挑长度的挠跨比为 1/93,大于前述 1/250 的限值要求,施工阶段需对桁架进行预起拱,起拱值为恒载作用下的位移(−150mm),考虑起拱值后竖向位移为−36.7mm,相对于悬挑长度的挠跨比为 1/472,满足前述 1/250 的限值要求。

恒荷载＋活荷载作用下屋顶悬挑桁架最大水平位移为 26.4mm,位移角为26.4/47500 = 1799,而竖向地震作用下引起核心区结构水平位移只有 1.8mm,说明竖向荷载作用下引起结构的水平位移很小。

温度作用下结构最大水平位移为 18.7mm,位移角为18.7/47500 = 2540,水平位移小。

对于屋顶悬挑桁架结构,补充不考虑楼板刚度、考虑活荷载不利布置(悬挑区域布置恒载和活载,核心区域仅考虑构件自重,不考虑附加恒载和活载)两种情况计算。

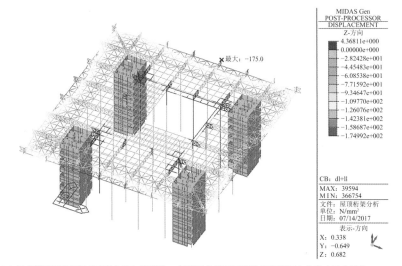

(a)(考虑楼板刚度和活载不利布置)恒荷载＋活荷载作用下屋顶悬挑桁架竖向位移(最大值为−175mm)

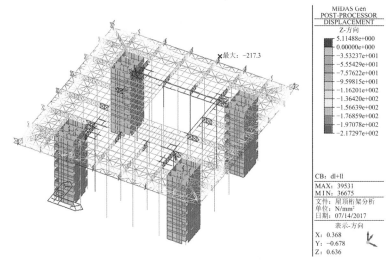

(b)(不考虑楼板刚度,考虑活载不利布置)恒荷载＋活荷载作用下屋顶悬挑桁架竖向位移(最大值为−217.3mm)

图 11.3-11　屋顶悬挑桁架位移

通过以上分析可知,考虑楼板刚度和活荷载不利布置时,悬挑桁架竖向位移还略小,主要原因是核心区未考虑附加恒载和活载使得柱顶位移较小,同时说明活荷载不利布置对悬挑区域结构影响较小。不考虑各层悬挑区域楼板刚度,并且考虑各层悬挑区域活荷载不利布置时,屋顶悬挑桁架竖向位移大幅增加,最大值为−217.3mm,考虑起拱值(−150mm)后的竖向位移为−67.3mm,相对于悬挑长度的挠跨比为 1/257,满足前述 1/250 的限值要求。因此,楼板刚度对结构的受力和变形性能影响很大,施工时应采取合理的施工顺序,有效地利用楼板刚度的有利影响。

考虑活荷载不利布置时，恒荷载＋活荷载作用下顶层柱最大拉力为3842.5kN，柱内钢骨截面面积为77200mm²，不考虑混凝土作用时钢骨的应力为49.8MPa，钢骨处于较低应力水平。

2．应力计算

根据抗震目标要求，主桁架（框架梁）需达到中震不屈服。

利用 MIDAS Gen 有限元软件，对主桁架进行中震弹性分析，得到各楼层桁架梁应力比。

中震不屈服分析梁最大应力比1.02，仅出现在三层局部支座位置。其余各层桁架梁最大应力比均未超过0.95，可见各楼层主桁架可以满足中震不屈服要求。

屋顶上翻桁架温度作用取±30℃，温度作用下桁架杆件应力分布如图11.3-12所示。从计算结果可以看出，由于结构形态对称，温度应力较小。计算结果如图11.3-13～图11.3-16所示。

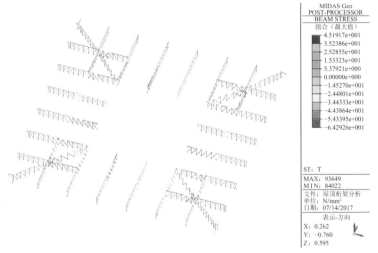

图11.3-12　温度作用下屋顶上翻桁架应力（最大值为64.3MPa）

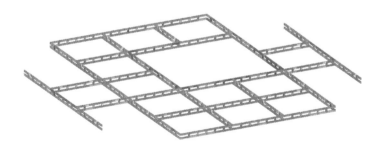

图11.3-13　中震不屈服分析七层桁架梁应力比（最大应力比0.93）

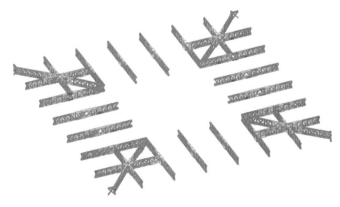

图11.3-14　中震弹性分析屋顶上翻桁架梁应力比（最大应力比1.03）

中震弹性分析吊柱最大应力比 0.738，可以满足中震弹性要求。

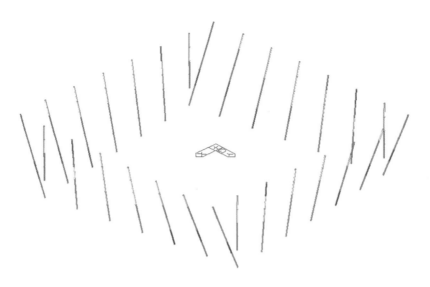

图 11.3-15　中震弹性分析吊柱应力比（最大应力比 0.738）

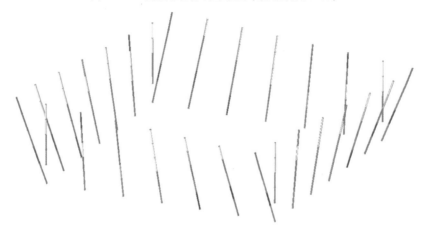

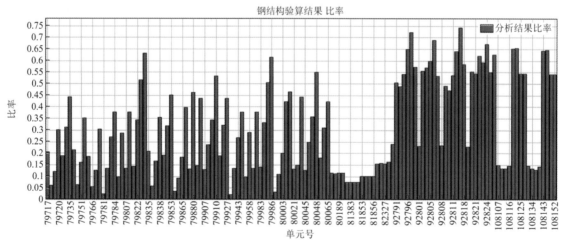

图 11.3-16　大震不屈服分析吊柱应力比（最大应力比 0.74，等效实际应力比 0.63）

　　结构进行大震弹塑性时程分析，分析了三条地震波的弹塑性时程曲线，分别得到三条波计算后混凝土剪力墙受压损伤因子（图 11.3-17），最大损伤因子 0.9，发生在中部楼层连梁处，连梁损伤较严重。同时得到各条波钢骨的最大塑性应变，最大塑性应变为 0.006，根据规范判定钢结构构件为轻微—轻度损伤，主要发生在柱底部和顶部连接悬挑桁架处（图 11.3-18）。

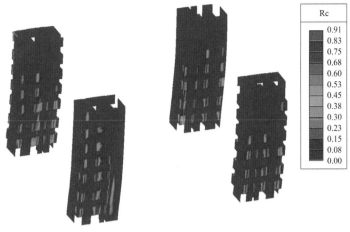

图 11.3-17　核心筒混凝土损伤情况

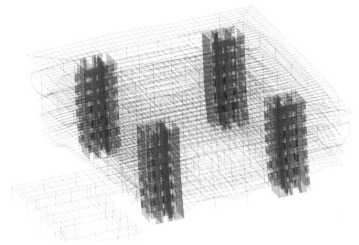

图 11.3-18　核心筒混凝土损伤发展过程

由图 11.3-17、图 11.3-18 可见,核心筒在屋顶处与钢桁架连接处剪力墙有轻微损伤,但是该处暗柱内型钢未进入塑性,连接可靠,周边剪力墙损伤在轻微—轻度之间。剪力墙连梁损伤严重。大震下可保证剪力墙不倒,支撑屋顶钢桁架暗柱内型钢未进入塑性。

在罕遇地震作用下结构仍然保持直立,最大弹塑性层间位移角 X 向为 1/642,Y 向为 1/361,远小于框架剪力墙结构 1/100 的规范限值要求;结构在罕遇地震下的顶点最大 X 向位移为 53.2mm,最大 Y 向位移为 74mm,满足"大震不倒"的设防要求;大震弹塑性时程分析首层剪重比达 22.3%;大震弹塑性时程分析,剪力墙连梁混凝土受压损伤因子最大为 0.9,损伤较严重;钢框架梁、钢骨柱钢材最大塑性应变为 0.006,为轻微—轻度损伤;屋顶与钢桁架连接暗柱内型钢在连接处未进入塑性;悬挑桁架钢材为轻微损伤。

综上所述,结构侧向刚度较大,在罕遇地震下的震后性能状态达到主承重剪力墙、柱未出现严重损伤,满足抗震设计目标要求。

11.4 专项设计

11.4.1 结构舒适度控制

对于核心区楼板舒适度分析,主要对洞口周边楼板约束条件弱的区域进行分析,分析模型如图 11.4-1、图 11.4-2 所示。

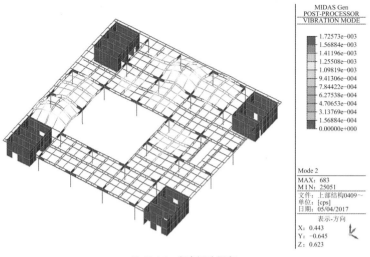

图 11.4-1　竖向振动频率

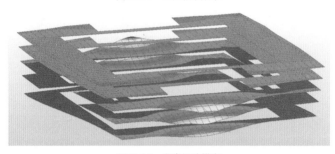

图 11.4-2　竖向振动模态

核心区楼板第一阶竖向振动频率为 3.01Hz，满足规范大于 3Hz 的要求。

民用建筑楼盖振动加速度限值如表 11.4-1 所示，对本项目所关心的楼面，建议采用垂向加速度限值 0.015g（0.15m/s²）。根据舒适度计算最终 TMD 布置如图 11.4-3 所示。

民用建筑楼盖振动加速度限制　　　　　　　　　　　　　　　　　　　　　　表 11.4-1

人所处环境	楼盖振动加速度限制
办公、住宅、教堂	0.005g
商场	0.015g
室内天桥	0.015g
室外天桥	0.05g
仅有节奏性运动	0.04～0.07g

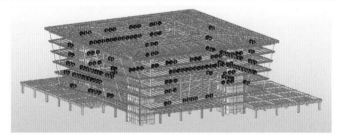

图 11.4-3　TMD 布置示意图

11.4.2　吊柱设计

针对上海图书馆东馆主体钢结构中两个关键节点在不同工况下的安全性进行专项分析和验证。关键节点在实际结构中的位置如图 11.4-4 所示，分别为中间层吊柱节点、顶层吊柱节点。

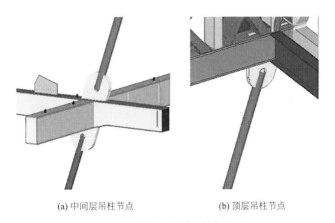

(a) 中间层吊柱节点　　　　　　　　(b) 顶层吊柱节点

图 11.4-4　关键节点在结构中的位置示意图

1. 中间层吊柱节点

中间层吊柱节点三维图如图 11.4-5（a）所示，该节点为销轴连接节点，一共 6 根杆件，杆件剖面如图 11.4-5（b）所示。节点中悬臂梁和横梁均采用焊接箱形截面，吊柱采用高强拉杆，杆件材质等级为 Q460C。

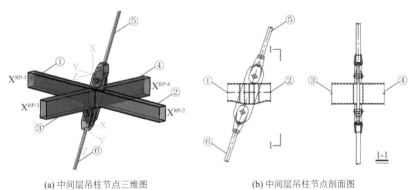

(a) 中间层吊柱节点三维图　　　　　　　　　　(b) 中间层吊柱节点剖面图

图 11.4-5　中间层吊柱

根据计算结果得到节点在最不利荷载组合下的内力（其中轴力受拉为正、受压为负）。可以得到最不利荷载组合作用下杆件弯矩较大组合，同时得到最不利荷载组合下杆件轴力较大组合，故选取弯矩最不利荷载组合节点内力进行节点安全性验证试验，选取轴力最不利荷载组合的节点内力进行破坏性试验。

本节采用通用有限元软件 ABAQUS 对设计荷载下的中间层吊柱节点进行数值分析。有限元模型的单元均选用四面体 C3D4 单元。吊杆钢材牌号为 Q460，钢材性能根据拉伸试验结果取值，泊松比取 0.3，有限元模型中本构关系采用三折线模型。其他部件钢材牌号为 Q420C，参照国家标准《钢结构设计标准》GB 50017-2017，取 $f_y = 420\text{MPa}$，$f_u = 500\text{MPa}$，$E = 2.06 \times 10^5 \text{MPa}$，泊松比 0.3，有限元模型中本构关系采用双折线模型。

在节点有限元模型中，在横梁端部设置参考点并与截面耦合，在参考点处施加铰接约束；在悬臂梁端部设置参考点并与截面耦合，在参考点处施加竖向剪力；上下吊杆端部建立以杆轴方向为基本轴的局部坐标系，并设置参考点且与杆件截面耦合，在参考点处施加轴向拉力荷载。

荷载组合中，1 倍设计荷载下有限元模型的计算结果如图 11.4-6 所示。由图可知，在设计荷载组合下，节点最大 Mises 应力约为 421MPa，拉杆最大 Mises 应力约为 284MPa，从 PEEQ 等效塑性应变云图（图 11.4-6b）可以看到，节点中心域基本在弹性范围内，耳板及悬臂梁跨中区域局部进入塑性段。通过对比发现，有限元计算得到的节点应力分布情况与实测的分布情况一致。此时节点的最大空间位移主要发生在吊柱处，为 6.6mm，节点域最大位移约为 3.9mm。

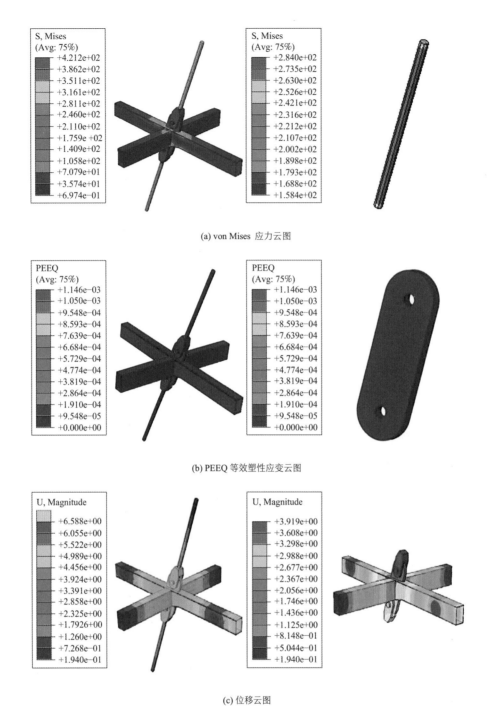

(a) von Mises 应力云图

(b) PEEQ 等效塑性应变云图

(c) 位移云图

图 11.4-6　中间层吊柱节点的有限元分析结果

2．顶层吊柱节点

顶层吊柱节点三维图如图 11.4-7（a）所示，该节点为销轴连接节点，一共 5 根杆件，杆件剖面如图 11.4-7（b）所示。节点中悬臂梁采用焊接箱形截面，横梁采用工字形截面，吊柱采用圆柱截面高强拉杆。

分别选取各荷载组合下，构件弯矩和轴力最大组合下构件内力进行节点有限元分析。

在荷载组合中，1 倍设计荷载下有限元模型的计算结果如图 11.4-8 所示。由图可知，在设计荷载组合下，节点域最大 Mises 应力约为 401MPa，拉杆最大 Mises 应力约为 425MPa，从 PEEQ 等效塑性应变云图（图 11.4-8b）可以看到，节点中心域全部在弹性范围内。节点中心区位移小于 2mm，吊柱端部位移约为 15mm。以上计算结果说明在 1 倍设计荷载作用下，顶层吊柱节点处于弹性受力状态，传力效果良好。

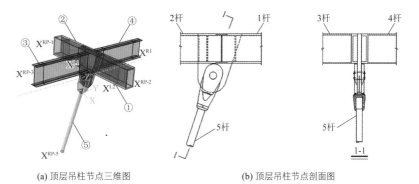

(a) 顶层吊柱节点三维图   (b) 顶层吊柱节点剖面图

图 11.4-7 顶层吊住节点图

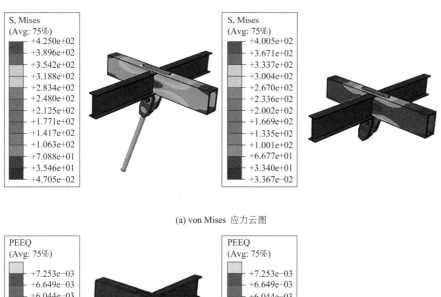

(a) von Mises 应力云图

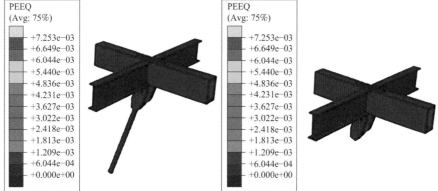

(b) PEEQ 等效塑性应变云图

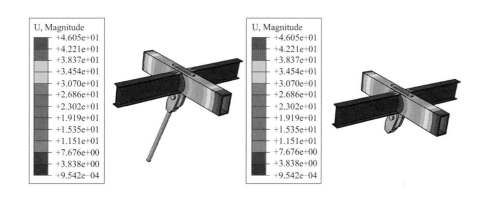

(c) 位移云图

图 11.4-8 顶层吊柱节点的有限元分析结果

11.5 节点试验

11.5.1 试验方案

由于节点内力可能超过反力架的最大承载力，本试验采用缩尺模型进行试验。中间层吊柱节点安全性验证试验（最不利荷载组合）的缩尺比例为 1 : 2，并加载至 1.6 倍设计荷载；中间层吊柱节点破坏性试验（最不利荷载组合）的缩尺比例为 1 : 2，并加载至节点破坏（初步估计为 2 倍设计荷载）。其中 5、6 号拉杆的截面按照比例应为 φ105mm，但实际只能采购到 φ110mm 的拉杆试件；因此，试验过程中构件的承载力也应按照相应截面尺寸的比例进行调整。

采用上海中冶钢构集团有限公司和同济大学共建的大吨位球形反力架，其内部净空直径为 6m，最大承载力为 3000t，反力架的三维模型图和现场照片如图 11.5-1、图 11.5-2 所示。其中，压力通过千斤顶直接加载，拉力通过张拉工装系统进行施加。根据杆件端部加载力选择相应的千斤顶，中间层吊柱节点的千斤顶布置图如图 11.5-1 所示，节点试件现场安装图如图 11.5-2 所示。

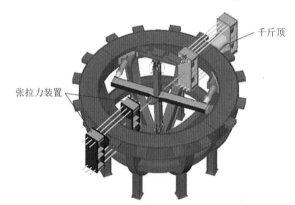

图 11.5-1 中间层吊柱节点的千斤顶布置图

(a) 试件拼装　　　　　　　　　　(b) 吊装张拉工装系统　　　　　　　　(c) 安装千斤顶

图 11.5-2 节点试件现场安装图

根据试验前有限元软件 Abaqus 模拟结果，试验过程中应利用应变片测量各杆件外表面应变和节点中心域应力集中区的应变。中间层吊柱节点 1 : 2 缩尺模型的应变测点布置如图 11.5-3 所示，在 5、6 号吊柱上分别布置 8 个应变片 5-1~5-8、6-1~6-8 以测量杆件的轴力；在 1~4 号杆件上分别布置 4 个应变片 1-1~1-4、2-1~2-4、3-1~3-4、4-1~4-4 以测量杆件的轴力和弯矩；上吊柱在外耳板危险截面对称布置了 8 个应变片 SB1~SB8 以测量外耳板危险截面的应变，板面承压处布置了 2 个应变片 SB9~SB10 以测量外耳板的承压应变；下吊柱在外耳板危险截面对称布置了 8 个应变片 XB1~XB8 以测量外耳板危险截面的应变，板面承压处布置了 2 个应变片 XB9~XB10 以测量外耳板的承压应变；在内耳板上下开孔处的危险截面正、反、侧面共布置 12 个应变片 SE1~SE6、XE1~XE6 以测量内耳板的应变。

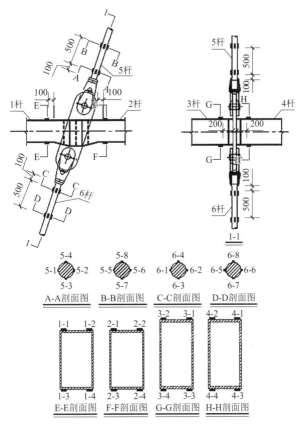

图 11.5-3　中间层吊柱节点缩尺模型应变测点布置

11.5.2　试验加载测试

中间层吊柱节点加载时，各个加载段同步进行加载，试验荷载采用分级加载，验证性工况一由 0 至 2 倍设计荷载值均分为 20 级，破坏性工况二由 0 至 1.85 倍设计荷载值均分为 25 级，每级荷载稳压 2min 后读取应变片、位移计的读数，直至加载破坏或达到最大加载力，此时稳压 3min 后卸载。

为了控制加载速度，避免因加载不均衡而导致节点产生非预测的不平衡力，试验时安排了富有经验的液压千斤顶操作人员进行等速、慢速加载，协调各个千斤顶的加载额度，使之同时达到加载额度。

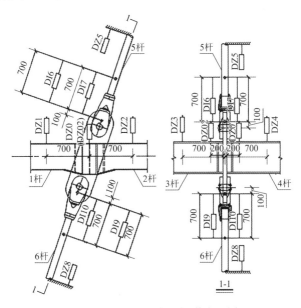

图 11.5-4　中间层吊柱节点缩尺模型的位移计布置图

中间层吊柱节点 1：2 缩尺模型的位移计布置如图 11.5-4 所示。由于内耳板位于节点中心，不便于该处直接布置位移计，故分别在 3、4 号杆距离内耳板 200mm 处布置 2 个绝对位移计 DZ01 和 DZ02，取平均值用于测量节点域在吊柱方向的位移；在 1～4 号杆距节点中心 700mm 处各布置 1 个绝对位移计 DZ1～DZ4，用于测量杆件的挠度；在上下吊柱各布置 2 个相对位移计 DL6～DL7、DL9～DL10，用于测量内耳板与拉杆、外耳板与拉杆的相对位移；在上下吊柱端部张拉工装系统处各布置 1 个绝对位移计 DZ5、DZ8，用于测量拉杆的整体变形。

11.5.3 试验结果

1. 中间层吊柱

当在荷载达到 5 级，即达到 0.5 倍荷载设计值时，试件并未发出任何声响，也未见任何明显变形。受轴向拉力的 5 号杆，此时截面平均应变为 590με，由此反推 5 号杆所受轴力为 1051kN，此时对应的 1 号油泵的油压读数为 1087kN，误差为 -3.31%；受弯矩作用的 1 号杆，由截面应变反推受到的剪力作用为 48kN，此时对应的 3 号油泵油压读数为 45kN，误差为 6.67%。4 根加载杆件的应变均远小于屈服应变，应变片反推内力与油泵油压读数误差较小，整个中间吊柱节点模型处于弹性范围内。

在第 8 级试验荷载下，试件发出"砰"的一声，经过现场工作人员检查发现是 5 号杆的反力箱形部件的支撑在拉紧过程中发生轻微移动，试件因此发生一次振动，该现象与节点应力—应变曲线及荷载—位移曲线中出现的滑移段相对应。

在第 10 级试验荷载下，即达到 1 倍荷载设计值时，试件发生轻微"砰砰"响声，通过视频监控发现是 5 号杆的反力箱形处发出的声音，节点整体无明显变形。5 号杆计算轴力为 2208kN，实际受力略大于油压读数 2104kN。2 号油泵控制的 6 号杆此时截面平均应变为 811με，由此反推 6 号杆所受轴力为 1444kN。节点各部分的应变继续增大，最大值约为 1556με，表明节点各部分处于弹性范围内。各位移均较小，均在 0～3.9mm 范围内。

当荷载达到 16 级，即达到 1.6 倍荷载设计值时，试件整体发出轻微"砰砰"声响，通过视频监控发现仍是 5 号杆的反力箱形部件拉紧产生的声音，节点整体也未见任何明显变形。作为受拉构件的 5 号杆，此时截面平均应变为 2036με，由此反推 5 号杆所受轴力为 3625kN，对应 1 号油泵油压读数为 3390kN，实际受力略高；同为受拉构件的 6 号杆的截面平均应变为 1355με，6 号杆计算轴力为 2411kN，油压读数为 2780kN，实际受力略低。通过观察分析发现，造成节点中各杆件受力出现偏差的主要原因是节点中心区域发生了一定的位移，使 3、4 号杆的铰接端产生了附加反力。节点各部分的应变最大值为 2323με，节各部分仍处于弹性范围内。各位移计读数仍较小，均在 0～6.7mm 范围内。

当荷载达到 17 级，即达到 1.7 倍荷载设计值时，试验区传来较大的"砰砰"连续响声，从视频监控中发现是 3 号杆件与节点相连处焊缝开裂，节点整体发生沿 5 号杆方向的明显位移。受拉力作用的 5 号杆计算轴力为 3918kN，油压读数为 3612kN，杆件实际受力略大；6 号杆计算轴力为 2576kN，油压读数为 2954kN，杆件实际受力略小。所有杆件仍处于弹性状态。由于 3 号杆端部焊缝开裂，节点发生破坏，无法继续加载，在 17 级荷载状态下维持 3min 左右后，开始卸载，卸载结束后发现，节点域未发生明显变形，各杆件均无明显变形。图 11.5-5 给出了节点破坏时的照片和卸载后的部分照片。

图 11.5-6（a）给出了节点中心绝对位移随着荷载级数增加的变化曲线。由图可知，在第 1 级～第 7 级荷载时，节点中心位移基本呈线性增长，最大位移达到 2.610mm。在施加第 8 级荷载时，节点突然发生振动，位移值产生波动，随后节点中心位移继续呈线性增长趋势，荷载—位移曲线的斜率与发生振动前保持一致。在 10 级时（1 倍荷载设计值），节点中心位移增值 3.992mm；在 16 级时，节点中心位移增值 6.675mm，可以看出节点整体位移较小。

图 11.5-6（b）给出了 1~4 号杆件距节点中心 700mm 处的绝对位移随着荷载级数增加的变化曲线。由图可知，在 1~7 级荷载加载过程中，杆件位移基本呈线性增长趋势，最大位移达到 3.134mm，在施加第 8 级荷载时，节点突然发生振动，位移值产生波动，随后各杆件位移继续呈线性增长趋势，在 10 级时（1 倍荷载设计值），各杆件位移最大增至 4.312mm；在 16 级时，各杆件位移最大增至 6.645mm。

图 11.5-5　验证性工况卸载后的试件

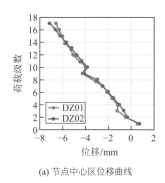 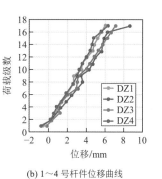

(a) 节点中心区位移曲线　　　　(b) 1~4 号杆件位移曲线

图 11.5-6　节点位移与加载曲线

提取有限元模型中与实测点对应处的位移值，绘制成图 11.5-7，通过对比分析发现，虽然实测曲线在第 8 级荷载附近受到节点振动发生了一定的波动，但在整个加载过程中有限元结果与试验结果吻合良好，误差在可接受范围内。

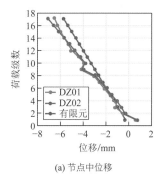 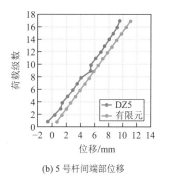

(a) 节点中位移　　　　　　　(b) 5 号杆间端部位移

图 11.5-7　中间层吊柱节点位移实测值与有限元计算值对比图

2．顶层吊柱

当荷载达 4 级，即达到 0.31 倍节点的荷载设计值时，试件并未发出任何声响，也未见任何明显变形。受轴向拉力的 5 号杆，此时截面平均应变为 558με，由此反推 5 号杆所受轴力为 1182kN，此时对应的 1 号油泵的油压读数为 1256kN，误差为 5.9%；受弯矩作用的 1 号杆，由截面微应变反推受到的剪力作用为 602kN，此时对应的 2 号油泵油压读数为 607kN，误差为 0.81%。各杆件的应变均远小于屈服应变，应变片反推内力与油泵油压读数误差较小，整个顶层吊柱节点处于弹性状态。

在第 10 级试验荷载下，即达到 0.77 倍节点的荷载设计值时（拉杆截面平均应力相当于 1 倍设计荷载作用下的应力值），试件发生轻微"砰砰"响声，通过视频监控发现是 5 号杆的反力箱支撑处发出的声音，节点整体无明显变形。5 号杆计算轴力为 3238kN，实际受力略大于油压读数 3175kN，误差为 2%。节点各部分的应变继续增大，最大值约为 1848με，低于材料的屈服应变，表明节点各部分处于弹性状态。节点中心位移为 1.4mm，节点变形不明显。

当荷载达到 13 级，即达到 1.01 倍节荷载设计值时（拉杆截面平均应力相当于 1.3 倍设计荷载作用下的应力值），试件整体发出轻微"砰砰"声响，通过视频监控发现仍是 5 号杆的反力箱支撑装置产生的声音，节点整体也未见任何明显变形。作为受拉构件的 5 号杆，此时截面平均应变为 1925με，由此反推 5 号杆所受轴力为 4080kN，对应 1 号油泵油压读数为 4117kN，实际受力略低，误差为 1%。节点各部分的应变最大值为 2323με，节各部分仍处于弹性状态。节点中心位移为 1.7mm。

在 13 级荷载状态下维持 3min 左右后，开始卸载，卸载结束后发现，节点域未发生明显变形，各杆件均无明显变形。图 11.5-8 所示为卸载后的部分照片。

图 11.5-8　验证性工况卸载后的试件

图 11.5-9（a）给出了节点中心绝对位移随着荷载级数增加的变化曲线。由图可知，在施加 1~4 级荷载过程中，节点中心位移基本呈线性增长，节点中心最大位移为 0.4mm，在 4~11 级加载过程中，节点中心位移增长变缓，但仍呈线性增长趋势，最大位移增至 1.3mm，在施加 13 级荷载时，最大位移增至 1.7mm，节点中心在加载过程中位移较小。

图 11.5-9（b）给出了 1~4 号杆件距节点中心 700mm 处的绝对位移随着荷载级数增加的变化曲线。由图可知，在施加 1~13 级荷载过程中，各点处位移基本呈线性增长，其中，对于截面相同的杆件，2 号杆件端部位移始终大于 1 号杆件，4 号杆件端部位移与 3 号杆件比较接近，说明节点中心在位移过程中发生了一定程度的偏转。经分析认为，5 号拉杆与 1~4 号杆件所形成的平面并非垂直，其次，1、2 号杆件为悬臂梁，其端部位移容易受到千斤顶加载过程的波动影响。此外，由上文推断可知，5 号拉杆在加载过程中存在一定偏心，以上原因均会导致各杆件端部位移值存在差异。

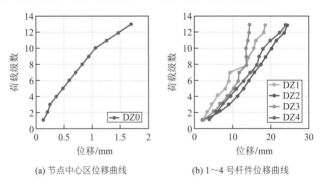

(a) 节点中心区位移曲线　　　(b) 1~4 号杆件位移曲线

图 11.5-9　节点位移与加载曲线

11.5.4　试验结论

根据试验可以得出如下结论：

（1）试验加载至 1.6 倍设计荷载时，节点无明显变形，均低于屈服应变，节点各部分处于弹性状态。

（2）试验表明：验证性工况一下，节点可以在 1.6 倍设计荷载下保持弹性状态，节点安全。

（3）试验表明：节点在 1.7 倍设计荷载时，横梁和悬臂梁之间的焊缝发生开裂；此时拉杆和耳板均处于弹性状态，这表明在工况一作用下，横梁和悬臂梁之间的焊缝为该节点的薄弱环节，施工时应特别注意该处的焊缝质量。

（4）数值分析结果和试验结果吻合良好。若假定横梁和悬臂梁之间的焊缝足够强，则通过数值模型可以证明，在工况一作用下，当达到 2 倍设计荷载时，节点仍然安全。

（5）试验加载至 0.77 倍设计荷载左右（5 号拉杆受到 1 倍设计荷载）时，节点无明显变形，均低于屈服应变，节点各部分处于弹性状态。

（6）试验加载至 1.01 倍设计荷载（5 号拉杆受到 1.3 倍设计荷载）时，节点无明显变形，均低于屈服应变，节点各部分仍处于弹性状态。

（7）试验表明：在验证性工况一中，5 号拉杆可在 1.3 倍设计荷载下保持弹性，其他构件可在 1.01 倍设计荷载产生的应力水平下保持弹性，节点安全。

（8）数值分析结果和试验结果吻合良好。数值分析结果表明，1.3 倍设计荷载下，节点整体基本处于弹性状态；在 1.5 倍设计荷载下，5 号拉杆截面屈服，悬臂梁根部局部进入塑性，销轴截面大部分进入塑性，节点达到极限承载力。

11.6 结论

根据上海图书馆东馆结构体系的比选、结构材料、构件及连接节点、楼板的研究，考虑设备管线的布置要求，框架梁采用钢桁架，中间三分之一跨度采用空腹桁架，两端三分之一跨度在空腹桁架内设置腹板从而形成实腹梁，主桁架（框架梁）中点处设置空腹桁架形成十字交叉的次桁架（一级次梁），次梁（二级次梁）采用 H 型钢梁。在屋顶悬挑区域及往内延伸一跨范围布置上翻桁架，为了减小上翻桁架的构件尺寸，可在桁架上弦内部设置预应力钢拉杆，在悬挑桁架端部设置吊柱以悬挂下部各层悬挑区域的荷载，桁架与吊柱之间采用铰接连接，与吊柱相连的周边一圈桁架采用带斜腹杆常规桁架。结构整体预制率从 18.5% 提升至 45.6%。可以得到：

（1）竖向构件采用型钢混凝土劲性柱、钢板混凝土剪力墙核心筒，水平构件采用钢梁、主次钢桁架的结构体系成立，在本项目中得到很好的应用，既可满足建筑清水混凝土的效果，又可满足预制率和装配率的要求。

（2）全预制整体式楼板受力性能好，现场可实现免模装配化安装，预制楼板之间接缝采用现场整浇的方式，保证了楼板的整体性，是一种值得大力推广的全预制楼板结构。

（3）采用标准化钢桁架，可有效解决穿梁底影响净高的问题，可采用预制标准化设备管线，现场集成安装，可有效降低现场劳力成本。

（4）钢结构及楼板采用工厂制作、现场拼装的装配化施工。钢桁架与混凝土柱内钢骨，桁架与梁之间腹板采用螺栓连接、翼缘现场焊接，装配化程度高。

（5）吊柱应力变化与节点挠度变化基本一致，随着施工过程进展逐步增大，与理论计算值比较，各测点数据变化趋势基本吻合。总体上，大部分测点的实测值小于理论计算值，说明结构荷载基本处于可控范围，结构处于安全范围。

（6）吊柱间梁上翼缘应力随着施工过程进展逐步增大，由于计算模型中上翼缘匹配较为烦琐，仅对应力水平进行分析，大部分数据处于较低水平，所有测点数据均未超过钢材屈服强度，说明结构亦处于安全范围。

（7）本工程混凝土楼板施工过程基本处于可控范围，与设计预期基本一致。 可以进行后续阶段施工，对后续阶段各测点加强施工监控；同时，对各测点加强保护，为顺利与运营阶段监测作衔接。

经典回眸 上海建筑设计研究院有限公司篇

参考资料

[1] 李亚明, 李瑞雄, 贾水钟, 等. 上海图书馆东馆结构设计关键技术研究[J]. 建筑结构, 2019(12).

[2] 肖魁, 贾水钟, 贾君玉. 上海图书馆东馆悬挂结构方案设计与研究[J]. 建筑结构, 2022(12).

[3] 李亚明. 复杂空间结构设计与实践[M]. 上海:同济大学出版社, 2021: 226-248.

设计团队

结构设计单位：上海建筑设计研究院有限公司

结构设计团队：李亚明、贾水钟、黄　璨、肖　魁、李瑞雄、王沁平、崔奇岚、王　湧

执　笔　人：贾水钟、李瑞雄

获奖信息

2021—2022 年度上海设计 100+

The American Institute of Architects Shanghai Chapter，2022 China Design Excellence Awards

2022 年度上海市土木工程奖一等奖

2023 年度上海市优秀工程勘察设计奖综合奖（公共建筑）一等奖

第12章

上海天文馆

12.1 工程概况

12.1.1 建筑概况

上海天文馆(上海科技馆分馆)项目位于上海市浦东新区的临港新城,本项目总建筑面积38163.9m²,包括地上面积25762.1m²和地下室面积12401.8m²。地上主体建筑为3层,地下1层,总高度23.95m,主要由屋顶观星平台、圆洞天窗和球幕影院组成;魔力太阳塔地上2层,总高度22.5m;大众天文台地上3层,总高度20.45m,如图12.1-1所示。

图 12.1-1 上海天文馆建筑效果图

12.1.2 设计条件

1. 主体控制参数(表12.1-1)

控制参数表   表12.1-1

项目		标准
结构设计基准期		50年
建筑结构安全等级		二级
结构重要性系数		1
建筑抗震设防分类		标准设防类(丙类)
地基基础设计等级		一级
设计地震动参数	抗震设防烈度	7度
	设计地震分组	第二组
	场地类别	IV类
	小震特征周期	0.9s
	大震特征周期	1.1s
	基本地震加速度	0.10g
建筑结构阻尼比	多遇地震	地上:0.04
	罕遇地震	0.05
水平地震影响系数最大值	多遇地震	0.08
	设防烈度	0.22
	罕遇地震	0.5
地震峰值加速度	多遇地震	35cm/s²

2. 风荷载

结构变形验算时,按50年一遇取基本风压为0.55kN/m²,承载力验算时按100年一遇取基本风压为0.6kN/m²,场地粗糙度类别为B类。项目开展了数值风洞计算,风向角取15°。设计中采用了规范风荷载和数值风洞计算结果进行位移和强度包络验算。

3．雪荷载

上海市基本雪压值为 0.25kN/m²（按 100 年一遇取值），按照《建筑结构荷载规范》GB 50009-2012 考虑积雪均匀分布和不均匀分布的影响，并考虑半跨、不对称分布等不均匀分布情况。

4．温度荷载

升温和降温温差均取 30℃（使用阶段温室室内常年温差变化小），施工阶段按照升温和降温 50℃ 复核。

12.1.3 建筑平立剖面图

典型俯视、立面、剖面图，如图 12.1-2～图 12.1-4 所示。

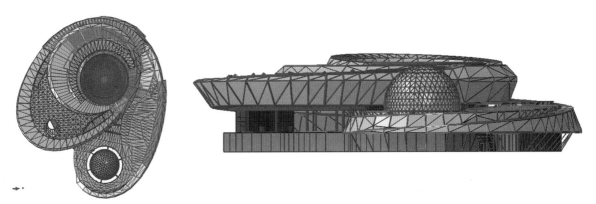

图 12.1-2 整体平、立面图

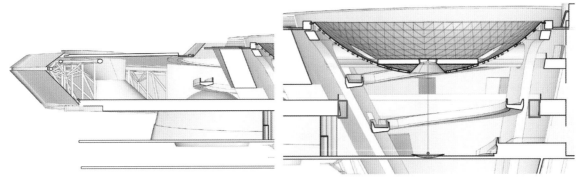

图 12.1-3 大悬挑及倒转穹顶剖面

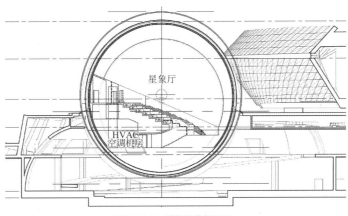

图 12.1-4 球幕影院剖面图

12.2 建筑特点

12.2.1 建筑方案融合日月星辰，设计思路新奇

上海天文馆肩负四重使命：提高公众的科学素养，普及天文知识，宣传科学理念，激励公众对探索宇宙和未知世界的兴趣。通过展品和建筑，上海天文馆由此将人与人以及与广袤的宇宙联系起来；它宣传最新的科学知识，引导年轻人能对宇宙和人类所处位置有基本的了解；最重要的是，它应该孕育人文精神。

建筑设计策略提供了一个平台，借此让人们体验这些自然现象，将其作为一种隐喻，创造建筑的形式与体验，向人们展示这个建筑的学术使命。轨道运动和引力不仅影响着建筑的外观，还影响了游客体验这栋建筑的方式：在这些流线系统内，穿过仿佛无重量悬浮的球体天象厅，走过因太阳的运转而改变光线的时光通道。该建筑的设计不仅展现了天文学的现象，而且还紧密地与它们的周期相连。设计把握了最基本的天文原则，即引力、天文的尺度和轨道力学，并以此为基础将多个基本天文概念融入其中。

轨道的概念构成了这个建筑及其与场地的关系。场地的弧线源自多种"引力"的相互作用：城市总体规划、周边环境、访客的路径、室外展览和天文馆主建筑内的三个"天体"。轨道起始于临港新城的环形总体规划，侧向连接附近的环形路。场地弧线将天文馆及其三个"天体"锁定在较大的城市结构之中，不仅将此建筑立于绿色区域，还与市中心的滴水湖的几何形体相连。一个极具隐喻色彩的向内螺旋从城市中延续至场地区域，最终抵达天文馆建筑的中心，这些轨道的动态能量激发了整个建筑的活力。

从影响场地的弧线始发，一系列像轨道一样的螺旋带状物围绕着整个建筑，并在博物馆的顶部达到高潮。螺旋上升的带状表皮唤起一种动态之感，从地面升起，旋转入空中。受一个三体轨道的复杂路径影响，带状表皮与曲线轨迹完美结合，建筑内三个"天体"的引力对曲线轨迹产生影响：圆洞天窗、倒转穹顶和球体。每个主要元素作为一个天文仪器，跟踪太阳、月亮和星星，并提醒我们时间概念起源于遥远的天体。该建筑的外观、功能和流线进一步结合轨道运动，令参观者穿过展厅，体验三个中心天体。

圆孔天窗是入口体验的核心元素：尽管它位于博物馆展厅的悬挑体量上，但却属于公共区域的一部分。博物馆入口广场可作为节庆场地，"圆孔天窗"的核心位置极为瞩目。永久性展厅在倒转穹顶处达到顶峰，游客从室内前往体验这个空间的磅礴气势，仰望天空。三层高的中庭位于倒转穹顶的下面，所有展厅以它为中心环绕布置，因此它也是游客的必经通道。多层中庭内的螺旋坡道延伸至倒转穹顶的下方，既可用于从博物馆顶层下楼的通道，也可用于楼层之间的垂直交通。中庭位于博物馆中央。球体包括天文馆入口、预览和天象展；这是博物馆内一个重要的标志和游客的参照点，也是博物馆不可或缺的永久性标志。

建筑与地平线和天空的相对关系经过精心设计，无论白天黑夜，人们都可以从多个有利位置观赏天文馆极具雕塑感的形体，赋予市民强烈的自豪感和认同感。将轨道形式和建筑的三个天体元素相结合，创造出"宏伟"的环境，让游客在逐步探索的过程中，体验博物馆。创作过程如图 12.2-1 所示。

(a) 设计思路草图

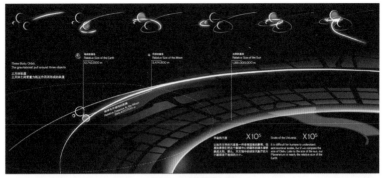

(b) 设计思路灵感来源

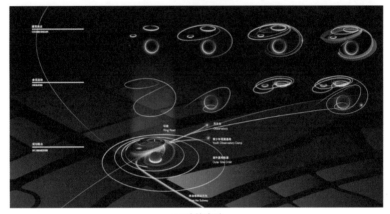

(c) 建筑成型

图 12.2-1　方案创作过程

12.2.2　建筑方案亮点展示

1. 球幕影院

球体包含剧院的半球形银幕,其外形不仅源自设计需要,还展示出最原始的天体轮廓。球体悬浮于地面之上,由屋顶结构支撑,可以让游客从下面体验它的失重感。支撑球体的屋顶也可作为一个名副其实的地平线,提供了一个上升或下降的天体景观。球形外观作为展览的一个部分进一步得到生动展示,例如,可作为一个行星等级的展示(其大小相对于地球,如同滴水湖相对于太阳)。球体被游客视为一个永久的参照点(如太阳)。球体周围环绕的天窗让阳光直射进入,射到博物馆地面上的光的移动标志着时间的推移。当人们看到完整的光环形状的光时,就宣告着夏至正午时分的到来,如图 12.2-2 所示。

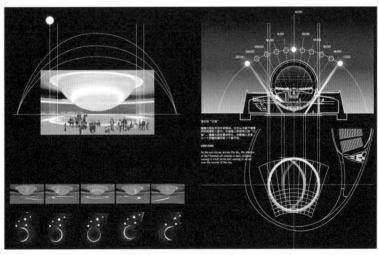

图 12.2-2　球幕影院

2．圆洞天窗

"圆洞"悬挂在博物馆主入口顶部，通过穿过它而到达入口广场和倒影池的太阳光环显示时间推移。圆洞的倾斜角度与太阳在一年中的日照角相对应而设计，透过"圆洞"的日光在"圆洞"下面的广场上形成的光影，向人们指明一天和一年的光图。实际上，"圆洞"成为建筑上的一个日晷。它还能在整个农历的重要节假日期间表明月相，如图 12.2-3 所示。

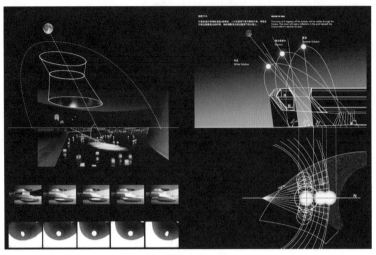

图 12.2-3　圆洞天窗

3．倒转穹顶

通过改变地平线的角度，限制周边景观的干扰，无论白天和黑夜，人们在倒转穹顶上都可以不受干扰地观察天空。倒转穹顶令游客关注天空，与室内的虚拟星空天象展相得益彰，游客在天文馆可尽情体验天空与宇宙之旅。作为一次印象深刻的空间体验，倒转穹顶是游客参观博物馆展览的巅峰体验。入口位于正北，切入倒转穹顶，每天午时，人们在穹顶下的中庭可清晰地看到直射的日光透过入口通道的玻璃洒向室内，如图 12.2-4 所示。

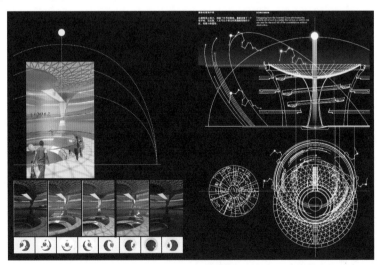

图 12.2-4　倒转穹顶

上海天文馆日历：这个图形日历图表显示了由天文馆的三个"天体"在不同的时间增量中对时间的测量：一天、一季和一年。它结合了现代日历和中国传统的时间记录，包括阴历和二十四节气，即基于地球相对于太阳的位置对历年进行等分。该建筑作为一个天文仪器，跟踪地球、月球和太阳在天空的运动路径。中国元宵节、中秋节、冬至、夏至等特殊节日以多种方式在建筑内外进行展示：特定的光影与地面的标记重合，宣告特殊时刻或日子的到来；月相的变化透过建筑反映在反射池中；特定的时间日光通过精心设计的光槽直射入建筑。设计的成果是该建筑通过三个建筑元素，反映时间的变化。由此创建的博物馆与所在位置、周边环境和母体文化传统紧密相连。

12.3 结构体系与计算分析

12.3.1 复杂结构体系研究

本项目主体建筑横向长 140m 左右，纵向长 170m 左右，结构最大高度 22.5m，局部突出屋顶设备间高度 26.5m。地下 1 层，较高一侧地上 3 层，局部有夹层，较低一侧地上 1 层。上部结构采用钢筋混凝土框架-剪力墙结构，局部采用钢结构和铝合金结构。上部结构主要由四部分组成，即大悬挑区域、倒转穹顶区域、球幕影院区域及连接这三块区域之间的框架。其中，大悬挑区域采用空间弧形钢桁架 + 楼屋面双向桁架结构，桁架结构支撑于两个钢筋混凝土核心筒上。倒转穹顶采用铝合金单层网壳结构，倒转穹顶支撑于"三脚架"顶部环梁上，"三脚架"结构采用清水混凝土立柱（内设空心薄壁钢管）和混凝土环梁，穹顶下方旋转步道支撑于"三脚架"立柱上。球幕影院区域球体采用钢结构单层网壳结构，球体内部结构采用钢框架结构，球体通过六个点支撑于曲面混凝土壳体结构上。大部分屋面为不上人屋面，采用轻质金属板屋面，局部上人屋面和楼面采用现浇混凝土楼板，局部采用闭口型压型钢板组合楼板。地下室顶板除球幕影院区域开大洞外，相对较完整，二层和三层楼面均有大面积缩减（图 12.3-1）。

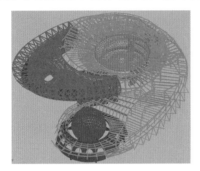

(a) 上部结构区域划分示意图

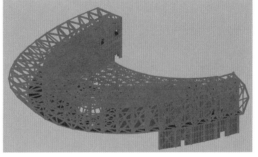

(b) 大悬挑区域

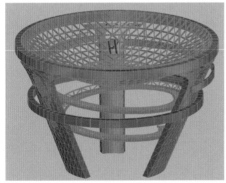

(c) 倒转穹顶

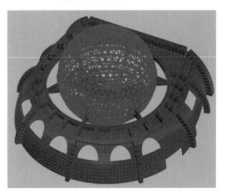

(d) 球幕影院

图 12.3-1　结构体系三维示意图

12.3.2 结构布置

1. 大悬挑区域

大悬挑区域所在位置如图 12.3-2 所示，悬挑区域采用钢结构体系，主要受力构件为支承于现浇钢筋混凝土筒体上的空间弧形桁架和楼屋面双层网架，网架中心线厚度为1.8m。为了保证荷载的传递，在混凝土筒体内设置钢骨。考虑构造要求，核心筒墙厚度取1000mm。

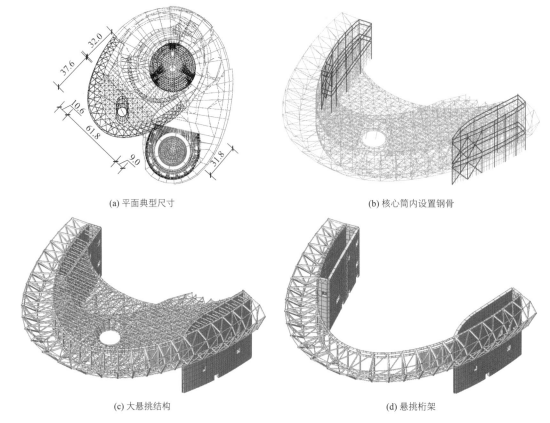

(a) 平面典型尺寸　　　　　　　　　　　(b) 核心筒内设置钢骨

(c) 大悬挑结构　　　　　　　　　　　(d) 悬挑桁架

图 12.3-2　大悬挑结构三维示意

2. 倒转穹顶区域

倒转穹顶区域所在位置如图 12.3-3 所示，倒转穹顶采用铝合金单层网壳结构，穹顶支撑于下部"三脚架"顶部的环梁上，穹顶下方旋转步道采用钢结构体系，步道支承于"三脚架"立柱上。"三脚架"采用现浇钢筋混凝土结构，顶部环梁截面 1800mm × 2000mm（内置十字形型钢），下方环梁截面 1200mm × 1800mm，且下方环梁位于立柱的外表面以外。北侧立柱截面为 5m × 1.8m，南侧两根立柱截面为 7m × 1.8m。为了减轻立柱的重量，同时简化旋转步道与立柱的连接构造，"三脚架"立柱采用内置直径 1200mm 薄壁空心钢管，钢管在高度方向每隔 3m 通过一水平横隔板连接在一起，外表面为清水混凝土，为了保证立柱底部水平力的传递，此范围基础底板加厚为 1200mm。旋转步道宽度 3.25m，长度 178m，最大跨度 40m。

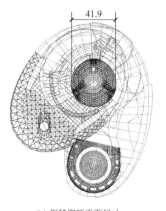

(a) 倒转穹顶平面尺寸　　　　　　　　　　　(b) 旋转步道结构细部

图 12.3-3　倒转穹顶三维及尺寸

3. 球幕影院

球幕影院区域所在位置如图 12.3-4 所示，球幕影院顶部球体采用钢结构单层网壳结构，其内部观众看台结构采用钢梁＋组合楼板的结构形式。球体底部支撑结构根据建筑效果要求采用混凝土壳体结构，并均匀设置加劲肋，壳体与钢结构球体之间设置钢筋混凝土环梁，环梁内设置钢骨。球体结构通过六个点与混凝土环梁连接。

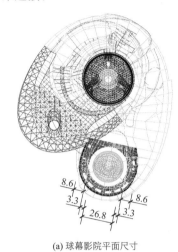

(a) 球幕影院平面尺寸   (b) 球幕影院

图 12.3-4 球幕影院

12.3.3 性能目标

对于一般结构，其常规性能的设计通常采用整体建模计算分析，并按照规范要求控制相应的指标在允许范围之内即可，计算模型简单、计算方法简便、计算结果判断准确清晰，结构性能容易把握和控制。

本项目结构形态复杂，结构材料种类多，多种结构体系组合成一个整体，包括大悬挑、大跨度、大开洞、不规则曲面等结构单元，结构受力性能复杂，通过常规的计算很难准确地把握其性能，因此设计上通过采用整体建模计算、各体系分块建模计算相结合的设计方法，既保证各子体系自身的安全，同时又通过整体分析把握各子体系之间的联系，找到结构的薄弱点并有针对性地进行加强，全方位地保证结构的安全。同时，通过考虑几何非线性，考虑结构的二阶效应影响。对于大悬挑区域二层楼面，分别考虑有楼板和没有楼板两种情况进行包络设计，以考虑楼板刚度对钢结构的影响。

结构关键部位性能目标如表 12.3-1 所示。

结构关键部位抗震性能目标   表 12.3-1

部位	性能要求
球幕影院与混凝土壳体连接构造	性能 1（大震弹性）
大悬挑区域弧形桁架、倒转穹顶区域旋转步道、铝合金网壳、钢结构网壳、大悬挑区域楼屋面双向桁架、悬挂步道	性能 2（中震弹性、大震不屈服）
钢柱、钢支撑	性能 3（中震弹性）

12.3.4 控制指标

对于复杂结构，其受力和变形性能与常规结构相比复杂程度明显提高，采用常规结构的性能指标进行控制将带来很大的难度，一方面是难以统计相关的结果，另一方面是指标的限值也应有所区分。控制指标如表 12.3-2 所示。

主梁、桁架挠度、步道挠度	1/400
次梁	1/250
铝合金网壳	1/250
柱顶位移、层间位移角	1/800
一层墙柱层间位移角	1/2000
钢柱长细比	100
其余钢压杆长细比	150
拉杆长细比	300
次梁应力比	0.85
铝合金网壳、钢结构网壳、主梁、钢柱应力比	0.8
楼面桁架弦杆、步道	0.8
楼面桁架腹杆	0.85
弧形桁架	0.75
球幕影院球体与混凝土壳体连接杆件	0.7

12.3.5　计算分析

1. 静力计算

由图 12.3-5 可知，恒荷载＋活荷载作用下结构的最大竖向位移为−140.4mm，位于大悬挑区域悬挑端部。恒荷载＋活荷载作用下结构的最大水平位移为 19.4mm，位于大悬挑区域悬挑端部。

升温 20℃作用下结构的最大水平位移为 18.8mm，位于北侧外立面上。见图 12.3-6。

恒荷载＋活荷载作用下结构的最大竖向位移为−140.4mm，相对于悬挑长度 37.6m 的挠跨比为 37600/140.4 = 267，满足规范 1/200 的限值要求。

由图 12.3-7 可知，恒荷载＋活荷载作用下结构的最大竖向位移为−54.3mm，挠跨比为 41900/54.3 = 771，满足《铝合金结构设计规范》GB 50429-2007 1/250 的限值要求。

由图 12.3-8 可知，恒荷载＋活荷载作用下结构的最大竖向位移为−27.9mm，位于二层环梁处，挠跨比为 33000/27.9 = 1182，满足《混凝土结构设计规范》GB 50010-2010 1/400 的限值要求。

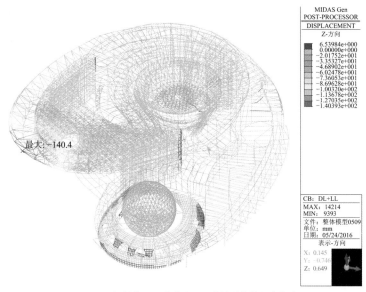

图 12.3-5　恒荷载＋活荷载作用下整体结构的竖向位移

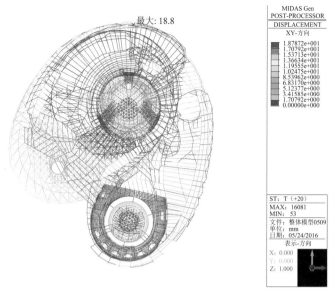

图 12.3-6 升温 20℃作用下整体结构的水平位移

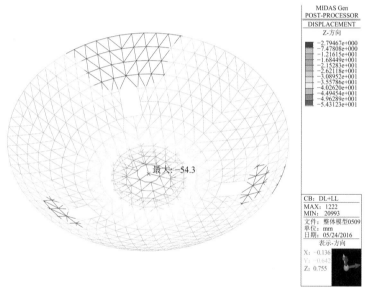

图 12.3-7 恒荷载 + 活荷载作用下倒转穹顶区域网壳结构的竖向位移

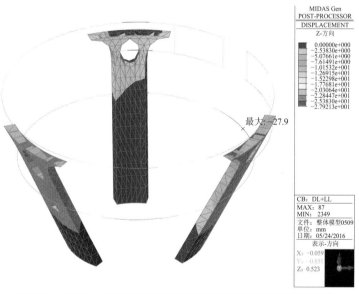

图 12.3-8 恒荷载 + 活荷载作用下倒转穹顶区域"三脚架"结构的竖向位移

恒荷载 + 活荷载作用下结构的最大水平位移为 6.5mm。

由图 12.3-9 可知，恒荷载 + 活荷载作用下结构的最大竖向位移为−35.6mm，位于球体与混凝土壳体开口处跨中，挠跨比为 41500/35.6 = 1165，满足结构设计规范 1/400 的限值要求。

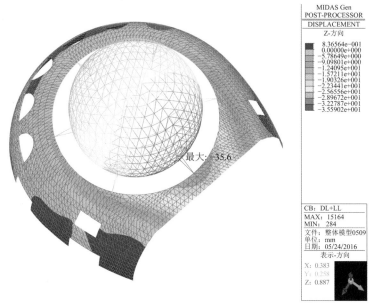

图 12.3-9　恒荷载 + 活荷载作用下球幕影院结构的竖向位移

2. 中震弹性、大震不屈服

大悬挑区域弧形桁架、大悬挑区域楼屋面双向桁架、倒转穹顶区域旋转步道、铝合金网壳、钢结构网壳需满足中震弹性和大震不屈服的性能目标，中震和大震反应分别按照小震反应谱和时程包络值乘以 3 和 6.25 的放大系数计算。大震下（有分项系数）大悬挑区域弧形桁架最大应力比为 1.049，为大震弹性，因此能满足中震弹性和中震不屈服的性能要求。

中震下大悬挑区域楼屋面双向桁架最大应力比为 0.921，满足中震弹性的性能要求，大震下（有分项系数组合）最大应力比为 1.207，除以分项系数，并考虑材料强度屈服强度，能够满足大震不屈服的性能要求。中震下倒转穹顶区域铝合金网壳最大杆件应力比为 0.911，满足中震弹性的性能要求，大震下（有分项系数组合）最大杆件应力比为 1.22，除以分项系数，并考虑材料强度屈服强度，能够满足大震不屈服的性能要求。大震下（有分项系数组合）最大应力比为 0.708，为大震弹性，因此自然能够满足大震不屈服的性能要求。

3. 球幕影院稳定性分析

球幕影院区域整体稳定性分析时只取关键部位的独立模型进行分析，荷载工况选取（1 恒荷载 + 1 活荷载）的标准组合。第一阶线性屈曲荷载因子为 24。如图 12.3-10 所示。

4. 罕遇地震作用下结构抗震性能分析

大震下球幕影院区域结构性能采用 Abaqus 对天文馆整体结构建模，进行弹塑性时程分析（图 12.3-11、图 12.3-12）。

主要对整体结构中几个关键部位提取结果，包括对混凝土筒体、大悬挑钢桁架部分及球幕影院部分进行分析，判断大震下构件性能。1000mm 厚外筒体配筋为 ϕ5mm@150mm，500mm 厚内墙配筋为 ϕ20mm@150mm，均双层双向。主筋等级均为 HRB400，箍筋等级均为 HRB400。

根据上海地区抗规要求，地震波峰值加速度采用 200Gal。根据小震弹性时程分析可知，SHW3 波作用下结构响应最大。弹塑性时程分析采用三向地震波输入，主次向地震波加速度峰值比为 1∶0.85∶0.65，时间间隔 0.01s，地震波持续时间为 30s，主方向地震波峰值为 200Gal。

钢材采用随动硬化模型。包辛格效应已被考虑，在循环过程中，无刚度退化。

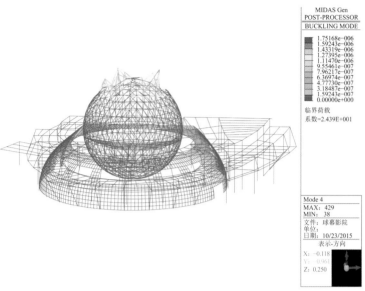

图 12.3-10　第一阶屈曲模态

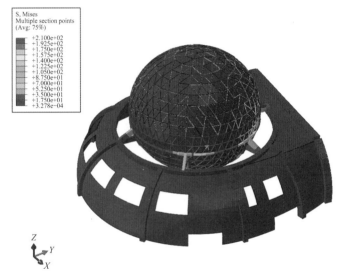

图 12.3-11　大震时程分析结构应力（最大为 210MPa，钢材处于弹性状态）

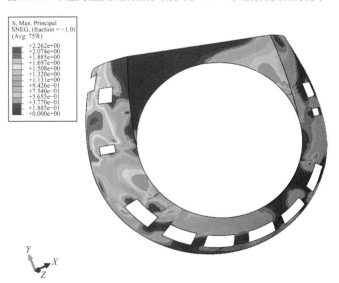

图 12.3-12　大震时程分析混凝土最大主拉应力（最大 2.26MPa）

从图 12.3-11、图 12.3-12 分析可知，大震下球幕影院壳体混凝土仅少数几个单元有受压损伤，单元内配筋进入塑性，可以通过增大边梁配筋解决，大部分区域钢筋未屈服，混凝土受压未损伤，因此，可以认为大震下壳体整体不屈服。

12.4 专项设计

12.4.1 大悬挑结构舒适度控制研究

调频质量阻尼器（TMD）控制是最常用的一种被动控制系统。它是在结构中加上惯性质量，并配以弹簧和阻尼器与主结构相连，应用共振原理，对结构的某一振型或某几个振型动力响应加以控制。

提高系统的控制效果，主要是通过调整 TMD 系统与主体结构控制振型的质量比、频率比和阻尼器的阻尼等参数，使系统吸收更多的振动能量，从而大大减轻主体结构的振动响应。TMD 系统设计的关键是将其自振频率调整到被控结构的自振频率上，只有这样才能真正地使 TMD 发挥最大的吸能消振作用。

为保证行人激励下结构的舒适度要求，现行的各国规范在结构设计时主要通过两种方法来控制人行桥振动舒适度：避开敏感频率法和限制动力响应值法。避开敏感频率法主要是指通过回避敏感频段范围内的频率来满足桥梁振动允许值的要求。该方法主要是基于行人的正常行走的一阶步频落在 1.3~2.5Hz，其二阶步频落在 2.8~4.8Hz，而侧向的一阶步频落在 0.8~1.2Hz，侧向的二阶步频落在了 1.6~2.4Hz。为避免出现行人与天桥发生共振现象，对人行桥结构的自振频率进行了限制。瑞士规范 SIA160（1989）建议避免使人行桥的竖向振动固有频率落在 1.6~2.4Hz 和 3.5~4.8Hz 范围内；欧洲国际混凝土委员会规范 CEB（1993）也有和瑞士规范同样的规定；英国规范 BSI（1975）、欧盟的欧洲规范 Euro code 及加拿大安大略省的 OHBDE（1991）等规范规定桥梁竖向第一阶自振频率超过 5Hz 时结构的振动舒适度能自然得以满足，无须验算结构的最大振动响应问题；瑞典国家规范 Bro 20041 则规定桥梁的竖向第一阶自振频率超过 3.5Hz 时舒适性才可自然得以满足。而我国的《高层建筑混凝土结构技术规程》JGJ 3-2010 以及人行天桥相关规范规定的第一阶竖向自振频率应不小于 3Hz，也属于避开敏感频率法的范畴。此外，欧盟的欧洲规范 Euro code 对于结构的侧向固有频率也作了规定，要求侧向第一阶自振频率需超过 2.5Hz 才无须验算结构的侧向振动响应。

一般情况下，避开敏感频率法是比较简单实用的，但是试验研究表明，一些人行桥的固有频率即使落入了规范建议的不允许频率范围内，其振动响应仍然可能是可接受的，因此，避开敏感频段法可能偏于保守。而国外的设计规范也已逐渐从避开敏感频率向限制动力响应值的评价方法改进。

限制动力响应值法是指当桥梁结构的固有频率不能避开规范要求的频率范围时，需通过计算结构的最大振动响应来评估其振动使用舒适度的方法。欧盟桥梁规范、国际标准组织（ISO）规范、英国 BS5400、瑞典国家规范 Bro 2004 四种规范都建议采用限制动力响应值法进行人行桥舒适度评价。限制动力响应值法中关键是如何确定人行荷载标准和如何选择舒适性指标的标准，有文献建议在使用限制动力响应值法时，要忽略人在桥上的跑、跳和静止不动等极端情况，而按照正常的步行情况来确定人行荷载标准和人体舒适度指标。下面将结合上面四种规范表述其各自采用的人行荷载标准以及相对应的舒适度指标标准。

本项目中存在多处大跨度区域，其竖向振动频率在 2~3Hz，按照我国规范《高层建筑混凝土结构技术规程》JGJ 3-2010 第 3.7.7 条，楼盖结构应具有适宜的舒适度，楼盖结构的竖向振动频率不宜小于 3Hz，竖向振动加速度峰值按照 0.15m/s² 进行限制。

为了分析与预测楼面在行人通过时的振动特性，需要对楼板在行人激励下的响应进行数值仿真。垂直方向的人行激励时程曲线采用《结构设计基础建筑物和走道防震功能的适用性》ISO 10137:2007 连续步行的荷载模式，这一荷载模式考虑了步行力幅值随步频增大而增大的特点，计算公式为：

$$F_v(t) = P\left[1 + \sum_{i=1}^{3} \alpha_i \sin(2\pi i f_s t - \varphi_i)\right]$$

式中：$F_v(t)$——垂直方向的步行激励力（kN）；

P——体重（kg）；

α_i——第i阶谐波分量的动力系数，$\alpha_i = 0.4 + 0.25(f_s - 2)$，$\alpha_2 = \alpha_3 = 0.1$；

f_s——步行频率；

t——时间（s）；

φ_i——第i阶谐波分量的相位角（°），$\varphi_1 = 0$，$\varphi_2 = \varphi_3 = \pi/2$。

假设单人质量 70kg，当行进频率为 2Hz 时，则单人垂直方向的步行激励荷载如图 12.4-1 所示。

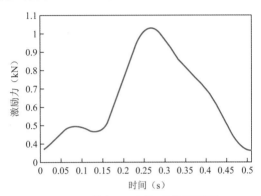

图 12.4-1　单人 2Hz 步行 1 步激励示意图

参考国内外的研究成果，对步行载荷所作的进一步假设如下：

（1）楼面上人员的密度为 1 人/m²。

（2）楼面上行人和某阶固有频率同步的人数为：$n' = 1.85\sqrt{n}$，n为楼面上的人数。

可计算大悬挑区域结构主要固有频率。大悬挑楼面的面积约为 2500m²，桥面上共有$n = 2500$人，楼面行人和某阶固有频率同步的人数$n' \approx 93$人。

（3）加速度云图：

各工况激励下的加速度响应如图 12.4-2 所示。

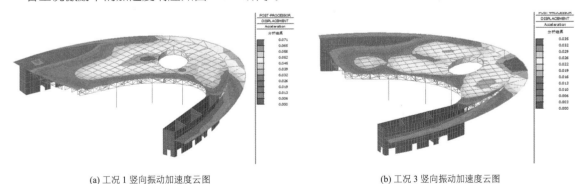

(a) 工况 1 竖向振动加速度云图　　　　　　　(b) 工况 3 竖向振动加速度云图

图 12.4-2　大悬挑竖向振动加速度

设置 TMD 后，主要节点的加速度时程曲线如图 12.4-3 所示。

结构在相应步行激励下的竖向振动加速度超出了标准的要求，需采取措施。安装 10t 1.88Hz 的竖向 TMD（共 5 个）后，结构在步行激励下的振动加速度峰值有很大程度的降低，可有效地提高结构的舒适性，满足我国规范的限值要求。

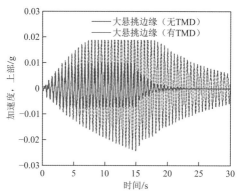

图 12.4-3 设置 TMD 后工况 2 节点 9365 竖向振动加速度时程曲线

12.4.2 节点构造设计

虽然日常生活中常见的建筑物从表面上看是一个整体，但它们是由许许多多的小部件连接而成的，尤其是钢结构建筑物。为了保证钢结构建筑物的承载力和整体刚度，需将许多小部件有效地连接起来。要想保证工程质量，保证钢结构建筑物各部件连接的牢固性，节点的连接强度要与构件的自身强度保持一致。在施工过程中，节点所采用的施工工艺和连接方法是重点。本着安全、可靠和经济、方便的原则，施工时采用的连接方法也不相同。在钢结构连接节点中，焊缝连接是最常见的，而螺栓连接的利用率也比较高。铆钉连接不仅对施工工艺有较高的要求，而且施工工序也比较复杂，所以，应用得比较少。

而当钢结构与混凝土结构、铝合金结构等其他结构形式组成组合后，连接节点将更加复杂，形式更加多样。上海天文馆项目存在多处钢结构与混凝土结构相连接节点，40m 大悬挑结构及 60m 大跨度结构与混凝土筒体之间、200m 长旋转步道与"三脚架"立柱之间等，尤其是直径 29m 球幕影院球体与下部混凝土壳体结构之间仅通过 6 个节点连接，在室内形成环形的光圈，以达到球体悬浮于空中的效果。因此，节点形式的分析与选择、节点构造设计是研究重点，既要保证结构的安全，同时还需满足建筑效果的要求。

1. 球幕影院球体与混凝土壳体连接节点

球幕影院钢结构球体与下部混凝土壳体结构之间仅通过 6 个节点连接，如何保证其传力的有效性和安全性是该节点设计的重中之重，设计时在下部混凝土壳体顶部环梁内设置型钢，保证球体钢结构与混凝土壳体之间力的传递，如图 12.4-4 所示。

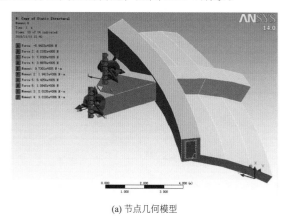

(a) 节点几何模型

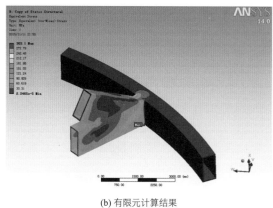

(b) 有限元计算结果

图 12.4-4 连接节点

从图 12.4-4 可以看出，在荷载作用下节点钢构件最大应力为 303.1MPa，处于弹性状态，混凝土最大主拉应力除与钢构件交界处应力集中区域超过 8MPa 以外，其余区域均小于 8MPa，按此配筋能保证钢筋处于弹性状态，混凝土最大主压应力除与钢构件交界处应力集中区域超过 32.4MPa 以外，其余均处于弹性状态，因此节点在 1.5 倍设计荷载作用下应力较小，保持为弹性。

2．大悬挑区域弧形桁架相贯节点

大悬挑区域结构采用管桁架结构，杆件之间均采用相贯焊接节点，选取杆件内力最大的两个节点进行有限元分析计算，如图 12.4-5 所示。

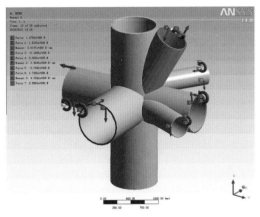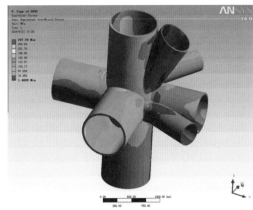

(a) 相贯节点几何模型　　　　　　　　(b) 有限元计算结果

图 12.4-5　相贯连接节点

节点等效应力最大值为 297.59MPa，强度满足要求。

3．弧形桁架与混凝土筒体之间连接节点

大悬挑区域钢结构与混凝土筒体之间通过在混凝土筒体内设置钢骨来保证荷载的传递（图 12.4-6）。

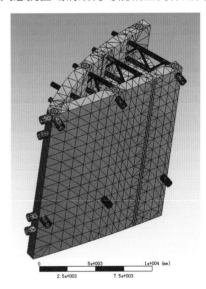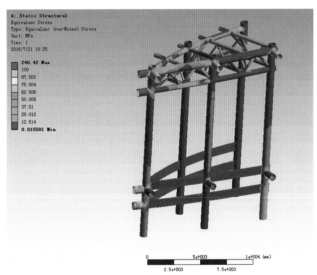

图 12.4-6　钢骨连接

从图 12.4-6 中可以看出，节点区混凝土拉应力除局部应力集中区域较大（最大 10.14MPa）外，大部分区域均小于 2.6MPa，而压应力均很小（最大 −6.8567MPa），混凝土应力均较小，满足要求。因此，在最不利荷载作用下，节点区保持为弹性，且应力较小，具有很高的安全度。

4．铝合金网壳结构杆件连接节点

铝合金网壳结构杆件之间连接标准节点采用板式节点，节点板与杆件之间采用螺栓连接。有限元模型考察荷载最大的一根杆件所在节点在荷载作用下的受力及变形情况，同节点上的其他构件作为节点板的约束条件，考察节点的刚度情况。

当达到极限荷载时，除局部应力集中区域外，节点区铝合金板件的等效应力均小于铝合金名义屈服强度 200MPa，满足铝合金材料强度要求。螺栓最大等效应力为 447.3MPa，略大于 440MPa，满足其强度要求。铝合金构件连接与普通梁柱连接不同，工字铝构件伸入连接板部分腹板受力很小，剪力主要通过连接板传递给杆件。可以看出，在极限荷载作用下，构件上下翼缘与节点板之间未发生明显的分离，仍然保持接触，变形基本一致，说明节点具有较好的整体性，如图 12.4-7 所示。

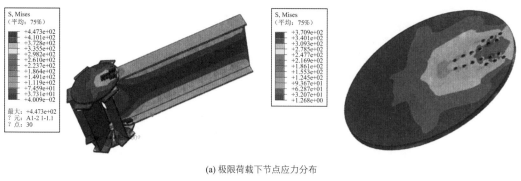

(a) 极限荷载下节点应力分布

(b) 极限荷载下螺栓群等效应力

图 12.4-7　节点有限元计算

12.4.3　混凝土壳体结构设计及施工技术研究

上海天文馆中的球幕影院的底座为一个曲面混凝土壳体，混凝土壳体为接近半球形的混凝土薄壳（直径 50m，一端开口），顶部通过 6 个点支撑一个直径 29m 的球幕影院，达到悬浮星球的建筑效果。为了减小壳体的厚度，减轻混凝土重量，在壳体外表面设置上翻加劲肋，保证壳体内表面的光滑。

研究异形曲面混凝土的设计方法，通过对天文馆球幕影院曲面混凝土壳体底座的分析计算，把握壳体结构的受力性能、内力分布及传力路径，优化结构的构造做法；同时研究其施工流程、施工措施、模板处理等，保证其表面的建筑效果及浇筑质量。

大跨度混凝土壳体因是曲面造型，施工中通常会面临以下难题。

1．模板现场加工制作

拱壳为现浇清水混凝土曲面壳板，属于双曲面体，结构形式复杂，不利于模板现场加工制作。

2．模板支撑架选用

拱壳清水混凝土模板支撑架通常都比较高，跨度也比较大，一般属于大跨度超高支模架，模板支撑系统的结构受力复杂。

3．预应力施工

若存在预应力筋设计，则预应力筋分两次张拉，第一次在混凝土浇筑完成达到强度后进行，第二次在装修完成后进行，预应力施工周期长。

4. 曲面梁大直径钢筋制作安装

曲面梁采用大直径 HRB400 级钢筋，其现场加工制作、绑扎成型都存在一定困难。

5. 拱壳清水混凝土配合比和浇筑

拱壳混凝土不仅需要满足结构强度、耐久性要求，还要达到清水混凝土效果，混凝土表面颜色、质量、几何与外观尺寸均需满足设计要求。另外，双曲面异形超长拱壳板的混凝土浇筑也不易振捣（图 12.4-8）。

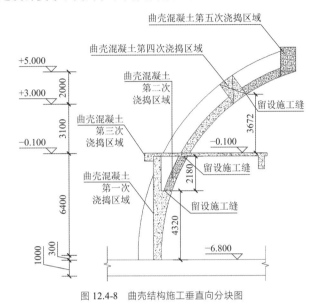

图 12.4-8 曲壳结构施工垂直向分块图

12.4.4 结构风荷载研究

通过前面的综述，可以发现目前国内外对大跨度建筑结构的抗风研究还没有形成一套系统的方法。尤其是对于结构形式复杂且带有悬挑的结构抗风研究极为有限。本书主要目的是结合数值模拟方法、刚性风洞测压试验以及神经网络模拟方法深入研究上海天文馆屋盖结构的风荷载分布特性，总结其共性的规律，规范其抗风设计方法。

具体的研究内容如下：

（1）通过上海天文馆刚性模型测压风洞试验，研究了各典型风向角下的平均风压系数、脉动风压系数和体形系数的总体分布情况；在刚性模型风洞试验数据的基础上，研究了主场馆上屋面典型测点在不同风向角下平均风压和脉动风压的分布特性。

（2）着重研究了上海天文馆悬挑结构，把上海天文馆的悬挑部分表面分为上平屋面、边缘斜上坡屋面、边缘斜下坡屋面和下平屋面四个部分，分别研究了其上测点的平均风压系数在不同风向角下的变化规律，预测了最不利负风压可能出现的位置。

（3）通过人工神经网络模拟的方法对"已知风向角未知测点"和"已知测点未知风向角"两种情况进行了天文馆局部表面风压信息的模拟，其结果对预测最不利风压位置和最不利风向角具有指导作用。

（4）通过数值模拟方法建立上海天文馆建筑的几何模型并对建筑及其周边建立空间的流场区域划分网格，从而通过数值求解不同风向角下建筑周围的流场分布；共模拟了 12 个不同风向角工况，并分别给出每个风向角下空间结构表面的分块体形系数，以及流场对应的速度场、压力场分布图，供结构的整体风荷载计算采用。

（5）对风洞试验结果和数值模拟结果进行了分析比较，相互印证了对天文馆风压分布规律总结的准确性，讨论了两者的差异，为提高同类结构风荷载研究的准确性和精度提供了相关的数据依据。

12.5 试验研究

12.5.1 试验目的

本结构单层球壳通过 6 组悬臂构件支承在周边结构上，这 6 组悬臂构件为关键受力构件，在钢结构安装过程中通过支撑 6 组悬臂与支撑部分径向杆件，达到原位安装的目的。待全部钢结构焊接完毕后，需要卸载支撑胎架，球壳结构完全由 6 组悬臂结构受力。考虑到钢结构安装及施工过程的复杂性，现选取悬臂构件 2 进行节点试验，通过试验研究验证结构设计的安全性和构造的合理性（图 12.5-1）。

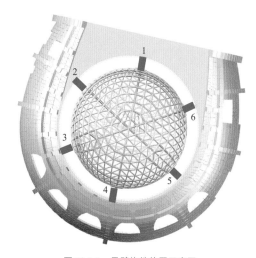

图 12.5-1 悬臂构件位置示意图

12.5.2 试验设计

上海天文馆外形复杂，其单层球壳通过 6 组悬臂构件支承在周边结构上，这 6 组悬臂构件为关键受力构件，受力复杂，其安全性不容忽视。对此项目进行施工阶段和运营阶段监测的目的是通过建立理论分析模型和测试系统，在施工过程和运营阶段监测已完成的工程状态，收集控制参数，比较理论计算和实测结果，分析并调整施工中产生的误差，预测后续施工过程的结构性态，提出后续施工过程应采取的技术措施，调整必要的施工工艺和技术方案，使建成后结构的位置、变形和内力处于有效的控制之中，并最大限度地符合设计的理想状态，确保结构的施工质量和工期，保证在施工和运营阶段的安全性。

结构试验采取现场原位测试方案，测试结构在卸载过程中的应力、位移变化情况，并与理论计算结果进行比较。采用原位粘贴应变仪进行测试，并进行变形监测。现场测试及数据采集如图 12.5-2～图 12.5-5 所示。

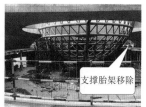

图 12.5-2 现场测试试验

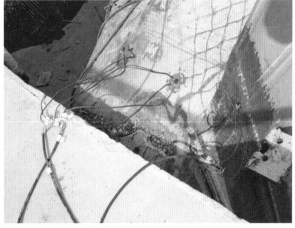

图 12.5-3　安装应变花

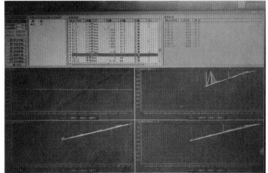

图 12.5-4　数据采集

在悬臂组上贴反光片，通过全站仪进行卸载过程中悬臂结构变形监测。

图 12.5-5　贴在悬臂组 2、4、6 根部

12.5.3　试验结果分析

1．应变测试

应变花采用三向夹角 45°布置，三片 45°应变花计算公式：

$$\varepsilon_{\max} = \frac{1}{2}\left\{(\varepsilon_x + \varepsilon_y) + \sqrt{2\left[(\varepsilon_x + \varepsilon_u)^2 + (\varepsilon_u + \varepsilon_y)^2\right]}\right\}$$

$$\varepsilon_{\min} = \frac{1}{2}\left\{(\varepsilon_x + \varepsilon_y) - \sqrt{2\left[(\varepsilon_x + \varepsilon_u)^2 + (\varepsilon_u + \varepsilon_y)^2\right]}\right\}$$

$$\tan 2\alpha_0 = \frac{2\varepsilon_u - \varepsilon_x - \varepsilon_y}{\varepsilon_x - \varepsilon_y}$$

在卸载过程中，保持系统连通并持续采集应变数据，过程中保持系统不断电，使得数据连续、可靠。采集的数据经过处理后可得图 12.5-6 所示应变曲线。

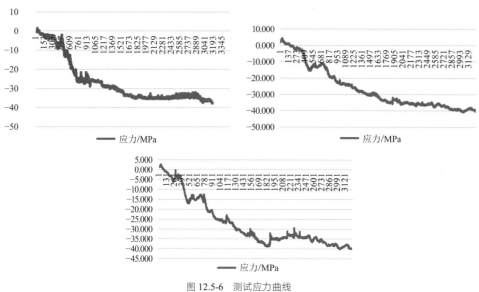

图 12.5-6　测试应力曲线

2．变形测试（图 12.5-7）

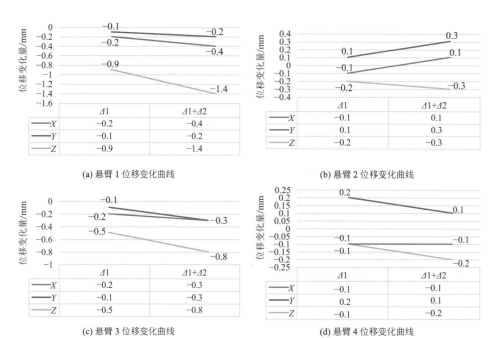

	Δ1	Δ1+Δ2
X	-0.2	-0.4
Y	-0.1	-0.2
Z	-0.9	-1.4

(a) 悬臂 1 位移变化曲线

	Δ1	Δ1+Δ2
X	-0.1	0.1
Y	0.1	0.3
Z	-0.2	-0.3

(b) 悬臂 2 位移变化曲线

	Δ1	Δ1+Δ2
X	-0.2	-0.3
Y	-0.1	-0.3
Z	-0.5	-0.8

(c) 悬臂 3 位移变化曲线

	Δ1	Δ1+Δ2
X	-0.1	-0.1
Y	0.2	0.1
Z	-0.1	-0.2

(d) 悬臂 4 位移变化曲线

图 12.5-7　悬臂位移

12.5.4　有限元对比分析（图 12.5-8、图 12.5-9，表 12.5-1～表 12.5-3）

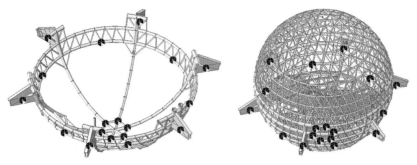

图 12.5-8　几何模型

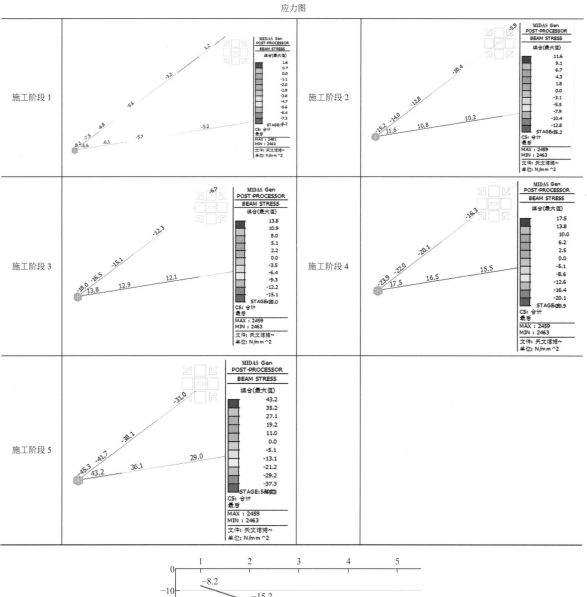

图 12.5-9 理论计算应力变化曲线

卸载前后变形 表 12.5-2

施工阶段	变形情况
卸载前	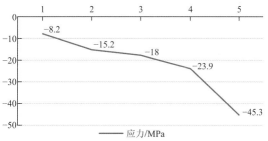

续表

施工阶段	变形情况
卸载后	

理论变形值   表 12.5-3

测点号	坐标	Δ/mm	测点号	坐标	Δ/mm
1	X	−0.1	4	X	0
	Y	0.1		Y	−0.1
	H	−0.8		H	−0.1
2	X	0	5	X	0.1
	Y	0		Y	−0.1
	H	−0.1		H	−0.9
3	X	−0.1	6	X	0
	Y	−0.1		Y	−0.1
	H	−0.8		H	−0.1

12.5.5 试验结论

本报告通过节点试验，验证上海天文馆球壳结构悬臂组 2 靠近固定端在卸载过程中的应力变化以及悬臂在卸载过程中的变形。

（1）在节点试验过程中，悬臂组 2 应力变化约为−39MPa；理论计算悬臂组 2 应力变化约为−37.1MPa，节点试验变化最大测点值相对于理论计算值大 5.15%。

（2）悬臂组在卸载过程中变形最大的为悬臂组 1，最大 Z 向变形为−1.4mm，理论值为−0.8mm，增大 75%，但绝对增量很小，增量为−0.6mm。

（3）卸载引起的应力变化量−39MPa 远小于屈服强度，悬臂端最大 Z 向位移−1.4mm，本结构在卸载过程中安全、稳定。

12.6 小结

本案例针对工程大体量、大空间复杂结构体系、施工难度大等特点，通过上述章节内容对结构整体和局部性能、特殊节点构造、复杂风压特性、施工技术及健康监测等的研究，可以得到以下主要结论：

（1）通过对整体模型和独立模型的分析可知，结构具有较高的冗余度，具有良好的防倒塌性能。

（2）在多遇地震作用下，结构的绝对位移较小，在全楼弹性板计算条件下，最大顶层位移角及层间位移角（按照柱端节点统计）均满足规范 1/800 的限值要求，结构具有良好的抗侧刚度；

（3）大悬挑管桁架结构在步行激励下的竖向振动加速度超出了标准的要求，需采取减振措施。在安装 10t1.88Hz 的竖向 TMD（共 5 个）后，结构在步行激励下的振动加速度峰值有很大程度的降低，有效地提高了结构的舒适性，满足规范的限值要求。

（4）球幕影院的曲面混凝土壳体在大震作用下仅少数几个混凝土单元有受压损伤，相应单元内钢筋进入塑性，可以通过增大边梁配筋解决，大部分区域钢筋未屈服，混凝土受压未损伤，因此可以认为大震下壳体整体不屈服。

（5）曲面混凝土壳体在施工中难以掌控，容易产生麻面、错台、变形、露筋及裂缝等质量通病。曲面混凝土施工需要按照后浇带和施工缝进行分块，从钢筋绑扎、模板安装、混凝土浇筑及养护等工序进行控制。

（6）铝合金网壳结构杆件之间连接标准节点采用板式节点，节点板与杆件之间采用螺栓连接。计算结果表明，该节点形式具有较好的整体性，节点连接弯矩承载力约为 250kN·m，大于构件弯矩 241kN·m，满足"强节点、弱构件"的要求。当节点达到极限弯矩时，螺栓群受力较均匀，且单个螺栓实际剪力值均小于单个螺栓设计抗剪承载力。

（7）天文馆表面总体以负风压为主，在外形突变处，如结构表面角点处和正对来流的迎风边缘处尤为明显，而在表面平缓处分布较为均匀。球幕影院部分的负风压明显高于其他位置，在进行抗风设计时应格外重视，其中最大负风压出现在球顶附近，对应的体形系数达到了 −1.52，超过了一般球形屋顶 −1 的规范值。

（8）天文馆表面平均风压和脉动风压的分布规律具有相似性，平均风压系数的最大值往往就是迎风面边缘气流分离产生的极大负风压。

（9）数值风洞模拟结果显示：结构整体表面的风压分布以不大的负压为主，其中在迎风面会形成局部的正压区，最大负压区通常位于迎风面的结构表面外形呈现台阶式变化区域。主要原因在于，在该区域气流绕流通过时会产生较为强烈的旋涡脱落，从而产生较为明显的负压。

参考资料

[1] 贾水钟. 复杂空间结构设计关键技术研究：以上海天文馆为例[M]. 上海：上海科学技术出版社, 2023.

[2] 李亚明. 复杂空间结构设计与实践[M]. 上海：同济大学出版社, 2021: 202-226.

[3] 李亚明, 贾海涛, 贾水钟, 等. 上海天文馆倒转穹顶铝合金网壳结构设计[J]. 建筑结构, 2018(7).

[4] 郜江, 李亚明, 贾水钟, 等. 上海天文馆结构抗震设计[J]. 建筑结构, 2018(2).

[5] 李亚明, 贾水钟, 朱华, 等. 上海天文馆人致振动的 TMD 振动控制分析[J]. 建筑结构, 2018(2).

设计团队

结构设计单位：上海建筑设计研究院有限公司

结构设计团队：李亚明、贾水钟、石　硕、黄　璨、黄　博、李瑞雄

执　笔　人：贾水钟、李瑞雄

获奖信息

国际主题娱乐协会 TEA（Themed Entertainment Association）第 29 届 Thea "杰出成就奖"

2021—2022 年度上海设计 100+

2023 年度上海市优秀工程勘察设计奖综合奖（公共建筑）二等奖

第13章

太原植物园温室

13.1 工程概况

13.1.1 建筑概况

太原植物园位于山西省太原市晋源区太行山脚下，园区内主要的建筑设施有中央入口建筑、三个温室、一个滨水餐厅、一个盆景博物馆及研究中心。设计师将园区内的景观及建筑一体化考虑，采用动态的、流线形的线条控制园内景观，并将建筑像珍珠一样，镶嵌于景观元素的主要节点上，建筑与景观互相映衬和点缀，形成不同的有趣空间及和谐动人的画面。植物园选取"绿色"为主题，巧妙利用水景的多变形态及倒影，成为了园区景观中的活跃因素。同时，设计选用了多种先进的技术及建筑材料，打造了集景观、环境、建筑、科技及生态相平衡的多位一体的现代化植物园，是山西省唯一集科学研究、科普教育、园艺观赏和文化旅游于一体的综合性植物园。

温室是太原植物园的重要组成部分，包含 1、2、3 号温室，温室有不同的植物展览空间，每个展览空间都有特定的气候环境，功能分别是种植热带植物、沙漠植物和珍稀植物。3 个温室建筑造型为"贝壳"形状，3 个温室建筑均采用胶合木结构，其中 1 号温室建筑面积最大，为 5500m²，南北向跨度 89.5m，东西向跨度 83.4m，最大高度 29.5m，2 号温室跨度 55.9m，高度为 20.9m，3 号温室跨度 43.8m，高度为 13.0m。温室整体实景照如图 13.1-1 所示。

(a) 整体实景照   (b) 整体夜景照

图 13.1-1　整体实景照

13.1.2 设计条件

1. 主体控制参数

设计主要控制参数如表 13.1-1 所示。

控制参数表　　　　　　　　　　　　　　　　　表 13.1-1

项目	标准
结构设计基准期	50 年
建筑结构安全等级	二级
结构重要性系数	1
建筑抗震设防分类	标准设防类（丙类）
地基基础设计等级	一级

	抗震设防烈度	8度
	设计地震分组	第二组
设计地震动参数	场地类别	Ⅲ类
	小震特征周期	0.55s
	大震特征周期	0.60s
	基本地震加速度	0.20g
建筑结构阻尼比	多遇地震	地上：0.03
	罕遇地震	0.05
	多遇地震	0.16
水平地震影响系数最大值	设防烈度	0.45
	罕遇地震	0.9
地震峰值加速度	多遇地震	70cm/s²

2．风荷载

结构变形验算时，按 50 年一遇取基本风压为 0.4kN/m²，承载力验算时按 100 年一遇取基本风压为 0.45kN/m²，场地粗糙度类别为 B 类。项目开展了数值风洞计算，风向角取 15°。设计中采用了规范风荷载和数值风洞计算结果进行位移和强度包络验算。

3．雪荷载

太原市基本雪压值为 0.4kN/m²（按 100 年一遇取值），按照《建筑结构荷载规范》GB 50009-2012 考虑积雪均匀分布和不均匀分布的影响，并按《索结构技术规程》JGJ 257-2012 中雪荷载积雪分布，考虑半跨、不对称分布等不均匀分布情况。

4．温度荷载

升温和降温温差均取 20℃（使用阶段温室室内常年温差变化小），施工阶段按照升温和降温 50℃ 复核。

13.2　建筑特点

13.2.1　自由曲面网壳

整个温室为任意自由曲面，北侧高，南侧低，并且为非对称形式，温室建筑效果网格划分南北向为发散布置，东西向为弧形布置，造成发散状根部附近杆件太过密集，杆件长度较短，次向木构件由于弧度太大，有大量双曲构件，加工、安装难度较大。

原方案建筑效果为拉索沿着木梁方向布置，经过分析后发现受力效率不高，因此将索网旋转 45° 与木梁方向呈斜向交叉布置，经过计算发现索网对提高结构整体刚度、稳定性效果明显，受力更合理。网格划分如图 13.2-1 所示。

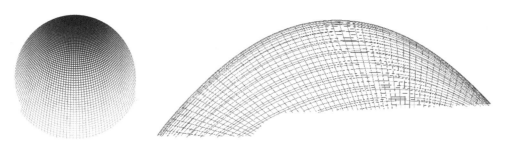

图 13.2-1　自由曲面网壳

13.2.2　支座条件复杂

温室为非对称结构，并且需要开门，支座北侧高，南侧低，在过渡区域木梁支撑在墙顶或墙侧面，如图 13.2-2 所示。

图 13.2-2　温室支座条件

13.2.3　非最优矢跨比

南北向矢跨比为 0.32，仅从结构受力角度分析不是最优布置，构件还受弯矩作用，但是从建筑效果需求角度看，结构需优化网格划分，实现最优化构件受力，如图 13.2-3 所示。

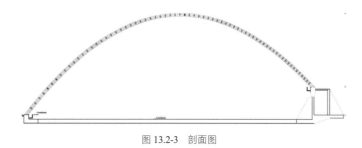

图 13.2-3　剖面图

13.3　体系与分析

13.3.1　方案对比

在方案阶段进行方案对比分析，分别采用三种结构形式，并进行了对比分析研究，最后根据结构计算和建筑效果进行优选。

1. 方案一

由于温室跨度较大，经分析单层网壳结构杆件共面时结构刚度较弱，稳定性不满足要求，结构体系经过改进，采用双向交叉上下叠放木梁。温室南北向间隔两跨设置上下双层木梁夹住东西向木梁，三层木梁叠放放置，东西向为单层、不设置加强层，南北向和东西向木梁均叠放放置，形成整个温室结构体系。为了保证温室结构的整体性和稳定性，在网壳下部沿木梁方向设置双向索网，索网和木梁之间通过拉杆连接，通过张紧拉索增强整个网壳结构的刚度，通过精确的找形分析、预应力分析，使整个结构在各工况下位移、应力均满足规范要求。结构体系如图 13.3-1 所示。

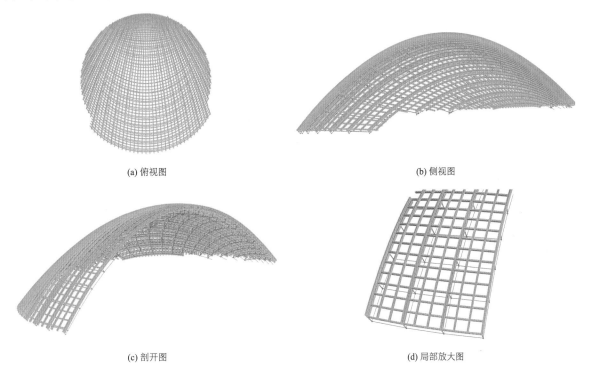

(a) 俯视图   (b) 侧视图

(c) 剖开图   (d) 局部放大图

图 13.3-1 结构体系三维示意图

网壳双向木梁叠放放置后，在节点区木梁可贯通不断梁，节点刚度没有削弱，同时建筑外观可实现全木结构造型。

设计难点和技术突破点：

（1）结构体系为新型大跨胶合木网壳结构体系，结构体系的受力特点需深入细化分析。

（2）由于木梁不共面，建模计算需按实际三维空间关系建模，上下两层木梁之间的连接方式需进行合理假定。

（3）上下两层木梁叠放后连接节点设计也是结构体系成立的关键条件。

（4）下部拉索找形的合理性和初始预应力大小是决定结构体系成立及受力合理的关键因素。

（5）胶合木需要极高的加工要求才能实现精确安装，双向拉索形成索网面，索网面和胶合木梁之间通过拉杆进行连接，由于索网面不能采用两端张拉的办法，拉索张拉安装难度较大，技术上需要进行突破。

方案一结构体系成立，各项参数均能满足规范要求，但是方案一结构体系新颖，连接节点国内没有直接工程案例可供参考，需要进行节点开发研究，提出新型节点形式。下部拉索形成的索网面，实际施工难以采用端部张拉，形态控制技术要求高，施工安装难度大。

2. 方案二

温室采用钢木刚性结构体系，上部结构采用钢—木组合网壳结构体系，将方案一中拉索和拉杆取消，将纵向（南北向）单层木梁替换为钢箱梁，双层加强处梁仍然为木梁，横向（东西向）梁全部为木连系梁。南北向木梁截面为 300mm×300mm，上下层木梁间夹 300mm 高横向木连系梁。钢箱梁和横向木连系梁截面宽度根据受力的需要进行调整。上部结构支承于下部钢筋混凝土结构顶部，北侧较高处支承于墙体顶部，南侧较低处支承于基础梁顶部，上部结构与下部混凝土结构之间通过铰接支座连接。布置如图 13.3-2 所示。

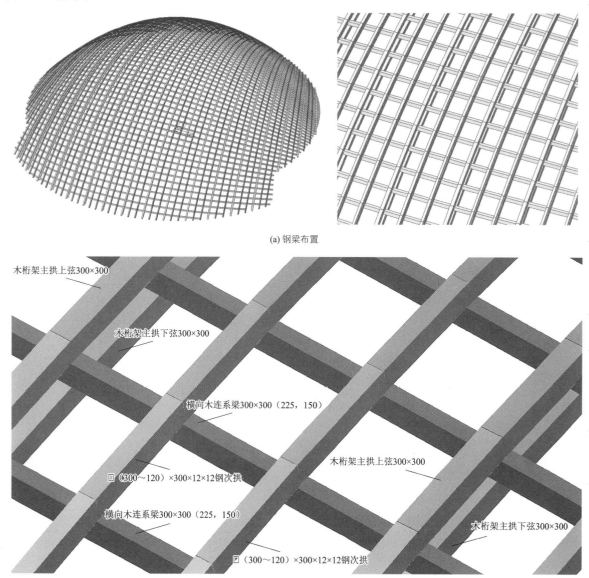

(a) 钢梁布置

木桁架主拱上弦300×300

木桁架主拱下弦300×300

横向木连系梁300×300（225，150）

囗（300~120）×300×12×12钢次拱

横向木连系梁300×300（225，150）

木桁架主拱上弦300×300

木桁架主拱下弦300×300

囗（300~120）×300×12×12钢次拱

(b) 局部放大

图 13.3-2 温室结构三维示意图

在北侧，下部混凝土结构设有两道墙，外侧墙体用于挡室外填土，内侧挡墙用于支撑上部结构，可有效减少室内景观造景填土对内墙的水平推力，要求室内景观完成面 3m 以下景观找形采用轻质 EPS 板填充，内外墙间距为 4.6m，墙顶部通过 300mm 厚混凝土板连接，并通过设置后浇带来减小施工阶段的相互影响，后浇带封闭后两者共同受力。上部结构支座水平力通过在基础平面设置拉梁来承担，而支座水平力在基础所产生的弯矩由桩来承担。

由于横向木连系梁中心线与纵向木梁及加强梁的中心线不在一个标高面上，两者没有交点，因此模型计算时通过设置刚性杆把它们连接起来，刚性杆端部设置为铰接（只能传递剪力和轴力），如图 13.3-3 所示。该结构体系成立，承载力和稳定性可满足要求。

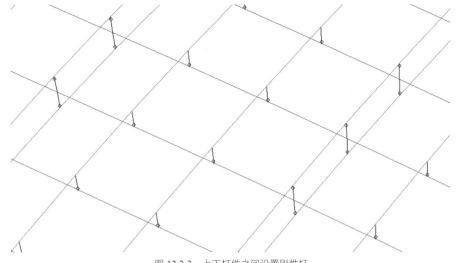

图 13.3-3　上下杆件之间设置刚性杆

3．方案三

温室建筑外观造型呈穹顶结构，建筑效果要求为全木结构，温室外围护为玻璃幕墙，内部不设吊顶。温室结构采用胶合木网壳结构体系，结构采用双向交叉上、下叠放木梁形成网壳，在纵向（南北向）木梁对应位置下部间隔三根梁增设木梁进行加强，纵向（南北向）木梁夹住横向（东西向）木梁，其中纵向（南北向）木梁截面均为 200mm × 400mm，间隔双层加强，横向（东西向）木梁截面均为 200mm × 300mm，横向木梁上表面与纵向木梁下表面平齐，横向木梁下表面与纵向加强木梁上表面平齐。为了增加结构整体性和刚度，在网壳下部增设双向交叉索网，索网布置方向与木梁斜交，索网和木结构网壳之间通过拉杆连接形成整个温室结构体系。上部结构支承于下部钢筋混凝土结构顶部，北侧较高处支承于墙体顶部，南侧较低处支承于基础梁顶部，上部结构与下部混凝土结构之间通过半刚接支座连接。

与前方案比较，从网壳网格划分、拉索布置、拉杆形式进行了优化，主要内容如下：

（1）原网格划分南北向为发散布置，东西向为弧形布置，造成发散状根部附近杆件太过密集，杆件长度较短，次向木构件由于弧度太大，有大量双曲构件，加工、安装难度较大。优化后网格更均匀，次向木梁弧度减小，双曲构件数量减少。

（2）原方案拉索沿着木梁方向布置，经过分析后发现受力效率不高，因此将索网旋转 45° 与木梁方向呈斜向交叉布置，经过计算发现索网对提高结构整体刚度、稳定性效果明显，受力更合理。

（3）索网和木梁之间的连接拉索变为刚性拉杆，为了与木结构可靠连接，拉杆设计成倒四角锥形式，四个爪件可以与四根木梁固定，整体性和稳定性更好。立面效果如图 13.3-4 所示。

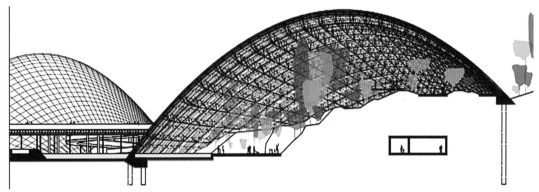

图 13.3-4　温室立面

经过以上的优化，网格划分更加均匀，双曲杆件数量减少，加工安装难度降低，结构体系受力更加合理。网格划分及结构体系如图 13.3-5、图 13.3-6 所示。

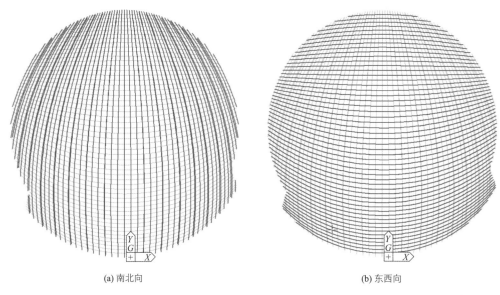

(a) 南北向　　　　　　　　　　　　　　(b) 东西向

图 13.3-5　优化后温室网格划分

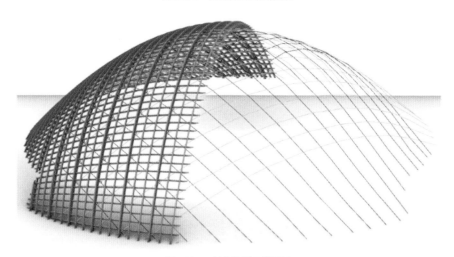

图 13.3-6　结构体系三维示意

结构体系特点：

（1）双向三层木梁交叉叠放形成网壳结构，三层木梁不共面。

（2）在节点区木梁贯通不断开，木梁以受压为主。

（3）双向斜交拉索主要作用为控制网壳稳定性和整体性。

边界条件如图 13.3-7 所示。

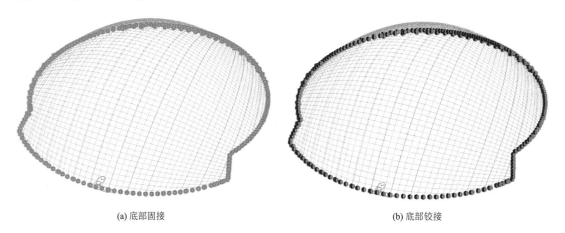

(a) 底部固接　　　　　　　　　　　　　(b) 底部铰接

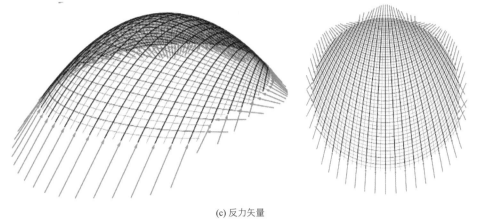

(c) 反力矢量

图 13.3-7 温室支座条件

几何模型及叠放木梁有限元计算分析连接假定如图 13.3-8 所示。

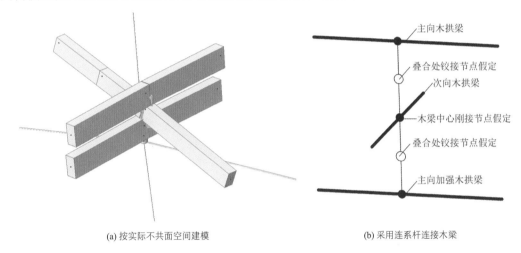

(a) 按实际不共面空间建模

(b) 采用连系杆连接木梁

图 13.3-8 叠放梁几何模型及连接假定

13.3.2 构件布置

结构采用双向交叉上、下叠放木梁形成网壳，在纵向（南北向）间隔三根木梁对应位置下部增设加强木梁，形成纵向（南北向）间隔双层木梁夹住横向（东西向）木梁，其中纵向（南北向）木梁截面均为 200mm × 400mm，横向（东西向）木梁截面均为 200mm × 300mm。为了增强结构整体性和刚度，在网壳下部增设双向交叉索网，曲面索网形态需根据胶合木网壳形态找形得到，索网和木结构网壳之间通过拉杆连接形成整个温室结构体系。上部结构支承于下部钢筋混凝土基础顶部。结构体系三维示意如图 13.3-9 所示。

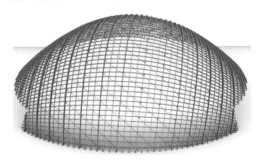

(a) 整体结构三维

(b) 胶合木梁叠放布置

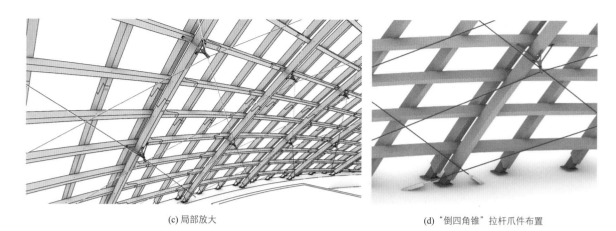

(c) 局部放大   (d) "倒四角锥" 拉杆爪件布置

图 13.3-9 温室结构体系三维示意图

13.3.3 计算分析

1. 有限元计算

采用有限元软件对结构体系进行计算分析，得到结构变形及应力特点。结构在典型荷载组合下竖向位移、水平位移分别如图 13.3-10、图 13.3-11 所示，构件受力如图 13.3-12 所示。

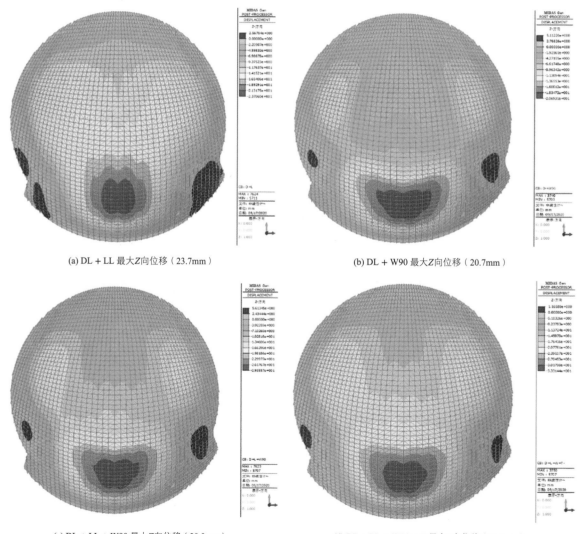

(a) DL + LL 最大 Z 向位移（23.7mm）   (b) DL + W90 最大 Z 向位移（20.7mm）

(c) DL + LL + W90 最大 Z 向位移（29.3mm）   (d) DL + LL + W90 + T 最大 Z 向位移（33.3mm）

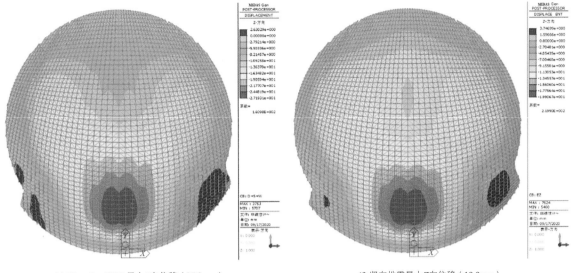

(e) DL + S + W90 最大Z向位移（27.2mm）　　　　(f) 竖向地震最大Z向位移（19.9mm）

图 13.3-10　温室结构竖向位移

结构在各工况组合下，竖向位移均较小，增加拉索后结构刚度明显增加。

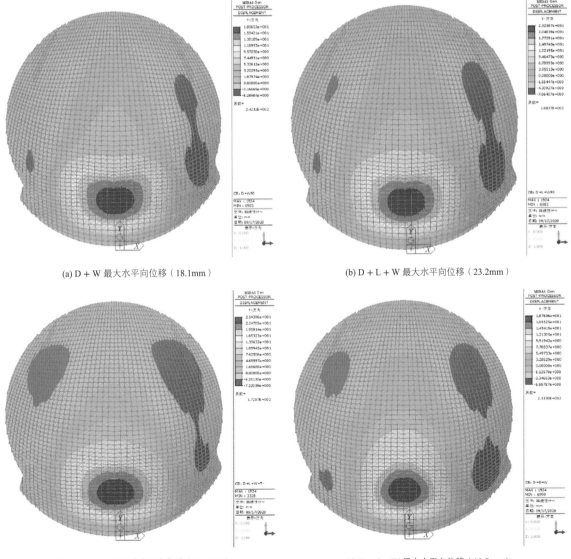

(a) D + W 最大水平向位移（18.1mm）　　　　(b) D + L + W 最大水平向位移（23.2mm）

(c) D + L + W + T 最大水平向位移（25.4mm）　　　　(d) D + S + W 最大水平向位移（18.7mm）

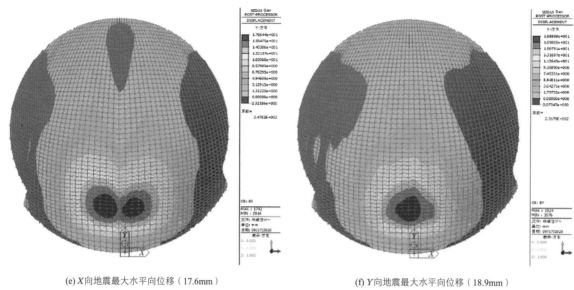

(e) X向地震最大水平向位移（17.6mm）　　　　　　　(f) Y向地震最大水平向位移（18.9mm）

图 13.3-11　温室结构水平位移

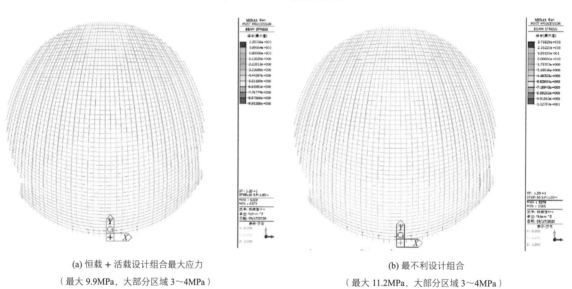

(a) 恒载 + 活载设计组合最大应力　　　　　　　　　(b) 最不利设计组合

（最大 9.9MPa，大部分区域 3～4MPa）　　　　　　　（最大 11.2MPa，大部分区域 3～4MPa）

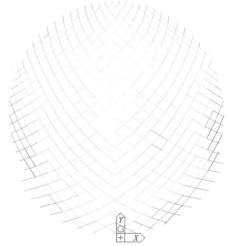

(c) 最不利设计组合索力最大为 176kN，各工况下全部受拉

图 13.3-12　温室结构应力、内力

胶合木构件在恒荷载 + 活荷载组合下最大压应力为 9.9MPa，在最不利荷载组合(恒荷载 + 活荷载 +

风 + 温度，恒荷载 + 雪 + 风 + 温度）作用下最大压应力为 11.2MPa，大部分区域应力为 3~4MPa。最不利设计组合下拉索内力为 176kN。

2．自振特征

对结构进行自振特性分析，得到温室结构的自振周期和振型（表 13.3-1、图 13.3-13）。

结构自振周期   表 13.3-1

自振模态	周期/s
1	0.9
2	0.78
3	0.76

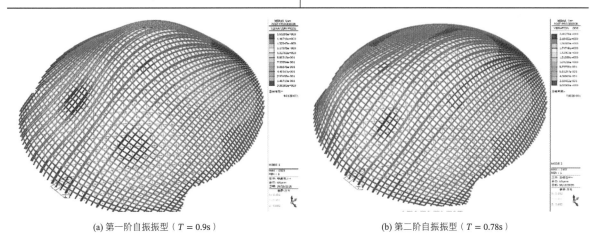

(a) 第一阶自振振型（$T = 0.9$s）　　　　　　　　　(b) 第二阶自振振型（$T = 0.78$s）

图 13.3-13　结构自振振型

3．公式计算

有限元计算和规范方法计算有一定差别，进一步根据规范要求进行胶合木梁内力验算，验算过程此处不再赘述。提取受力较大的杆件轴力、弯矩、剪力结果，依据《胶合木结构技术规范》GB/T 50708-2012 第 5 章的相关公式进行构件截面验算。胶合木杆件控制内力结果见表 13.3-2。

控制内力结果   表 13.3-2

控制荷载类型	弯矩M/（kN·m）	拉力T/kN	压力C/kN	剪力V/kN	对应荷载组合	编号
最大拉力	3.29	165.85	—	3.01	C48	①
最大压力	14.38	—	445.45	4.88	C1	②
最大剪力	14.24	—	3.08	106.48	C48	③
最大弯矩	25.25	—	247.18	17.25	C49	④

注：通过对比分析，本结构中杆件弯矩最小时剪力、拉力（压力）同样较小，故表中不再提供最小弯矩控制的荷载组合。

不同的使用条件对木材的性能有一定的影响，因此在不同的使用条件下，胶合木强度设计值和弹性模量应乘以相应的调整系数，如表 13.3-3 所示。

强度设计值调整系数   表 13.3-3

使用条件	调整系数	
	强度设计值	弹性模量
使用中胶合木构件含水率大于 15%	0.8	0.8
长期生产性高温环境，木材表面温度达 40~50℃	0.8	0.8
按恒荷载验算时	0.8	0.8

使用条件	调整系数	
	强度设计值	弹性模量
用于木构筑物时	0.9	1
施工和维修时的短暂情况	1.2	1

因此，本项目中含水率大于 15%，故应乘以系数 0.8。

综上，对木材强度设计值进行折减后，数值见表 13.3-4。

强度设计值调整后结果　　　　　　　　　　　　表 13.3-4

强度指标	数值/MPa
抗弯强度 f_m	22.4
顺纹抗拉强度 f_t	17.84
顺纹抗压强度 f_c	22.4
顺纹抗剪强度 f_v	2.8

截面验算：

主体结构施工完成后，需安装玻璃幕墙，胶合木梁双向布置，故本结构中胶合木杆件认为不存在侧向失稳问题，仅需验算最不利截面强度，详见下述。

取表 13.3-4 中组合内力，分别按压弯、拉弯构件验算杆件的内力。构件截面为 200mm × 400mm，有效支承长度取一节杆件长度，为 1.95m。

拉弯组合验算：

依据《木结构设计标准》GB 50005-2017 第 5.3.1 条，拉弯构件的承载能力按下式验算：

$$\frac{N}{A_n f_t} + \frac{M}{W_n f_m} \leqslant 1 \tag{13.3-1}$$

式中：N、M——轴向拉力设计值（N）、弯矩设计值（N·mm）；

A_n、W_n——构件截面净截面面积（mm²）、净截面抵抗矩（mm³）；

f_t、f_m——构件材料的顺纹抗拉强度设计值（MPa）、抗弯强度设计值（MPa）。

据表 13.3-2 中最大拉力组合①结果：

$$\frac{165.85 \times 10^3}{8 \times 10^4 \times 17.84} + \frac{3.29 \times 10^6}{5.33 \times 10^6 \times 22.4} = 0.116 < 1$$

故拉弯组合强度验算通过。

压弯组合验算：

表 13.3-2 存在轴向压力较大的工况，且存在一定弯矩，故需进行压弯组合验算，压弯杆件需要考虑强度及稳定两个方面。

依据《木结构设计标准》GB 50005-2017 第 5.3.2 条，压弯构件承载能力按强度验算时，依据下式进行：

$$\frac{N}{A_n f_c} + \frac{M_0 + N e_0}{W_n f_m} \leqslant 1 \tag{13.3-2}$$

按稳定验算时，应按下式验算：

$$\frac{N}{\varphi \varphi_m A_0} \leqslant f_c \tag{13.3-3}$$

$$\varphi_m = (1-k)^2 (1-k_0) \tag{13.3-4}$$

$$k = \frac{Ne_0 + M_0}{Wf_{\mathrm{m}}\left(1 + \sqrt{\dfrac{N}{Af_{\mathrm{c}}}}\right)} \qquad (13.3\text{-}5)$$

$$k_0 = \frac{Ne_0}{Wf_{\mathrm{m}}\left(1 + \sqrt{\dfrac{N}{Af_{\mathrm{c}}}}\right)} \qquad (13.3\text{-}6)$$

式中：φ——轴心受压构件的稳定系数；

$\quad\ k$——轴力调整系数；

$\quad k_0$——初弯矩调整系数；

$\quad A_0$——计算面积（mm²），此处与全截面面积A相等；

$\quad \varphi_{\mathrm{m}}$——考虑轴向力和初始弯矩共同作用的折减系数；

$\quad\ N$——轴向压力设计值（N）；

$\quad M_0$——横向荷载作用下跨中最大初始弯矩设计值（N·mm）；

$\quad\ e_0$——构件轴向压力的初始偏心距（mm），当不能确定时，可按 0.05 倍构件截面高度采用，即 $0.05 \times 400 = 20\mathrm{mm}$；

f_{c}、f_{m}——考虑调整系数后构件材料的顺纹抗压强度设计值（N/mm²）、抗弯强度设计值（N/mm²）。

其中，轴心受压构件稳定系数φ需依据《木结构设计标准》GB 50005-2017 第 5.1.4 条求解，依据下式进行：

$$\lambda_{\mathrm{c}} = c_{\mathrm{c}}\sqrt{\frac{\beta E_{\mathrm{k}}}{f_{\mathrm{ck}}}} \qquad (13.3\text{-}7)$$

$$\lambda = \frac{l_0}{i}$$

当$\lambda > \lambda_{\mathrm{c}}$时，$\varphi = \dfrac{a_{\mathrm{c}}\pi^2 \beta E_{\mathrm{k}}}{\lambda^2 f_{\mathrm{ck}}}$ $\qquad (13.3\text{-}8)$

当$\lambda \leqslant \lambda_{\mathrm{c}}$时，$\varphi = \dfrac{1}{1 + \dfrac{\lambda^2 f_{\mathrm{ck}}}{b_{\mathrm{c}}\pi^2 \beta E_{\mathrm{k}}}}$ $\qquad (13.3\text{-}9)$

式中：$\quad f_{\mathrm{ck}}$——受压构件材料的抗压强度标准值（N/mm²）；

$\quad\ \lambda$——受压构件长细比；

$\quad \lambda_{\mathrm{c}}$——轴心受压构件长细比；

$\quad\ \varphi$——轴心受压构件的稳定系数；

$\quad\quad i$——构件截面的回转半径（mm）；

$\quad\ l_0$——受压构件的计算长度（mm），该处视为梁端铰接，故应等于有效支承长度1950mm；

$\quad E_{\mathrm{k}}$——构件材料的弹性模量标准值（N/mm²）；

a_{c}、b_{c}、c_{c}、β——材料相关系数，根据材料类型规范给出不同取值，该处应按胶合木选取，四者分别为 0.91、3.69、3.45、1.05。

由于表 13.3-2 中，荷载组合④的弯矩较大，压力较小，而控制组合②的弯矩较小，压力较大，故两种组合均需要进行验算。

强度验算：

组合②：$\quad \dfrac{445.45 \times 10^3}{8 \times 10^4 \times 22.4} + \dfrac{14.38 \times 10^6 + 445.45 \times 10^3 \times 20}{5.33 \times 10^6 \times 22.4} = 0.444 < 1$

组合④：$\dfrac{247.18 \times 10^3}{8 \times 10^4 \times 22.4} + \dfrac{25.25 \times 10^6 + 247.18 \times 10^3 \times 20}{5.33 \times 10^6 \times 22.4} = 0.391 < 1$

故强度验算通过。

稳定验算：

（1）依据式(13.3-7)～式(13.3-9)计算轴心受压构件稳定系数。

组合②、④：$\varphi = \dfrac{1}{1 + \dfrac{17^2 \times 28}{3.69 \times \pi^2 \times 1.05 \times 12600}} = 0.983$

（2）依据式(13.3-4)～式(13.3-6)计算考虑弯矩与轴力相互作用的折减系数φ_m。

组合②：$\varphi_m = (1 - 0.130)^2 \times (1 - 0.0498) = 0.719$

组合④：$\varphi_m = (1 - 0.184)^2 \times (1 - 0.0302) = 0.645$

（3）依据式(13.3-2)验算压弯稳定：

组合②：$\dfrac{445.45 \times 10^3}{0.983 \times 0.719 \times 8 \times 10^4} = 7.88(\text{N/mm}^2) < f_c = 22.4(\text{N/mm}^2)$

组合④：$\dfrac{247.18 \times 10^3}{0.983 \times 0.645 \times 8 \times 10^4} = 4.87(\text{N/mm}^2) < f_c = 22.4(\text{N/mm}^2)$

故稳定验算通过，压弯组合验算通过。

抗剪验算：

依据《木结构设计标准》GB 50005-2017 第5.2.4条规定，受弯构件的抗剪承载能力应按下式验算：

$$\dfrac{VS}{Ib} \leqslant f_v \tag{13.3-10}$$

式中：f_v——构件材料的顺纹抗剪强度设计值（N/mm²）；

V——受弯构件剪力设计值（N）；

S——剪切面以上的截面面积对中性轴的面积矩（mm³）；

I——构件全截面惯性矩；

b——构件的截面宽度。

选取剪力最大的内力控制组合③，根据以上计算公式进行验算：

$$\dfrac{106.48 \times 10^3 \times 4 \times 10^6}{10.67 \times 10^8 \times 200} = 1.996(\text{N/mm}^2) < 2.8(\text{N/mm}^2)$$

故抗剪验算通过。公式计算可作为有限元计算的校核，同时作为连接节点设计的重要依据。

从以上分析可知，结构体系优化后，增加拉索，结构刚度增加，位移减小，在常规荷载作用下和地震作用下胶合木应力比较小，均满足规范要求，结构整体性增加。由以上计算可知，胶合木拉索组合结构体系成立，各项参数均满足规范要求，材料用量统计如表13.3-5所示。

材料用量统计　　　　　　　　　　　　　　　　　　　　　　　　　　　表13.3-5

	质量/t	投影面积/m²	单位面积用量 kg/m²
木材	295	5800	50.8
拉索	16	5800	2.7
钢拉杆	13	5800	2.2

由表13.3-5可知，与钢木结构体系相比，胶合木用量基本相当，但是钢材用量差距较大，方案三钢材用量远少于方案二钢材用量。

经典回眸 上海建筑设计研究院有限公司篇

13.4 专项设计

目前，针对于多高层木结构、轻型木结构等结构形式，已有较为成熟及常用的节点连接形式，保证节点的刚度、承载力与设计一致。事实上，随着大跨木空间结构的推广，对于特定结构形式，例如木网壳形式、网架式、张弦式的木空间结构所适用的节点连接方式应当做到同步推进，尽可能满足设计要求的刚度、承载力；与此同时，设计也应当能够与实际节点性能相结合，做到全面考虑节点的力学性能。

对于胶合木结构而言，"节点"为关键。而木空间结构杆件长度大，且木材具有变异性显著、各向异性、蠕变收缩对力学性能影响大等特点，故节点分析更为复杂。一般来说，从节点的连接形式上划分，木空间结构的节点形式主要包含"钢板销式节点""植筋节点""叠合式节点"等。其中，"钢板销式节点"最为常见，研究成果也最为丰富，而其他的新型节点形式多在特定工程实例中出现，应用与研究均不多见。太原植物园温室胶合木网壳结构体系新颖，常规节点已无法满足建筑效果及温室建筑功能特点的需要，需要在胶合木连接节点上进行创新研究，开发新型胶合木连接节点，并将研究成果成功应用于太原植物园温室建筑，该项目的成功实施有望填补规范中胶合木节点形式。

13.4.1 胶合木连接节点

1. "Z"形拼接节点

随着木结构在我国工程实践中的发展，已经出现了以胶合木结构拼装组成的空间网壳结构。空间网壳结构跨度大，木结构构件受原木尺寸的限制，需要使用两段或多段胶合木沿轴向拼装组成网壳中的杆件。此时，这种木构件之间拼接节点的可靠性决定了整根梁的受力性能的可靠性。空间网壳中的杆件以轴向受压力为主，弯矩和剪力较小，因此可以使用"Z"形拼接节点，"Z"形拼接节点的特点在于需要保证轴向受力可靠，也可承担弯矩和剪力的要求。传统的木结构杆件中间连接节点往往做法复杂，需要预留槽口或使用型钢连接，现场安装施工耗时，连接可靠性和连接后的建筑外观效果不佳。因此，针对空间网壳结构提出一种木结构杆件"Z"形拼接节点构造，简化节点加工工艺，在保证受力性能的基础上，提高现场施工效率和施工安装精度，同时保持整根木梁外观的连续性和美观是非常有意义的。连接节点三维示意如图 13.4-1 所示。

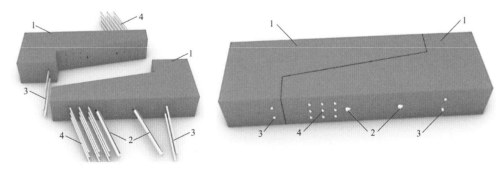

图 13.4-1　胶合木梁"Z"形拼接节点三维示意图

为了达到上述目的，该体系包括胶合木梁、不锈钢销、高强抗裂全螺纹镀锌螺钉和高强抗剪全螺纹镀锌螺钉，首先将需要连接的 2 根胶合木梁进行数控加工，可以精确拼接，然后在胶合木梁上预留出 2 个不锈钢销孔和 22 个镀锌螺钉孔，不锈钢销孔的直径大于不锈钢销直径 2mm，镀锌螺钉孔的直径小于镀锌螺钉 5mm。在施工现场，将 2 根胶合木梁对接顶紧后，首先插入不锈钢销，并在不锈钢销孔中打入结构胶，完成定位，然后依次拧入 4 根高强抗裂全螺纹镀锌螺钉和 18 根高强抗剪全螺纹镀锌螺钉，完成木结构梁的现场拼接（图 13.4-2）。

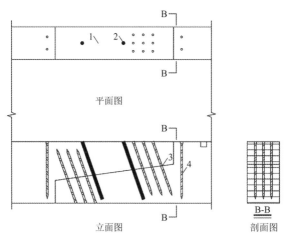

图 13.4-2　胶合木梁"Z"形拼接节点构造平立剖面图

节点设计受力分析：

"Z"形构件拼接节点在网壳结构中主要承担轴压力，如图 13.4-3 所示，在轴向压力作用下通过拼接接触面直接传递，经分析研究发现在轴向拉伸的情况下主要通过螺钉轴线拉力传递，依靠剪力传递占比较小，因为在螺钉受剪时会挤压胶合木发生局部变形，拉力主要转换为螺钉拉力进行传递。在构件受到面外弯矩的情况下也主要通过螺钉轴力传递。一般在网壳结构中构件主要承受轴向压力，弯矩次之，出现受拉的工况较少或为瞬时状态，且拉力较小。因此，此节点在网壳结构中受力合理可靠，具有较多优点。

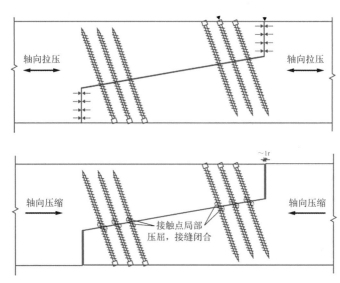

图 13.4-3　胶合木梁"Z"形拼接节点受力特点

胶合木结构在加工、施工过程中都有误差，如果拼接缝隙较大现场均要采用垫板的方式确保接缝顶紧，但是经过分析研究，如果缝隙间距小于 1mm，则不必增加垫板，在结构受压力后螺钉与胶合木梁接触点会挤压胶合木梁而发生错动进而顶紧。

在温室建筑中一般环境潮湿，湿度可达到 80%，平均温度可高达 25℃，一般胶合木加工出厂时含水率约 8%，在潮湿环境下含水率可增加至 24%，经过计算此温度变化后膨胀率约为 1.2%，400mm 高的胶合木梁约膨胀 4.8mm。

在研究节点的过程中有人提出增加钢盖板进行连接，从受力角度考虑，此节点在拼接接缝处增加钢板后，受力更可靠，可有效传递轴力、弯矩，相比上面的节点连接方式更可靠。但是，考虑到温室建筑的特点，此节点存在问题，主要由于胶合木在潮湿的环境下会膨胀，根据以上计算 400mm 高的梁可膨胀约 4.8mm，而螺钉与胶合木拧紧后不能拔出，因此螺钉的拉力急剧增加，在螺钉帽根部会发生断裂，如

图 13.4-4 所示，因此该节点不适用于本项目节点设计。

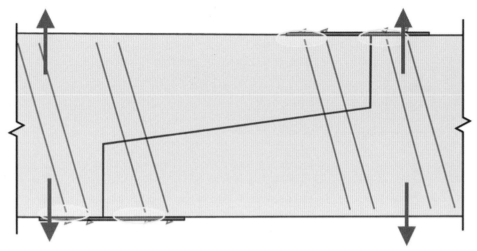

图 13.4-4 胶合木梁"Z"形拼接节点（加钢盖板）

为了验证以上计算及分析，进行了膨胀性试验，将胶合木安装螺钉，装入木箱模拟潮湿环境，让胶合木发生膨胀，试验结果显示，胶合木膨胀较大，与计算基本一致，螺钉帽处均发生局部损坏，顶帽内陷。由试验结果可知，螺钉在膨胀过程中不能拔出，而是在表面顶帽位置挤压胶合木发生局部破坏释放变形。如果表面增设钢板，则不能释放膨胀变形，会造成螺钉断裂。

2．主次叠放搭接节点

基于太原植物园温室新型结构体系，需要开发一种通过高强螺钉机械连接叠放木梁形成的空间网壳结构。该木梁间连接节点能够承受不同方向的剪力作用，对木结构梁基本没有削弱，施工安装精度高。传统的木结构连接节点更多是承受单一方向剪力，同时传统的木结构杆件连接节点往往做法复杂，需要预留槽口或使用钢板、螺栓连接，对木结构削弱较大，现场安装施工耗时，连接可靠性和连接后的建筑外观效果不佳。另外，叠放木梁的搭接节点处对于木材凹槽处的形状要求更低，木梁截面可以是平行四边形，均可按此节点连接。因此，针对空间网壳结构提出一种胶合木梁双向叠放剪式铰接连接节点构造，在保证受力性能的基础上，提高了现场施工效率和精度，减小了连接区域对木结构的削弱。节点图如图 13.4-5 所示。

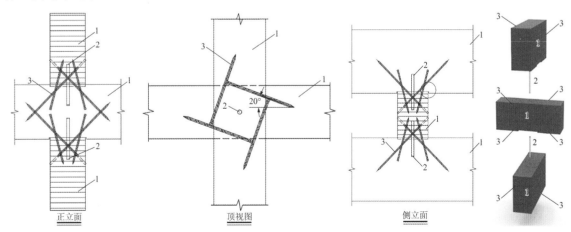

图 13.4-5 胶合木叠放搭接节点

节点设计受力分析：

本节点最大的特点是不采取螺栓钢板的连接形式，而是采用进口高强螺钉直接连接，进口高强螺钉为白色镀锌层圆柱头全螺纹螺钉（VGZ）。典型螺钉及连接示意如图 13.4-6 所示。

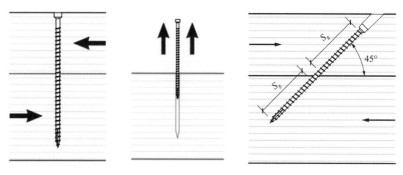

图 13.4-6 螺钉连接及受力方式

如图 13.4-6 所示，如果螺钉垂直打入连接木梁，承受两层木梁剪切荷载时螺钉抗剪刚度较弱，此时螺钉抗拔承载力最大，随着螺钉与被连接面角度的改变抗剪承载力和抗拔承载力产生变化，实际使用可根据螺钉厂家参数进行选取。

基于上述方法，本项目节点设计三层双向叠放木梁之间螺钉采用 45°角打入，节点既可承受层间剪力，也可承受面外拉力及扭矩等荷载。此节点连接方式在结构计算时如何考虑计算模型，需进行试验研究。

13.4.2　可调支座节点设计

轻型胶合木空间网壳结构跨度大、质轻，构件为弧形，现场均需要进行拼接，一般在工厂进行单元化拼装，通过现场吊装的方式进行现场拼接安装。由于网壳结构中杆件数量多，形体复杂，在加工和拼装过程中均存在误差，容易在支座部位存在几何误差的积累。若上述几何误差不释放而强行安装，则这种强制位移在空间网壳结构的超静定约束下会造成初始内力，影响结构受力性能。因此，需要设计出在安装过程中可以释放掉几何误差的可调轻型木结构支座节点构造，这是非常必要的。

为了达到上述目的，设计开发可调节点误差的支座节点构造。该节点通过连接于胶合木梁底部的方钢管与通过埋置在混凝土基础中的支座锚板、锚栓和抗剪件连接，连接通过螺杆、螺母、垫片、支座连接板和支座侧板的依次安装来实现。在胶合木梁运达现场前在其脚部安装方钢管，并在方钢管下端焊接支座连接板。在混凝土基础浇筑时，预埋含有锚栓和抗剪件的支座锚板。在支座节点安装过程中，首先将 4 根螺栓安装在支座连接板中，在连接板上下均拧入螺母，然后将螺杆和支座连接板一起放置在支座锚板上，通过调节 4 个螺栓在连接板上下表面的螺母，实现调节高度，达到整体调节构件角度的目标，释放竖向、转角几何误差，而后拧紧螺母固定螺杆。螺杆底端光滑，可在支座底板平面上水平滑动，释放水平向几何误差。待支座连接板与支座锚板的相对位置通过螺杆调整确定后，依次在支座连接板外侧围焊 4 块支座侧板，同时将支座侧板底部与支座锚板焊接。并在锚板和连接板之间的空腔内浇筑无收缩混凝土，从而实现胶合木空间网壳结构的支座调节和固定。节点如图 13.4-7、图 13.4-8 所示。

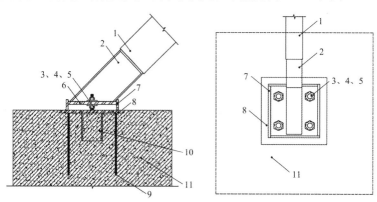

图 13.4-7　可调支座节点图

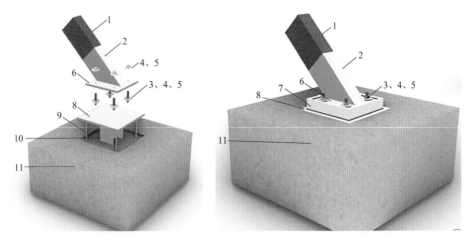

图 13.4-8　可调支座节点三维示意图

节点构造包含：1—胶合木杆；2—方钢管；3—螺杆；4—螺母；5—垫片；6—支座连接板；7—支座侧板；8—锚板；9—锚筋；10—抗剪键；11—混凝土基础。

本节点用于木结构支座节点的安装，将作为胶合木杆脚部的方钢管与通过埋置在混凝土基础中的锚板、锚栓和抗剪件相互连接，安装过程中通过调节螺杆释放支座顶板和支座底板之间的水平和竖向误差，然后通过螺栓和垫片的安装和支座侧板的焊接实现节点固定。

在连接过程中，通过螺杆的竖向调节和水平微调实现了木结构支座部位几何误差的释放，该节点可同时调整竖向、水平位移及转角误差，最终通过支座侧板、支座连接板和支座锚板的焊接实现了支座的固定，并在锚板和连接板之间的空腔内浇筑无收缩混凝土。安装完成后，支座部位没有因强制安装而产生结构内力，而且焊接可靠，施工过程简单。综上所述，本节点设计提供了一种可调轻型木结构支座节点构造，可有效解决施工误差的调节，又不影响整个建筑形态，为现场装配化安装提供技术保障，在本工程中成功使用。

13.4.3　拉索拉杆节点及安装方法

目前已建成的大跨空间网壳结构工程案例几乎都为钢结构、铝合金结构，胶合木结构工程使用较少，主要因为木结构材料材质不均匀，横纹受力较弱，木梁之间刚性连接困难，造成较多结构体系不适用，目前大跨木结构建筑工程案例较少，因此，木结构体系需要不断开发研究。胶合木轻质、绿色环保、施工安装便捷，需充分利用胶合木结构的诸多优点，实现装配化施工，对一些有特殊使用功能的建筑，或者有木结构建筑效果需要的建筑非常适用。木结构材料属于可再生资源，也符合绿色环保、装配化安装的大方向，因此有必要开发出一种大跨胶合木建筑网壳结构体系。但是，随着跨度的增加木结构网壳结构刚度变弱，需要在木结构内侧增加双向拉索，以提高结构整体刚度，从而保证结构的稳定性，然而连接木结构和双向拉索的节点和张拉安装方法存在技术难题，因此，开发一种连接节点及安装方法非常必要，可为该类结构的设计提供重要技术支撑。

随着建筑形态的复杂化，一些胶合木大跨结构刚度较弱，增设的拉索一般为曲面形状，无法在端部进行现场张拉，下面提供一种在钢木网壳结构体系中设计拉索拉杆节点及安装方法，可通过逐步张紧螺杆的方法，逐点控制位移、形态从而达到张紧拉索的目的，可有效解决现场张紧拉索困难的问题。本拉杆节点成功在太原植物园温室中使用。

该拉杆节点包括与胶合木连接钢板、不锈钢爪件、倒四角锥组件、调节螺杆、调节螺母、过索部件、连接螺杆、拉索，为了达到上述目的，首先将不锈钢爪件与倒四角锥组件进行连接，同时将倒四角锥端部钢板通过高强螺钉与胶合木连接，将倒四角锥组合部件固定在胶合木网壳结构上，将两个穿过索的过索部件分别穿过双向拉索，并且临时固定到预定位置，同时通过连接螺杆将过索部件进行连接，此时将双向索临时连接，索保持松弛状态，但过索部件与索不能相对滑动，最后安装调节螺杆和螺母，通过调节螺杆将双向拉索与倒四角锥组合部件进行第一步张紧连接，保持螺杆外露长度为 100mm，待全部节点连接完成后，第二次张紧螺杆，依次将全部螺杆外露长度减小至 50mm，第三次张紧螺杆，依次将全部螺杆张紧，最后向过索部件的注胶孔注入环氧树脂类结构胶，保证从一侧孔注入从另一侧孔中流出，用以验证节点是否加注满，此时安装就位，索网及结构形态为设计的预应力状态。

节点构造如图 13.4-9 所示。

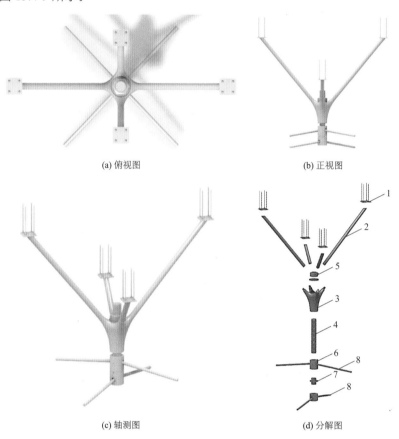

(a) 俯视图   (b) 正视图

(c) 轴测图   (d) 分解图

图 13.4-9 拉索拉杆节点

1—连接钢板；2—不锈钢爪件；3—倒四角锥组件；4—调节螺杆；5—调节螺母；6—过索部件；7—连接螺杆；8—拉索

为了满足上述木结构拉杆节点设计及安装施工的需求，需提供一种拉索拉杆节点及安装方法。

（1）将四个不锈钢爪件拧到主铸造件上，形成一个支撑组件（倒四角锥铸造件），用螺钉穿过四个钢板上孔，将支撑组件固定到胶合木主向梁和次向梁上。

（2）安装拉索底部与混凝土连接件，将可调节螺杆连接件与预埋锚栓进行连接，根据计算对拉索下料长度进行标记，将穿过拉索的部件布置到标记的位置。根据施工现场条件分别布置两层拉索，采取临时固定措施将拉索固定在胶合木结构上。

（3）将连接螺杆拧到上下两个过索部件中，将 M56 螺杆拧到过索部件中（拧入过索部件后需保证双向拉索能够自由滑动）。将 M56 螺杆穿过支撑组件，拧上螺母和垫圈，直到螺纹接合，支撑组件和过索部件之间应有 100mm 的外露螺纹，如图 13.4-10 所示。

（4）此时把拉索底部与混凝土连接处螺栓拧紧，螺杆拧到计算预设长度，初始张力控制在约 5kN。

（5）从穹顶的中心开始，拧紧 M56 螺母，将拉索逐渐拉向胶合木。从中心向外逐点拧紧螺母，直到外露的螺杆长度为 50mm，从中心向外重复操作，逐点张紧拉索，使用拉索张力检测仪对每个部分的拉索进行检测，并与施工模拟计算结果进行对比分析。

（6）完成第一轮张紧后，按照相同的步骤从穹顶中心开始，完成 M56 螺母的第二轮张紧，根据计算此时拉索的张力达到 40±5kN。

（7）逐点固定过索部件，将上层拉索固定到位。

（8）按照相同的步骤，逐点固定下部过索部件，拧紧连接螺杆，将下层拉索固定到位。

（9）向每个过索部件注入 Hilti HIT-RE 500 v3 环氧树脂结构胶。环氧树脂结构胶应从一个加注孔流入，从另外一个加注孔流出，以验证节点是否加注满。

（10）完成拉索安装就位，使用拉索张力检测仪对每个部分的拉索进行检测，与计算对比分析。

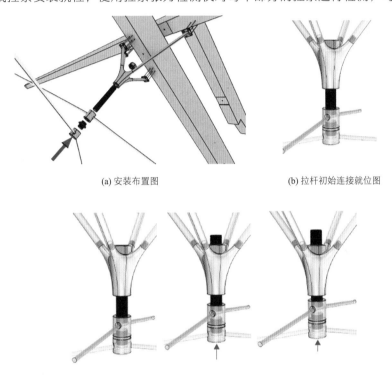

(a) 安装布置图　　　　　　　　(b) 拉杆初始连接就位图

(c) 逐渐调节螺母，张紧拉索过程

图 13.4-10　拉索拉杆安装图

13.4.4　结构整体稳定性分析

由于计算模型中节点刚度假定和实际节点刚度有差异，为评估在实际状态下结构的整体性能，对工程项目的典型节点进行试验，将所得结果输入设计计算模型，得到根据实际节点刚度修正过的模型，以下简称"增加刚度模型"。在相同的荷载条件下对增加刚度模型进行受力分析，将得到的结果与设计计算模型结果进行对比，评估本工程在实际状态下的结构性能，"增加刚度模型"更能反映实际结构受力状态。

1. 结构线性屈曲分析

使用结构有限元分析软件 MIDAS Gen 2020 对设计计算模型进行结构线性屈曲分析，以 1DL + 1LL 作为屈曲分析荷载组合，得到线性屈曲荷载因子（表 13.4-1）。第一节屈曲模态如图 13.4-11 所示。

设计计算模型屈曲特征值　　　　　　　　　　　　　　　　表 13.4-1

屈曲模态	屈曲特征值
1	35.66
2	36.07
3	36.8

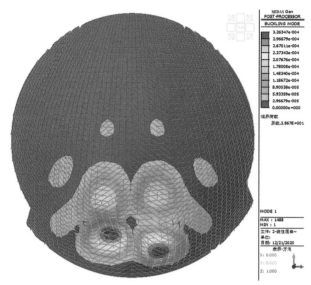

图 13.4-11　设计计算模型第一阶屈曲模态

2．结构非线性极限承载力分析

以设计计算模型的第一屈曲模态作为初始缺陷更新模型，以 1DL + 1LL 荷载组合下竖向挠度最大值的节点 5711 作为控制节点，按照结构跨度的 1/300，即 89500/300 = 298.33 作为初始缺陷最大值，更新设计计算模型，得到关系曲线，如图 13.4-12 所示。

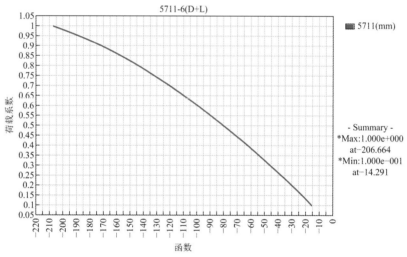

图 13.4-12　设计计算模型 5711 节点荷载—位移曲线

可得出以下结论：①本工程结构在 4(DL + LL) 荷载作用下，竖向位移与荷载基本呈线性关系；②随着荷载的增大表现出了非线性特征，但是在 6(DL + LL) 的作用下结构仍未出现失稳，可以认为设计计算模型按照弹性全过程分析时，满足《空间网格结构技术规程》JGJ 7-2010 中对安全系数的要求。

在《空间网格结构技术规程》JGJ 7-2010 中，对网壳的静力稳定性研究，是基于网壳节点为刚接的假定。但这种简化不能真实地反映网壳结构中节点的真实受力情况。近年来，国内外学者已经对半刚性节点网壳的受力性能开展了大量的研究。因此，在本工程设计中，考虑节点和支座的实际刚度，对于更准确地分析结构整体性能和安全性能将起到至关重要的作用。

在设计计算模型中，三层杆件正交处连接节点通过 200mm × 200mm 的木结构杆件连接起来，在计算软件中设置为两端刚接杆件。通过节点试验可知，实际工程中此节点通过 200mm × 200mm 木结构杆件连接不能做到理论上两端完全刚接。根据太原植物园温室结构第二阶段节点试验研究报告，上下两层为主构件，下层主构件通过钢柱限位，中间由次构件连接。其中，销轴主要抵抗主次构件的剪切作用，而自攻螺钉在辅助抵抗主次构件剪切作用的同时，抵抗主次构件的相互脱离。在结构计算软件 SAP 中建立节点模型，如图 13.4-13 所示，在模型中用一根连系杆件连接主构件，实现模型效果。将试验所得的数据带入模型，得到联系杆端部节点处的弹簧剪切刚度，4 个试件的节点剪切刚度平均值为 2.045kN/mm。

图 13.4-13　三层杆件正交节点刚度模型示意

根据太原植物园温室结构第二阶段节点试验研究报告，第 3 章三层杆件正交节点次向剪切试验中所述 2 个试件的次向剪切刚度平均值为 9.462kN/mm。在模型中，以弹性连接的形式模拟主次构件之间的剪切刚度，以图 13.4-14 中节点 1967 和 5668 为例，在两点之间添加两个弹性连接。绕x、y、z轴转动方向刚度设置为固定，单元局部坐标系x轴方向的刚度为固定，主要方向和次要方向的刚度分别设置为 4.090kN/mm 和 9.462kN/mm。节点 1969 和 5668 之间的两个弹性连接设置参数同上。

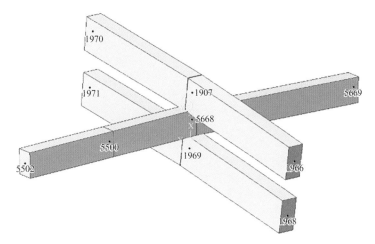

图 13.4-14　Midas Gen 中增加刚度的弹性连接

设计计算模型中，木结构杆件端部支座条件设置为固定支座。然而，在实际工程应用中，此处支座节点通过木构件内插钢板与支座连接，不能做到理论上的固定支座。为了更准确地模拟结构在实际条件下的稳定性能，通过试验得到节点支座的面外刚度，将刚度输入计算模型，分析模型的力学性能。

根据太原植物园温室结构构件及节点试验报告中第 5 章所述，对试验构件进行单向加载和往复加载，对加载数据进行计算处理，根据单向加载得到的荷载—变形曲线，在转角 2°左右，节点承载力达到峰值 17kN·m，由此可得到支座节点的面外转动刚度约为 500kN·m/rad。在设计计算模型中，使用节点弹性支承模拟支座的刚度，其中X、Y、Z方向的弹性支承刚度为固定，绕Y轴方向的转动弹性刚度为 500kN·m/rad。

3. 增加刚度模型结果分析

将节中试验数据所推导出的节点抗弯刚度和支座抗弯刚度带入设计计算模型，得到增加节点刚度模型，对增加节点刚度模型进行特征值分析、线性屈曲分析和非线性屈曲分析，并将结果与设计计算模型结果进行对比，验证设计结果，评估结构在实际状态下的安全性能。

增加刚度模型与原设计计算模型相比，自振周期相应增长，证明在增加实际节点刚度之后，结构整体刚度比设计计算全刚接模型稍柔，但振型形态相似。结构设计计算均以节点试验刚度，重新进行极限承载力分析，与前述相比略有差异，可见节点刚度对承载力有较大影响。关系曲线如图 13.4-15 所示。

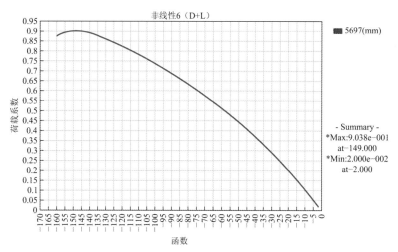

非线性6（D+L）

■ 5697(mm)

- Summary -
*Max:9.038e-001
at-149.000
*Min:2.000e-002
at-2.000

函数

图 13.4-15　增加刚度模型节点 5697 荷载—位移曲线

根据控制节点 5697 的荷载系数—位移曲线，曲线在竖向位移达到 149mm 时，结构整体承受荷载达到最大，整体结构处于失稳的边界，此时荷载系数为 $0.904 \times 6(D+L) = 5.42(D+L)$。安全系数 K 为 5.42，满足《空间网格结构技术规程》JGJ 7-2010 中第 4.3.4 条按照弹性全过程分析时安全系数 K 的要求。

4．胶合木网壳结构安全系数

按照《空间网格结构技术规程》JGJ 7-2010 第 4.3.4 条，网壳稳定容许承载力应等于网壳稳定极限承载力除以安全系数 K。当按照弹塑性全过程分析时，安全系数 K 可取为 2；当按弹性全过程分析且为单层球面网壳时，安全系数 K 可取为 4.2。在条文说明中，安全系数 K 取值的前提为单层球面钢结构网壳且为全刚接节点，此安全系数 K 的取值不能完全适用于胶合木网壳结构，也不能完全适用于考虑了节点实际刚度的胶合木网壳结构。

沈世钊在《大跨空间结构理论研究若干新进展》中提出，安全系数 K 应考虑下列因素：①荷载等外部作用和结构抗力的不确定性可能带来的不利影响；②计算中未考虑材料弹塑性可能带来的不利影响；③结构工作条件中的其他不利因素。基于概率的分项系数设计方法，网壳稳定性验算公式可写成：

$$\gamma_q q \leqslant \frac{R}{\gamma_0 \gamma_R} \tag{13.4-1}$$

式中：q——作用在网壳上的总静力荷载（$p+q$）标准值（kN）；

R——按弹塑性分析全过程分析求得的稳定性承载力标准值（kN）；

γ_q——荷载分项系数，当恒载、活载共同作用时可取 1.35；

γ_0——调整系数，考虑复杂结构稳定性分析中可能的不确定性和其他不利因素，可取 1.2；

γ_R——结构抗力分项系数，祝恩淳等在《木结构可靠度分析及木材强度设计值的确定方法》中提出对于安全等级为一级，对受压作用为主的胶合木结构杆件可取为 1.2。于是，由式(13.4-1)可换算出按弹塑性全过程分析时，安全系数 K 的取值：

$$K = \gamma_q \times \gamma_R \times \gamma_0 = 1.35 \times 1.2 \times 1.2 \approx 2$$

为了考虑材料弹塑性的误差，沈世钊在《大跨空间结构理论研究若干新进展》中引入了"塑性折减系数" C_p，即弹塑性临界荷载与弹性临界荷载之比。沈世钊通过对不同跨度、不同矢跨比、不同截面尺寸、不同荷载分布形式、不同结构形式的网壳算例进行大量对比，得出适用于钢结构网壳的塑性折减系数。对于本工程使用的胶合木结构网壳，国内外至今针对其进行塑性折减系数的研究较少，主要原因是木材（包括胶合木材料）是一种各向异性材料，考虑材料弹塑性时还应考虑蠕变等特性。因此，对于胶合木网壳结构按照弹性全过程分析时的安全系数 K 的取值有待进一步进行大量算例分析。

13.5 试验研究

结构用木材为进口木材，需通过国内规范对其评级，保证采用国内相关规范规定的参数能够与国外给出的参数等级相当。胶合木节点刚度及承载力均无法直接获得，均需要进行节点试验。由于温室结构体系的新颖性，节点也需要开发新型连接节点才能满足连接要求。在本结构体系中，应用了多种节点形式，包括"Z"形拼接节点、销轴—钢插板节点、正交叠放木梁搭接节点以及拉索拉杆连接节点。节点为钢木连接节点，节点处刚度、强度不能直接计算得到，均需要通过节点试验得到。

13.5.1 试验目的

1. 温室主构件"Z"形拼接节点轴向受拉试验

通过对三个试件进行轴向拉伸试验：

确定节点区域在拉力工况下的比例强度和极限强度，给出节点在轴向拉力下的破坏模式及特点，给出与设计内力的对比，供设计方参考。确定节点区域在弯矩（压弯）工况下的极限强度，给出节点在弯矩（压弯）作用下的破坏模式及特点，对比不同支座条件下梁破坏时的承载力及破坏形式，给出节点承载力与设计内力的对比，供设计方参考。

2. 三层杆件叠放正交节点主向剪切试验

确定节点区域在剪切作用下的剪切刚度；确定节点区域在剪切作用下的极限承载力；考察节点区域在剪切作用下的破坏模式及特点。

13.5.2 试验设计

1. 温室主构件"Z"形拼接节点轴向受拉试验

试验共四个位移测点，两个应变测点，加载示意见图 13.5-1。

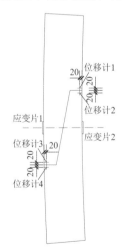

图 13.5-1　加载示意图

试件两端与设计好的钢夹具进行连接，连接方式为螺栓连接（并且设计保证端部承载力远大于节点承载力）。底部钢夹具与支座通过螺栓连接，并锚固于地孔。顶部钢夹具与加载头通过螺栓连接。施加轴向拉力，加载速度为 3mm/min，直至节点区域达到破坏条件。

位移测点布置见图 13.5-2，此处仅列出有轴向约束条件下的位移测点布置图。

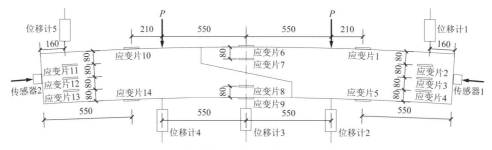

图 13.5-2 （有轴向约束）节点抗弯试验测点布置图

2. 三层杆件叠放正交节点主向剪切试验

主向试验中，加载方向沿主构件方向。试验的测点布置及加载方式见图 13.5-3，安装图见图 13.5-4。

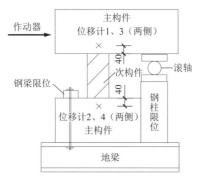 

图 13.5-3 三层杆件叠放正交节点主向剪切试验加载示意　图 13.5-4 三层杆件叠放正交节点主向剪切试验安装图

位移计 1、3 测量上层主构件沿加载方向的位移量，二者位于主构件两侧；位移计 2、4 测量下层主构件沿加载方向的位移量，二者位于主构件两侧。

具体的试验步骤如下：

（1）将节点试件放置于地梁上，安装好钢柱、钢梁用于限位，保证装置与试件紧密贴合，且无初始力。

（2）安装位移计，并调试好数据采集仪器。

（3）通过作动器施加推力，直至次构件发生破坏，保存必要的试验资料（照片、视频以及位移—力的采集数据）。

（4）更换节点试样并安装，重复步骤（1）～（3），共进行 4 次试验。

13.5.3　试验现象与结果

1. 温室主构件"Z"形拼接节点轴向受拉试验

对三个试件的加载结果绘制弯矩—挠度曲线（挠度为跨中的相对挠度），如图 13.5-5 所示。

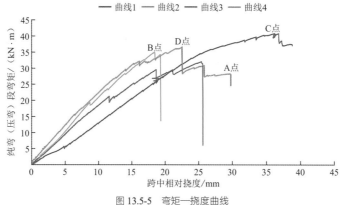

图 13.5-5 弯矩—挠度曲线

纯受弯的 half-lap 节点的破坏模式为脆性破坏，实际结构中该节点会承受部分轴向压力（约束）作用，脆性破坏模式有所改善；在考虑轴向压力（约束）的情况下，曲线反映出一定的非线性段，相比纯受弯情况有更好的延性，即在破坏前有更大的变形。

试件的破坏形式均为木材的劈裂破坏，属于脆性破坏，具体位置为节点连接部位的截面较小处。见图 13.5-6。

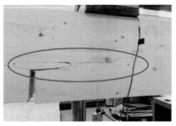

(a) 试件 1 号节点区破坏图　　　　　(b) 试件 2 号节点区破坏图

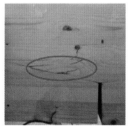

(c) 试件 3 号节点区破坏图　　　　　(d) 试件 4 号节点区破坏图

图 13.5-6　节点破坏形式

从图 13.5-6 可以看出，图中裂缝开展得越来越小。2 号试件采取了加固措施，打入了层间螺钉，从而限制了该处裂缝的开展；3、4 号试件施加了轴向约束，从而进一步限制了图示裂纹的开展。

弯矩和位移曲线如图 13.5-7 所示，由图可以看出，曲线可以分为两组，试件 KW1 及 KW2 的曲线呈阶梯状，而试件 KW3、KW4、KW5 的曲线较平滑。试件 KW1、KW2 的"阶梯状曲线"表明，在加载过程中，试件多次发生突然的承载力下降，但由于轴向压力的作用，试件没有完全丧失承载力，相比于前一阶段试验（纯弯及考虑轴向限位）的脆性破坏而言，节点的破坏模式得到了很明显的改善。而试件 KW3、KW4、KW5 属于典型的延性破坏，在承载力达到峰值之后，随着位移的继续增大，曲线平缓下降，直到位移过大而停止加载。说明较大的轴向压力的作用，能够提高节点在抗弯时的延性。

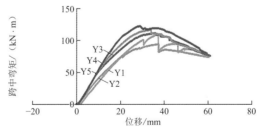

图 13.5-7　拼接节点抗弯试验弯矩—变形曲线

2. 三层杆件叠放正交节点主向剪切试验

主构件在产生顺纹方向的位移时，次构件发生滚动。在次构件发生滚动时，主次构件的连接节点处将产生造成错动的"剪力"和造成界面脱离的"弯矩"。节点处的销轴主要抵抗该"剪力"作用，而自攻螺钉辅助抵抗"剪力"并同时抵抗该"弯矩"作用。

加载过程中，在主次构件界面脱离处，螺钉产生了一定的露出；并且由于螺钉斜向构造的原因，一部分木材发生了剥离。由于试件的破坏现象具有一致性，故图片不再按试件号进行区分。加载过程中，试件没有发生明显的脆性破坏，故在承载力达到峰值的 80% 以下时，停止加载，节点处的变形较大，节点的延性较好，如图 13.5-8 所示。

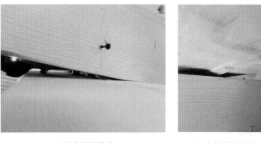

(a) 自攻螺钉拔出　　　　　　(b) 木材发生剥离

图 13.5-8　三层杆件叠放正交节点主向剪切试验节点细部破坏现象

依据试验力及位移测点的测试数据，绘制节点的剪力—变形曲线，从而直观地了解节点的弹性段刚度及破坏模式（图 13.5-9）。

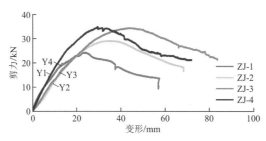

图 13.5-9　三层杆件叠放正交节点主向试验荷载变形曲线

为了消除加载初期由于试件与作动器及其他连接件之间没有完全紧密导致的初始刚度不足的影响，起始点未从零点开始算起。刚度如表 13.5-1 所示。

三层杆件叠放正交节点主向剪切刚度　　　　　　　　　　　　　　　　表 13.5-1

试件号	节点剪切刚度/（kN/mm）
1	2.754
2	1.734
3	1.525
4	2.166
平均	2.045

13.5.4　试验结论

由于胶合木材料各向异性，材料性能存在一定的变异性，每个项目均需进行材性试验，进行材料分级，确定材料满足相关参数要求。胶合木节点基本均为半刚性节点，节点刚度对结构整体计算及稳定计算有一定影响，需对胶合木节点进行足尺节点试验，试验可分为节点刚度试验和极限承载力试验，得到节点刚度及极限承载力，应将试验得到的节点刚度施加到模型中进行验证计算，为了确保结构的可靠性，此时的计算均需满足规范的各项要求。

13.6　结语

木材具有轻质、较高抗压强度和承载效率、易加工等特性，同时具有抗震性能好、居住适宜等特征，且能够进行工厂预制、装配化施工，其自身的美感丰富而独特，也是重要的绿色建筑形式之一。近30年来，我国在大跨空间结构方面已经有了长足的发展，而对于具有代表性的地标性大跨空间木结构建筑目前仍然很少。同时，尽管大跨空间结构在我国各类体育场馆、大型博物馆等公共建筑中有非常多的应用，但以木材作为主体结构材料的案例还相当少见。目前在国外，尤其是北美、欧洲以及日本等国家及地区，已有大量可供参考的大跨木空间结构案例，同时也已取得了一定的研究成果。相比之下，国内的应用正在逐渐扩展，大跨木空间结构的研究与应用在我国还处于起步阶段。

木结构本身展现出的独特美感也是不容忽视的一大优势，而这一点也受到了国内外建筑设计师的广泛认同。大跨空间结构中采用木材作为主体结构材料，能够实现造型美观和绿色自然的效果。从建设单位角度看，木结构建筑也开始逐渐拥有更大的市场。在2017年度木结构项目的应用调研中，旅游开发项目、私人住宅和园林景观是木结构项目最重要的三个市场。其中，旅游开发项目中应用木结构仍然是最大市场。能够预测，在未来的发展过程中，随着我国经济水平的提高，大跨木空间结构的市场需求将会越来越大，主要原因在于：在新建项目中，将会针对旅游、展览、赛事而包含更多的体育场馆、展览馆、温室、接待中心等建筑，而这些建筑往往需要横跨较大的空间范围，因此大跨空间结构将成为非常好的选择。同时，胶合木轻质且具有很高的承载效率，且与大跨空间结构的要求不谋而合，因此大跨木空间结构具有很好的发展前景。

本书深入研究胶合木网壳结构体系特点，提出一种双向交叉叠放木拱梁形成的网壳结构新体系，同时研究开发了新型连接节点，全面掌握大跨度胶合木网壳结构的材料、结构设计、分析、施工等方面的工程特点和技术手段。本课题研究成果成功应用于太原植物园温室建筑，大大拓展了胶合木网壳结构的跨度（跨度达到89.5m），是目前国内外已建成跨度最大的胶合木网壳结构建筑，为国内胶合木空间结构设计提供了工程案例与技术参考，为推动国内胶合木空间结构的发展及工程应用增添了一份力量。本书还重点着眼于大跨胶合木网壳结构体系成立的关键技术，弧形曲梁的拼接节点，单曲和双曲胶合木梁数控加工及叠放连接节点的可能性、可行性，以及网壳下部增设控制稳定的双向拉索后带来施工张拉困难的解决方案。

胶合木结构节点设计往往是设计的关键，常规网壳结构杆件共面，在杆件交汇点部分杆件必然需要断开，采用钢插板和螺栓/螺钉的形式连接，该节点形式无法做到节点完全刚接，且建筑外观不能实现全木的建筑效果，而单层网壳结构体系成立的关键是杆件节点需要刚接，非常有必要提出一种新型的胶合木网壳结构体系，使胶合木建筑功能多样化变为可能。新体系往往需要一系列新型节点及施工安装方案，本书针对以上问题进行深入研究，并将研究成果成功应用于太原植物园温室建筑。

参考资料

[1]　李亚明. 大跨度胶合木网格（壳）结构设计[M]. 上海: 上海科学技术出版社, 2021.

[2]　李亚明. 复杂空间结构设计与实践[M]. 上海: 同济大学出版社, 2021: 166-184.

[3]　李亚明, 李瑞雄, 贾水钟, 等. 太原植物园胶合木半搭接节点受力性能试验研究[J]. 建筑技术, 2020(3).

[4]　贾水钟. 太原植物园大跨胶合木网壳结构设计关键技术研究[J]. 建筑结构, 2022(2).

[5]　李瑞雄. 太原植物园大跨胶合木网壳木梁叠放连接节点刚度取值方法研究[J]. 建筑结构, 2022(2).

[6] 贾水钟, 李瑞雄, 李亚明. 太原植物园大跨胶合木网壳销轴—钢插板支座节点受力性能试验研究[J]. 建筑结构, 2022(2).

[7] 贾水钟, 李瑞雄, 李亚明. 太原植物园进口胶合木材性试验及应用研究[J]. 建筑结构, 2022(2).

[8] 贾水钟, 李瑞雄, 石硕. 胶合木大跨空间结构设计实践[J]. 建筑结构, 2023(1).

[9] 同济大学. 太原植物园木屋盖结构构件及节点试验报告[R]. 2019.

设计团队

结构设计单位：上海建筑设计研究院有限公司（结构方案 + 初步设计 + 施工图设计）

Delugan Meissl Associated Architects（建筑方案设计）

结构设计团队：李亚明、贾水钟、李瑞雄、张　海、吕　昕、黄　博

执　笔　人：李瑞雄

获奖信息

2021 年度世界结构工程师学会（The institution of Structural Engineers）世界建筑物类结构技艺大奖（Structural Artistry (Building Structures)）

2021 Global Best Project Award-Sports/Entertainment ENR Global

2023 年度上海市优秀工程勘察设计奖结构专项一等奖

2019—2020 年度上海市建设工程金属结构优质工程奖

2019 上海市建设工程绿色施工达标工程

2021 中国建筑金属结构钢结构金奖工程

2021 上海市优质安装工程

2022 上海市市政工程金奖

第14章

黑瞎子岛生态植物园

14.1 工程概况

14.1.1 建筑概况

黑瞎子岛生态植物园项目设计于 2012 年。项目选址位于祖国最东端的黑瞎子岛上。向东为与俄罗斯接壤的国界线，向西则为通往黑瞎子岛的公路大桥，基地±0.000 标高为黄海高程 40.600m。是首个在岛上兴建的大型民用公共建筑。

黑瞎子岛植物园地上建筑面积 1.7 万 m²，包括前厅、植物区（划分为热带植物区 4500m²、本地植物区 2000m²、植物采摘体验区 1500m²）、休息区（休息和餐饮功能），为当时建设中国内最大面积的单体植物园。植物园地上部分平面大部为半径 75m 的圆，内院为多段圆弧相切形成的曲线。半地下室建筑面积 7000m²，层高 5.5m，底面为自然地坪以下 1.5m。建筑周围为堆土斜坡。考虑到岛内存在涨水期问题，基地内部道路及建筑均抬高 4m。

温室建筑最高点高度为 20m，网壳东西向短向跨度为 75m，南北向长向跨度为 125m，为异形单层网壳结构，见图 14.1-1。单层网壳结构从构件组成形式上讲是简单的，但在寒冷的环境中建如此大跨度的单层网壳对结构设计师来说是一个挑战。

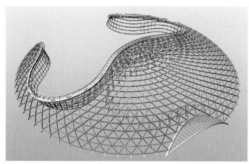

图 14.1-1 温室结构整体效果及构架图

14.1.2 设计条件（表 14.1-1）

设计参数 表 14.1-1

		设计参数	
结构设计使用年限		50 年	
建筑结构安全等级		二级	
结构重要性系数		1	
建筑抗震设防类别		标准设防（丙）类	
地基基础设计等级		一级	
抗震设计参数	抗震设防烈度	6 度	
	设计地震分组	第一组	
	场地类别	Ⅲ类	
	场地特征周期	0.45s	
	基本地震加速度	0.05g	
建筑结构阻尼比	多遇地震	地上：0.035；地下：0.05	
风荷载	基本风压（100 年）	$W_0 = 0.75\text{kN/m}^2$	
	地面粗糙度	B 类	
雪荷载	基本雪压	$S_0 = 0.80\text{kN/m}^2$	
	准永久值系数分区	I	
温度作用	升温	+30℃	
	降温	−35℃	

14.2 结构重点难点分析

14.2.1 单层网壳结构的稳定问题

网壳结构的大量运用使人们发现网壳结构虽然能跨越很大的跨度，但这种结构的大多数构件呈受压状态，典型的破坏形态是失稳破坏。而这种破坏的突发性带来的损失更加严重。1963 年罗马尼亚不加勒斯特一个 93.5m 跨度的单层穹顶网壳屋盖在一场大雪后彻底坍塌。波兰考尔佐夫展览与文化中心的两个直径 30m、矢高 5m 的钢管球面网壳，于 1986 年在暴雪期间先后倒塌。这些例子都说明网壳结构的稳定研究具有极其重要的意义，尤其对于单层网壳，稳定更是控制其设计的关键。而当结构发生失稳破坏时，钢材实际承受的应力水平很低，仅为 $30\sim40N/mm^2$，这远未充分发挥钢材的强度优势，这就使得网壳结构的非线性稳定性成为国内外学者们关注的焦点。

影响单层网壳整体稳定的因素有很多。网壳结构虽然有大的跨度，但一般情况下其高跨比较小。整体结构在外荷载作用下表现出大位移非线性效应。又由于网壳结构的大部分构件呈受压状态，典型的破坏形式是失稳破坏。这种破坏具有突发性且网壳结构发生失稳破坏时钢材实际承受的应力水平很低。有资料表明，在远未充分发挥钢材强度的情况下网壳发生失稳破坏。这说明网壳结构的稳定分析与研究是网壳设计尤其是单层网壳设计的重中之重。如何在一定的跨度条件下使得网壳更稳定，是设计师所要考虑的问题。

笔者罗列的网壳结构稳定性的主要因素有：①结构材料；②曲面形状；③网格密度；④荷载大小及分布；⑤边界条件；⑥节点刚度；⑦非线性效应；⑧初始缺陷等。在单层网壳分析时应综合考虑各方面的因素。

14.2.2 屋面 ETFE 覆盖膜在低温状态下的研究问题

膜结构是一种建筑与结构完美结合的结构体系。它是用高强度柔性薄膜材料与支撑体系相结合形成具有一定刚度的稳定曲面，能承受一定外荷载的空间结构形式。其具有造型自由轻巧、阻燃、制作简易、安装快捷、节能、使用安全等优点，因而使它在世界各地得到广泛应用。这种结构形式特别适用于大型体育场馆、公众休闲娱乐广场、展览会场、购物中心等领域。

ETFE 是英文 Ethylene Tetra Fluoro Ethylene 的缩写，中文名称为"乙烯—四氟乙烯共聚物"，是一种人工合成的氟聚合物。ETFE 是一种无色、透明的颗粒状结晶体，具有极好的耐擦伤性和耐磨性，耐高温、耐腐蚀，绝缘性能好。用于建筑工程上的 ETFE 膜材是由其生料加工而成的薄膜，非常坚固、耐用，并具有极高的透光性。

ETFE 膜材在建筑中的应用可分为两种情况，第一种为单层张力膜结构，第二种是多层气枕膜结构。由于膜材本身的强度相对偏低，厚度仅为 0.1～0.25mm，所以单层张拉式 ETFE 膜结构仅适用于跨度较小的情况。另外，较明显的徐变特征也是 ETFE 应用于单层张拉式膜结构的制约因素之一。所以，目前实际工程中 ETFE 大多是以 2～5 层气枕形式出现的，ETFE 气枕的内压根据外荷载的不同在 200～800Pa 之间。气枕的合理矢跨比为 6%～20%。

目前，国内外对 ETFE 薄膜的研究主要局限在单轴拉伸，双轴拉伸试验研究很少。生产厂商也逐渐将研究范围拓宽至生产、加工、安装以及使用寿命等，对工程应用起到很大作用。低温下的 ETFE 单轴拉伸性能的研究更处于一片空白。实际工程中 ETFE 薄膜膜面处于平面受力状态，ETFE 薄膜在双向或者多向受力状态下的材料性能也有待进一步研究。

随着 ETFE 膜结构的兴起和发展，采用 ETFE 气枕结构的建筑结构越来越多。对 ETFE 气枕结构的研究亟需进一步深入以满足现在发展的需要。通过研究及试验，探索气枕找形方法，研究荷载作用下ETFE气枕的受力性能以及满足ETFE气枕找形、成型、荷载作用下的数值分析方法，为ETFE膜结构的设计理论提供参考，为ETFE膜结构的进一步发展提供理论支撑。

14.2.3　结构解决方案

1．单层网壳结构体系的解决方案

（1）采用不同结构材料即钢结构、铝合金的单层网壳对比来分析二者的优缺点，从而选择最优的材料。

（2）通过不同的屋面覆盖材料（玻璃幕墙、ETFE覆盖膜）和网格密度划分对单层网壳进行对比分析，找出最佳方案。

（3）通过不同荷载分布、节点刚度研究等对单层网壳进行整体稳定分析，保证结构安全。

2．屋面覆盖ETFE膜的解决方案

（1）利用单轴拉伸试验，对ETFE薄膜低温力学性能进行研究，得到低温下材料的力学参数。并与相关文献中提供的ETFE薄膜高温力学性能进行比较，探索在一定温度范围内ETFE薄膜力学参数随温度的变化关系。

（2）对不同形状的等边三角形双层气枕找形方法进行研究，结合相关文献得到三角形气枕的理论找形公式，推导膜单元刚度矩阵，提出基于非线性有限单元法的ETFE气枕找形方法。对不同内压和矢高条件下的正三角形气枕进行找形分析，探索三角形气枕的跨度、内压、矢高之间的关系。通过计算分析，得到正三角形找形选型表，为工程设计提供依据。

（3）设计了ETFE双层三角形气枕模型，对气枕进行升压及铺砂试验，以模拟气枕在风吸力及积雪荷载作用下的受力状态。在双层气枕上共布置8个测点，得到各个测点的实时内压—高度曲线。利用ANSYS有限元软件建立了ETFE双层三角形气枕模型的有限元模型，对三角形气枕全过程进行模拟。证明有限元分析软件在ETFE三角形气枕分析中的可行性，以便指导实际工程中三角形气枕的应用。

（4）结合本工程黑瞎子岛植物园展览温室，对典型三角形ETFE气枕项目进行了分析，通过找形分析、抗风荷载分析、抗雪荷载分析，验证ETFE薄膜气枕在我国北方寒冷地区推广应用的可行性。

14.3　结构体系分析

14.3.1　不同材料对网壳结构影响分析

鉴于本工程结构体系为可解析的类椭球面单层网壳，针对此结构体系，目前主流的网壳材料一般有两种，即钢材和铝合金。

钢材材料特性：①材质均匀，质量稳定，可靠性高；实际受力情况与力学计算结果比较符合。②轻质高强，可焊性好。③工业化程度高，便于运输和安装。④密封性强，耐热性较好。⑤耐腐蚀性和耐火性差。⑥钢材在低温和其他特殊条件下，可能发生脆性断裂。

铝合金材料特性：①轻质高强。②低温力学性能好。③可以挤压成型。④弹性模量低。⑤焊接工艺复杂。⑥抗疲劳性能差。

从材料性质讲铝合金材料比钢材更适用于温室的高湿环境及北方的低温环境。

网壳杆件采用铝合金和钢材，并采用多组不同截面数据进行比对来证明结构材料对网壳整体稳定的影响。铝合金牌号采用6061-T6，钢材牌号采用Q345D，材料特性见表14.3-1。

材料特性表		表 14.3-1
项目	6061-T6 铝合金	Q345D 钢
屈服强度	245N/mm²	345N/mm²
弹性模量	69000N/mm²	206000N/mm²
密度	2.8 × 10³kg/m³	7.8 × 10³kg/m³

钢结构与铝合金结构屈曲分析对比:

荷载模式取为"1 自重 + 1 恒荷载 + 1(全跨)雪荷载"。初始缺陷取为跨度的 1/300。同时,部分计算内容将网壳各杆件分三段用梁单元来模拟以考虑杆件的自身稳定。采用 ANSYS 软件同时考虑材料非线性和几何非线性的屈曲分析,《空间网格结构技术规程》JGJ 7-2010 第 4.3.4 条规定屈曲荷载系数应大于 2。分析时,用两个 BEAM188 梁单元模拟网壳的一根杆件,激活应力刚化效应和大变形效应。采用荷载控制法,荷载模式取为"10 自重 + 10 恒荷载 + 10(全跨)雪荷载"。

材料的应力应变关系分弹性阶段与弹塑性阶段。钢材材料的应力应变关系假定为经典的双折线型,即应力超过屈服应力 345MPa 后,弹性模量折减为 1%。铝合金的弹性阶段与弹塑性阶段应力应变关系根据试验数据确定。钢材与铝合金材料的应力应变曲线见图 14.3-1。

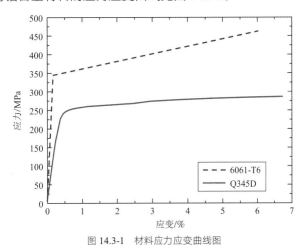

图 14.3-1 材料应力应变曲线图

计算工况及计算结果见表 14.3-2。

	双非线性屈曲分析结果		表 14.3-2
序号	网壳杆件		荷载系数
	材料	截面/mm	
1	铝	H450 × 180 × 8 × 10	0.6
2	铝	H500 × 200 × 12 × 20	1.25
3	铝	H600 × 200 × 14 × 20	1.75
4	铝	B500 × 200 × 12 × 20	1.7
5	钢	H500 × 200 × 12 × 20	2.88
6	钢	H600 × 200 × 12 × 20	2.38
7	钢	B400 × 200 × 12 × 20	3.08
8	钢	B500 × 200 × 12 × 20	4

由表 14.3-2 可知：该单层网壳采用铝合金时，双非线性的屈曲荷载系数均小于 2；而采用差不多截面的钢材时，则可以超过 2。同等规格的截面以 B500×200×12×20 为例，使用钢材的网壳整体稳定性是铝合金的 2.35 倍。

图 14.3-2 给出了采用 H600×200×12×20 截面杆件的全钢网壳的屈曲分析结果，此时的荷载系数为 2.38。需要说明的是分析所施加的荷载放大了 10 倍，图 14.3-2（b）显示的荷载系数为 0.23，实际的屈曲荷载系数为 2.38。

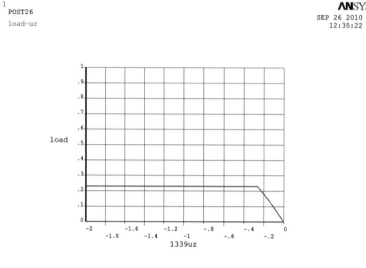

(a) 位移—荷载历程曲线

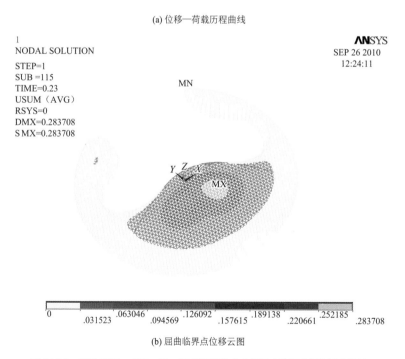

(b) 屈曲临界点位移云图

图 14.3-2　采用 H600×200×12×20 截面杆件的全钢网壳的双非线性屈曲分析

铝合金虽然相对密度只有钢材的 1/3，自重轻对结构整体稳定是有帮助的，但铝合金材料相对钢材较软，弹性模量只有钢材的 1/3。分析计算表明，采用常用截面的铝合金难以满足网壳整体稳定要求。采用钢材网壳整体稳定系数是铝合金的 2 倍左右。这说明在同等情况下钢材可以比铝合金获得倍数级的网壳整体稳定度。虽然铝合金材料轻质、高强、耐腐蚀、耐低温，但运用在矢跨比较小的大跨单层网壳上时整体稳定度上还是有较大缺陷的。

14.3.2 网壳覆盖材料对结构的影响

网壳的覆盖材料对于单层网壳而言，主要是体现在荷载的大小。较轻的覆盖材料可以使网壳结构获得更大的荷载系数，从而使得结构的整体稳定性更强（表14.3-3）。

<table>
<tr><td colspan="2" align="right">自重荷载对比表   表 14.3-3</td></tr>
<tr><td>玻璃荷载/（kN/m²）</td><td align="center">1</td></tr>
<tr><td>充气膜荷载/（kN/m²）</td><td align="center">0.45</td></tr>
</table>

荷载模式取为"1自重＋1恒荷载＋1（全跨）雪荷载"。初始缺陷取为跨度的1/300。同时，部分计算内容将网壳各杆件分三段用梁单元来模拟以考虑杆件的自身稳定。采用 ANSYS 软件同时考虑材料非线性和几何非线性的屈曲分析，网壳杆件取 B500×200×12×20。

材料的应力—应变关系分弹性阶段与弹塑性阶段。钢材材料的应力—应变关系假定为经典的双折线形，即应力超过屈服应力 345MPa 后，弹性模量折减为 1%。

计算结果见图 14.3-3。

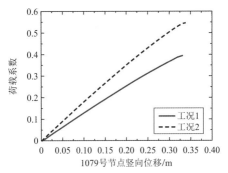

图 14.3-3 不同覆盖体系网壳整体屈曲对比图

工况1荷载系数为4，工况2荷载系数为5.5。这说明在网格间距不变的情况下减轻自重的覆盖体系可以很明显地提高网壳的整体稳定性。

在拱度相同的情况下大幅度减轻自重可以改善结构的受力性能，提高单层网壳的整体稳定性，同时可以放宽杆件间距。用 ETFE 气枕膜来替代玻璃顶，覆盖重量比玻璃覆盖减轻二分之一以上。原方案采用玻璃屋面，相对杆件划格较密，相对的结构自重较重。减轻自重可以放宽网格间距，让人产生舒适感。同时，采用 ETFE 膜去除了玻璃的尺寸限制，分隔尺寸增大，很大程度上减少了结构杆件阴影，有效引入日光的照射。对结构来说，减轻覆盖体系的自重和钢构件本身的自重可以提高单层网壳的整体稳定性，从而增加结构的安全度（图14.3-4）。通过统计分析，小网格采用 B500×200×12×20 杆件；大网格采用 B600×200×14×24 杆件。小网格的总用钢量为2160t，大网格的总用钢量为1510t，节省钢材650t，占原用钢量的30%。

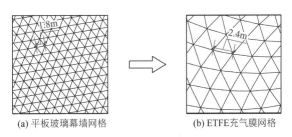

(a) 平板玻璃幕墙网格   (b) ETFE充气膜网格

图 14.3-4 覆盖体系网格变化图

由于外覆盖改用 ETFE 覆盖充气膜，使得网格边距由原来的1.8～2.2m 扩大为4.2～7m，网格分割比玻璃覆盖加大2倍以上。网壳外侧落地，内侧搁置于内庭斜钢柱支撑的檐口曲梁上。网壳内部为无柱空间。屋面围护采用 ETFE 充气膜体系。内庭院为向外倾斜的斜向曲面,侧面围护采用玻璃幕墙(图 14.3-5)。

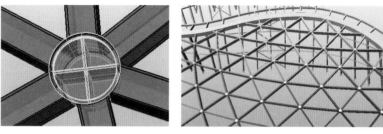

圆盘钢节点

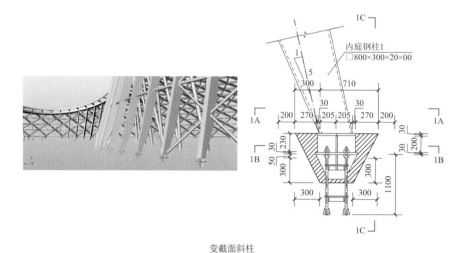

变截面斜柱

图 14.3-5　采用 ETFE 覆盖体系后的网格 3D 及局部节点图

14.3.3　网壳不利荷载分布对结构影响

在依据《网壳结构技术规程》JGJ 61-2003 第 4.3.2～4.3.4 款的规定利用 Midas 软件考虑几何非线性屈曲分析的基础上, 利用 ANSYS 软件同时考虑材料非线性和几何非线性的屈曲分析。本报告将对上述计算过程及计算结果进行汇总。

1. 考虑几何非线性的屈曲分析

在 Midas 软件中采用位移控制法考虑几何非线性的屈曲分析。荷载模式取为"1.1 自重＋1 恒荷载＋1 (全跨)雪荷载"。初始缺陷基于一阶(整体)屈曲模态引入。

此时的位移—荷载曲线及屈曲临界形态见图 14.3-6、图 14.3-7。全跨和半跨雪载下屈曲荷载系数分别为 5.69 和 5.84。

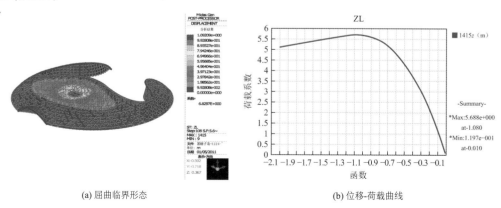

(a) 屈曲临界形态　　　　　　　(b) 位移-荷载曲线

图 14.3-6　全跨雪载下考虑几何非线性的屈曲分析结果

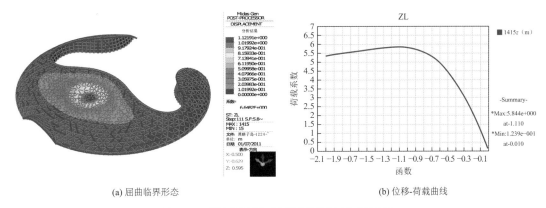

(a) 屈曲临界形态

(b) 位移-荷载曲线

图 14.3-7　半跨雪载下考虑几何非线性的屈曲分析结果

2. 双非线性屈曲分析

为更好地了解该结构的屈曲情况，采用 ANSYS 软件进行同时考虑材料非线性和几何非线性的屈曲分析。采用荷载控制法，荷载模式取为"5.5 自重＋5 恒荷载＋5（全跨）雪荷载"。初始缺陷基于一阶（整体）屈曲模态引入。BEAM188 梁单元模拟网壳的一根杆件，激活应力刚化效应和大变形效应。

此时的位移-荷载曲线及屈曲临界形态见图 14.3-8、图 14.3-9。全跨和半跨雪载下屈曲荷载系数分别为 3.24 和 3.32。

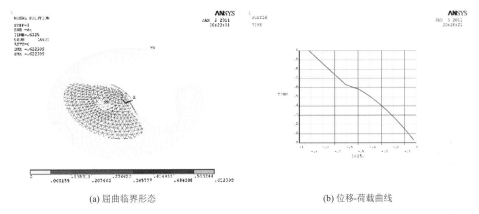

(a) 屈曲临界形态

(b) 位移-荷载曲线

图 14.3-8　全跨雪载下同时考虑几何和材料非线性的屈曲分析结果

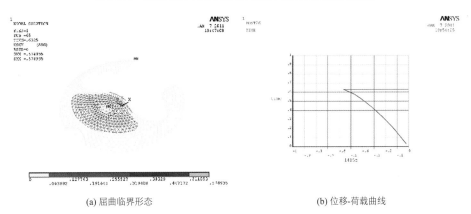

(a) 屈曲临界形态

(b) 位移-荷载曲线

图 14.3-9　半跨雪载下同时考虑几何和材料非线性的屈曲分析结果

3. 分析结论

全跨和半跨雪载作用下，该单层网壳结构考虑几何非线性时屈曲荷载系数均超过 5.5，满足《网壳结构技术规程》JGJ 61-2003 第 4.3.2～4.3.4 款大于 5 的规定。同时考虑几何和材料非线性的屈曲荷载系数均超过 3，有一定的安全储备。

考察图 14.3-6～图 14.3-9 所给的位移-荷载曲线和屈曲临界形态可以发现：由于该单层网壳上部较平，矢跨比较小，当荷载施加到一定程度，该部分构型开始迅速恶化，影响整体稳定性能，是网壳整体屈曲的控制区域。从结构稳定性能角度看，从网壳找形上适当增加该部分的曲率对结整体构稳定是有帮助的。

14.3.4　网壳温度对结构不利影响

为一定程度上考虑温度作用对结构整体稳定的影响，本小节将在上述标准组合荷载模式下的结构整体稳定分析之前，增加一个温度作用的荷载步分析，以近似考察结构分别在升温 30℃和降温 35℃下的稳定承载力。结合以上章节的分析，这里仅考察全跨雪载的工况。

此时的位移-荷载曲线及屈曲临界形态见图 14.3-10、图 14.3-11。

升温 30℃和降温 35℃后全跨雪载下的屈曲荷载系数分别为 2.39 和 2.19。相对于不考虑温度荷载时的 2.15 的屈曲荷载系数，升温后整体稳定性有所提高，降温后整体稳定性基本不变。升温变形提高了网壳拱度，在网壳容易失稳的区域反而有所帮助。降温工况使得网壳杆件受拉，抵消部分杆件的压力，计算得到的网壳整体稳定系数与常温下基本相同。

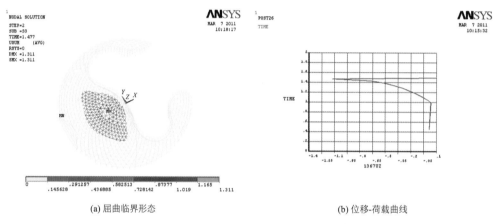

(a) 屈曲临界形态　　　　　　　　　　　(b) 位移-荷载曲线

图 14.3-10　升温 30℃全跨雪载下同时考虑几何和材料非线性的屈曲分析结果

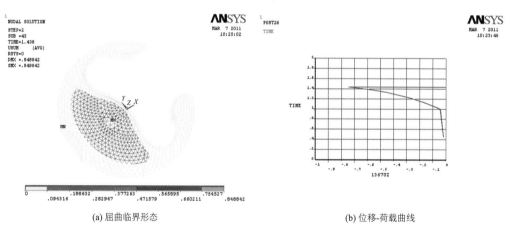

(a) 屈曲临界形态　　　　　　　　　　　(b) 位移-荷载曲线

图 14.3-11　降温 35℃全跨雪载下同时考虑几何和材料非线性的屈曲分析结果

14.3.5　节点有限元分析

根据典型节点读取最大组内力，把杆件内力加到最大时进行节点有限元应力分析，如下：

（1）建立网壳典型节点有限元分析模型，典型节点有限元分析结果见图 14.3-12、图 14.3-13，节点变形分析见图 14.3-14。

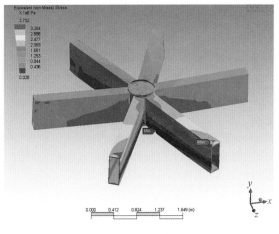

(a) 整体节点 Mises 应力图

(b) 环形节点内 Mises 应力图

图 14.3-12　节点 Mises 应力图

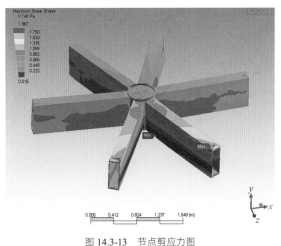

图 14.3-13　节点剪应力图

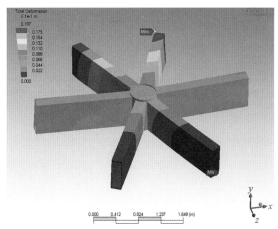

图 14.3-14　节点变形图

（2）计算表明杆件应力达到屈曲时节点应力为 40～166MPa，最大变形仅 0.1mm 左右。应力及变形均很小，节点能做到传递杆件应力的刚接条件。

14.3.6　结构方案结论

通过以上分析可以得出以下结论：

（1）影响单层网壳整体稳定的因素很多，可分为不可变因素和可变因素。不可变因素可归纳为：活荷载大小及分布、边界条件、初始缺陷、节点刚度等；可变因素可归纳为：材料、曲面形状、网格密度及覆盖体系等。

（2）不可变因素中活荷载大小及分布、边界条件是确定的；初始缺陷根据规范要求也是确定的；单层网壳节点刚度规范要求是刚接的。所以，不可变因素确定了对网壳整体稳定的一种制约条件。

（3）可变因素中材料因素起到较大作用，钢材网壳比铝合金网壳整体稳定性更高是由于钢的弹性模量大于铝合金 3 倍左右，在结构稳定性方面更硬的材料会发挥得更好。铝合金网壳一般适合屋面荷载小的刚度较好的网壳结构。在活载较重的情况下采用钢材会得到比铝合金材料更理想的整体稳定结果。

（4）由于建筑外形的要求，在可变因素中曲面形状只能是微调，以达到杆件应力分布相对均匀的目的，所以微调的曲面形状可以适当改善网壳整体稳定性。

（5）网格密度及覆盖体系对网壳稳定性影响较大。不采用玻璃覆盖体系而采用轻质的 ETFE 覆盖体系可以使得网壳杆件间距加大 1/3 倍，从而减轻 1/3 钢自重及 1/2 的覆盖重量。分析表明，荷载较轻的网壳可以获得更高的稳定系数，稳定性也能满足规范的要求。

（6）研究表明，新型的 ETFE 覆盖体系可以加大网壳网格的间距，减轻网壳的钢构自重及覆盖自重，在单层网壳的整体稳定方面可以提供有益的作用，并为建筑师在网壳美观设计上提供支持。

最终结构方案选定 ETFE 覆盖膜的单层钢结构空间网壳体系。网壳杆件采用 600mm × 200mm × 24mm × 14mm 的矩形钢管，网壳节点采用可以实现不同方向杆件自由对接的圆盘节点。

14.4 ETFE 膜的研究与应用

14.4.1 ETFE 膜研究现状

膜结构是一种建筑与结构完美结合的结构体系。它是用高强度柔性薄膜材料与支撑体系相结合形成具有一定刚度的稳定曲面，能承受一定外荷载的空间结构形式。其具有造型自由轻巧、阻燃、制作简易、安装快捷、节能、使用安全等优点，因而使它在世界各地得到广泛应用。这种结构形式特别适用于大型体育场馆、公众休闲娱乐广场、展览会场、购物中心等领域。

ETFE 是英文 Ethylene Tetra Fluoro Ethylene 的缩写，中文名称为"乙烯—四氟乙烯共聚物"，是一种人工合成的氟聚合物。其主要成分是萤石。萤石在受热情况下分解，其中氯二氟甲烷转化成无色无味的聚四氟乙烯气体，聚四氟乙烯再与乙烯作用形成 ETFE 聚合物。最终，ETFE 聚合物被加工成粉末状或被压缩成颗粒状。ETFE 是一种无色、透明的颗粒状结晶体，具有极好的耐擦伤性和耐磨性、耐高温、耐腐蚀，绝缘性能好，常被用作电缆护套或管道护衬。用于建筑工程上的 ETFE 膜材是由其生料加工而成的薄膜，非常坚固、耐用，并具有极高的透光性。

建筑使用的 ETFE 膜材厚度通常在 0.05～0.3mm，其中 0.25mm 是工程设计中建议的最大厚度，因为膜材过厚将导致脆性增加，降低力学性能，而且难以加工。ETFE 膜材的抗拉强度为 40～60MPa，破断延伸率一般在 300%～400%。ETFE 的密度约为 $1.75g/cm^3$，以 0.2mm 厚的 ETFE 膜材为例，其质量约 $350g/m^2$。

14.4.2 存在的问题与本工程的主要研究内容

目前，国内外对 ETFE 薄膜的研究主要局限在单轴拉伸，双轴拉伸试验研究很少。生产厂商也逐渐将研究范围拓宽至生产、加工、安装以及使用寿命等，对工程应用起到很大作用。2005 年，日本膜结构协会对 ETFE 薄膜结构的材性、加工、设计、施工和维护等方面进行了整理，形成了 ETFE 气枕结构设计指南草案。草案中 ETFE 薄膜的材料性能均来自单轴拉伸试验。而大量的 ETFE 单轴拉伸试验数据有一定的波动性，缺乏一个有效的统计值。低温下的 ETFE 单轴拉伸性能的研究也处于一片空白。对 ETFE 薄膜材料，单轴拉伸试验的研究还有待进一步拓展和完善。实际工程中 ETFE 薄膜膜面处于平面受力状态，ETFE 薄膜在双向或者多向受力状态下的材料性能也有待进一步研究。

随着 ETFE 膜结构的兴起和发展，采用 ETFE 气枕结构的建筑结构越来越多。对 ETFE 气枕结构的研究亟需进一步深入以满足现状发展的需要。通过研究及试验，探索气枕找形方法，研究荷载作用下 ETFE 气枕的受力性能以及满足 ETFE 气枕找形、成型、荷载作用下的数值分析方法，为 ETFE 膜结构的设计理论提供参考，为 ETFE 膜结构的进一步发展提供理论支撑。

本工程主要研究内容：

（1）利用单轴拉伸试验，对 ETFE 薄膜低温力学性能进行研究，得到低温下材料的力学参数。并与相关文献中提供的 ETFE 薄膜高温力学性能进行比较，探索在一定温度范围内 ETFE 薄膜力学参数随温度变化的关系。

（2）对不同形状的等边三角形双层气枕找形方法进行研究，结合相关文献得到三角形气枕的理论找形公式，推导膜单元刚度矩阵，提出基于非线性有限单元法的 ETFE 气枕找形方法。对不同内压和矢高条件下的正三角形气枕进行找形分析，探索三角形气枕的跨度、内压、矢高之间的关系。通过计算分析，得到正三角形找形选型表，为工程设计提供参考。

（3）设计了 ETFE 双层三角形气枕模型，对气枕进行升压及铺砂试验，以模拟气枕在风吸力及积雪荷载作用下的受力状态。在双层气枕上共布置 8 个测点，得到各个测点的实时内压-高度曲线。利用 ANSYS 有限元软件建立了 ETFE 双层三角形气枕模型的有限元模型，对三角形气枕全过程进行模拟。证明有限元分析软件在 ETFE 三角形气枕分析中的可行性，以便指导实际工程中三角形气枕的应用。

（4）结合黑瞎子岛植物园展览温室，对典型三角形 ETFE 气枕项目进行了分析，通过找形分析、抗风荷载分析、抗雪荷载分析，验证 ETFE 薄膜气枕在我国北方寒冷地区推广应用的可行性。

14.4.3 ETFE 薄膜低温单向拉伸性能试验

建筑用 ETFE 薄膜的常用厚度为 0.1~0.25mm，非常薄。相对于钢材等常见建筑材料，它的弹性模量、屈服强度、延伸率等力学性能参数对温度变化更为敏感。因此，国内外学者对不同温度下 ETFE 建筑膜材的力学性能进行了一些试验研究，但是现有文献基本都偏重于研究高温对 ETFE 膜材力学性能的影响性，而低温情况下 ETFE 力学性能的变化尚未见到任何试验或研究。但是随着 ETFE 膜结构在北部寒冷地区的使用，研究 ETFE 在低温下的力学性能具有理论和工程意义。

文献[4]对 14 组，每组 5 个哑铃形试样进行了 23~100℃环境下的单向拉伸性能试验。指出随着温度的升高，屈服强度、抗拉、破断延伸率、切线模量和割线模量均呈减小规律。文献[13]通过单向拉伸试验指出，常温下 ETFE 的两个屈服点对应的应变为 2.3% 和 14%；屈服应力随温度的升高而降低，随变形速度的增加而提高。

本章节对 7 组试样进行了单向拉伸试验，研究在 20~–100℃环境下 ETFE 的基本力学性能，为相关工程设计提供基本的设计依据。

1. 试验方法

本文参照国家塑料薄膜拉伸试验标准，对 ETFE 薄膜进行低温单向拉伸试验。试为 20、0、–20、–40、–60、–80、–100℃共 7 种环境温度。拉伸试验用的 ETFE 薄膜为日本旭硝子公司生产，厚度为建筑中常用的 250μm。

根据试验过程中作用于试样上的拉力与截面面积之比得到应力，截面面积则按试样在拉伸前标线间部分截面计算，未考虑伸长后截面面积的减小。应变按标线间距离变化计算。

2. 拉伸试样

由文献[4,7]，可以认为 ETFE 薄膜是各向同性材料。本次试验的目的是研究膜材力学性能受低温环境的影响规律，所以试验中取膜材机器方向（MD）作为拉伸方向。

根据国家塑料薄膜拉伸试验标准，结合试验设备的适用范围，采用长条形裁切试样进行拉伸试验。长条形试样的宽度取 15mm，标线间距离为 50mm，夹具间初始距离为 50mm，总长度为 100mm。参见图 14.4-1。参考文献[10]，每种温度一组，每组取 5 个试样进行试验。

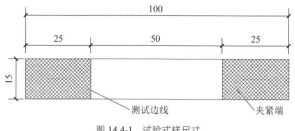

图 14.4-1 试验式样尺寸

3. 拉伸曲线

忽略拉伸过程中试样截面尺寸的变化，及屈服点以前夹具内部分的滑移距离，采用下列公式计算得到拉伸试样的应力和应变：

$$\sigma = \frac{F}{A} \qquad \varepsilon = \frac{L_1 - L_0}{L_0} \times 100 \qquad\qquad (14.4\text{-}1)$$

式中：σ——应力（MPa）；

$\quad$ F——拉力（N）；

$\quad$ A——试样标线内截面面积（mm²）；

$\quad$ ε——应变；

$\quad$ L_1——拉伸过程中标距段长度；

$\quad$ L_0——标距段初始长度。不同温度对应的试样拉伸曲线见图 14.4-2。

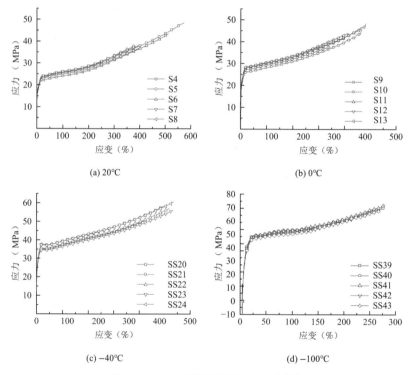

图 14.4-2 ETFE 薄膜单向拉伸应力-应变曲线

根据图 14.4-2，常温（20℃）状态下，ETFE 膜材应力-应变曲线由明显的三部分组成，即第一段线性、第二段线性和第三段强化至断裂部分。此时，可以简化为三折线模型。与根据文献[4～7]得到的结论相同。

随着温度的降低，特别是当温度降至 –40℃以下时，第一屈服点变得模糊，ETFE 膜材应力-应变曲线的第一段和第二段成为连续曲线，此时，是否可采用三折线模型值得讨论。第二屈服点仍然明显存在。

4. 屈服应力与抗拉强度

第一屈服点应力随温度的降低呈近似线性增加，温度每降低 20℃，第一屈服应力约增加 2.6MPa。第一屈服点应变随着温度的降低也呈近似线性增加规律，每降低 20℃，屈服应变约增加 0.6%。

抗拉强度随着温度的降低呈近似线性提高规律。温度从 20℃降低至−100℃过程中，抗拉强度约提高了 61%，达到 65.6MPa。每降低 20℃，抗拉强度约提高了 4.4MPa。相反，破断延伸率随着温度的降低呈明显的降低规律。从 20℃降低至−100℃过程中，破断延伸率共降低了约 211.2%。说明随着温度的降低，ETFE 膜材的延性有明显降低。

第二屈服应力随温度的降低呈近似线性增加规律。在从 20℃降低到−100℃的过程中，第二屈服应力约提高了 101.5%，达到 46.3MPa。温度每降低 20℃，第二屈服应力约提高 3.7MPa。但是第二屈服应变受低温影响的变化幅度不大，从 20～−100℃变化过程中，第二屈服应变变化幅度在 13.3%以内，ETFE 膜材的第二屈服应变比较稳定。而且第二屈服应变呈近似抛物线型变化规律，随着温度的降低先减小后增加，是屈服应变与破断延伸率变化规律的过渡过程。

5. 弹性模量

随着温度的降低，ETFE 的切线模量呈近似线性增加规律，温度每降低 20℃约增加 83.4MPa。

从 20℃降低至−100℃过程中，割线弹性模量的变化幅度在 10%以内，是一个比较稳定的参数。因此，工程设计中采用割线模量可以不考虑温度的影响。

第二弹性模量随着温度的降低呈近似线性增加规律，温度每降低 20℃约增加 9.9MPa。

可以看到，在低温环境下 ETFE 膜材弹性模量将会有所提高。但工程中常用的割线模量变化幅度不大，可以忽略低温的影响。

14.4.4 ETFE 温度影响分析

结合文献[4,11]，可以给出从−100～100℃范围内 ETFE 基本力学参数的变化，由于数据有限，这里给出工程设计最常用的三个参数：切线刚度、第二屈服强度和抗拉强度。具体汇总如表 14.4-1 所示。

不同温度下 ETFE 主要力学参数 表 14.4-1

温度/℃	第一屈服强度/MPa	第一屈服应变/%	第二屈服强度/MPa	第二屈服应变/%	抗拉强度/MPa	破断延伸率/%	切线模量/MPa	割线模量/MPa	第二弹性模量/MPa
100	—	—	5.3	—	23.2	468.7	116.5	83.3	—
80	—	—	6.7	—	29.1	436.2	147.6	120.4	—
60	—	—	12.7	—	36.2	376.5	399.1	233.9	—
40	13	3	—	18.6	—	—	—	425	—
23	—	—	20.6	—	49.9	260.2	763.4	475	—
20	16.4	2.8	23	15.4	40.7	450.7	805.8	480	52.2
0	20	3.3	28.2	14.6	45.2	366	872.8	475	72.8
−20	21	3.6	29.5	14.1	47	393.3	971.1	540	81.7
−40	24.8	4.2	34.7	15.4	54.6	413.2	1072.2	588.5	89
−60	25.5	4.1	36	14.4	57.9	274.5	1121.5	629.6	101.2
−80	29.7	4.6	41.5	15.4	64.2	242.5	1239.5	649.1	109.9
−100	32.5	5.2	46.3	17.5	65.6	239.5	1289.9	623.1	113

14.4.5 低温单向拉伸性能试验小结

利用单轴拉伸试验，对 ETFE 低温力学性能进行了研究，结合国内外现有文献提供的数据，对−100～

100℃范围内 ETFE 基本力学参数与温度之间的关系进行了拟合，提出了可供实际工程设计参考的简化公式。

（1）随着温度的降低，ETFE 应力-应变曲线在屈服前部分由明显的两折线变成连续的曲线模式。采用三折线简化模型将有一定的误差。

（2）随着温度的降低，屈服应力和抗拉强度均呈近似线性提高的规律：温度每降低10℃，第一屈服强度、第二屈服强度、极限抗拉强度大约分别提高了1.3、2、2MPa。

（3）随着温度的降低，第一屈服应变呈近似线性提高趋势，温度每降低10℃，第一屈服应变约增加0.2%。第二屈服应变与温度变化呈近似二次多项式关系，在−20℃附近第二屈服应变最小，约为14%；在−100～40℃温度区间，第二屈服应变的变化幅度不大，处于 14%～20% 之间。破断延伸率与温度之间的关系数据相对较为离散，但总体趋势是随着温度的增加而增加，破断延伸率受试验条件的不同影响最大。

（4）在−100～100℃范围内，ETFE 膜材的切线模量和割线模量与温度之间均呈二次多项式变化关系；其中当温度低于 0℃时，割线模量受温度变化的影响变化幅度在 10% 以内，相对较为稳定，在工程设计中可忽略其变化的影响。

（5）低温环境下，ETFE 的强度有较大提高，但延性有所降低。

14.4.6　三角形 ETFE 双层气枕足尺模型试验研究

在国内外已经建成的 ETFE 气枕膜结构中，多以六边形、长条形或四边形气枕为主，因为越接近圆形平面的气枕受力性能越是优越；而长条形气枕只要短跨尺寸合适，长度方向可以跨越十几米甚至几十米的空间，大大减少了铝合金边框等二次构件以及充气设备的用量，进而具备更好的经济效益。而相对于四边形、六边形网格，三角形网格具有更优越的面内稳定性能，因为在单层网壳等结构中应用较为普遍，特别是在我国备受青睐。而 ETFE 充气膜结构在工程中多以屋面覆盖系统出现，作为其支承结构的主承重体系多以网壳为主，因此，在我国推广应用 ETFE 气枕系统，对三角形 ETFE 气枕进行系统的研究非常具有工程意义。

以边长为 4m 的正三角形双层 ETFE 气枕为对象，研究三角形 ETFE 气枕在成型过程中及外部荷载作用下的力学性能，为实际工程的设计提供基本的理论支撑。

1. 试验模型设计

试验采用图 14.4-3 所示的双层 ETFE 正三角形气枕模型，试验用型钢支架边长为 4m，试验用的 ETFE 薄膜膜面有效边长为 3.74m，模型边界由工字钢构成。模型上、下层膜面对称，采用 250μm 透明 ETFE 薄膜，ETFE 薄膜通过铝合金夹具固定在工字钢边界上，夹具与工字钢上翼缘之间用螺栓固定拧紧。用于充气和测气压的空气进风口位于下层膜面边缘。试验中送风机采用微型气泵。气泵的气压流量为 35L/min，最大气压为 150PSI，气泵通过充气管与进风口相连给气枕充气。气枕的上下层膜面形状由三片膜片经热合焊接而成，两层膜面之间充气后形成气枕。

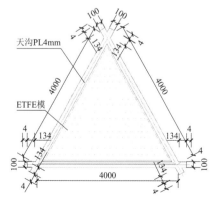

图 14.4-3　双层 ETFE 三角形气枕模型设计图

安装完成后，气枕内部没有空气充入前，上下两层薄膜紧密贴合在一起。由于三角形气枕所采用的ETFE薄膜是根据找形设计曲面经过找形裁剪以后得到的，安装完后的初始状态下，薄膜在自重作用下向下垂。

本次试验的误差来源于模型制作误差、薄膜试样加工和安装误差、加载误差、测量点标定误差、高度测量误差等方面。ETFE双层三角形气枕充气后及加堆砂荷载后的模型，如图14.4-4所示。

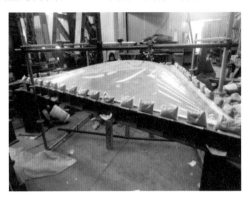

(a) 充气后　　　　　　　　　　　　　　(b) 堆砂荷载后

图14.4-4　ETFE薄膜充气成型和堆砂承载图

2．气枕模型形状测试

气枕模型的膜面形状通过设置初始内压500Pa经找形分析、裁剪得到，膜面设计高度为0.27m。利用有限元软件ANSYS对三角形气枕进行找形模拟分析。

试验时，对上下膜面布置的共8个测点高度进行记录。为了确认气枕充气成型后的膜面形状，给气枕充气，在内压500Pa时测得各膜面布置测点的高度与有限元分析得到的理论值进行比较，见表14.4-2。

膜面测点高度（mm）　　　　　　　　　　　　　　　　　　　　　　表14.4-2

	测点	1	2	3	4	5	6	7	8
	理论值	270	156.78	156.78	156.78	270	231.27	231.27	231.27
模型1	实测值	286.27	178.32	175.75	181.91	282.89	236.28	227.25	227.1
	误差	6%	13.7%	12.1%	16%	4.8%	2.2%	1.7%	1.8%
模型2	实测值	238.22	158.93	158.46	166.74	234.45	180.4	184.38	187.64
	误差	11.8%	1.4%	1.1%	6.4%	13.2%	22%	20.3%	18.9%
模型3	实测值	281.22	181.31	176.23	194.9	280.58	195.5	194.36	203.27
	误差	4.2%	15.6%	12.4%	24.3%	3.9%	15.5%	15.9%	11.9%

注：误差 = |理论值 − 实测值|/理论值 × 100%

由表14.4-2可以看出，三个模型中，模型中心点1、5号两个节点的误差一般比其余6个测点的平均误差小。三个模型的膜面各测点在找形内压下的膜面高度误差具有一定离散性。除了模型2以外，其余两个模型膜面实测形状与设计形状在中心点的差异较小，在6%以内。在膜面中心以外的测点，气枕模型测点的实测膜面高度与找形计算结果差异大小不一：模型1在下膜面的周边3个测点高度与理论值差别很小，在2.2%以内，上膜面相差较大，超过10%；模型2上膜面周边3个测点误差较小，平均误差在3%以内，而下膜面误差相对较大，甚至超过20%；模型3中6个边测点高度与理论值相差都在10%以上。找形内压下成型的三角形气枕上下膜面并没有体现出对称的性质，导致这些形状差异的原因主要是膜面裁剪与拼接加工时候的误差，因此在充气与加砂试验的模型分析对比中，比较的是膜面的变化高度而不是膜面绝对高度。

找形完成后膜面 Von-Mises 应力如图 14.4-5 所示,膜面应力分布均匀,靠近角点部位的膜面应力略小。

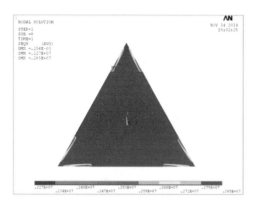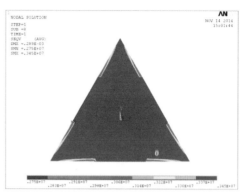

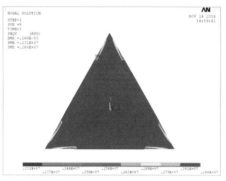

图 14.4-5　三个模型找形后的膜面 Von-Mises 应力图

3．气枕充气铺砂试验

本节针对 ETFE 三角形气枕连续充气过程进行分析。当气枕在达到找形内压 500Pa 后,继续加压至目标荷载 1600Pa。为了给后续的堆砂过程作准备,将气枕泄气至 1300Pa 后开始堆砂。对气枕充气过程,运用有限元分析软件 ANSYS 进行分析,得到不同内压下膜面各测点的高度并与试验数据结果作对比。

4．铺砂试验数值计算结果与试验结果对比

在外部积雪荷载作用下,ETFE 双层气枕只有上表面承受荷载效应,而另一侧膜面仅承受内部气压的作用。试验采用对上膜面铺砂升压的方法模拟实际使用过程中雪荷载的作用,由试验中的测点测得上下膜面的位移与数值计算结果进行比较,检验用数值分析软件分析 ETFE 双层气枕结构力学性能的可靠性。

在充气试验结束后,将气枕内压降至 1300Pa,对气枕进行铺砂加载试验。为了保证试验中砂子在膜面上均匀分布并且不产生滑移,采用20cm × 14cm的矩形砂包。用电子称准确测量每袋砂包重量,保证砂袋荷载相同,将砂包均匀密铺在气枕上表面,模拟 240N/m² 的铺砂荷载。对气枕分五级进行加砂试验。

对封闭气枕施加表面荷载时,气枕体积和内压随时间发生改变。根据图示步骤可以分析在施加雪荷载后的气枕内压。步骤中当变形后计算出的气枕内压P与初始内压P_0相差较大时,采用$P_0 = P_0 + 0.05(P - P_0)$计算气枕改变后的初始内压,这样可以避免大气压与气枕内压差距过大导致的不收敛状况。

气枕上膜面在铺加砂荷载时,要注意不能让砂包遮挡住激光位移计的测点。实际操作过程中不可避免地会出现上膜面激光位移计测点由于周围砂袋的布置而出现鼓出现象或者影响最终测得的位移变化结果。因此,本节只给出上膜面中心测点即 1 号点与下膜面 5、6、7、8 四个测点的位移比较图。下膜面激光位移计的布置如图 14.4-6 所示。

图 14.4-6　下膜面激光位移计布置

对铺砂过程中膜面 5 个测点的位移—内压曲线和数值计算结果进行对比分析，得到以下结论：

（1）砂荷载分五级逐级加载，加载后的膜面变化高度与变化后的内压变化呈近似线性关系。

（2）对 5、6、7、8 号节点的位移—内压曲线进行比较可以得出，5 号点的试验结果与数值计算结果的差距要小于边上 6、7、8 号节点的结果差距。

（3）气枕的下膜面 6、7、8 号测点位移吻合较好，膜面变形较为对称。

（4）数值计算结果与试验所得出的膜面位移绝对值之间有一定差距，但是与膜面高度比较，位移差值不足膜面高度的 2%，数值计算结果可以较好地反映出变形后的膜面高度。

气枕堆上砂荷载后，内压上升，膜面最大应力出现在下膜面。堆完砂荷载后下膜面的第一主应力云图如图 14.4-7 所示，模型 1 的最大主应力为 10.9MPa，模型 2 的最大主应力为 12.7MPa，模型 3 的最大主应力为 11.1MPa，材料即将超过第一屈服点进入非弹性变形阶段。

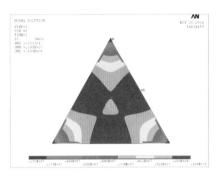
(a) 模型 1

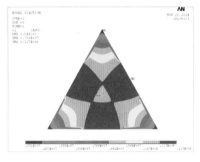
(b) 模型 2

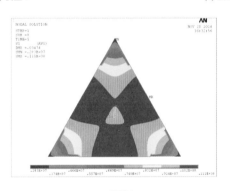
(c) 模型 3

图 14.4-7 铺砂后下膜面的第一主应力云图

气枕表面铺砂荷载与内压之间的关系如图 14.4-8 所示，从图中可以看出，ETFE 内压的升高与铺砂荷载的增大呈线性关系。内压变化大小与膜面初始形状关系不大。平均每铺一级砂，即在气枕上膜面堆载 240N/m² 的砂荷载，气枕内压大约增加 120Pa。

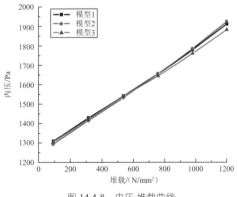

图 14.4-8 内压-堆载曲线

14.4.7 ETFE 覆盖气枕膜分析结论

本项目采用三角形 ETFE 三层气枕，其中上层采用 250μm 厚透明 ETFE 薄膜；中层采用 100μm 厚透明 ETFE 薄膜，中层薄膜中间开孔，仅起保温作用，不参与受力；下层采用 200μm 厚透明 ETFE 薄膜。所有薄膜的极限抗拉强度大于 50MPa，破断延伸率大于 350%，抗撕裂强度大于 400N/mm。气枕正常工作内压为 250Pa。因篇幅所限，ETFE 覆盖膜在本工程中的运用分析从略。通过分析可以得到以下结论：

（1）覆盖体系对网壳稳定性影响较大。与传统玻璃覆盖体系比较采用新型轻质的 ETFE 覆盖体系可以使得网壳杆件间距加大数倍，从而减轻钢自重及覆盖体系重量。分析表明，荷载较轻的网壳可以获得更高的稳定系数，并为建筑师在网壳美观设计上提供支持。

（2）通过单轴拉伸试验给出了 ETFE 薄膜材料的力学参数，具体包括：第一屈服强度（18.4MPa）、第二屈服强度（24.6MPa）、抗拉极限强度（46.3MPa）、切线模量（1124.17MPa）和割线模量（703.67MPa），为工程设计提供了基本依据。

（3）通过单轴试验方法，提出了低温下 ETFE 材料的力学参数，结合国内外现有文献数据，对 $-100 \sim 100$℃范围内 ETFE 基本力学参数与温度之间的关系进行了拟合，提出了可供实际工程设计参考的简化公式。

（4）对边长为 4m 的三角形 ETFE 双层气枕足尺模型进行连续充气与铺砂加载试验，模拟气枕在风吸力及积雪荷载作用下的受力过程。结果显示，风吸力及积雪荷载作用下，膜面变形对称性较好，膜面中心点处的变形最大，随着荷载的增加，膜面变形呈线性增加关系。由于 ETFE 气枕膜结构在工程中基本处于线弹性工作阶段，风和雪荷载作用下，膜面应力小于第一屈服应力，通过有限元数值模拟对比，验证了在实际工程设计分析中，可以利用单轴拉伸试验得到的材料本构模型，弹性模量可采用割线模量，数值模拟与试验结果吻合较好。

14.5 结语

黑瞎子岛生态植物园采用了大跨异形单层钢网壳结构，除了在不同覆盖体系下对单层网壳的影响及网壳本身的受力进行研究分析外，在 ETFE 材料基本力学性能、温度对 ETFE 材料性能的影响、ETFE 气枕找形方法及承载力分析等方面也进行了深入研究。通过工程设计对未来的工程研究及应用总结如下：

（1）单层大跨网壳结构选择较强的材料及较轻的覆盖体系可以达到更好的结构受力效果及建筑美观效果。新型的 ETFE 覆盖体系可以加大网壳网格的间距，减轻网壳的钢构自重及覆盖自重，在温室等大跨公建建筑中有广泛的应用前景。

（2）网壳的拱度对网壳自身的稳定贡献较大，在网壳找形上应和建筑师进行充分沟通，适当调整以增加结构的整体稳定性。

（3）目前，ETFE 气枕基本以屋面围护结构系统的形式出现在建筑上，在寒冷地区对其保温性能提出了更高要求。虽然本工程在膜材低温拉伸试验、气枕试验及理论分析上进行了研究，但在 ETFE 气枕保温性能研究方面所做工作还是相对较少，工程设计基本以国外资料或经验作参考。在相关研究方面需进一步加强。

（4）ETFE 连接强度与合理宽度研究。裁剪后的 ETFE 薄膜利用热合方法进行连接，热合后的连接强度和合理连接宽度尚缺少足够的试验研究，规范尚缺乏足够的理论与试验数据作为支撑，在这一方面研究也需进一步加强。

参考资料

[1] FITZH. 露天用耐候性 ETFE 膜及层合材料(译文)[J]. 有机氟工业, 1990(2): 35-40.

[2] 胥传喜, 陈楚鑫, 钱若军. ETFE 薄膜的材料性能及其工程应用综述[J]. 钢结构, 2003, 18(68): 1-4.

[3] ANNETTE L C. ETFE 的技术与设计[M]. 姜忆南, 李栋, 译. 北京: 中国建筑工业出版社, 2010.

[4] SEUNG J L, S R L, CHEONG H L. Tensile strength tests on ETFE film for roof materials in large membrane structures[Z]. IASS symposium 2010, Shanghai, China, 2229-2239.

[5] 吴明儿, 刘建明, 慕全, 等. ETFE 薄膜单向拉伸性能[J]. 建筑材料学报, 2008, 11(2): 241-247.

[6] 吴明儿, 慕全, 刘建明. 拉伸速度对 ETFE 薄膜力学性能的影响[J].建筑材料学报, 2008, 11(5): 574-579.

[7] GALLIOT C. LUCHSINGER R H. Uniaxial and biaxial mechanical properties of ETFE foils[J]. Polymer testing, 2011(30): 356-365.

[8] Design and construction guide for ETFE film panels[C]. Research Report on Membrane Structures 2005, 2005: Ⅱ1-Ⅱ51.

[9] 中华人民共和国国家质量监督检验检疫总局, 中华人民共和国国家标准化管理委员会. 塑料 拉伸性能的测定 第 1 部分: 总则: GB/T 1040.1-2006/ISO 527-1:1993. [S]. 北京: 中国标准出版社, 2006.

[10] 中华人民共和国国家质量监督检验检疫总局, 中华人民共和国国家标准化管理委员会. 塑料 拉伸性能的测定 第 3 部分: 薄膜和薄片的试验条件: GB/T 1040.3-2006/ISO 527-3:1995. [S]. 北京: 中国标准出版社, 2006.

[11] 慕全, 吴明儿. ETFE 薄膜在高低温环境下的材料性能[C]//第九届全国现代结构工程学术研讨会论文集, 2009: 402-404.

设计团队

结构设计单位：上海建筑设计研究院有限公司

结构设计团队：李亚明、杨　军、李　伟、蔡兹红、李焕龙、宋剑波、朱玉星、张　云、崔家春、李诚铭

执　笔　人：杨　军

获奖信息

2012 年上海青年建筑设计师"金创奖"一等奖

第15章

上海辰山植物园

15.1 工程概况

15.1.1 建筑概况

上海辰山植物园地处上海松江区松江新城北侧、佘山西南，东起佘山中心河，西至千新公路，南抵花辰公路，北达沈砖公路（辰山塘以西）、佘天昆公路。项目占地 202hm²，各类建筑面积约 8 万 m²。植物园中温室建筑是绿环上的主体建筑，温室建筑群与绿环相连接并融为一体。植物园中的绿环是辰山植物园设计中的特色之一，它是由后填土形成的高低起伏的环形土坡。紧邻温室周围绿环的局部最高绝对标高达到 9.000m，场地天然地坪标高约为 3.000m，最高覆土达到 6m 左右。绿环及场地内高低起伏的填土使人在不同的视角观查其中的建筑物的层数、高度均有变化。

温室建筑采用三个异形体的铝合金壳体结构，采用铝合金和玻璃相结合，使用仿生学原理塑造的形体自然、流畅，其晶莹透彻的建筑和绿环融为一体，并且与背景的辰山交相呼应，组成一幅动人的画卷。

生态温室建筑由三座不同的大气候罩、一个有顶棚的室外门厅区、办公区和一个地下的设备区组成。总建筑面积 21165m²。展馆分为三个展厅，分别为 8 个不同的植物展区，建筑面积共 12875m²。生态温室建筑高度分别为 21.412、19.665 和 16.917m，展开面积约为 10000、7800 和 4800m²。温室群建筑形态独特，为弧形的大跨度穹顶，结构采用单层空间网格结构，顶为三角形夹层中空钢化玻璃覆盖。建筑效果图如图 15.1-1、图 15.1-2 所示。

 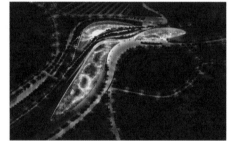

图 15.1-1　辰山植物园内部效果图　　　　图 15.1-2　辰山植物园整体效果图

15.1.2 设计条件

1. 材料和截面

温室结构所用铝合金材料为 6061-T6，钢材为 Q345B；温室结构外表面覆盖双层夹胶（6mm + 6mm）超白钢化玻璃；温室结构杆件除门框采用矩形钢管外，其余均采用铝合金工字形截面，为与建筑玻璃幕墙配合，杆件主轴须与杆件所处位置处曲面法向或网格法向同向。主要杆件尺寸见表 15.1-1。

铝合金结构体系构件截面列表（mm）　　　　　　　　　　　　表 15.1-1

主拱	次拱	斜向网格梁	边界环梁	门框
H300×200×8×10	H300×120×8×10	H300×120×8×10	H300×200×8×10	B300×200×20×20

2. 结构荷载

恒载取值：玻璃面板（厚度 12mm）自重取 0.5kN/m²；

结构骨架自重：（程序自算）；

风机吊挂荷载：在离地面 6m 处每隔 3m 施加 1kN 竖向荷载；

活载取值：0.5kN/m²（全跨、半跨）；

风荷载:按 50 年一遇取基本风压为 0.55kN/m²,风载体形系数和风振系数均根据风洞试验结果取值。上海的年主要风向角为东南风和西北风,而在该风向角下的风洞试验结果除了一个单体(单体 A)外,其余两单体的风作用响应均明显较小,因此取结构风作用响应最大的风向角进行计算,对于温室单体 A 取 60°和 285°风向角进行风载计算。

15.2 建筑特点

15.2.1 建筑曲面为不可解析曲面

温室建筑造型新颖、独特,曲面流畅,外形为自由形体壳体,为不可解析曲面,无法通过解析方程式的方法得到任意点的坐标,且单层网壳的形态影响到结构构件效率,建筑构型与结构受力息息相关。结构选型及构件布置、节点形式等必须考虑未来温室的使用功能特点,综合考虑美观、防腐、安全、经济、易安装等因素的要求,从玻璃建筑的特点出发,完美实现由内而外、由外及内的统一美感,实现"建筑结构一体化",是本项目的重中之重。

为充分发挥壳体刚度,进行了"形体优化",用类似于索网结构找形方式,"寻找"一种曲面,在满足建筑要求的同时,结构受力尽可能优化。形体优化的目的在于:

(1)改进结构的造型,进而获得比较美观而且建造容易的自然曲面;

(2)增大结构"拱效应",提高跨度平面内的竖向刚度;

(3)尽可能使结构承受轴力,而非受弯,从而充分发挥构件的材料潜力。

15.2.2 网格为等边三角形

建筑师要求网格基本为等边三角形,边长为 1.8m,尽可能均匀,为自由曲面的网格划分带来很大的困难。

为了保证杆件网格尺寸的均匀性和杆件曲线的流畅性,在结构建模时,采用如下建模方法:

(1)把所有主拱和次拱自最高点开始往两侧分成 1.8m 一段,把余数留在支座附近;

(2)连接各拱之间的分隔点形成斜向杆件;

(3)处理支座附近处长度很短的杆件,保证最小杆件长度不小于 700mm。

结构网格如图 15.2-1 所示。

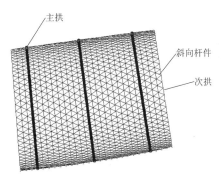

图 15.2-1 结构网格

15.2.3 支座形式对超长结构影响较大

由于建筑造型及室内环境的要求,不允许结构进行设缝。不设缝超长结构,其温度应力的影响非常大，且铝合金材料的线膨胀系数是钢材的两倍，结构的伸缩变形主要来自于周围环境温度的变化。

空间网格的伸缩变形很大程度上取决于结构的支承方式，尤其是支座处侧向约束的定位与方向。除了温度变化引起的伸缩变形外，支座还必须在空间网格和它的支承结构之间传递由风荷载或地震作用形成的水平力。为了有效地抵抗侧向荷载，最低限度的侧向约束还是必需的。这些约束的方位将取决于支承结构的布置及刚度，而且该支承结构也必须设计成能抵抗这些侧向力。

温室建筑坐落在堆土形成的"绿环"上，"绿环"高度、宽度不断变化，温室结构的支座依堆土高度而变，不但对支座定位带来困难，更重要的是大面积堆土会对基础设计带来不利影响。

本项目通过不同支座条件下（包括约束数量、支座释放方式、支座弹簧刚度的大小）网壳结构的变形和受力特性分析，选出一种相对较优的支座方案：所有主次拱落地点均设置X向释放的铰接支座，并在每个支座的X向设置刚度$K = 200\text{N/mm}$的弹簧。

15.3 体系与分析

15.3.1 结构找形

结构找形的方法为把整个结构倒置，所有杆件设为两端铰接，求结构在自重作用下的形态（即为所要求的形体）。"形体优化"前后的曲面对比如图 15.3-1 所示，可见曲面两侧区域向内移动，顶面区域向外移动。其情况类似于膜结构在自重作用下变形。

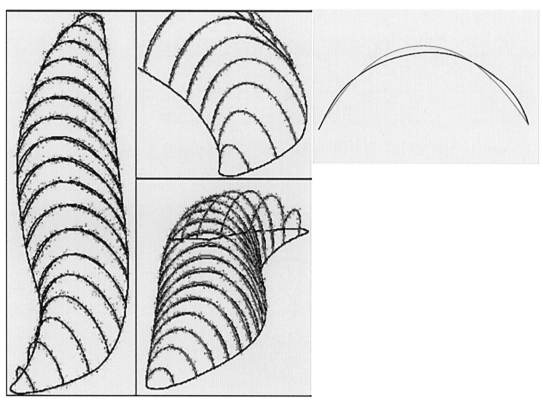

图 15.3-1　温室形体优化前后曲面对比示意图

15.3.2 杆件局部坐标

结构为单层曲面网壳结构，而采用的杆件截面为工字形，因此要获得最大的结构刚度，杆件的局部

Z轴必须与杆件所处位置处曲面的法向同向，如图 15.3-2 所示。

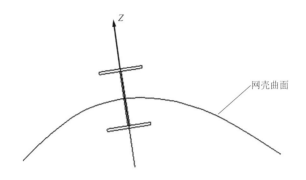

图 15.3-2　杆件局部Z轴方向

杆件局部坐标的β角定义如图 15.3-3 所示，单元坐标系x轴的方向为从N_1点（i点）指向N_2点（j点）。当线单元的单元坐标系的x轴和整体坐标系的Z轴平行时，单元的β角为整体坐标系X轴和单元坐标系z轴的夹角。夹角的符号由绕单元坐标系x轴旋转的右手法则决定。当线单元的单元坐标系的x轴和整体坐标系的Z轴不平行时，单元的β角为单元坐标系x轴与整体坐标系Z轴组成的x-Z平面和单元坐标系x-z平面的夹角。

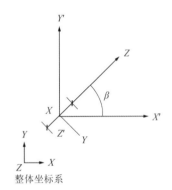

X'：经过N_1点并且与整体坐标系X轴平行的轴
Y'：经过N_1点并且与整体坐标系Y轴平行的轴
Z'：经过N_1点并且与整体坐标系Z轴平行的轴

(a) 竖向构件（线单元的单元坐标系的x轴和整体坐标系的Z轴平行时）

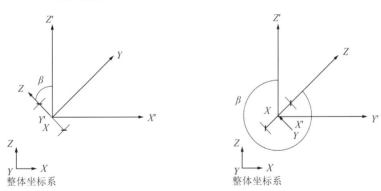

(b) 水平或倾斜构件（线单元的单元坐标系的x轴和整体坐标系的Z轴不平行时）

图 15.3-3　杆件局部坐标

求杆件局部坐标β角的算法如下：

（1）形成节点编号及坐标矩阵，形成杆件编号及杆端节点号矩阵；

（2）求出曲面网壳结构每一节点处的法向量，从而确定xz平面；

（3）求出xz平面与xZ平面的夹角；

（4）根据右手定则确定β角（大拇指指向x轴正向）。

根据以上算法，通过 MATLAB 编程求解杆件的局部坐标。

15.3.3 结构模型

支座采用如下处理方式：

（1）在各单体的中间部位四根拱的两端落地点设立固定铰接支座。

（2）在其余每根拱（包括主拱和次拱）的两端落地点均设立单向弹性铰接支座，以减小温度应力，在支座的局部*x*轴设弹簧（局部*Y*和*Z*两方向线位移约束），弹簧的刚度取为 200N/mm，其方向根据各单体的外形确定，以单体 A 为例，如图 15.3-4 所示。

（3）具体到计算模型时，通过在支座节点上定义局部坐标进行，其中*X*向为弹簧的布置方向，*Z*向与整体坐标系相同，*Y*向根据右手定则确定。

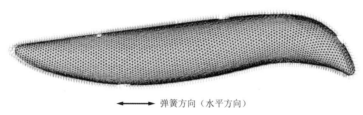

←——→ 弹簧方向（水平方向）

图 15.3-4 温室单体 A 计算模型

15.3.4 结构分析

1. 小震弹性计算分析

采用 MIDAS Gen 软件进行计算，振型数取为 30 个，周期折减系数 1，计算结果见表 15.3-1。

前 30 阶周期（s）   表 15.3-1

第1阶	第2阶	第3阶	第4阶	第5阶	第6阶	第7阶	第8阶	第9阶	第10阶
1.377	0.988	0.661	0.606	0.595	0.501	0.44	0.414	0.406	0.393
第11阶	第12阶	第13阶	第14阶	第15阶	第16阶	第17阶	第18阶	第19阶	第20阶
0.38	0.353	0.334	0.324	0.317	0.305	0.3	0.287	0.286	0.276
第21阶	第22阶	第23阶	第24阶	第25阶	第26阶	第27阶	第28阶	第29阶	第30阶
0.262	0.254	0.253	0.25	0.24	0.233	0.229	0.226	0.222	0.218

以温室单体 A 为例，结构在各工况下各方向的位移、支座反力极值如表 15.3-2 所示。

位移、支座反力极值   表 15.3-2

	*X*向最大	*X*向最小	*Y*向最大	*Y*向最小	*Z*向最大	*Z*向最小
位移/mm	88.18	72.8	112.51	−221.57	74.44	−116.71
弹簧支座反力（局部坐标）/kN	21.714	−28.059	375.041	−535.668	562.679	−397.883
固定支座反力（局部坐标）/kN	879.934	−678.372	74.765	−71.57	212.717	−152.284

计算结果显示，温室单体 A 除了在*Y*向的位移较大外，另外两方向的位移均较小。由于结构采用框式玻璃幕墙，幕墙将在一定程度上加强结构的刚度，因而实际的结构变形将比表中的值小。

由于弹簧的刚度*k* = 200N/mm，而表 15.3-2 中的支座反力单位为 kN，所以各工况下弹簧的最大（最小）变形值即为表格中*X*向最大（最小）值乘于 5，由此可知弹簧单方向的变形能力最少应为$28 \times 5 = 140(mm)$。

各截面的验算应力比如图 15.3-5～图 15.3-8 所示。

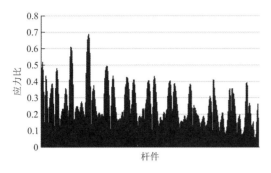

图 15.3-5　主拱截面验算应力比

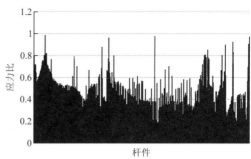

图 15.3-6　次拱及斜向网格梁截面验算应力比

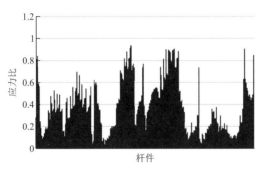

图 15.3-7　边界环梁截面验算应力比

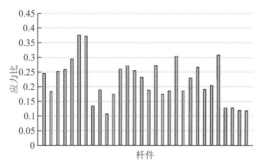

图 15.3-8　门框截面验算应力比

由以上分析可知，大部分结构杆件在静力荷载工况下的应力比都在 0.6 以下，少数杆件的应力比接近 1，应力较大的杆件主要分布在边界变化较大处，且数量较少。

2．整体稳定性能

除了强度、变形需要在设计中得到控制之外，铝合金结构的稳定性往往成为决定其承载能力的控制因素。稳定是结构在一定荷载作用下保持原有平衡形态的能力，结构的整体稳定形态与作用于其上的荷载条件有关，不同的荷载分布形式可以对应于结构不同的稳定形态，且具有不同的稳定系数或临界荷载。有时候，特殊的荷载分布可能导致结构迅速失稳破坏。例如，扁平拱结构在半跨荷载作用下很容易发生反对称或非对称失稳。纵观已有众多的失稳破坏的经验教训，可以发现空间结构失稳的一些固有特点：表现为一种突然的脆性破坏，破坏前没有明显的变形和先兆；结构失稳破坏往往表现为整体的、大范围的破坏，危害较大。

以温室结构施工过程中、日常使用阶段可能承受的荷载模式（大小、分布、组合）作为稳定性分析的基本荷载模式，同时考虑满跨均布活荷载及半跨均布活荷载，通过全过程追踪结构荷载—位移发展，得到极限承载力。

整体稳定性分析采用如下荷载模式，分别为 D + L、D + L1、D + L2、D + W（不同单体采用不同风作用），其中 L1 和 L2 均为半跨均布活荷载，温室单体 A 半跨活载分布如图 15.3-9、图 15.3-10 所示。

图 15.3-9　温室 A 半跨活载（L1）

图 15.3-10　温室 A 半跨活载（L2）

1）线性屈曲分析

温室单体 A 在各荷载模式下最小临界屈曲荷载系数为 8.066，具体计算结果见表 15.3-3。

	D + L	D + L1	D + L2	D + W60	D + W285
第 1 阶	8.49	10.797	8.972	10.826	8.066
第 2 阶	10.829	11.783	14.218	10.851	8.251
第 3 阶	13.936	16.123	14.884	11.93	8.56
第 4 阶	15.839	18.111	16.776	12.01	9.898
第 5 阶	16.49	19.652	21.163	12.06	10.286
第 6 阶	18.027	20.728	22.599	12.596	10.848

2）非线性屈曲分析

非线性屈曲分析时模型考虑 $L/300$ 初始缺陷、几何非线性、材料线弹性分析。

D + L 荷载模式：

采用"一致缺陷模态法"施加初始缺陷，采用位移控制法进行计算，非线性屈曲分析荷载系数结果见表 15.3-4。

各工况非线性屈曲分析临界荷载系数　　　　　　　　　　表 15.3-4

	D + L	D + L1	D + L2	D + W60	D + W285
Z 向位移最大点编号	1916	1965	1860	2148	1454
非线性屈曲荷载系数	7.04	7.89	9.09	4.15	5.16

从计算结果可知，温室单体 A 具有良好的整体稳定性能，特征值屈曲荷载系数都在 8 以上，而考虑初始缺陷和几何非线性条件下的屈曲荷载系数也在 4 以上，其中恒荷载 + 活（包括满跨和半跨）荷载模式下屈曲荷载系数都在 7 以上，满足规范要求。

3．动力弹塑性时程分析

罕遇地震下网壳结构的抗震性能采用非线性弹性时程分析方法（考虑几何非线性，不考虑材料非线性）和弹塑性时程分析方法（材料非线性采用塑性铰的方式来考虑）分别进行计算，直接积分法采用 Newmark 法（$\gamma = 0.5$，$\beta = 0.25$），时程分析是基于 D + 0.5L 继续加载的。罕遇地震时程分析采用的加速度峰值为 220cm/s²，三向加速度峰值比为 1：0.85：0.65。罕遇地震下非线性弹性时程分析结果见表 15.3-5。

罕遇地震下非线性弹性时程分析结果　　　　　　　　　　表 15.3-5

项目		地震波		
		SHW1	SHW3	SHW4
基底总反力（整体坐标）	X 向	3518.4336	3742.4021	3582.1321
	Y 向	2599.6638	4153.6564	3463.8653
	Z 向	9838.0975	9920.8291	10003.343
弹簧支座最大反力（局部坐标）	节点号	643	643	643
	X 向	13.582	16.96	14.57
	节点号	357	357	357
	Y 向	−332.159	−484.224	354.692
	节点号	82	82	82
	Z 向	493.204	695.535	502.896

项目			地震波		
			SHW1	SHW3	SHW4
固定支座最大反力（局部坐标）	147	X	1576.955	1743.622	1595.351
		Y	248.915	273.3	251.267
		Z	98.362	111.235	97.195
	180	X	1423.58	1557.105	1457.962
		Y	174.158	187.289	182.651
		Z	145.181	196.269	147.047
最大节点位移	节点号		645	645	645
	X向		68.468	85.87	73.46
	节点号		2120	2120	2120
	Y向		320.692	418.816	279.783
	节点号		2235	2235	2235
	Z向		150.248	210.413	135.631
杆件最大组合应力（N/A ± My/Wy ± Mz/Wz）	杆件号		10363	10363	10363
	组合应力		222.852	246.418	229.389
最大支座位移（即最大弹簧变形）	节点号		643	643	643
	X向		67.91	84.8	72.85

由计算结果可知，温室 A 具有良好的抗震性能，在多遇地震作用下，结构基本上处于弹性状态，而在罕遇地震作用下，少数杆件进入塑性，结构产生了较大变形，但是结构的变形并没有发生明显的突变，也即结构并不会发生坍塌或者屈曲。

在进行结构的弹塑性时程分析时，通过定义单元塑性铰（PMM 铰）来考虑材料非线性。对于每一自由度，定义一个用来给出屈服值和屈服后塑性变形的力—位移（或弯矩—转角）曲线。可以通过一个有 5 个点 A-B-C-D-E 的曲线来实现。其中，A 为原点，B 代表屈服，C 代表极限承载力，D 代表残余强度，E 代表完全失效，IO 为立即使用，LS 为生命安全，CP 为防止倒塌。

在 SHW3 作用下，结构响应最大，选取该地震波对结构进行弹塑性时程分析，以确定结构的薄弱部位和塑性发展情况，计算结果如图 15.3-11、图 15.3-12 所示。

图 15.3-11　6.11s 有一根杆件两端出现塑性铰　　　图 15.3-12　6.35s 左右相邻的一根杆件两端也出现塑性铰

结构在 6s 之后相继有两根边界环梁杆件两端出现塑性铰，而在地震波作用完后没有更多的杆件出现塑性铰，并且在已经出现的四个塑性铰中只有一个部位塑性铰达到完全失效（E 阶段），另外三个部位塑性铰还处于屈服阶段（B 阶段）。

通过弹塑性时程分析，进一步验证了结构的抗震性能，即结构在罕遇地震作用下，除了局部杆件出现塑性铰外，大部分的杆件都还基本上处于弹性阶段，究其原因是结构的外形变化较大，受力分布不均匀，造成局部杆件应力大。

4. 多点输入对结构抗震性能的影响

近年来，国内外很多学者对多点激励问题进行了研究，其分析方法主要分为反应谱方法、随机振动方法、时间历程方法三大类。这三类方法各有所长，反应谱求得的结果为反应的均值，具有一定的统计意义；随机震动方法（尤其是虚拟激励法）计算量小，效率高，是其他方法不可比拟的；时间历程方法不仅适用于线弹性范围，也可以应用于弹塑性分析。

地震波以有限速度传播使得其达到各支撑点时存在相位差，即形成行波效应；地震波在介质中反射和折射，加上震源本身具有一定的范围，使从震源发出的地震波来自不同的部位，这些不同方向和不同性质的波在空间上的每个位置都会产生不同的叠加效果，从而导致相干的部分损失，形成部分相干效应；地震波传播过程中能量不断耗散，形成波的衰减效应；大跨度结构及大型桥梁的支撑点可能位于不同的场地上，从而使地震波在不同支撑处的幅值和频率成分均产生显著的差异，形成局部场地效应。研究表明，地震传播过程的行波效应、相干效应和局部场地效应对于大跨度空间结构的地震效应有不同程度的影响，其中，以行波效应和场地效应的影响较为显著，一般情况下，可不考虑相干效应。对于周边支承空间结构，行波效应影响表现在对大跨屋盖系统和下部支承结构；对于两线边支承空间结构，行波效应通过支座影响到上部结构。

时程分析采用上海波 SHW1，加速度峰值为 35cm/s^2。地震观测证实，一般情况下地震动水平视波速大于 1000m/s，因此分别取四种视波速为 500、800、1000、5000m/s 计算行波效应对结构变形和受力性能的影响。

从表 15.3-6 可以看出，考虑行波效应后的基底剪力随着地震波视波速的增加而接近一致激励法，当视波速为 5000m/s 时，基底剪力与一致激励法结果相等，而当视波速小于 5000m/s 时，基底剪力均比一致激励法小。

基底剪力 表 15.3-6

分析方法		X 向剪力	比值
一致激励		−374681	
多点激励	$v = 500\text{m/s}$	−361464	0.965
	$v = 800\text{m/s}$	−372989	0.995
	$v = 1000\text{m/s}$	−374550	0.9997
	$v = 5000\text{m/s}$	−374681	1

从表 15.3-7 可以看出，当视波速小于 1000m/s 时，行波效应对杆件内力影响较大，而且随着视波速的减小而增大；当视波速大于 1000m/s 时，行波效应对杆件内力影响非常小，完全可以忽略不计，其原因是当视波速很小时，支座之间的相对位移比较大，由于支座的变形不一致将产生很大的杆件内力。

杆件轴力（N） 表 15.3-7

分析方法		主拱	比值	次拱	比值	斜向杆件	比值
一致激励		572	—	555	—	−1789	—
多点激励	$v = 500\text{m/s}$	1666	2.91	1209	2.18	−2246	1.26
	$v = 800\text{m/s}$	712	1.24	659	1.19	−1769	0.99
	$v = 1000\text{m/s}$	572	1	554	1	−1795	1
	$v = 5000\text{m/s}$	572	1	555	1	−1789	1

根据以上分析可以看出，由于本结构下部支承结构连成一体，刚度相对均匀，而土体没有明显的性质差异，可以不考虑地震相干效应和局部场地效应对结构变形和受力的影响。由于地震波视波速大于1000m/s，根据分析结果可知，行波效应对结构的受力和变形性能影响很小，可以不用考虑。因此，本结构在进行地震计算分析时，只要分析一致地震激励下的抗震性能即可，不用考虑非一致激励的影响。

15.4 支座专项设计

15.4.1 支座形式对结构性能的影响

由于建筑造型及室内环境的要求，不允许结构设缝。而不设缝超长结构，其温度应力的影响是非常大的，加上铝合金材料的线膨胀系数是钢材的两倍。铝合金结构的伸缩变形主要来自于周围环境温度的变化，而空间网格的伸缩变形很大程度上取决于结构的支承方式，尤其是支座处侧向约束的定位与方向。除了温度变化引起的伸缩变形外，支座还必须在空间网格和它的支承结构之间传递由风荷载或地震作用形成的水平力。为了有效地抵抗侧向荷载，最低限度的侧向约束还是必需的。这些约束的方位将取决于支承结构的布置及刚度，而且该支承结构也必须设计成能抵抗这些侧向力。

通过不同支座条件下（包括约束数量、支座释放方式、支座弹簧刚度的大小）网壳结构的变形和受力特性分析，选出一种相对较优的支座方案，本文将分三部分来进行比较分析。计算模型的边界环梁（支座设置位置）平立面如图 15.4-1 所示。

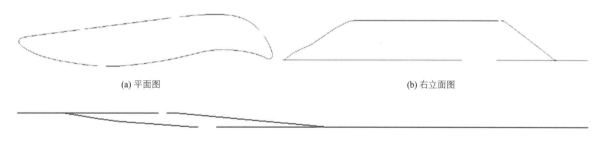

(a) 平面图   (b) 右立面图

(c) 正立面图

图 15.4-1　边界环梁平立面图

1. 支座约束数量对网壳结构变形和受力性能的影响

支座约束数量的变化采用图 15.4-2 所示四种方案，在各方案下的结构位置、内力极值计算结果见表 15.4-1。

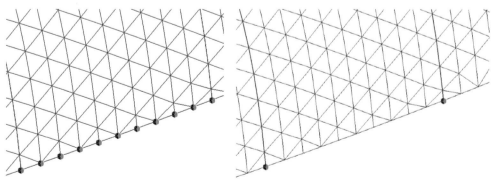

方案一：主次拱落地点均设铰支座　　　　　　方案二：主拱落地点设铰支座

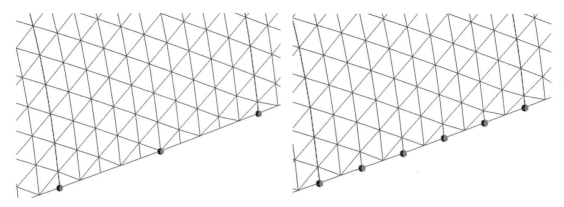

方案三：主拱及其中间一根次拱落地点设铰支座　　　　　　　　方案四：主拱及每隔一次拱落地点设铰支座

图 15.4-2　不同支座约束数量方案

不同支座约束数量对网壳结构性能的影响　　　　　　　　　　　表 15.4-1

		方案一	方案二	方案三	方案四
标准组合下X向最大位移/mm	最大值	24.88	38.11	26.56	25.58
	最小值	−25.97	−49.24	−27.28	−26.67
标准组合下Y向最大位移/mm	最大值	120.27	138.58	129.88	122.66
	最小值	−121.43	−125.74	−123.92	−121.42
标准组合下Z向最大位移/mm	最大值	55.68	62.38	59.85	57.05
	最小值	−94.36	−99.68	−97.17	−95.36
温度作用下X向最大位移/mm	最大值	24.62	40.71	26	25.24
	最小值	−15.97	−21.94	−18.45	−17.22
温度作用下Y向最大位移/mm	最大值	68.11	76.93	70.98	69.78
	最小值	−61.78	−61.2	−61.38	−60.68
温度作用下Z向最大位移/mm	最大值	43.72	46.61	45.23	44.16
	最小值	−21.58	−22.62	−22.45	−21.61
基本组合下杆件最大组合应力/MPa		136.05	556.65	667.84	460.9
温度作用下杆件最大组合应力/MPa	最大值	60.04	296.34	250.26	250.76
	最小值	−89.29	−520.43	−455.75	−319.37

　　从表 15.4-1 所示的位移、应力可知，对于同为利用结构抵抗温度应力的情况（即我们通常所说的"抗"），方案一约束所有主次拱杆件落地点是最为有利的，但是此方案支座数量多。对于其余几种情况，由于支座数量减少，支座反力变大；同时，计算结果表明，靠近支座的杆件和边界环梁应力变大，支座数量越少，这种变化越明显。

　　因此，在采取"抗"的方案中，支座数量越多越好，越能使结构杆件的受力趋于均匀，同时还能减少支座反力，有利于支座和下部结构的设计。

2．支座释放方式对网壳结构变形和受力性能的影响

　　探讨支座切向释放、切向及部分法向释放以及X向释放（X为整体坐标轴）三种方案对结构受力性能的影响，支座释放方案见图 15.4-3，各方案下结构计算结果见表 15.4-2。

方案一：支座切向释放　　　　　　　　　　方案二：切向及部分法向释放

方案三：X向释放（X为整体坐标轴）

图 15.4-3　不同支座释放方案

不同支座释放方案对网壳结构性能的影响　　　　　　　　　　　　　表 15.4-2

		1	2	3
标准组合下X向最大位移/mm	最大值	83.92	47.18	70.15
	最小值	−79.01	−47.48	−60.43
标准组合下Y向最大位移/mm	最大值	135	150.95	132.64
	最小值	−131.35	−173.77	−130.37
标准组合下Z向最大位移/mm	最大值	62.76	71.86	63.83
	最小值	−95.48	−96.99	−94.02
温度作用下X向最大位移/mm	最大值	53.27	41.07	56.07
	最小值	−74.35	−23.39	−56.48
温度作用下Y向最大位移/mm	最大值	40.62	131.67	30.17
	最小值	−53.8	−53.2	−22.48
温度作用下Z向最大位移/mm	最大值	44.54	58.96	27.62
	最小值	−8.13	−26.15	−2.88
基本组合下杆件最大组合应力/MPa		781.12	593.98	238.52
温度作用下杆件最大组合应力/MPa	最大值	128.27	309.98	59.89
	最小值	−516.63	−386.24	−139.76

从表 15.4-2 可知，作为三种释放情况，不管是从位移分布还是杆件应力方面，方案三都是最优的。此外，从位移和应力分布来看，方案三的释放是最充分的，温度作用下其在X向（结构长方向）的变形是我们所期望的位移模式，而方案一是最不充分的（图 15.4-4）。

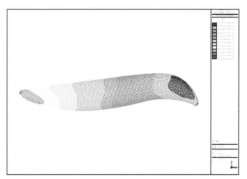
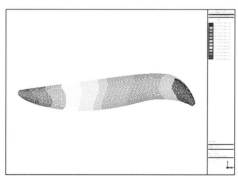

方案一升温工况下结构X向位移　　　　　　　　方案三升温工况下结构X向位移

图 15.4-4　方案一、三升温工况下结构X向位移

3．支座释放弹簧刚度对网壳结构变形和受力性能的影响

研究不同弹簧刚度下网壳的变形和受力性能，这里的弹簧是指用于释放部分支座约束的工具，根据前述讨论，采用所有主次拱落地点均设置铰接支座、整体坐标方向X向释放模型。讨论弹簧刚度$k = 10000N/mm$、$k = 5000N/mm$、$k = 1000N/mm$三种方案对结构受力性能的影响（表 15.4-3）。

评价指标		约束情况		
		$k = 10000\text{N/mm}$	$k = 5000\text{N/mm}$	$k = 1000\text{N/mm}$
标准组合下X向最大位移/mm	最大值	36.14	42.96	70.15
	最小值	−35.86	−40.91	−60.43
标准组合下Y向最大位移/mm	最大值	134.05	135.29	132.64
	最小值	−120.6	−122.27	−130.37
标准组合下Z向最大位移/mm	最大值	61.94	62.27	63.83
	最小值	−96.90	−96.36	−94.02
温度作用下X向最大位移/mm	最大值	34.78	39.93	56.07
	最小值	−30.03	−36.87	−56.48
温度作用下Y向最大位移/mm	最大值	71.69	64.35	30.17
	最小值	−49.68	−41.87	−22.48
温度作用下Z向最大位移/mm	最大值	42.97	39.65	27.62
	最小值	−17.3	−13.07	−2.88
基本组合下杆件最大组合应力/MPa		321.72	291.19	238.52
温度作用下杆件最大组合应力/MPa	最大值	95.68	66.86	59.89
	最小值	−189.86	−162.46	−139.76

从表 15.4-3 可知，弹簧刚度越小支座释放越充分，结构在X向的位移越大，杆件的应力越小。同时，由于结构要抵抗水平风荷载和地震荷载，弹簧刚度不能太小，否则在水平荷载作用下支座将产生很大的位移。

综合以上对支座方案的讨论，通过比较不同支座约束条件下网壳结构的变形和受力性能，可以得出采用主次拱落地点全约束及释放支座X向约束的方案是较优的，由于支座释放大大地减少了杆件的温度应力，使得杆件在温度作用下的变形与我们所期望的位移模式基本一致。弹簧刚度的选取除了考虑温度应力之外，还需考虑结构抵抗水平荷载的需要，本工程在考虑以上因素后最终选取了刚度为 200N/mm 的弹簧。

基于以上分析，本结构采用如下支座方案：所有主次拱落地点均设置X向释放的铰接支座，并在每个支座的X向设置刚度$k = 200\text{N/mm}$的弹簧。

15.4.2 支座构造与实际计算模型的统一

根据 15.4.1 节的分析，结构最终选取的支座方案是所有主次拱落地点均设置X向释放的铰接支座，并在每个支座的X向设置刚度$k = 200\text{N/mm}$的弹簧。由于弹簧可以由弹簧生产厂家根据刚度值配置，实际构造与计算模型的理论设置差异主要在支座滑动的摩擦力上面，为探讨摩擦力对于结构受力和变形的影响，探讨了不同支座摩擦系数下结构的计算情况。

对于随着支座运动而竖向反力不变的结构，摩擦力的考虑很简单，只要把摩擦系数乘以竖向反力作为外荷载加载在结构上即可，但是本文所研究的结构在支座运动的同时竖向反力也跟着发生变化，并且支座另一方向（与释放方向垂直）的水平推力也会产生摩擦力，其值也是随着支座运动而变化的，因此考虑摩擦力的结构计算是一个迭代的过程。考虑摩擦力的结构分析过程如图 15.4-5 所示，计算时支座的局部坐标系与整体坐标系相同，此计算模型只是考虑摩擦力的影响，模型中不设置弹簧。

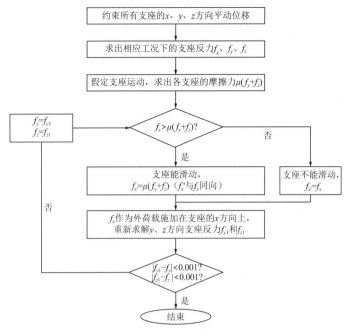

图 15.4-5　计算流程图

按照以上计算流程，分别计算 $\mu = 0.1$、0.05、0.01、0.005 时结构的变形和受力性能，详细计算结果如下。计算工况 1 为 DL + 0.7LL + T(+ 30)，工况 2 为 DL + 0.7LL − T(+ 30)，工况 3 为 1.2DL + 0.98LL + 1.3T(+ 30)，工况 4 为 1.2DL + 0.98LL − 1.3T(+ 30)，其中 DL 为恒荷载，LL 为活荷载，T(+ 30)为升温 30℃。位移计算结果见表 15.4-4，杆件应力计算结果见表 15.4-5。

结构 X 向最大位移   表 15.4-4

支座类型		固定支座	自由滑动 $\mu = 0$	$\mu = 0.1$	$\mu = 0.05$	$\mu = 0.01$	$\mu = 0.005$
工况 1	X 向位移/mm	24.8	93.6	87.5	90.5	93	93.3
	比值			6.5%	3.3%	0.6%	0.3%
工况 2	X 向位移/mm	−31	77.2	76	76.6	77	77.1
	比值			1.6%	0.8%	0.3%	0.1%

注：表中比值为有摩擦与自由滑动计算结果的差异百分比。

杆件最大应力   表 15.4-5

支座类型		固定支座	自由滑动 $\mu = 0$	$\mu = 0.1$	$\mu = 0.05$	$\mu = 0.01$	$\mu = 0.005$
工况 3	杆件应力/MPa	−395.4	160.0	136.9	139.7	155.6	157.8
	比值			14.4%	12.7%	2.8%	1.4%
工况 4	杆件应力/MPa	449.7	−145.6	−169.5	−157.2	−147.9	−146.8
	比值			16.4%	8%	1.6%	0.8%

注：表中比值为有摩擦与自由滑动计算结果的差异百分比。

从以上分析可知，摩擦系数的大小对结构位移的影响相对较小，而对结构受力的影响较大，当摩擦系数小于 0.01 时，可以不用考虑摩擦力的影响，在计算模型中直接设置自由滑动支座，而当摩擦系数大于 0.05 时，摩擦力的影响较大。

目前，通常采用的滑动支座构造为 PTFE—不锈钢板滑移接触面，影响支座摩擦系数的因素主要有正压力、摩擦速度、环境温度和润滑剂的添加等，在不加润滑剂的情况下，摩擦系数最低可以达到 0.1 左右，而在加入硅脂润滑剂后，其摩擦系数一般可以达到 0.06 左右。摩擦系数的大小还跟加工技术条件、制作工艺和现场保护措施等有关，其数值的控制很难把握，大的能到 0.1～0.2，一般也在 0.06～0.1。而且，PTFE 的耐久性一般在 25 年左右，加上支座长期运动将影响其使用年限。因此，一旦 PTFE 老化需要把所有支座整个拆下来更换，其更换费用会非常高，而且在日常使用中需要定期添加润滑剂。

为了同时满足摩擦系数及耐久性问题，我们设计了一种滚轴支座，采用滚动摩擦来替代滑动摩擦，其摩擦系数可以大大降低，经过现场测量，其摩擦系数在 0.01 左右。通过以上分析可知，采用此支座构造，在理论计算中不考虑摩擦力的影响是合理的。

15.5 试验研究

支座节点是整个结构体系中的最关键部位。如前文所述，支座数量、形式、弹簧刚度、摩擦系数等对整体结构性能影响很大，因此支座的制作加工、施工等各方面都需进行严格控制，支座的质量把控是整个项目的重中之重。本节在前文所述研究基础上，进一步采用试验研究的方式，验证支座节点设计方法的可靠性。

15.5.1 试验内容

1．测量支座的摩擦系数

1）竖向力作用下底部滚轴的摩擦系数

按设计最大竖向荷载分成几个等级加载，分别测量不同荷载作用下的摩擦系数。

设计最大竖向荷载为：450kN。

2）水平力作用下侧面滚轴的摩擦系数

按设计最大水平荷载分成几个等级加载，分别测量不同荷载作用下的摩擦系数。

设计最大水平荷载为：196kN。

3）竖向力和水平力共同作用下的底部和侧面滚轴同时运动时的摩擦系数

试验工况为：恒＋活，恒＋活＋温度，恒＋活＋风＋温度。

恒＋活：竖向力 228kN，水平力 44kN。

恒＋活＋温度：竖向力 380kN，水平力 68kN。

恒＋活＋风＋温度：竖向力 450kN，水平力 131kN。

2．测量弹簧的刚度

按设计最大荷载分成几级加载，测量弹簧的力位移曲线，以测量弹簧的刚度。

最大设计荷载为：30kN。

3．测量支座卡座的受力和变形性能

在不利荷载工况下测量卡座的变形和应力水平，试验工况为：

（1）竖向力为拉力，竖向力最大：卡座承担水平力 153kN，竖向力为−390kN（两个卡座共同承担）。

（2）竖向力为拉力，水平力最大：卡座承担水平力 196kN，竖向力为−372kN（两个卡座共同承担）。

15.5.2 支座摩擦系数试验

试验采用的加载设备有：①竖向千斤顶，最大压力为 1000kN；②垂直滑动方向的水平千斤顶，最大推力为 500kN；③沿滑动方向的伺服千斤顶，最大推力为 100kN。

试验分为以下三个方面：

（1）竖向荷载作用下底部滚轴摩擦系数的测试；

（2）水平荷载作用下侧面滚轴摩擦系数的测试；

（3）竖向荷载和水平荷载共同作用下摩擦力的测试。

1.加载装置

竖向荷载作用下，采用图 15.5-1 所示的加载方案进行底部滚轴摩擦系数的测试，采用 4 滑轮双轨道装置的方法实现竖向千斤顶的平面跟动。

水平荷载作用下，采用图 15.5-2 所示的加载方案进行侧面滚轴摩擦系数的测试，采用单轨道装置的方法实现垂直滑动方向的水平千斤顶沿滑动方向的跟动。

在竖向荷载和水平荷载共同作用下，采用图 15.5-3 所示的加载方案进行底部滚轴和侧面滚轴摩擦力的测试。垂直方向采用双轨道装置实现竖向千斤顶的平面跟动，沿滑动方向采用单轨道装置实现水平千斤顶的水平跟动。

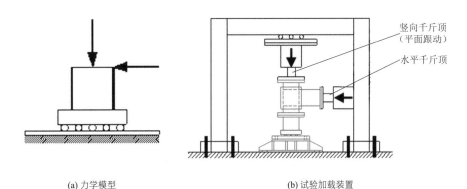

(a) 力学模型   (b) 试验加载装置

图 15.5-1 底部滚轴摩擦系数测试示意图

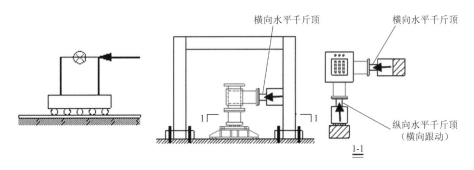

(a) 力学模型   (b) 试验加载装置

图 15.5-2 侧面滚轴摩擦系数测试示意图

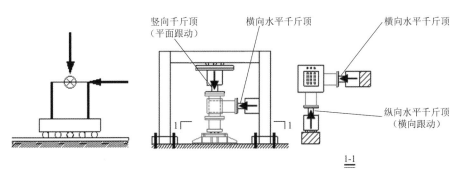

(a) 力学模型   (b) 试验加载装置

图 15.5-3 底部滚轴和侧面滚轴共同滑动时的摩擦力测试示意图

2．加载制度

竖向荷载作用下，首先将竖向荷载施加到预期的数值，然后保持该竖向荷载不变，对支座进行位移控制的水平加载。设计最大竖向荷载450kN，分3个等级加载，分别为150、300、450kN，在每个等级下测试底部滚轴的摩擦系数。

水平荷载作用下，首先将试件垂直于滑动方向的水平荷载施加到预期的数值，然后保持该水平荷载不变，沿试件滑动方向进行位移控制的水平加载。设计最大竖向荷载196kN，分3个等级加载，分别为65、130、196kN，在每个等级下测试侧面滚轴的摩擦系数。

竖向荷载和水平荷载共同作用下，考虑3种不同的荷载工况，分别为：①恒＋活：竖向力228kN，水平力44kN；②恒＋活＋温度：竖向力380kN，水平力68kN；③恒＋活＋风＋温度：竖向力450kN，水平力131kN。

在这3种荷载工况下，测试底部滚轴和侧面滚轴共同滑动时的摩擦力。首先将竖向荷载和垂直于滑动方向的水平荷载施加到预期的数值，然后保持该竖向荷载和水平荷载不变，沿试件滑动方向进行位移控制的水平加载。

3．测试方案

试验过程中对施加的荷载、位移进行了监测。荷载的监测由试验机自带的压力传感器来完成，对试件位移的监测通过布置位移计来完成，分别对支座箱体、基座平动进行了监测。

4．支座节点摩擦系数试验数据汇总分析

滚动摩擦是指一个物体在另一物体表面上滚动时，受到接触面的阻碍作用。现有的研究结果发现物体的滚动可以看成是平动和转动的合运动，接触面对滚动的阻碍作用体现在对平动和转动的共同阻碍上，其中对转动的阻碍作用是阻力矩，对平动的阻碍作用是静摩擦力。为了便于分析，本文统一采用接触面切线方向的驱动力与法线方向的压力之比作为滚动摩擦系数。表15.5-1和表15.5-2分别汇总了支座节点在竖向荷载和水平荷载不同荷载等级下的滚动摩擦系数。

从表15.5-1和表15.5-2中可以看出，在竖向荷载和水平荷载作用下测得的滚动摩擦系数较为离散，这是因为滚轴自身以及滚轴与支座底板之间接触面等条件对滚动摩擦系数影响很大，目前国内外关于滚轴滚动摩擦的研究结果也表明离散现象存在。本次测得的结果表明，在竖向荷载作用下滚动摩擦系数在1.3%～3%之间，平均值为1.9%；在水平荷载作用下滚动摩擦系数在0.9%～2%之间，平均值为1.4%。

竖向荷载作用下底部滚轴摩擦系数 表15.5-1

竖向荷载/kN	底部滚轴摩擦力/kN	底部滚轴摩擦系数	
		单项值	平均值
150	2.3	1.5%	
300	3.9	1.3%	1.9%
450	13.4	3%	

水平荷载作用下侧面滚轴摩擦系数 表15.5-2

水平荷载/kN	底部滚轴摩擦力/kN	底部滚轴摩擦系数	
		单项值	平均值
65	1.3	2%	
130	1.64	1.3%	1.4%
196	1.8	0.9%	

表15.5-3给出了支座节点在不同荷载工况下，底部滚轴和侧面滚轴共同工作时的摩擦力试验值和

理论值，其理论值是根据底部滚轴在竖向荷载作用下的摩擦系数和侧面滚轴在水平荷载作用下的摩擦系数组合计算得到的，其中底部滚轴和侧面滚轴的摩擦系数分别采用了表 15.5-1 和表 15.5-2 中的试验值。表 15.5-3 中，在不同荷载工况下，对应不同的竖向荷载和水平荷载值，底部摩擦系数和侧面摩擦系数分别采用相邻两点间的线性插值计算得到的摩擦力理论值（用F_a表示）；底部摩擦系数和侧面摩擦系数采用表 15.5-1 和表 15.5-2 中的平均值计算得到的摩擦力理论值（用F_b表示）。

竖向荷载和水平荷载共同作用下的摩擦力 表 15.5-3

荷载工况		摩擦力试验值/kN	摩擦力理论值/kN	
	竖向荷载/kN	水平荷载/kN		F_a（线性插值计算摩擦系数）	F_b（平均值计算摩擦系数）
恒 + 活	228	44	4.9	4.3	5
恒 + 活 + 温度	380	68	10.3	9.7	8.3
恒 + 活 + 风 + 温度	450	131	17.8	15.2	10.5

由表 15.5-3 可以看出，在不同荷载工况下，采用线性插值计算得到的底部滚轴与侧面滚轴共同工作时的摩擦力理论值F_a与试验值较为吻合，但均略为偏小，这表明底部滚轴与侧面滚轴共同工作时的摩擦力略大于底部滚轴与侧面滚轴单独工作时的摩擦力之和；采用平均值计算得到的底部滚轴与侧面滚轴共同工作时的摩擦力理论值F_b在竖向荷载与水平荷载较小时与试验值较吻合，在竖向荷载与水平荷载较大时与试验值偏差较大，原因可能是滚动摩擦系数在不同荷载等级下会变化，随着荷载的增加而增大。

15.5.3 弹簧刚度的测试

本试验沿滑动方向采用了伺服千斤顶，其最大推力为 100kN，采用图 15.5-4 所示的加载方案进行弹簧刚度的测试，图 15.5-5 所示为试验装置实景。

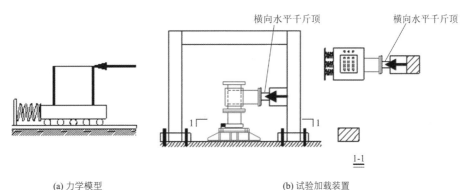

(a) 力学模型　　　　　　　　　　　(b) 试验加载装置

图 15.5-4　弹簧刚度测试示意图

图 15.5-5　弹簧刚度测试装置实景

沿试件滑动方向进行位移控制的水平加载，试验过程中对荷载、位移进行了监测，荷载的监测由试验机自带的压力传感器来完成，对试件位移的监测通过布置位移计来完成，分别对箱体、基座平动进行了监测。

图 15.5-6 给出了弹簧力与位移的关系曲线，纵坐标为弹簧力（已扣除掉摩擦力的影响），横坐标为加载位移（已扣除掉基座影响）。

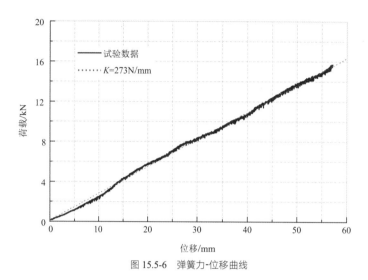

图 15.5-6　弹簧力-位移曲线

图 15.5-6 显示，在加载过程中，弹簧力与加载位移基本呈线性关系，弹簧刚度 K 为 273N/mm，当弹簧力达到 16kN 时，箱体与弹簧挡板相接触，故试验结束。

15.5.4　支座的卡座受力和变形性能的测试

本试验竖向采用 50t 的伺服千斤顶，其最大拉力为 500kN，垂直滚轴滑动方向的水平千斤顶的最大推力为 500kN。采用图 15.5-7 所示的加载方案进行支座卡座受力和变形性能的测试，顶部采用单轨道装置的方法实现竖向伺服加载器在水平方向的跟动。竖向荷载和水平荷载同步施加，直到达到设计荷载。

试验过程中对荷载、应变及位移进行了监测。荷载的监测由试验机自带的压力传感器来完成；应变监测时，在支座的卡座受力最大侧（同时受拉力和推力作用）布置了 6 个应变片，如图 15.5-8（a）所示；对支座的卡座位移的监测如图 15.5-8（b）所示，分别对其顶端和侧面通过布置位移计来监测。同时，对基座布置了相应的测点进行监测，在处理数据时已扣除掉了基座滑移带来的影响。图 15.5-9 所示为试验装置实景。

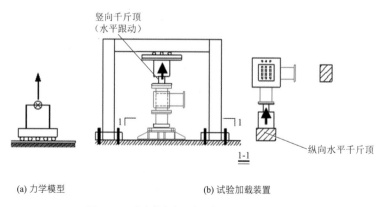

(a) 力学模型　　　　　　　　(b) 试验加载装置

图 15.5-7　支座的卡座受力和变形性能测试加载示意图

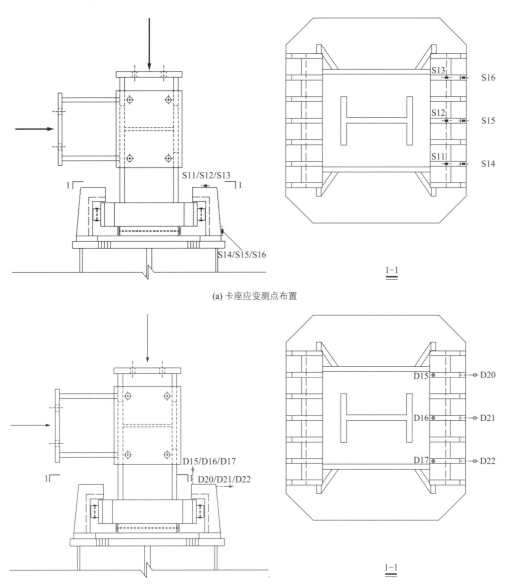

(a) 卡座应变测点布置

(b) 卡座位移测点布置

图 15.5-8　支座的卡座受力和变形性能测点布置图

图 15.5-9　支座的卡座受力和变形性能测试装置实景

1. 工况1：竖向拉力390kN和水平推力153kN

支座的卡座荷载-应变曲线如图15.5-10所示,图中纵坐标为竖向拉力,横坐标为支座卡座测点(S11～S16,如图15.5-8a所示)的应变值。从图中可以看出,在加载过程中,支座的卡座始终处于弹性阶段,且应变较小,最大值为460με,没有超过卡座Q345钢材屈服强度对应的屈服应变1725με。

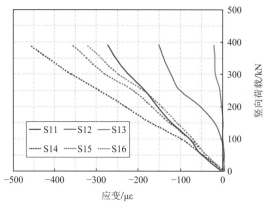

图15.5-10 工况1时支座的卡座荷载-应变曲线

支座的卡座荷载-位移曲线如图15.5-11所示,图中纵坐标为竖向拉力,横坐标为支座卡座测点(D15～D17、D20～D22,如图15.5-8b所示)的位移变形值。由图可见,最大的位移只有7.5mm。

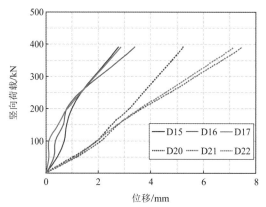

图15.5-11 工况1时支座的卡座荷载-位移曲线

2. 工况2：竖向拉力−372kN和水平推力196kN

支座的卡座荷载-应变曲线如图15.5-12所示,图中纵坐标为竖向拉力,横坐标为支座卡座测点(S11～S16,如图15.5-8a所示)的应变值。从图中可以看出,在加载过程中,支座的卡座始终处于弹性阶段,且应变较小,最大值为440με,没有超过卡座Q345钢材屈服强度对应的屈服应变1725με。

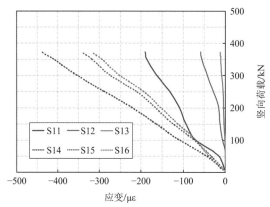

图15.5-12 工况2时支座的卡座荷载-应变曲线

经典回眸 上海建筑设计研究院有限公司篇

支座的卡座荷载-位移曲线如图 15.5-13 所示,图中纵坐标为竖向拉力,横坐标为支座卡座测点(D15～D17、D20～D22,如图 15.5-8b 所示)的位移变形值。由图可见,最大的位移只有 8.5mm。

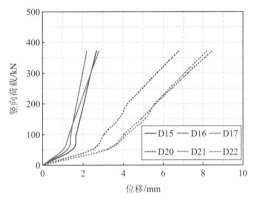

图 15.5-13　工况 2 时支座的卡座荷载-位移曲线

15.5.5　试验结论

对上海辰山植物园温室建筑支座节点性能进行了测试,试验内容主要包括支座节点的摩擦系数、弹簧的刚度以及卡座的受力和变形性能。试验在同济大学建筑结构试验室进行,经分析得到如下结论:

（1）在竖向荷载 150、300、450kN 等级下,底部滚轴的摩擦系数分别为 1.5%、1.3%、3%,其平均值为 1.9%。

（2）在水平荷载 65、130、196kN 等级下,侧面滚轴的摩擦系数分别为 2%、1.3%、0.9%,其平均值为 1.4%。

（3）滚动摩擦系数受滚轴本身以及滚轴与支座底板之间接触面等条件影响较大,摩擦力在滚轴滚动过程中上下波动,测得的滚轴滚动摩擦系数在 0.9%～3% 之间。

（4）在竖向荷载和水平荷载共同作用下,底部滚轴和侧面滚轴共同工作时的摩擦力实测值略大于底部滚轴和侧面滚轴在单独工作时的摩擦力计算值之和。

（5）弹簧的刚度为 273N/mm。

（6）在两种设计荷载工况的竖向拉力和水平推力共同作用下,支座的卡座受力和变形性能良好,处于线弹性工作状态,应变与位移都较小。

15.6　结语

上海辰山植物园项目四期工程中温室建筑是绿环上的主体建筑。三个异形体的铝合金壳体结构的玻璃温室以其轻巧透明的特征成为上海辰山植物园的一大亮点,将吸引众多游客的目光。玻璃温室采用铝合金玻璃结构,使用仿生学原理塑造的形体自然、流畅,其晶莹透彻的建筑和绿环融为一体,并且与背景的辰山交相呼应,组成一幅动人的画卷。

在结构设计过程中,主要完成了以下几方面的创新性工作。

1．针对不可解析曲面进行形体优化

温室建筑造型新颖、独特,曲面流畅,但无法通过解析方程式的方法得到任意点的坐标,曲面为不可解析曲面,且建筑要求网格基本为等边三角形,结构建模困难。通过参考索网结构找形方式,将结构倒置,结构在自重作用下的形态作为建筑形体,在满足建筑要求的同时,结构受力合理、高效。

2．构件局部坐标系转角的考虑

项目为单层曲面网壳结构，而采用的杆件截面为工字形，因此要获得最大的结构刚度，杆件的局部 Z 轴必须与杆件所处位置处曲面的法向同向。通过编制 MATLAB 程序，将模型输入程序，通过节点坐标求解杆件的局部坐标 β 角，为结构整体模型分析的准确性提供了先置条件。

3．支座数量、形式对结构受力影响研究

因堆置地形的要求，温室结构的支座依堆土高度而变，且本项目温室结构为超长结构，铝合金材料热膨胀系数较大，温度变化对结构性能影响较大，因此，必须合理设计结构刚度，同时优化支座形式，满足温度变化时的结构安全性要求。基于对支座的数量、形式、弹簧刚度、摩擦系数的理论和试验研究，从经济性和结构受力合理的角度，得出较为合理的支座设置方案。

此外，针对单层网壳结构，设计过程中也着重关注了结构体系的整体稳定性能，进行了竖向荷载和风荷载下的线性及非线性屈曲分析，结果表明，在各工况下，结构均具有足够的冗余度，不会出现失稳破坏。

本项目温室结构采用铝合金单层网壳体系，顶为三角形夹层中空钢化玻璃覆盖，轻盈通透，铝合金构件布置、节点形式等均考虑温室使用功能的特点，满足美观、防腐、安全、经济、易安装等因素的要求，实现了由内而外、由外及内的统一美感。

参考资料

[1] 上海建筑设计研究院有限公司. 上海辰山植物园结构专项技术研究[R]. 2010.

[2] 同济大学土木工程防灾国家重点实验室. 上海辰山植物园温室风洞试验报告[R]. 2009.

[3] 李亚明. 复杂空间结构设计与实践[M]. 上海: 同济大学出版社, 2021: 116-132.

设计团队

结构设计单位：上海建筑设计研究研究院有限公司（初步设计＋施工图设计）

结构设计团队：李亚明、蔡兹红、贾水钟、周晓峰、李　伟、张良兰、黄　勇、申伟国、聂　炎、张　云、宋剑波

执　　笔　人：贾水钟、孙求知

获奖信息

2011 年上海市优秀工程设计奖一等奖

2012 年第七届全国优秀建筑结构设计一等奖

2013 年中国钢结构协会空间结构分会设计金奖

2013 年全国优秀工程勘察设计行业奖二等奖

2015 年全国优秀工程勘察设计行业奖建筑结构奖二等奖

2015 年上海市优秀工程色剂结构专业奖一等奖

第16章

上海海昌极地海洋公园

16.1 工程概况

16.1.1 建筑概况

上海海昌极地海洋公园（图 16.1-1）坐落于上海市浦东新区临港新城，用地范围被横跨地块的秋涟河分为东西两个区域，总用地面积约 29.7 万 m²，规划总建筑面积约 20.5 万 m²。项目分为核心游乐区及服务配套区。其中，核心游乐区由 9 座动物展示场馆（珊瑚水母馆、海底世界馆、火山鲸鲨馆、海豚表演场、海兽混养馆、大型动物表演场、欢乐剧场、冰山北极馆、企鹅天幕馆）、6 座独立的商业餐饮建筑（入口商业、入口售票、梦幻甜品屋、沙塔餐厅、冰雪餐厅、圣诞商店）、5 个非景观大型构筑物（火山、冰山、海豚生活馆、大型动物水池、动物报时钟）、若干后勤配套用房、4 组大型游乐设施（云顶缆车、黑暗骑乘、漂流、雪国列车）和 6 个小型游乐设备组成；服务配套区由 1 座主题度假酒店、1 座立体停车楼、1 座后勤办公楼、1 座员工宿舍楼及若干配套用房组成。工程现场照片如图 16.1-2 所示。

图 16.1-1　工程效果图

图 16.1-2　工程实景图

16.1.2 设计条件

1. 主体控制参数（表 16.1-1）

控制参数表　　　　　　　　　　　　　　　　　　　　　　表 16.1-1

结构设计基准期	50 年	建筑抗震设防分类	标准设防类（丙类） 重点设防类（乙类）
建筑结构安全等级	二级	抗震设防烈度	7 度
结构重要性系数	1/1.1	设计地震分组	第一组
地基基础设计等级	一级	场地类别	IV 类
结构阻尼比	0.05/0.04		

2．风荷载

结构变形验算时，规范风荷载按《建筑结构荷载规范》GB 50009-2012 取值，按 50 年一遇取基本风压为 0.55kN/m²，场地粗糙度类别为 B 类。

16.2 项目特点及设计原则

16.2.1 结构体系选择及不规则处理

项目中的主要场馆建筑高度均小于 24m，属于多层建筑。主体结构一般采用混凝土框架结构，对于跨度较大部位采用预应力混凝土梁或型钢混凝土梁，更大跨度区域采用钢桁架。部分场馆对变形要求较高，或者设有混凝土结构墙时，采用框架-剪力墙（抗震墙）结构体系。本项目中主要场馆地下 1 层，地上 2～3 层。各单体的抗震设防类别，除欢乐剧场单体为乙类外，其余单体均为丙类。本项目中各单体结构概况如表 16.2-1 所示。

主要单体结构体系表　　　　　　　　　　　　　　　　表 16.2-1

建筑物编号	建筑物名称	地上层数	地下层数	地上建筑高度/m	结构体系	抗震设防类别	结构抗震等级
101A	入口商业	1	0	7.05	混凝土框架	丙类	框架 3 级
101B	入口售票	2	0	10.65	混凝土框架	丙类	框架 3 级
201A	珊瑚水母馆	2	1	12.3	混凝土框架	丙类	框架 3 级
201B	梦幻甜品屋	1	0	6.75	混凝土框架	丙类	框架 3 级
202A	沙塔餐厅	1	1	13.015	混凝土框架—剪力墙	丙类	框架 4 级，剪力墙 3 级
203A	海底世界馆	2	1	13.8	混凝土框架—剪力墙	丙类	框架 4 级，剪力墙 3 级
204A	火山鲸鲨馆	3	1	14.6	混凝土框架—剪力墙，局部采用钢桁架结构	丙类	框架 4 级，剪力墙 3 级
205A	海豚表演场	2	1	23.98	混凝土框架—剪力墙，屋盖采用钢结构	丙类	框架 4 级，剪力墙 3 级
301A	海兽混养馆	1	1	5.4	混凝土框架—剪力墙	丙类	框架 4 级，剪力墙 3 级
302A	欢乐剧场	3	1	18.55	混凝土框架—剪力墙，屋盖采用钢结构	乙类	框架 3 级，剪力墙 2 级
303A	大型动物表演场	1	1	23.98	混凝土框架—剪力墙，屋盖采用钢结构	丙类	框架 4 级，剪力墙 3 级
304A	冰山北极馆	2	1	23.9	混凝土框架—剪力墙	丙类	框架 4 级，剪力墙 3 级
305A	冰雪餐厅	2	0	13.015	混凝土框架	丙类	框架 3 级
305C	圣诞商店	1	0	9.5	混凝土框架	丙类	框架 3 级
306A	企鹅天幕馆	2	1	14.3	混凝土框架结构，天幕为钢结构屋盖	丙类	框架 3 级，钢结构 4 级
	辅助用房	—	—	—	钢筋混凝土框架	丙类	框架 3 级
	假山	—	—	—	钢框架	丙类	钢框架 4 级

基于主题乐园场馆建筑功能和造型的复杂性，该类建筑通常具有较多的结构不规则性。本项目中比较常见的一些不规则特性包括：扭转特别不规则、楼板大开洞造成楼板不连续、平面凹凸不规则、局部跃层柱、竖向构件不连续、钢框架与混凝土结构混合使用形成混合结构体系。除上述提到的结构不规则情况外，对于大型表演场馆还存在大跨和异形钢结构，超长看台，外包于主体场馆以上的大型假山，落于主体结构上的大型游乐设备等情况。对于海洋动物展示场馆，尚有密集设置于主体结构内的大型水池。基于上述问题的存在，本项目中的主要场馆都进行了多层不规则建筑抗震专项论证。

在本项目中，若结构单体出现上述不规则时，通常控制一般不规则的数量在5项以内。对于整体抗侧刚度很大、结构水平变形很小的结构，对其扭转性能（扭转位移比）进行了适当放松，根据水平位移的不同，最大位移比控制限值放松到1.8。

对应不规则项需采取一定的抗震计算和构造加强措施，主要原则如下：

（1）尽量减少设置防震缝，通过加强结构整体性，满足单体结构的安全性。

（2）部分楼板大开洞或连接薄弱处，控制楼板的主拉应力，并加强楼板薄弱部位连接。

（3）对看台等斜板区域，取局部单榀结构进行验算，考虑斜板和斜梁面内和轴向传力特性，确保其分析的准确性，并加强支撑斜梁和斜板竖向构件的抗剪承载力。

（4）对于部分关键的构件，例如支承屋盖系统的框架柱等，提高其抗震性能。

16.2.2 大跨钢结构屋盖结构选型

工程中部分具有观览、表演和剧场功能的场馆，需要较大的无柱空间，此类空间通常下部采用混凝土结构，上部采用大跨钢结构屋盖。根据屋盖的平面尺寸、造型及四周混凝土边界的支撑情况，确定合理的屋盖结构选型。

海豚表演场中，屋顶造型为贝壳（图16.2-1a），两个方向最大跨度分别为97.5m和59.5m；屋面上荷载较重，除了舞台上方的屋面上设有水箱外，在整个屋面区域配合舞台工艺设有各种吊挂荷载。在该跨度和荷载条件下，屋面钢结构基本形式采用双层正交桁架结构，在每道桁架上下弦杆之间设置竖腹杆和斜腹杆，并沿整个屋盖周边设置加强边桁架，通过支座与下部混凝土柱或结构梁连接。由于屋盖平面较大，为了减少温度作用下的柱顶水平反力，仅在南边界两个点设置固定铰支座，北侧中部5个支座设置单向滑动支座，其余支座均为铅芯橡胶支座，释放水平约束。

大型动物表演场看台顶部综合考虑建筑造型、标高控制、看台视线要求等因素，看台挑棚采用典型的悬挑结构（图16.2-1b）。由于该钢屋盖为室外悬挑结构，主梁悬挑长度为25.8m，自重和风荷载是其主要荷载。在方案阶段进行了主梁截面选型，对于此类大跨度主梁通常有实腹型和桁架型，本项目可选择的类型如表16.2-2所示。

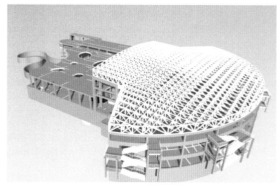

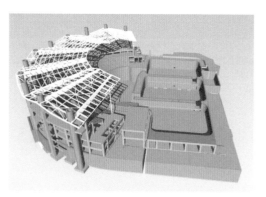

(a) 海豚表演场   (b) 大型动物表演场

图 16.2-1 结构单体 BIM 模型

经典回眸 上海建筑设计研究院有限公司篇

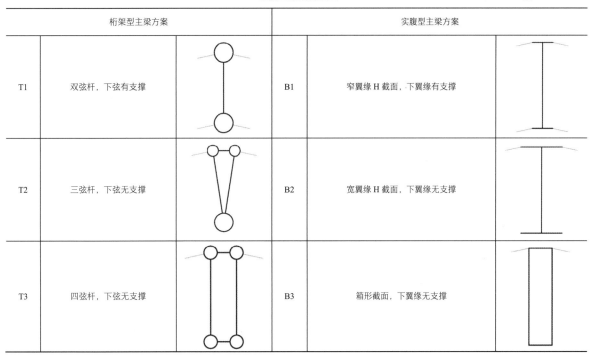

考虑到建筑效果不希望在主梁下翼缘或下弦有侧向支撑，因此排除了 T1、B1 方案。由于实腹截面在同等高度可以提供更大的截面惯性矩，在同样的荷载和跨度下，为实现同样的刚度指标，实腹截面可以采用相对较小的结构高度，因此排除了 T2、T3 方案。B2 方案因截面抗扭刚度较差，需要较大的翼缘宽度，因此最终主梁采用 B3 方案即实腹变截面箱形梁，有效降低了结构自重。

16.2.3　超长看台结构的设缝处理

混凝土看台直接处于露天环境，受气候变化影响结构构件产生的温度应力较大，在设计时必须予以考虑以避免温度应力产生的不利影响。本工程中存在较多的混凝土看台，看台沿长度方向通常超过 100m，属于超长结构。对于室外的混凝土看台（如大型动物表演场），在设计中采用设置伸缩缝（兼防震缝）的方案，将结构分为若干个相互独立的部分，每个区块长度为 60～70m，在解决结构超长问题的同时，还可以改善看台的抗震性能；看台顶部的钢屋盖结构不设缝。对于室内的混凝土看台（如海豚表演场），考虑温度变化低于室外，采用看台不设结构缝的方案，通过设置后浇带和板内加强措施以抵抗温度应力。

16.3　大空间表演主场馆设计

16.3.1　结构体系概述

本节以大型动物表演场和海豚表演场为例，介绍了大空间表演主场馆在本项目中的设计重点。大型动物表演场位于整个园区西侧极地世界地块，总建筑面积 13532m²。其中，地上建筑面积（计容建筑面积）为 9252m²，地下建筑面积为 4280m²。1 层地下室，主要功能为设备用房；看台顶为开敞的钢结构立体桁架，斜屋面最高点相对标高 23.980m，看台下做局部夹层。大型动物表演场主体结构采用钢筋混凝土框架-剪力墙体系，看台区嵌固端取为地下室顶板，水池区由于首层开洞较大其嵌固端取为基础顶，屋面结构采用实腹悬挑钢结构。工程实景图如图 16.3-1 所示。

图 16.3-1　大型动物表演场现场建成照片

　　海豚表演场位于整个园区东侧热带世界片区，总建筑面积为 14719.10m²。其中，地上建筑面积（计容建筑面积）为 10102.3m²，地下建筑面积为 4616.8m²。1 层地下室，主要功能为设备用房；表演区地上主体 1 层，看台下局部夹层，屋面最高点相对标高 23.980m；后勤区地上主体结构 2 层，局部 1 层。海豚表演场主体结构采用钢筋混凝土框架-剪力墙体系，看台区嵌固端取为地下室顶板，水池区由于首层开洞较大其嵌固端取为基础顶，屋顶钢结构采用双层双向桁架结构。工程实景图如图 16.3-2 所示。

图 16.3-2　海豚表演场现场建成照片

16.3.2　基础设计

　　场地地基土类型为软弱土，场地类别属Ⅳ类。本工程场地分布有②$_{3-3}$液化土层，且有大面积吹（冲）填土和较大面积的暗浜分布，有较多临岸建筑，故本拟建场地属抗震不利地段，需根据规范采取相应措施。大型动物表演场及海豚表演场均采用桩筏基础，筏板厚度为 0.6m，承台下设置长 22～25m、350mm × 350mm 的混凝土预制方桩，桩端支承于上海地区⑦$_{1-2}$砂质粉土层（或⑥粉质黏土层），单桩竖向抗压承载力特征值为 1050kN，抗浮承载力特征值为 450kN。

16.3.3　上部结构及防震缝设置

大型动物表演场分为看台和表演水池两个部分，两者分别设有一个 1 层地下室，互相不连接。看台地上共 4 层，房屋高度 22.680m，主体结构采用混凝土框架-剪力墙体系，上部设有全覆盖的悬挑钢结构屋盖（图 16.3-3）。由于室外看台超长，地面以上设缝脱开为两个独立的 A、B 结构单元（图 16.3-4、图 16.3-5）；表演水池地上 1 层，共有 5 个水池相互连通（图 16.3-6）。

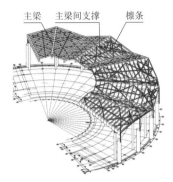

图 16.3-3　大型动物表演场悬挑钢结构屋盖三维视图

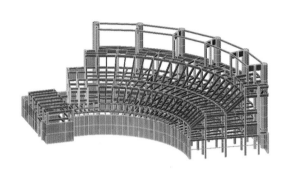

图 16.3-4　大型动物表演场 A 单元结构模型三维视图

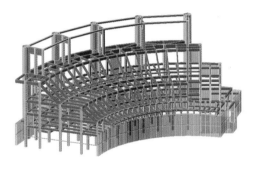

图 16.3-5　大型动物表演场 B 单元结构模型三维视图

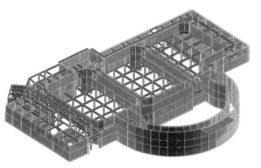

图 16.3-6　大型动物表演场表演水池模型三维视图

结合建筑平面布置及功能，海豚表演场通过防震缝分为看台区（看台不设缝，图 16.3-7）、后勤区和后场水池三个部分，上部互相不连接。看台区、后勤区地下为 1 层，地上 2 层，采用混凝土框架-剪力墙结构。看台区上屋盖（图 16.3-8）为贝壳形，平面跨度约为 150m × 100m，采用双层双向桁架结构体系，桁架高度为 2.7m，屋盖下弦支撑于下部混凝土柱或结构梁上。

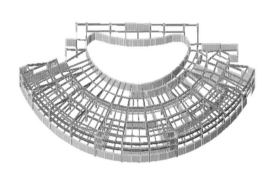

图 16.3-7　海豚表演场看台区

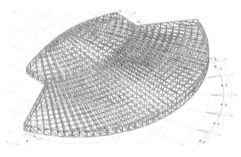

图 16.3-8　海豚表演场看台区钢屋盖

16.3.4　屋盖系统设计

1．屋盖结构系统概述

大型动物表演场看台挑篷采用悬挑折板造型，其结构传力路径大致为：屋面覆材→次梁→悬挑主梁，其中次梁最大包络值跨度 15.5m，主梁悬挑跨度 25.8m。主悬挑梁通过 V 形支柱及拉杆与下方混凝土柱和烟囱柱连接（图 16.3-9、图 16.3-10），此方式降低了倾覆弯矩对主体结构产生的反力，悬挑主梁之间及支柱之间设置支撑，有效约束了钢结构挑篷的水平位移。

2. 荷载及作用

在进行屋盖构件设计时，主要考虑了恒载、活载、风荷载、温度作用及地震作用。其中，活载中考虑到设备吊挂荷载，每根主梁悬挑端部按 5kN、悬挑中部按 2.5kN 施加节点荷载。风荷载计算时根据荷载规范取值，其中体形系数 μ_s 按照"开敞单双坡顶盖"类型，根据不同部位和风向，μ_s 分别取值为 1.3、0.5、1、0.7；风振系数取 1.8。温度作用计算时，将屋盖合拢温度控制在 15～25℃，温差取值为 ±25℃。按规范综合考虑水平和竖向地震作用。

3. 屋盖结构位移

屋盖正常使用极限状态荷载效应组合最大包络值中，悬挑端部最大结构竖向位移为 133mm，为悬挑长度 25.8m 的 1/194，与规范 1/200 的限值要求稍有距离，可通过对主梁预起拱满足规范要求。

图 16.3-9　悬挑主梁与混凝土柱连接现场照片　　　图 16.3-10　V 形支柱现场照片

地震作用下结构水平位移很小，不起控制作用。而风荷载作用下结构柱顶水平位移较大，但也满足规范 1/250 的限值要求，说明本结构体形复杂，结构相对空旷，风荷载起控制作用。

4. 构件稳定验算

由于主梁尺度与其他构件相比差异较大，为全面衡量主梁受力情况，分别按照全杆单元模型、杆单元格构 + 板单元模型、全板单元模型分别建模计算，并按包络进行设计，三种模型对应的梁截面板厚均一致。其中，全杆单元模型主梁稳定应力比最大包络值为 0.84；杆单元格构 + 板单元模型主梁构件应力比最大包络值为 0.88；全板单元模型主梁应力最大包络值为 251MPa。从以上计算结果可以看到主梁满足稳定要求。

5. 单榀主梁设计

单榀主梁计算模型如图 16.3-11 所示，约束位置同整体模型，考虑恒载和活载。主梁两侧的次梁为传递屋面荷载用，次梁端部无约束。悬挑梁梁端竖向位移包络值为 172mm，相比整体模型包络值 133mm 略有增大，增大的主要原因在于单榀计算模型失去了屋面斜撑起到的折板效果。主梁板单元应力包络值为 173MPa（图 16.3-12），可以看出主梁处于弹性阶段且有一定的应力富余。

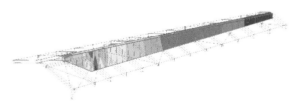

图 16.3-11　钢结构挑篷单榀主梁计算模型　　　　图 16.3-12　钢结构挑篷单榀主梁应力计算结果

16.3.5 烟囱柱设计

大型动物表演场看台环向最外侧直径 2400mm 的混凝土柱作为烟囱使用，均为跨层柱，如图 16.3-13 所示。屋盖支座直接作用于柱顶，烟囱柱需承受较大轴力，因此需复核这些跨层柱的承载力。在设计中按照"中震弹性"的性能目标进行验算。

图 16.3-13　大型动物表演场烟囱柱现场照片

16.3.6 看台斜板框架结构设计

针对看台斜板，除了整体模型计算外，补充分析了单榀框架在恒荷载、活荷载、风荷载以及地震工况下的应力。看台斜板单榀框架结构如图 16.3-14 所示。单榀框架在各工况下水平位移均很小，最大位移出现在地震工况下，约为 6.6mm（1/1913），满足规范限值要求。在施工图阶段按单榀框架计算与整体计算结果进行包络设计。

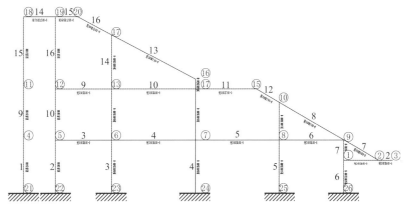

图 16.3-14　大型动物表演场典型单榀框架二维结构布置图

16.4　钢结构假山与主体结构一体化设计

16.4.1 冰山及火山概况

项目中包含两座大型包装构筑物假山：冰山及火山，其中冰山覆盖在冰山北极馆、冰雪餐厅之上，火山覆盖在火山鲸鲨馆上部。假山钢结构采用钢框架-支撑结构体系，整体结构表面与假山外形基本保持一致。钢柱、钢梁和斜撑均使用截面较小的圆钢管。底部钢柱与主体混凝土屋面采用刚接或铰接连接，梁柱之间采用刚接节点。为解决假山抗侧刚度不足的情况，根据需要在关键位置设置了斜撑。图 16.4-1～图 16.4-4 所示分别为冰山及火山现场安装和建成后照片。

图 16.4-1 冰山结构现场安装照片

图 16.4-2 冰山结构建成照片

图 16.4-3 火山结构现场安装照片

图 16.4-4 火山结构建成照片

16.4.2 主体结构设计

火山下部的主体结构为火山鲸鲨馆，主体建筑屋顶相对高度为 14.5m，假山最高点相对标高为 40.500m。主体建筑地上 3 层，地下 1 层。火山鲸鲨馆主体结构采用混凝土框架-抗震墙结构体系，屋盖结构大跨部分采用钢筋混凝土梁、钢梁或钢结构桁架。火山鲸鲨馆屋面以上假山底层钢立柱通过屋顶层设置混凝土梁或钢梁进行转换。

在设计中，采用主体建筑与上部钢结构假山共同设计，整体结构的三维模型及各层平面模型如图 16.4-5～图 16.4-8 所示。在对主体结构整体指标进行判断时，不考虑上部假山结构的扭转位移比等指标。当主体结构构件进行承载力设计时，取无山模型和有山模型的内力包络值。

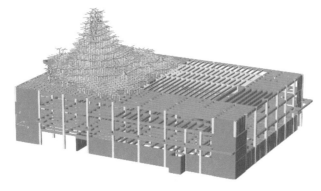

图 16.4-5 火山鲸鲨馆结构模型三维视图

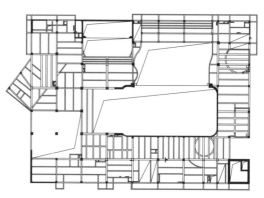

图 16.4-6 火山鲸鲨馆二层平面

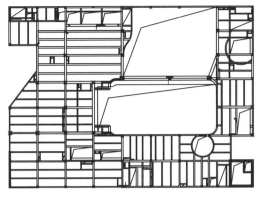
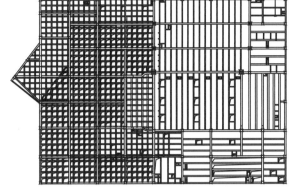

图 16.4-7　火山鲸鲨馆三层平面　　　　　　　　　　　　图 16.4-8　火山鲸鲨馆屋顶平面

　　由于下部主体结构为海洋动物展示场馆，存在较多的混凝土水池和脱气塔，这些巨大的水池的池壁大部分由混凝土墙体形成，与主体未能脱开的混凝土池壁需要按照抗震墙考虑，这些墙体的存在对主体结构造成了较大的影响。当考虑这些抗震墙的作用后，主体结构的变形非常小，往往在大震下都可以保持弹性，因此此主体结构设计时，可以适当地放宽抗震控制指标，如扭转位移比等。

　　二层结构因大体量水池带来的超长抗震墙，该平面中的仅两片墙体在地震作用下的底部剪力均超过基底剪力的 30%，两片墙体占总剪力的近 71%。因这两片墙为水池混凝土墙，故不可以开洞削弱。为了保证框架部分两道防线的受力，设计中通过控制单片抗震墙承担的剪力，同时提高框架部分承担的剪力值来确保整体结构的安全性。

　　针对此问题，设计中主要采取了以下两个措施：

　　（1）对框架部分承担的地震力进行调整。控制框架及其余部分的混凝土墙承担的地震力为原地震力的 60%，对框架部分地震内力进行调整放大，经计算，框架部分放大系数为 1.96。

　　（2）对单片剪力墙的安全性进行复核。对整体结构提高一度进行了 8 度大震作用下的静力弹塑性分析，以评估建筑的非线性响应。根据结构的能力曲线和需求曲线，得到结构大震下的性能点及破坏模式，其性能点对应的位移为 1/400，满足规范的限值要求，且墙体在大震时依然损伤较小。

16.4.3　假山结构设计

　　针对假山结构设计复杂和制作安装困难的问题，本项目提出了一种工业装配式钢结构假山结构设计方法，该方法包括下列步骤：①确定假山的泥塑模型；②对所述泥塑模型进行三维扫描，并得到泥塑模型的数字模型；③对所述数字模型进行处理，并得到假山的等高线；④将假山的各个等高线内退设定距离，形成结构边线，并在等高线投影图上进行平面网格划分；⑤按照平面网格尺寸线布置梁柱结构构件，根据结构刚度的需要设置斜向支撑，形成假山的主体结构；⑥在假山主体结构形成后，根据假山外皮的位置和板块规格设置假山二次结构。

　　通过该方法，整个钢结构假山的设计最大程度地采用了规则化和标准化的钢结构杆件布置，便于后续实现假山的程序化设计。这种精简和工业化的设计，不仅可以有效地形成假山结构，而且由于采用了较小的杆件截面，经验证是一种经济性非常高的结构体系，切实满足了目前主题乐园项目中钢结构假山的需要。

　　假山结构由内部主结构及沿表层布置的次结构组成，如图 16.4-9 所示。主结构按照假山的外形变化，采用钢框架—支撑体系，整体结构刚度较大。在假山主结构上再分布假山的次结构，次结构也有次结构柱梁，另外还有直接沿假山面钢筋网片相连的次结构挑杆，次结构挑杆是假山次结构的关键节点（图 16.4-10、图 16.4-11）。由于整个假山都是由计算机扫描模型得出的数字模型，对应到挑杆就是每个挑杆上的节点坐标，并对所有的次结构挑杆进行编号，相应的假山面皮钢筋网片也各有独立编号，这样就能使编号互相对应。

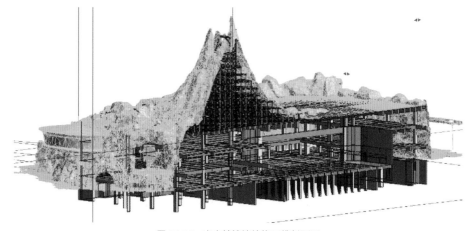

图 16.4-9　火山鲸鲨馆结构三维剖面图

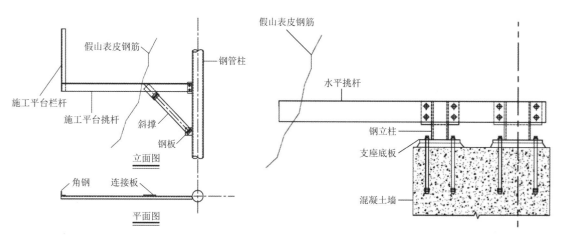

图 16.4-10　假山次结构挑杆与主结构典型连接（一）　　图 16.4-11　假山次结构挑杆与主结构典型连接（二）

由每 4 个挑杆节点组成一个规则的假山面层连接点，假山面层为钢筋网片层，按照假山数字模型扫描后按一定等高线读取假山外形等高线数据，并按照此数据生成假山面层的钢筋形状，钢筋的外轮廓即和假山外形的等高线重合，这也就是假山三维设计的主要设计思路和方法。

在进行假山构件设计时，主要考虑了恒荷载、活荷载、风荷载、温度作用及地震作用。其中，活荷载中考虑施工荷载，恒活荷载均以节点荷载的方式施加至模型。风荷载计算根据荷载规范取值，其中体形系数取为 2。温度作用计算时，考虑到钢结构假山表面存在厚度约 10cm 的水泥植塑表皮，能起到一定的隔热作用，设计温差取值为 ±15℃。

16.4.4　假山钢结构节点设计

考虑到工业化装配式要求，节点连接形式主要采用相贯节点。节点分析分为两部分：刚度分析和承载力分析。对于相贯节点，通常不认为是刚性连接。本工程采用欧标（EC3）的界定对节点的刚度进行评判：节点的转动刚度小于梁的线刚度的 0.5 倍时视为铰接；节点转动刚度大于梁的线刚度的 25 倍时，可视为刚接；节点转动刚度介于两者之间时视为半刚接。

以一个简单的模型来说明梁柱相贯节点的研究方法：一个带有节点的支管，在支管端部施加一个作用力 P，模型端部发生位移 δ。端部位移 δ 由两部分组成：节点变形引起的位移（δ_1）和支管本身变形引起的位移（δ_2），变形分解示意如图 16.4-12 所示。

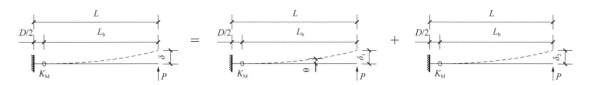

图 16.4-12　支管杆端平面外相对挠度的构成

节点转角θ:

$$\theta = \frac{\delta - \delta_2}{L_b} \tag{16.4-1}$$

节点所受的弯矩M:

$$M = P \times L_b \tag{16.4-2}$$

得节点刚K_M度:

$$K_M = \frac{M}{\theta} = \frac{P \times L_b}{(\delta - \delta_2)/L_b} \tag{16.4-3}$$

式中：L_b——支管自冠点伸出的长度（m）;

　　　θ——由于节点变形引起的支管转角（°）。

假山杆件典型尺寸为 2m × 2m，取主管长度 2m，主管截面ϕ299mm × 10mm，支管长度 1m，截面分别为ϕ219mm × 8mm 和ϕ140mm × 10mm，各管之间夹角 90°的典型节点（图 16.4-13）作为研究对象。

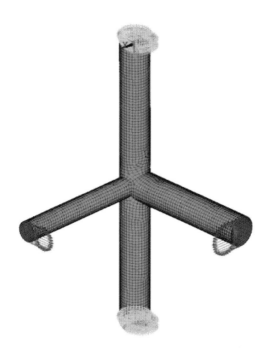

图 16.4-13　假山典型节点壳单元模型图

从表 16.4-1 的计算结果可知，假山典型节点的平面内和平面外节点转动刚度与支管线刚度之比均大于 25，满足刚接节点的假定。

节点有限元分析结果　　　　　　　　　　　　　　　　　　　　　　表 16.4-1

有限元数据	壳单元模型位移/m		线单元模型位移/m	
	平面外	平面内	平面外	平面内
节点一	4.75E − 05	5.21E − 05	4.72E − 05	4.72E − 05
节点二	1.53E − 04	1.64E − 04	1.47E − 04	1.47E − 04

结构处理	节点刚度/（kN/m）		节点判断标准	
	平面外	平面内	平面外 25 倍线刚度	平面内 25 倍线刚度
节点一	2.69E + 06	1.65E + 05	1.46E + 05	1.46E + 05
节点二	1.35E + 05	4.75E + 04	4.47E + 04	4.47E + 04

注：节点一指主管φ299mm×10mm，支管φ219mm×8mm相贯节点；节点二指主管φ299mm×10mm，支管φ140mm×10mm相贯节点。

16.5 专项分析与设计

16.5.1 混凝土穹顶结构设计

在沙塔餐厅中，屋面设有 3 个壳体结构，主造型屋盖采用了混凝土旋转抛物面薄壳屋面，薄壳顶部存在复杂包装。其中，中央最大壳体跨度 24m，最大矢高 6.3m，穹顶板厚为 150mm，底部局部加厚，近环梁处板厚增加至 300mm。主体结构分析模型如图 16.5-1 所示。

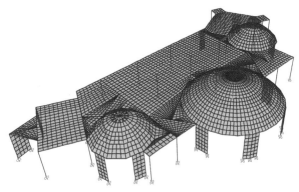

图 16.5-1 整体三维模型图

壳体沿环向支承条件变化较大，外侧支承为剪力墙，内侧支承为框架柱。通过分析可知，壳内弯矩分布受到周边支座刚度影响加大。当采用框架柱均匀支承壳体且环梁刚度较大时，环梁附近壳内弯矩较大，随着环梁尺寸的减小，环梁附近壳内弯矩逐渐增大。综合考虑建筑要求，以及环梁内力分布，最终环梁截面为 600mm×1200mm。此时，除了环梁边 500mm 范围外，壳内弯矩基本小于 7kN·m/m，壳体整体处于受压状态，壳体内力云图如图 16.5-2 所示。当局部结构柱替换成剪力墙后，边界刚度不对称对壳体内力有一定影响，壳体内环向径向弯矩均有所增大，但整体增幅在 10% 以内。

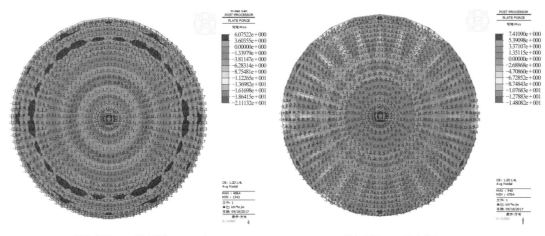

(a) 径向弯矩 M_{xx}，最大值为 6kN·m/m   (b) 径向弯矩 M_{yy}，最大值为 7.4kN·m/m

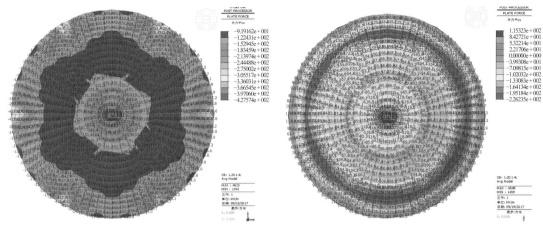

(c) 径向轴力F_{xx}，最大值为−9.2kN/m

(d) 环向轴力F_{yy}，最大值为11kN/m

图 16.5-2　竖向荷载下壳体内力云图（1.2D + 1.4L）

设计中，采取增大无剪力墙侧梁刚度，减少剪力墙侧梁刚度的手段，使得壳内最大应力减小且壳体应力分布趋向均匀。结构布置时，通过调整剪力墙长度及厚度，使壳体周边支承条件，包括竖向约束和环向约束在刚度上尽可能相近，以此减少由于支座条件不均匀而产生的壳板和环梁中的附加应力和变形，在确保薄壳屋面竖向承载的前提下，进一步优化了结构体系。

16.5.2　大跨度弧形台口梁设计

在欢乐剧场中，观众区和舞台区之间设置弧形台口钢桁架梁，弧长达到 33m，该台口钢桁架梁将整个屋顶钢结构分为两部分。其中，舞台区部分采用垂直于台口梁的普通工字梁，观众区部分采用双向桁架结构，桁架高度为 2.5m，并沿整个屋盖周边设置加强边桁架。两部分钢结构都与台口钢桁架梁铰接连接，钢结构屋盖模型如图 16.5-3 所示。

台口梁环形桁架的弦杆采用 1500mm × 500mm × 30mm × 50mm 的箱形截面，腹杆采用 500mm × 500mm × 30mm × 30mm 的箱形截面，钢材材质均为 Q345B。台口梁两端与两侧混凝土核心筒刚性连接，通过在混凝土中加入型钢，确保在混凝土应力较大的区域设置的型钢能够承担此处全部的内力。对台口梁及周边构件的局部模型（图 16.5-4）进行分析，对于钢板和型钢构件上出现应力集中的部位，以及钢与混凝土的连接部位，通过适当增配型钢暗柱区域的钢筋，在型钢柱和型钢梁上设置栓钉，在混凝土墙体中应力较大的部位扩大钢板或型钢的布置等构造措施，确保内力能够有效地传递并减小应力集中现象。

台口梁及屋顶桁架现场安装照片如图 16.5-5、图 16.5-6 所示。

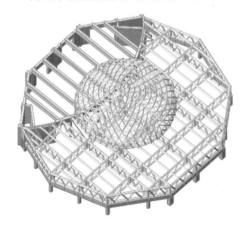

图 16.5-3　欢乐剧场屋顶层结构模型

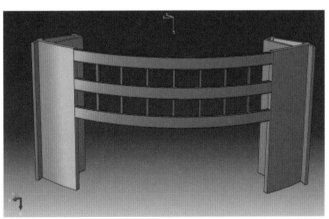

图 16.5-4　台口梁局部分析模型

图 16.5-5　屋顶桁架安装照片

图 16.5-6　台口梁现场照片

16.5.3　主题包装结构专项设计

　　主题乐园中的主体建筑通常含有较大体形的主题包装造型，这些主题包装的结构是由其内部的包装支撑结构和包装造型龙骨结构组成。通常包装支撑结构体量较大，且较多直接与主体建筑相连。一般来说，包装结构对主体结构的影响，主要与两者的相对关系相关，如质量、高度和刚度等基本指标。本节以企鹅天幕馆主入口为例，介绍主题包装支撑结构在本项目中的应用情况。该包装工程存在多个塔身、穹顶、罗马柱等造型的包装单体，图 16.5-7、图 16.5-8 展示了企鹅天幕馆主入口包装情况及局部建筑立面图。

图 16.5-7　企鹅天幕馆主入口现场图片

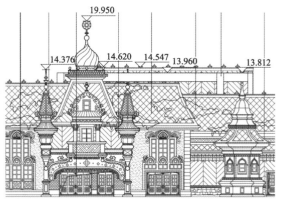

图 16.5-8　企鹅天幕馆立面图（局部）

　　包装支撑结构根据包装位置的不同，可分为两种：一种落于主体结构上，一种独立于主体结构。当包装支撑结构落于主体结构上时，柱脚位置应尽量落在已有主体结构梁柱上；若无法实现，则需要设置反梁来保证合理可靠的传力路径；当包装支撑结构独立于主体结构之外时，需要设置独立的柱脚基础。

　　在进行结构设计时，对包装钢结构构件主要采用以下原则：①控制包装钢构件长细比在 120 以内，以避免构件发生失稳破坏；②控制结构在标准组合下最大层间位移角在 1/150 以内；③两柱间距至少 1m 以满足施工空间需求；④部分包装单体长宽比较大，在风荷载组合下，最大层间位移角超出限值时，根据包装条件，可采用局部加斜撑的方法进行控制；⑤由于独立的包装支撑结构往往与主体结构距离较近，可采用多柱联合基础，必要时可偏心布置柱脚位置；⑥若由于建筑功能需求无法落柱到地面时需要设置转换柱，考虑施工的难度，柱脚尽量设置铰接。

　　对于建于主体混凝土结构上的包装结构，当包装体量相比主体结构较小时，应考虑主体结构对包装小塔楼的地震力放大作用，放大系数详见表 16.5-1，不建议单个小塔楼的第一自振周期大于 0.9s。

小塔楼地震力放大系数			表 16.5-1
包装小塔楼第一自振周期 T_1/s	$T_1 \leqslant 0.5$	$0.5 < T_1 \leqslant 0.75$	$0.75 < T_1 \leqslant 1.1$
地震力放大系数	1.6	2	2.6

16.5.4 亚克力水池设计

多数场馆中存在大小不一的展示水池，且亚克力水池形态各异，其中部分场馆亚克力水池规模较大，需进行专项设计。亚克力透光性好，其主要成分为聚甲基丙烯酸甲酯（PMMA），材料屈服应力约为100MPa。本项目中主要展示场馆中的大型亚克力面板参数及应力情况，详见表 16.5-2。

亚克力水池参数及应力计算			表 16.5-2
亚克力形状			
所属场馆	火山鲸鲨馆	火山鲸鲨馆	企鹅天幕馆	海底世界馆
边界条件	上下简支	上下简支	上下简支	两端简支
亚克力尺寸	30m×8m，倾斜角7°	高度5.5m，顶板倾斜角度约80°	碗直径为13m，高度为2.5m；筒体直径为3.8m，高度为3m	隧道长度约20m，拱半径为2.4m
厚度/mm	595	300	碗：160；筒：260	160
水深/m	9	7.5	5.9	5
Mises 应力/MPa	2.48	3.54	上部碗口：1.07 下部圆筒：0.89	4.67

亚克力板材与主体结构大部分采用铰接连接，仅传递水平力和竖向力，不传递弯矩。水压对亚克力板产生较大的水平力，需根据受力要求确定垭口最小受力尺寸。混凝土垭口的设计除满足受力的要求外，还需要满足安装和建筑视线等要求。亚克力在安装时，先将亚克力板插入或贴近垭口，并提升至设计位置，根据需求设置亚克力垫块并用专用填充料进行灌浆，灌浆完成后采用结构胶密封。图 16.5-9 所示为海底隧道垭口结构，图 16.5-10 所示为垭口节点做法。

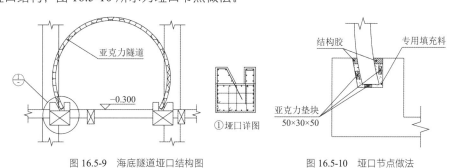

图 16.5-9　海底隧道垭口结构图　　　　图 16.5-10　垭口节点做法

16.5.5 游艺设施设计

主题公园中除了包含大型假山、漂流水道等构筑物外，一般还会设置较多的游乐设施，如过山车、雪国列车和旋转木马等。游乐设施的一些土建配套通常由主体设计单位设计，其中包括混凝土基础、部分机房等。游乐设备基础的设计，主要依据规范有：《游乐设施安全规范》GB 8408-2008、《混凝土结构设计规范》GB 50010-2010、《建筑地基基础设计规范》GB 50007-2011、《建筑结构荷载规范》GB 50009-2012等。

与采用的以概率理论为基础的极限状态设计法不同，《游乐设施安全规范》GB 8408-2008 采用容许应力设计法进行构件的强度设计，即：

$$n = \frac{\sigma_{b}}{\sigma_{\max}} \geqslant [n] \tag{16.5-1}$$

式中：σ_{b}——材料的极限应力；

$\sigma_{\max}$——设计计算最大应力；

[n]——许用安全系数，一般构件取 3.5，重要构件取 5。

同时，在荷载取值上，《游乐设施安全规范》GB 8408-2008 在对构件进行强度设计时，采用的是没有分项系数的标准值组合：

$$P_{1} = \sum K(G_{k} + Q_{1}) + Q_{2} + Q_{3} + Q_{4} + Q_{5} + Q_{6} + Q_{7} \tag{16.5-2}$$

式中：P_{1}——组合后的荷载；

K——冲击系数；

G_{k}——永久荷载；

Q_{1}——活荷载；

$Q_{2} \sim Q_{6}$——支承和约束反力，驱动力和制动力，摩擦力，惯性力以及碰撞力；

Q_{7}——风荷载（取风速≤15m/s）。

这与现行规范中按承载能力极限状态下作用的基本组合确定基础配筋或验算材料强度的规定不同。由于《游乐设施安全规范》GB 8408-2008 中未明确，基础按《建筑地基基础设计规范》GB 50007-2011 进行设计后，其构件强度是否需要满足式(16.5-1)的要求，这给设计人员在实际设计时带来了一定的困难。本项目采用一种解决思路，计算构件的相当安全系数K，与式(16.5-1)比较确定是否需要对荷载效应进行适当放大并重新设计，其计算方法如下：

根据《混凝土结构设计规范》GB 50010-2010，结构构件承载能力极限状态设计表达式为：

$$\gamma_{0}S \leqslant R \tag{16.5-3}$$

$$R = R(f_{c}, f_{s}, a_{k}, \cdots)/\gamma_{Rd} \tag{16.5-4}$$

不妨令

$$\gamma_{0}S = K_{S}S_{k}, \quad R = \frac{R\left(\frac{f_{ck}}{\gamma_{c}}, \frac{f_{stk}}{\gamma_{st}}, a_{k}, \cdots\right)}{\gamma_{Rd}} = K_{R}R_{u}$$

其中

$$S_{k} = \sum_{j=1}^{m} S_{Gjk} + S_{Q1k} + \sum_{j=2}^{m} \varphi_{ci}S_{Qjk} \tag{16.5-5}$$

$$R_{u} = R_{u}(f_{ck}, f_{stk}, a_{k}, \cdots) \tag{16.5-6}$$

可得，相当安全系数：

$$K = K_{S}/K_{R} \tag{16.5-7}$$

式中：γ_{0}——结构重要性系数；

S——基本组合的效应设计值；

R——结构构件抗力设计值；

f_{c}、f_{s}——混凝土、钢筋的强度设计值；

a_{k}——几何参数的标准值；

γ_{Rd}——结构模型的抗力模型不定性系数；

K_{S}——相当荷载系数；

K_{R}——相当抗力系数；

S_{Gjk}——第j个永久作用标准值的效应；

S_{Qjk}——第j个可变作用标准值的效应；

φ_{ci}——第i个可变作用标准值的效应；

S_k——标准值组合下的荷载效应；

R_u——结构构件抗力极限值；

f_{ck}——混凝土强度标准值；

f_{stk}——钢筋强度极限值；

γ_c——混凝土材料分项系数，取1.4；

γ_{st}——钢筋强度极限值与强度设计值的比值。

对于国外厂商设计的游乐设备，由于国外厂家无法提供依据国内规范进行计算所得的基础顶荷载组合效应，仅能提供依据国外规范计算所得的单工况标准值下的基础顶荷载效应，不能直接应用于基础结构设计，必须经过一定的转换和修正。比如，国外厂家提供的活荷载标准值Q_1产生的荷载效应为S_1，国内规范同类活荷载标准值为Q_2，基于结构内力计算采用弹性分析的基础，其荷载效应修正为Q_2S_1/Q_1，并按照《建筑结构荷载规范》GB 50009-2012进行组合后方可用于基础结构设计。

16.6 结语

上海海昌极地海洋公园是第四代主题公园和第五代海洋公园的代表性项目，是中国第二座以城市文化游乐综合体为工程性质设计完成的大型综合性主题乐园。公园围绕独具创意的海洋文化主题，将海洋文化体验与主题娱乐互动融合，在展示南北极特色动物以及海洋鱼类的同时，为游客提供娱乐互动、特效电影、情景体验、科普教育和水上巡游等一系列游乐活动。上海海昌极地海洋公园于2018年年底开业，已成为上海乃至全国性的优秀主题乐园。

在结构设计过程中，主要完成了以下难点和创新性工作。

1. 工业装配式假山设计方法

针对假山结构设计复杂和制作安装困难的问题，提出了一种工业装配式钢结构假山结构设计方法。通过该方法的使用，使整个钢结构假山的设计最大程度地采用了规则化和标准化的钢结构杆件布置，便于后续实现假山的程序化设计，杆件的标准化可以方便工厂的加工和制作，且这种设计方法可以大大减少现场的焊接连接工作量。这种精简和工业化的设计，不仅可以有效地形成假山结构，而且由于采用了较小的杆件截面，经验证是一种经济性非常高的结构体系，切实满足了目前主题乐园项目中钢结构假山的需要。

2. 超长看台的结构设缝处理

在设计中充分考虑了超长混凝土看台的温度应力影响，室外的混凝土看台采用设置伸缩缝（兼防震缝）的方案，看台顶部的钢屋盖结构不设缝；室内的混凝土看台采用不设结构缝的方案，通过设置后浇带和板内加强措施，抵抗温度应力。

3. 主体结构内混凝土水池与主体结构的连接关系

由于本项目海洋馆的特性，各场馆中有较多的混凝土水池和脱气塔，这些构筑物的尺寸大小各异，混凝土墙体的存在对主体结构造成了较大的影响。在建筑功能允许的情况下，混凝土水池或脱气塔尽量与主体结构设缝断开；部分无法分开的情况下，水池部分的混凝土池壁需要按照主体结构的抗震墙考虑。

但考虑这些抗震墙的作用后，主体结构的变形非常小，往往在大震下都可以保持弹性，因此在主体结构设计时，可以适当地放宽抗震控制指标，如扭转位移比等。

4. 折板式大跨悬挑钢屋盖结构设计

大型动物表演场单体的钢结构挑篷为悬挑折板造型，最大悬挑长度约 26m，主悬挑梁通过 V 形支柱及拉杆与下方混凝土柱和烟囱柱连接，降低了倾覆弯矩对主体结构产生的反力；此外，悬挑主梁之间及支柱之间设置支撑，有效约束了钢结构挑篷的水平位移。主体看台结构与钢结构挑篷之间连接复杂，采用包络设计方法涵盖了结构设计的最不利受力工况，并对复杂节点进行了精细有限元分析和特殊设计。

参考资料

[1]　主题乐园设计实务[M]. 上海: 同济大学出版社, 2019.

[2]　上海建筑设计研究院有限公司. 上海海昌极地海洋公园抗震专项论证报告[R]. 2016.

设计团队

结构设计单位：上海建筑设计研究院有限公司

结构设计团队：张　坚、刘桂然、程　熙、徐　迪、张西辰、贺雅敏、汤卫华、乔东良、陈世泽、杨　晶、李云燕、周　春、刘艺萍、石　硕、石　晶、耿　卓、赖　勤、潘其健、张良兰、胡佳轶

执　笔　人：张　坚、刘桂然、程　熙

第17章

玉佛禅寺保护修缮工程

17.1 工程概况

17.1.1 建筑概况

玉佛禅寺位于上海市普陀区安远路 170 号，1928 年建成至今已有 90 多年历史，是上海市优秀历史建筑，普陀区文物保护单位。原玉佛禅寺占地面积约 12670m²，分为前院和后院两部分，前院建筑面积约 8856m²，前院单体主要由位于中轴线的大照壁、天王殿、大雄宝殿和玉佛楼，东线的上海市佛教协会、观音殿、上海佛学院、禅堂、五观堂，西线的客堂、铜佛殿、卧佛殿、法物流通处、地藏殿和文殊殿组成，如图 17.1-1 所示。

玉佛禅寺具有很高的文化价值、历史价值和科学价值。但玉佛禅寺在使用过程中存在一些公共安全隐患，主要表现在：房屋年久失修，存在结构安全隐患；寺内建筑密度高、人员密集，存在人员疏散及消防安全隐患；现有建筑设计与设备多不满足现行消防规范要求；城市道路地坪升高，寺院地坪低洼，存在汛期雨水倒灌的隐患；平面缺乏总体统一规划，僧俗功能相互干扰；礼佛、游览、后勤服务区划缺乏规划，流线干扰；已有设备管线老化，存在安全隐患；后期增加设备影响建筑风貌等。

2017 年 9 月，为改善玉佛寺礼佛环境，消除寺院存在的各种结构、消防、交通等方面的公共安全隐患，玉佛禅寺启动全方位修缮工程。最新全方位修缮方案为：对中轴线文物建筑的大雄宝殿、天王殿进行原材料、原工艺的保护修缮，将大雄宝殿向北平移 30.66m 并抬升 1.5m，增大室外礼佛空间和广场；将玉佛楼、东西厢房拆除重建，并在东侧设置 6.65m 深的 1 层地下室（图 17.1-2）。

图 17.1-1　玉佛禅寺修缮前整体鸟瞰图

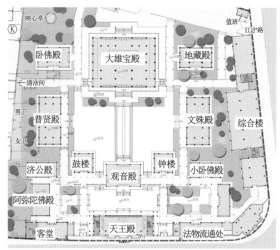

图 17.1-2　玉佛禅寺修缮后平面布置图

17.1.2 玉佛禅寺整体修缮工程特点

根据现场条件及寺院运营要求，玉佛禅寺整体修缮工程具有以下几个特点：

（1）由于玉佛寺改造在现有土地上进行，施工空间有限，且在东西厢房重建过程中，大雄宝殿和天王殿仍需对外开放进行日常的礼佛，东厢房离大雄宝殿和天王殿距离较近，需考虑东厢房地下室基坑施工对大雄宝殿和天王殿的影响。

（2）大雄宝殿属于抬梁式木结构，重檐歇山顶，此类古建筑的移位在我国 20 多年的移位工程中未曾遇到过。大雄宝殿，供奉三尊大佛及二十四诸天，大部分佛像的尺寸都比殿堂门洞的高度高，其中大雄宝殿的三尊大佛以殿堂间的隔墙为支撑，殿堂移位时，殿内佛像无法先请出殿堂，需与主体结构一起平移，佛像为文物，结构移位时需保护。

（3）大雄宝殿内观音墙泥塑与内隔墙为一整片墙体，且与大厅内两根木柱相连，结构移位时同样需综合保护。

大雄宝殿移位属文物与建筑物整体平移和顶升，在国内属首例。

17.1.3　玉佛禅寺整体修缮工程中的关键技术

根据玉佛禅寺整体修缮工程特点，结合国内外已有研究成果，急需解决整体修缮工程中的关键技术，确保工程顺利安全实施。

1. 减轻新建建筑的基础及地下室基坑对天王殿和大雄宝殿的不利影响技术

为了减轻新建建筑的基础及地下室基坑对天王殿和大雄宝殿的不利影响，新建建筑基础尽量采用挤土效应小的桩基础，并适当控制基础埋深，做到浅埋；沿寺庙古建筑边的基坑支护形式采用排桩，并严格控制变形，确保寺庙古建筑的安全；实时监测寺庙古建筑的沉降与水平变位，动态调整基坑开挖次序，迅速浇筑与寺庙古建筑相关区域的底板，减少基坑暴露时间。

2. 古建筑文物保护和临时加固技术

大雄宝殿上部结构、墙体、佛台等托换到托换底盘后，是一个无根的体系，同时木结构及墙体的整体性较弱，整体抗侧刚度小，梁柱节点采用榫卯连接，抗扰动和变形能力差，为了增强结构的整体性，控制连接节点的变形，确保建筑结构节点不松动、构件不移位，需进行临时加固。

佛像及观音墙均为文物，且为泥塑，整体较脆，需确定合理安全的保护加固措施。

为了增强结构与托换底盘的连接生根，确保托换、平移、顶升过程安全，结构牢固固定在托换底盘上，需设计临时加固钢架，保护主体建筑。

3. 寺庙古建筑整体顶升平移技术

建筑物整体移位的基本原理：在建筑底部构造托盘系统，并以此作为上部结构与原基础分离后的荷载传递构件，然后用千斤顶等动力设备对托盘系统施加作用力，包括顶推、牵引、顶升等作用形式，使得建筑物的空间位置发生改变。当房屋移动到指定位置后，采用特定的就位连接措施或手段使其与新基础可靠相连。

寺庙古建筑整体移位地基处理关键技术：其内容包括寺庙古建筑基础的处理及移位轨道基础的处理。

寺庙古建筑整体移位基础托换关键技术：古建筑一般为砖木结构体系，整体移位时需要对砖墙和木柱进行基础托换，寺庙中还有佛像及观音墙等保护文物的基础托换。

寺庙古建筑整体平移动力装置关键技术：确定一合理高效的寺庙古建筑整体平移的移动方式、牵引动力装置，确保寺庙古建筑能全过程平稳移动。

古建筑整体移位过程施工监测关键技术：引进先进的监控理论，在整体移位施工过程中应采用现场实时监测的方法进行质量、安全控制。

4. 寺庙古建筑整体平移就位减隔震设计关键技术

寺庙古建筑物整体平移就位后，通常采用的连接方式有两种：直接连接法，预埋足够数量且连接可靠的竖向钢筋，二次浇灌混凝土，形成可靠连接；滑移减隔震连接法。一般来说有效连接的移位建筑物的抗震性能比原有结构有较大的提高，其抗震性能的提高主要源于以下几个方面：当预埋了足够数量且连接可靠的竖向钢筋或钢板，新、旧混凝土界面上形成了一个抗剪薄弱层，有利于结构抗震；设置于结构底部与基础间的减震隔震消能装置,可以改变建筑物的动力特性,较大程度地减轻上部结构的地震作用效应。

17.2 寺庙古建筑整体平移顶升关键技术

寺庙古建筑整体平移顶升是先在古建筑底部设置一个结构托换层,使其与古建筑上部结构形成一个整体,适时与原建筑基础切割分离,托换结构底部设置下轨道基础梁和移动装置,在外力的作用下,将寺庙古建筑整体移位到新的位置,并顶升就位,进行寺庙古建筑与新建基础连接。玉佛禅寺古建筑的整体移位具非常个性化的特点,需要将砖木结构、佛像及佛像台座、观音墙一起整体移位。玉佛禅寺的古建筑结构形式复杂,并具有一定的年代,结构的完整性欠缺,大雄宝殿内的佛像均为文物。仅依赖传统经验进行建筑物整体移位,无疑会出现重大的安全问题,需要采取一些特殊技术完成平移顶升。

17.2.1 寺庙古建筑整体平移顶升中的托换技术

以大雄宝殿整体平移顶升为例,其整体平移托换涉及木柱及柱基础托换和佛台及砖墙基础整体托换。

1. 木柱及柱基础托换技术

根据大雄宝殿木柱及柱基础的不同情形,对边木柱及柱基础托换直接采用普通钢管型钢梁基础托换,对独立的木柱及柱基础托换采用了混凝土抱箍+钢梁综合托换技术,技术流程如下:用脱黏材料包住部分木柱及柱础石,用两片现浇U形混凝土抱箍把木柱及柱础石包裹住,在结构托换层的基础梁上设立四根钢柱,钢柱上立两根托换钢梁,用预留锚筋将U形混凝土抱箍与钢梁可靠连接在一起,最后形成木柱及柱基础托换。

(1)U形混凝土抱箍承载力的试验研究。U形混凝土抱箍节点的构造基础是U形的混凝土抱箍,内嵌橡胶垫等柔性材料。通过紧箍力获得的摩擦力,来实现荷载传力途径的改变。通过试验台模拟试验,来获取诸如U形混凝土抱箍和木柱及柱础间橡胶垫的静摩擦系数、紧箍力的力学参数、U形混凝土抱箍承载力,同时评估U形混凝土抱箍及不同橡胶垫对木柱及柱础结构是否会产生较大的变形或损伤。图17.2-1所示为U形混凝土抱箍承载力的试验台试验照片,试验研究表明:施加150tf荷载,混凝土抱箍的箍紧力可靠、木柱及柱础石微变形,2、4、6mm厚橡胶垫未产生过大的变形,混凝土抱箍对木柱及柱础石结构未产生压痕,基本无损伤。

图 17.2-1 U形混凝土抱箍承载力的试验研究组图

(2)木柱及柱础石的混凝土抱箍+钢梁综合托换工法设计。施工工法依照施工顺序一般可分如下八步:第一步,上托盘梁土方开挖施工(开槽);第二步,上托盘梁施工,并在其上预留静压锚杆桩施工孔;第三步,木柱及柱础混凝土抱箍+钢梁托换体系施工;第四步,静压锚杆桩施工;第五步,静压锚杆桩封桩施工;第六步,土方开挖(下轨道梁及托换底板);第七步,木柱及柱础托换底板施工;第八步,拆除木柱及柱础混凝土抱箍＋钢梁托换体系。完成柱及柱础的托换。

（3）木柱及柱础石的混凝土抱箍＋钢梁综合托换工程实践。图 17.2-2 所示为木柱及柱基础托换工程实践施工现场图片。

图 17.2-2　木柱及柱基础托换工程实践组图

2．佛台及砖墙基础托换技术

根据前期调研和实物勘探：佛台为分仓实心黏土砖砌筑，佛台基础为碎石土，山墙的基础为黏土砖独立基础，东西佛台基础强度较好，不需加固，可直接进行常规基础托换，中间佛台下碎石土基础较为零碎，强度及承载力较低，进行基础托换时应先进行地基基础处理，结合现场拟采用压力值约为 1MPa 的压密注浆处理。

（1）佛台及墙体基础托换工法设计。以中间佛台为例，佛台及基础托换施工工法为：第一步，佛台四周基础开槽，深度 1.2m，宽度约 1m；第二步，佛台基础四周施工临时混凝土挡墙，待强度达到后，对佛台下 1.2m 深度的碎石土基础进行压密注浆加固；第三步，托换型钢梁施工；第四步，上托盘梁体系施工；第五步，静压锚杆桩及封桩施工；第六步，土方开挖及下轨道梁施工；第七步，佛台及观音墙托换基础底板施工，完成佛台及观音墙基础托换。图 17.2-3 详细示意了佛台及观音墙基础托换工法。

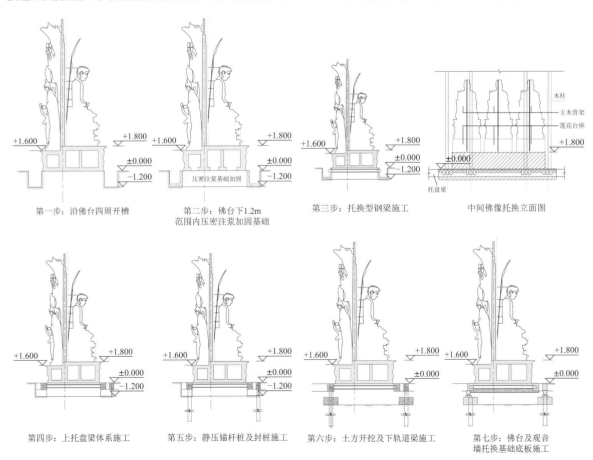

图 17.2-3　佛台及砖墙基础托换工法示意组图

（2）佛台及墙体基础托换技术的工程实践。图 17.2-4 所示为东西佛台及砖墙基础、中间佛台及观音墙基础托换工程施工现场图片。

图 17.2-4　东西佛台及砖墙基础、中间佛台及观音墙基础托换工程实践组图

17.2.2　寺庙古建筑整体平移的轨道系统设计技术

寺庙古建筑整体平移轨道系统包括上轨道梁系、下轨道梁系和滑动支座三部分。下轨道梁设计应分为轨道梁及地基基础处理设计两部分，下轨道梁平面布置是根据上部结构体系和平移路径进行的。上轨道梁设计一般结合结构托换层托盘梁设计。

1. 上轨道梁系（托换层）设计

采用 SAP2000 软件建立上轨道梁系的计算模型，上部木柱竖向荷载以集中力形式施加于上轨道梁系上，佛台荷载及墙体荷载以均布荷载形式施加于上轨道梁系上，桩基设为约束承担结构荷载。计算工况一：在上部结构荷载及上轨道梁系自重作用下，上轨道梁系的弯矩、剪力、扭矩；计算工况二：某一跨出现 2mm 不均匀沉降时，上轨道梁系的弯矩、剪力、扭矩。

1）计算工况一计算分析

结合建筑、佛像的外形尺寸、厚度和材料密度，上部荷载木柱及墙体、佛像佛台荷载取值见表 17.2-1。

大雄宝殿建筑恒载取值　　表 17.2-1

名称	自重/kN	备注
上部建筑	8350	参考取值
中间佛像（每个）	50	共 3 个
中间佛像下的佛台	75	
观音像	45	
左（右）侧佛像（每个）	33	共 20 个
左（右）侧佛像下的佛台	100	
观音墙（包括观音壁）	1500	

上轨道梁系由轨道梁与连系梁纵横交错组成，轨道梁断面为 800mm × 800mm，连系梁断面为 400mm × 800mm。混凝土的强度等级为 C35。图 17.2-5 所示为计算模型图，图 17.2-6、图 17.2-7 所示为上部建筑荷载示意图及托盘基础在荷载作用下的弯矩和剪力分布值，托盘基础梁的弯矩、剪力和扭矩极值见表 17.2-2。

上轨道梁系极值表　　表 17.2-2

	截面形式/mm	最大正弯矩/（kN·m）	最大负弯矩/（kN·m）	最大剪力/kN	最大扭矩/（kN·m）
轨道梁	800 × 800	170	120	350	70
连系梁	400 × 800	20	6	20	3

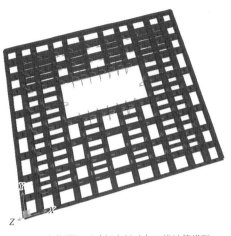

图 17.2-5　上轨道梁系（托盘基础）三维计算模型

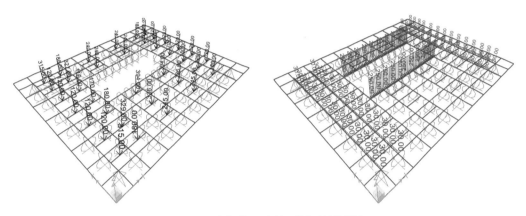

图 17.2-6　上轨道梁系木柱及佛台砖墙荷载图

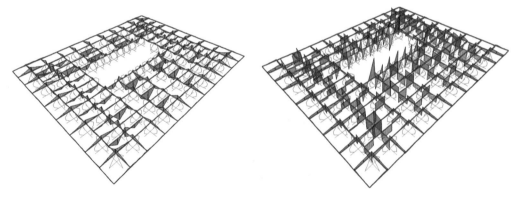

图 17.2-7　上轨道梁系弯矩及剪力分布图

2）计算工况二计算分析

图 17.2-8 所示为指定中间佛台一侧托盘梁跨内出现 2mm 不均匀沉降。

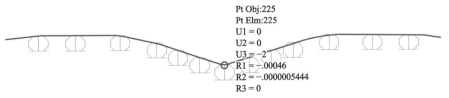

图 17.2-8　指定不均匀沉降荷载图

图 17.2-9～图 17.2-11 分别给出了上轨道梁系在指定不均匀沉降作用下上轨道梁系弯矩、剪力和扭矩分布值，上轨道梁系的弯矩、剪力和扭矩极值见表 17.2-3。

托盘基础梁极值表 表 17.2-3

	截面形式/mm	最大正弯矩/（kN·m）	最大负弯矩/（kN·m）	最大剪力/kN	最大扭矩/（kN·m）
轨道梁	800×800	450	170	590	75
连系梁	400×800	20	6	20	3

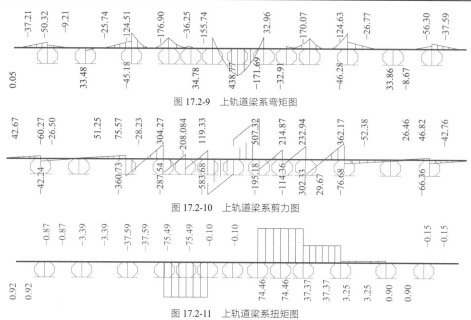

图 17.2-9　上轨道梁系弯矩图

图 17.2-10　上轨道梁系剪力图

图 17.2-11　上轨道梁系扭矩图

3）上轨道梁系（结构托换层）工程实践

图 17.2-12 所示为上轨道梁系（结构托换层）现场施工照片组图，有序表述了上轨道梁系（结构托换层）工法的工程实践。

图 17.2-12　上轨道梁系（结构托换层）工程实践组图

2．平移支座设计

建筑物整体移位时，要在上轨道梁系与下轨道梁系间设置若干个平移支座，使得建筑物可以在指定方向移动。平移支座常用的分类有：滚动平移支座、滑动平移支座和低阻力液压悬浮式滑动平移支座。

滚动平移支座是在上下滑道之间摆放滚轴进行平移，其优点是：摩擦系数小，需提供的迁移动力小。不足之处：滚动产生竖向振动，对建筑物安全不利；易产生平移偏位，平移进度较慢，且不利于建筑物的转向。

滑动平移支座是在上下滑道面之间设置滑动钢结构支座，在滑动面上涂抹润滑介质进行平移。优点：平移时比较平稳，偏位时易于调整，安全性高；平移过程中易于转向，便于纠偏，适用于高精度同步控制系统；平移过程中辅助工作少，平移速度快，可以缩短总体工期。不足之处：摩擦系数较大，一般在 0.1～0.15 之间，平移需提供很大的推动力；对施工时下滑道的标高、平整度要求非常高。

经典回眸　上海建筑设计研究院有限公司篇

低阻力液压悬浮式滑动平移支座是在上下滑道之间摆放支座，支座采用液压千斤顶，千斤顶下垫德国进口的聚分子材料，下轨道梁上设置镜面不锈钢板。优点：平移时比较平稳；偏位时易于调整，适用于高精度同步控制系统；平移过程中辅助工作少，平移速度快，可以缩短总体工期；摩擦系数很小，在0.02~0.06之间，需提供的移动动力很小；液压千斤顶在行走时能够自动调整滑脚高度及额定反力，对下滑道的平整度要求相对较低。不足之处：平移时对计算机控制系统要求较高，平移造价非常高。

为了最大限度地减少移位过程中对寺庙建筑、佛像、佛台和观音墙的损伤，经过多工程考察和调研，综合比较选用低阻力液压悬浮式滑动平移支座。

1）低阻力液压悬浮式滑动支座设计

寺庙古建筑计算模型中，下轨道梁系与上轨道梁系之间共设置62个低阻力液压悬浮式滑动支座，经计算低阻力液压悬浮式滑动支座最大轴力为720kN，最大剪力为54kN，最大弯矩为32kN·m，最大轴向变形为0.06mm。选用150t液压千斤顶，连接在上轨道梁系的预埋钢板上，预埋钢板锚在上轨道梁系上，低阻力液压悬浮式滑动支座与下轨道梁系上的不锈钢板采用接触式连接。图17.2-13所示为液压千斤顶平面布置图，图17.2-14给出了每个液压千斤顶顶力分布图，寺庙古建筑钢板支座承受最大启动摩擦力极限为2000kN，其中轨道梁系上的低阻力液压悬浮式滑动平移支座所需承受最大启动摩擦力为244kN。

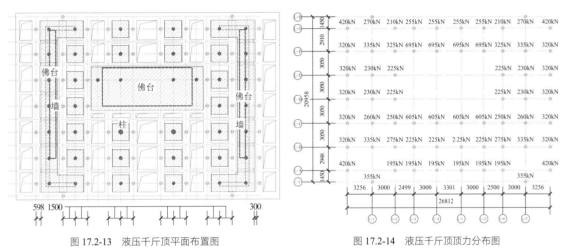

图17.2-13 液压千斤顶平面布置图　　　　图17.2-14 液压千斤顶顶力分布图

2）聚四氟乙烯板设计

为了减小启动加速度，减小摩擦系数，可在滑动支座下面嵌聚四氟乙烯板，利用AB万能胶将10mm厚聚四氟乙烯板粘贴于钢滑块的底面，并且在聚四氟乙烯板的后部将5mm厚钢条焊在型钢滑块底面以防止聚四氟乙烯板脱落。该方案的缺点就是在移动的起步阶段稍有困难，但一旦开始滑动，所需顶推力就会明显减小。根据《建筑物移位纠倾增层改造技术规范》T/CECS 225-2020，聚四氟乙烯板与不锈钢板之间的摩擦系数为：滑动摩擦系数0.05~0.07，启动摩擦系数0.1~0.12，这样可以减小启动摩擦力和启动加速度。根据《建筑物移位纠倾增层改造技术规范》T/CECS 225-2020规定，水平移位时，滑板的水平面积A_0，应根据滑板采用的低摩阻材料的耐压性能进行计算，寺庙古建筑支座最大轴力为720kN，取$f = 25N/mm^2$，得$A_0 = 28800mm^2$，实际面积$A = 60000mm^2$（200mm×300mm）。

17.3 寺庙古建筑文物保护和加固关键技术

17.3.1 寺庙古建筑临时加固技术

寺庙古建筑临时加固保护原则不改变原受力状态，不损伤原构件，为此采用独立的钢架体系对大殿结构进行扶持,以控制其水平位移。在意外情况下木构架产生过大变形时起到对木构架的保护作用,以免原结构发生过大变形或失稳。钢架采用空间钢桁架的形式,钢架的钢柱锚固在上托换盘上。钢架自身独立成体系,在纵横向都有较大的刚度。在木构架柱顶的梁柱节点部位,通过钢包箍和连接钢杆与钢架连接,使得木构架在发生水平变位时会受到钢架的有效约束。这样可以有效地控制原木结构的水平侧移,保证木构架在施工过程中的稳定性。同时,由于钢架主体结构跟原木结构都是相对独立的,故原木结构在加固过程中造成的损伤也是最小的,对原木结构整体性的保护起到很好的作用。

1. 临时加固钢架体系

大雄宝殿的临时加固由室内和室外三个独立的钢架组成,如图 17.3-1 所示,所有钢柱起根于结构托换层的梁上,在钢架顶部包住大殿木柱或扶持墙体,柱间和侧向采用双角钢支撑体系,整个钢架形成一个完整的抗侧力体系,来保证平移过程中大殿的安全和稳定。

两侧的钢柱采用方钢管(□25×16),其余钢柱及水平支撑采用双拼槽钢(2〔20a),斜撑采用2L60×100×14,钢材材质均为 Q235B。

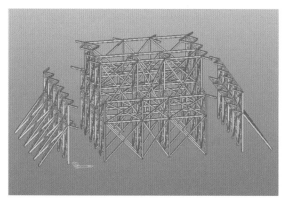 

图 17.3-1 临时加固钢架示意图

2. 临时加固钢架体系计算分析

根据工程经验及调研,一般对主体结构临时加固按以下三个工况来验算古建筑及临时加固支撑结构的安全性:平移工况:按启动加速度为 0.05g 来模拟 X 向、Y 向平移工况,即按总重 5% 的力施加在 X 向、Y 向支撑上,来模拟结构平移初始时的应力及位移状态;倾斜工况:按整体倾斜 1% 来模拟倾斜工况,即按总重 1% 的力施加在支撑上,来模拟结构发生倾斜时的应力及位移状态;临时工况:临时礼佛时的倾斜状态,即按照 1% 的总重施加在支撑上,并拆除部分支撑结构,来模拟结构的应力及位移状态。临时加固钢架计算参数见表 17.3-1。

				临时加固钢架计算参数				表 17.3-1
材料	E/MPa	f_c/MPa	f_t/MPa	重度/(kN/m³)
C40	32500	19.1	1.71	25
杉木	10000	10	7.5	4
钢材 Q235	206000	215	215	78

按古建筑总重 5% 的力在 X 向、Y 向分别施加在整体加固钢架上,图 17.3-2~图 17.3-4 所示分别为 X 向、Y 向荷载作用,临时加固钢架构件应力和位移分布图。此种工况下临时加固钢架构件应力在 0~77.5MPa 之间,构件节点 X 向、Y 向最大水平位移分别为 20.5mm 和 43.9mm。

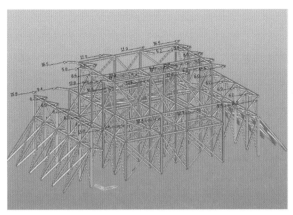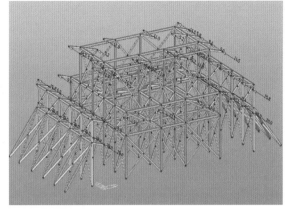

图 17.3-2 临时加固钢架X向、Y向荷载示意图

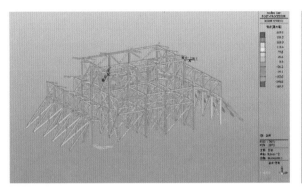

图 17.3-3 临时加固钢架应力图

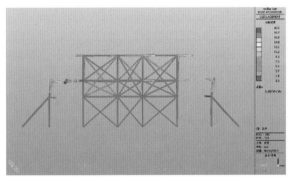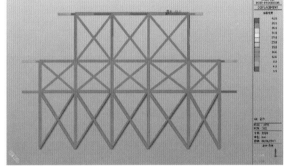

图 17.3-4 临时加固钢架位移图

按古建筑总重 1%的力在X向、Y向分别施加在整体加固钢架上，其临时加固钢架构件应力在 0～42.3MPa 之间，构件节点X向最大水平位移分别为 4.4mm。

临时礼佛时的倾斜状态，按古建筑总重1%的力施加在整体加固钢架上，拆除部分支撑结构，其临时加固钢架构件应力在 0～42.3MPa 之间，构件节点X向最大水平位移分别为 4.2mm。

17.3.2 寺庙古建筑佛像及观音墙保护技术

佛像及观音墙的保护是古建筑整体平移的重点内容。图 17.3-5 所示为大雄宝殿内主要佛像和观音墙现状。佛像和观音墙存在以下特点：体形复杂，形式多样，与基座的连接做法尚不明确；佛像体量大，形状多变，多有突出部件；佛像多用泥胎制成，材料显脆性，易开裂，不能直接用刚性构件支撑。

常规的佛像一般采用板箱填充和绑带捆绑保护：板箱填充保护通过木板箱体将佛像及佛台整体打

包，在其内填充超软弹性体 TPE 材料、热塑性弹性体（人造橡胶或合成橡胶），保证佛像及佛台在整体顶升平移过程中的稳定性。绑带捆绑保护是使用柔性绑带将佛像捆绑并与临时加固钢构架或古建筑结构相连，保证佛像及佛台在整体顶升平移过程中的稳定性。

图 17.3-5　佛像及观音墙照片

考虑到佛像巨大，且与建筑内隔墙紧密结合的特点，板箱填充保护和绑带捆绑保护具有局限性，不大适用。经过调研和试验研究，开发出了框架多点支撑佛像保护法和框架夹板佛像保护法两种方法，详见图 17.3-6。框架多点支撑佛像保护法是利用临时加固钢构架作为佛像保护的主要侧向支撑骨架，向外伸一些钢部件，在支点端部设置钢端板，钢端板与佛像之间垫弹性材料（人造橡胶或合成橡胶）垫块，形成一多点空间支撑体系，使佛像的任何一个方向都能得到有效保护。框架夹板保护法是沿佛像向外设置一支撑钢骨架，在佛像底座、胸部及颈部等若干断面根据佛像外形设置固定木板，木板与佛像体形要切合，且与佛像之间留有一定间隙，木板与佛像之间垫弹性材料，这样做佛像能得到有效保护。两种保护方法中佛像的突出部位（如手臂等）不得支撑，否则这些薄弱部件反而容易折断。

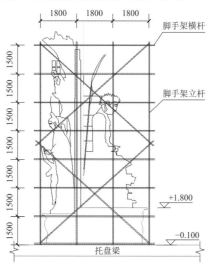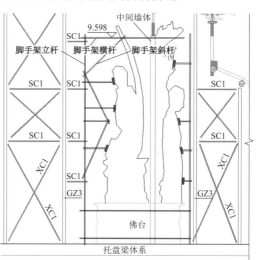

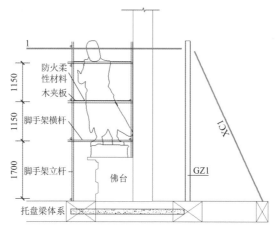

图 17.3-6　框架多点支撑佛像保护法和框架夹板佛像保护法示意图

350

经典回眸　上海建筑设计研究院有限公司篇

1．佛像保护试验研究

为了有效控制寺庙古建筑整体平移对佛像的损害，针对框架多点支撑佛像保护法和框架夹板佛像保护法两种方法进行了缩尺试验，图 17.3-7 为试验模型示意图。

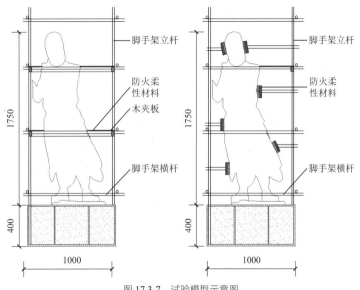

图 17.3-7　试验模型示意图

1）试验模型制作

泥塑佛像：按传统工艺要求制作木胎泥塑，泥塑高度为 1.75m，泥塑木骨架锚在夯实的三合土中；泥塑佛台的制作：佛台采用钢箱内填充三合土，并分层压实，三合土配比取灰：砂：土为 1：1：5；佛像本体的固定钢架：根据佛像外表形状设置钢架将钢框架生根在泥塑底座上，钢柱与钢箱焊接连接。

框架多点支撑佛像保护：选若干个部位采用带端板钢管支撑泥塑佛像，支撑端板与佛像本体间预留间隙，用软质泡沫填充泥塑与端板间的空隙，软质泡沫弹性模量小于 68.6MPa。

框架夹板佛像保护：选若干个部位采用木质夹板支撑泥塑佛像，木质夹板与佛像本体间预留间隙，用软质泡沫填充泥塑与木质夹板间的空隙，软质泡沫弹性模量小于 68.6MPa。

2）试验工况

工况一：模拟平移的启动加速和停止减速（加速度为 0.1g 和 0.05g）对佛像进行保护。利用 AB 万能胶将 10mm 厚聚四氟乙烯板 1000mm×240mm（长×宽）粘于钢箱底部，在钢梁翼缘表面涂刷润滑剂；试验时，泥塑基座落在两根轨道钢梁上；根据泥塑、钢框架、钢箱和三合土的自重估算启动摩擦力为 5.4kN，两个千斤顶顶升力为 3kN。

工况二：模拟倾斜对佛像进行保护。让试验平台倾斜 1°、2°、3°、…、9°、10°，根据泥塑、钢框架、钢箱和三合土的自重估算，千斤顶出力 18kN。

3）试验结论

经试验可知：模拟平移的启动加速和停止减速（加速度为 0.1g 和 0.05g）时，加速度 0.1g 测点变形比 0.05g 大，相对变形可控制在 10mm 以内，佛像脚部变形相对较小，整个试验过程中，通过柔性材料保护，佛像支撑点处未产生压痕，佛像无明显损伤。模拟倾斜，试验平台倾斜 1°、2°、3°、…、9°、10°时，佛像支撑点处未产生压痕，佛像无明显损伤。佛像脚部变形相对较小，无损伤。根据试验结论，监测佛像倾斜时将最大角度控制在 10°，模拟平移的启动加速和停止减速加速度不得大于 0.1g。

2．佛像保护工程实践

框架多点支撑佛像保护法和框架夹板佛像保护法分别用于三尊大佛、观音墙和东西两侧二十天像。其实践工法如下：第一步，完成托换层及上托盘梁体系施工，施工寺庙古建筑临时保护钢框架；第二步，搭建佛像保护脚手架框架，并与寺庙古建筑临时保护钢框架可靠连接；第三步，依据佛像外形，合理选择支撑点和支撑断面，完成多点支撑和夹板支撑工作，支撑面与佛像表面应保证留有 20mm 间隙，并在间隙中充填柔性保护材质（软质泡沫或软质橡胶）。图 17.3-8 所示为佛像保护法工程实践现场照片组图。

图 17.3-8　佛像保护法工程实践现场照片组图

17.4　寺庙古建筑减隔震设计

随着经济水平的提高，国内各地的抗震水准也在逐步提高。为了满足现行规范要求，寺庙古建筑修缮时进行了减隔震设计，在结构托换层与新基础之间设置了隔震支座 + 黏滞阻尼器，达到减小地震作用的效果。

17.4.1　上部结构计算模型的建立

用 SAP2000 软件建立大雄宝殿及其隔震结构的数值模型，如图 17.4-1 所示，其中：上部结构（含托盘、佛像等）重力荷载代表值 G_{eq} = 21912kN；木柱柱脚假定为铰接，榫卯连接刚度设定为 10% 刚接刚度；模型中未考虑挑檐、砖墙作用，仅作荷载处理；屋盖荷载取值 3.71kN/m²，转化为线荷载施加于木梁上；中间佛像及佛台荷载取值 4000kN，作为线荷载施加于托换梁上。

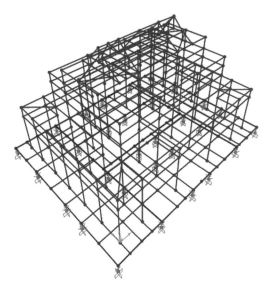

图 17.4-1　寺庙古建筑减隔震数值分析模型

17.4.2 减隔震层设计

1. 减隔震方案对比

为了深入研究减隔震支座的减隔震效果，设计了三种减隔震层方案。方案一：天然橡胶隔震支座＋滑板隔震支座＋黏滞阻尼器方案，合理布置普通橡胶支座10个，弹性滑板支座14个，黏滞阻尼器8个（X向、Y向各4个），结构托换层的托盘梁高度600mm；方案二：厚层橡胶隔震支座＋滑板隔震支座＋黏滞阻尼器方案，合理布置厚层橡胶支座18个，弹性滑板支座6个，黏滞阻尼器8个（X向、Y向各4个），结构托换层的托盘梁高度600mm；方案三：厚层橡胶隔震支座＋滑板隔震支座＋黏滞阻尼器方案，合理布置厚层橡胶支座20个，弹性滑板支座8个，黏滞阻尼器8个（X向、Y向各4个），结构托换层的托盘梁高度1000mm。表17.4-1给出了减隔震前后结构周期对比值，表17.4-2给出了隔震前后地震影响系数及减震系数对比值。

减隔震前后结构周期对比表　　　　　　　　　　　　　　　表 17.4-1

结构类型	自振周期/s	隔震前/隔震后
隔震前	0.95	1
隔震方案一	2.46	2.59
隔震方案二	2.91	3.06
隔震方案三	2.89	3.04

隔震前后地震影响系数及减震系数对比表　　　　　　　　　　表 17.4-2

类别		隔震前结构	隔震后结构		
			隔震方案一	隔震方案二	隔震方案三
多遇地震	地震影响系数	0.08	0.037	0.032	0.033
	减震系数	—	0.37	0.32	0.326
罕遇地震	地震影响系数	0.5	0.128	0.11	0.112

根据现有的古建筑相关研究，考虑到木结构榫卯节点刚度的不确定性及寺庙古建筑木结构墙对结构刚度的增大作用，一方面要考虑木结构榫卯节点刚度的不同折减系数，另一方面要考虑填充墙的贡献，计算比较分析三种减隔震方案寺庙古建筑上部结构在不同周期情况下的减震系数以及隔震层位移，全面评价寺庙古建筑的减隔震效果。图17.4-2、图17.4-3给出了三种方案在不同结构周期下的减隔震系数与减隔震层位移。当考虑木结构榫卯节点的不确定性以及墙的影响，结构周期可能在0.55~0.95s之间，三种隔震体系均能取得很好的隔震效果。

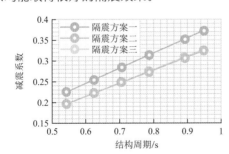　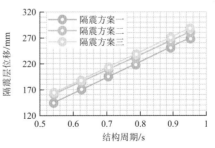

图 17.4-2　不同结构周期下的减隔震系数曲线图　　图 17.4-3　不同结构周期下的减隔震层位移曲线图

2. 减隔震层设计

隔震设计采用弹性滑板支座＋厚层橡胶支座＋黏滞阻尼器的隔震方案，其中每根木柱下方对应布置一个弹性滑板支座（共38个），厚层橡胶支座仅布置于结构四角处，黏滞阻尼器布置于结构四周，X

向、Y 向各 4 个。弹性滑板支座 + 厚层橡胶支座性能参数如表 17.4-3、表 17.4-4 所示，阻尼器的阻尼系数为 20000，阻尼指数为 0.4。

弹性钢滑板支座性能参数　　　　　　　　　　　　　　　表 17.4-3

型号	支座有效直径D/mm	竖向荷载设计值F_v/kN	水平等效刚度K_h/（kN/m）	摩擦系数μ
SLB350	350	1154	539	0.02

橡胶支座性能参数　　　　　　　　　　　　　　　　　表 17.4-4

型号	支座有效直径D/mm	竖向荷载设计值F_v/kN	水平等效刚度K_h/（kN/m）
TLNR600	600	1150	540

17.4.3　减隔震数值分析结果

1. 时程分析输入参数

寺庙古建筑减隔震效果采用地震波输入时程分析方法计算评估，采用直接积分算法，分析模型中上部木结构考虑为弹性，弹性滑板支座、厚层橡胶支座及黏滞阻尼器为非线性。地震波采用 2 组天然波（NR4、NR7），1 组人工波（AW1），共 3 组地震波，时程分析所用地震加速度时程最大值如表 17.4-5 所示。

时程分析所用地震加速度时程最大值（cm/s²）　　　　　　　　　表 17.4-5

	多遇地震	设防地震	罕遇地震	超大地震
加速度峰值	35	100	220	320

2. 多遇地震下减隔震效果分析结果

多遇地震下隔震前后结构地震反应如表 17.4-6 所示，图 17.4-4 所示为弹性滑板支座滞回曲线，图 17.4-5 所示为黏滞阻尼器滞回曲线。

多遇地震下减震效果分析　　　　　　　　　　　　　　表 17.4-6

地震波	结构高度	非隔震结构			隔震结构					
		加速度a_1/（mm/s²）	位移u_1/mm	基底剪力F_1/kN	加速度a_2/（mm/s²）	a_2/a_1	位移u_2/mm	u_2/u_1	基底剪力F_2/kN	F_2/F_1
NR4	屋脊	964	47	231.5	758	78.6%	45	96.5%	187.8	81.1%
	上檐	931	46		739	79.3%	44	96.7%		
	下檐	655	33		532	81.2%	35	104.9%		
	隔震层	350	0		200	57.0%	12	—		
NR7	屋脊	745	39	189.8	629	84.4%	34	86.8%	153.5	80.9%
	上檐	730	38		611	83.8%	33	86.8%		
	下檐	540	28		441	81.7%	25	89.8%		
	隔震层	350	0		210	60.1%	9	—		
AW1	屋脊	771	40	194.5	545	70.6%	38	94.6%	141.1	72.6%
	上檐	753	39		531	70.5%	37	95.4%		
	下檐	559	29		415	74.2%	31	105.5%		
	隔震层	429	0		246	57.2%	13	—		

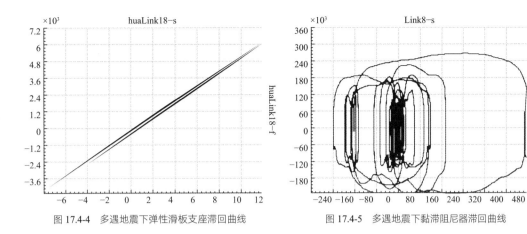

图 17.4-4　多遇地震下弹性滑板支座滞回曲线　　　　图 17.4-5　多遇地震下黏滞阻尼器滞回曲线

3. 罕遇地震下减隔震效果分析结果

罕遇地震下隔震前后结构地震反应如表 17.4-7 所示，图 17.4-6 所示为弹性滑板支座滞回曲线，图 17.4-7 所示为黏滞阻尼器滞回曲线。

罕遇地震下减震效果分析　　　　　　　　　　　　　表 17.4-7

地震波	结构高度	非隔震结构			隔震结构					
		加速度 $a_1/(mm/s^2)$	位移 u_1/mm	基底剪力 F_1/kN	加速度 $a_2/(mm/s^2)$	a_2/a_1	位移 u_2/mm	u_2/u_1	基底剪力 F_2/kN	F_2/F_1
NR4	屋脊	6061	298	1554.9	3018	49.8%	377	126.4%	744.0	47.9%
	上檐	5852	292		2939	50.2%	375	128.3%		
	下檐	4120	214		2114	51.3%	349	163.3%		
	隔震层	2200	0		820	37.3%	276	—		
NR7	屋脊	4681	244	1192.9	2416	51.6%	214	87.6%	622.3	52.2%
	上檐	4586	239		2369	51.7%	213	89.3%		
	下檐	3383	178		1813	53.6%	209	117.4%		
	隔震层	2200	0		709	32.2%	194	—		
AW1	屋脊	4846	250	1222.3	1939	40%	267	106.7%	508.2	41.6%
	上檐	4732	245		1904	40.2%	265	108.3%		
	下檐	3525	183		1502	42.6%	243	132.9%		
	隔震层	2699	0		864	32%	182	—		

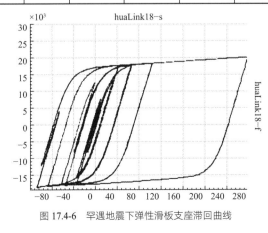

图 17.4-6　罕遇地震下弹性滑板支座滞回曲线

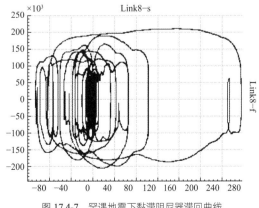

图 17.4-7　罕遇地震下黏滞阻尼器滞回曲线

4．减隔震对比分析结果

1）周期对比分析

通过建模分析可知：非减隔震结构及减隔震结构的前三阶模态基本相同。减隔震前后第一阶模态均为X向平动，第二阶模态均为Y向平动，第三阶模态均为扭转。减隔震前后结构周期对比见表17.4-8。

非减隔震结构及减隔震结构的周期对比表

表 17.4-8

震型	非隔震结构/s	隔震结构/s		
		多遇地震	设防地震	罕遇地震
一	1.38	2.44	3.65	4.8
二	1.27	2.4	3.63	4.79
三	1.08	2.28	3.14	3.71

2）基底剪力对比分析

隔震前后结构基地剪力比值如表17.4-9所示，表中结果均取三条地震波时程分析结果的包络值。

隔震前后结构基地剪力比值表

表 17.4-9

	多遇地震	设防地震	罕遇地震	超大地震
$F_{隔震}/F_{非隔}$	81.1%	67.7%	52.2%	44.8%

3）层间位移对比分析

结构层间位移定义为上檐口高度处结构位移与柱根处结构位移的差值，其对比结果如表17.4-10所示，表中结果均取三条地震波时程分析结果的包络值。

隔震前后结构层间位移对比表

表 17.4-10

	多遇地震	设防地震	罕遇地震	超大地震
$u_{隔震}$/mm	33	53	99	126
$u_{非隔}$/mm	46	132	292	425
$u_{隔震}/u_{非隔}$	71.4%	40%	33.8%	29.6%

4）结构加速度反应

隔震前后结构加速度反应比值如表17.4-11所示，表中结果均取三条地震波时程分析结果的包络值。

隔震前后结构加速度反应比值 $a_{隔震}/a_{非隔}$

表 17.4-11

	多遇地震	设防地震	罕遇地震	超大地震
屋脊	84.4%	65.4%	51.6%	44.7%
上檐口	83.8%	66%	51.7%	44.6%
下檐口	81.7%	68.3%	53.6%	45.9%
隔震层顶	60.1%	48.5%	37.3%	33.3%

5）隔震层位移

隔震结构在不同强度地震作用下隔震层位移如表17.4-12所示，表中结果均取三条地震波时程分析结果的包络值。

隔震结构隔震层位移（mm）

表 17.4-12

	多遇地震	设防地震	罕遇地震	超大地震
$u_{隔震层}$	13	75	276	483

通过分析，在结构托换层与新基础之间设置了一定数量的弹性滑板支座＋厚层橡胶支座＋黏滞阻尼器，可以有效减小地震作用下结构基底剪力，减小结构加速度和隔震层位移。起到了较好的减隔震作用。

17.5 结语

为了消除公共安全隐患，更新上海玉佛禅寺内设备设施功能，上海玉佛禅寺启动整体修缮工程，期间采用现代平移顶升技术对大雄宝殿及内部佛像进行整体同步移位，历时 2 周，使大雄宝殿向北移位 30.66m，抬升 0.85m，实现了世界首例木结构文物建筑带佛像整体平移工程。在修缮设计过程中，结构设计团队根据上海玉佛禅寺整体修缮工程的特点，对其结构设计关键技术进行了深入研究，主要完成了以下几方面的创新性工作。

1．寺庙古建筑整体平移顶升工法

根据寺庙古建筑结构和寺庙内文物的特点，创造性地提出了一整套寺庙古建筑整体平移顶升的工法，结合数值仿真模拟及规范计算确定古建筑顶升平移时的地基处理方法，其内容包括：原建筑基础的处理、新建筑基础的处理及移位轨道基础的处理。采用数值模拟计算、简化计算和试验方法研究古建筑整体平移的基础托换，主要有木柱和木柱基础托换、砖墙基础托换、佛像及观音墙基础托换。通过调研及比选研究确定古建筑整体平移的移动方式、牵引动力装置，确保古建筑能全过程平稳移动。引进先进的监控理论，在整体移位施工过程中采用现场实时监测的方法进行质量、安全控制。通过试验研究，确定古建筑整体平移顶升中液压千斤顶工作参数，启动和停止加速度，整体平移速度。

2．寺庙古建筑整体平移临时加固及文物保护工法

上部结构、墙体、佛台等托换到托换底盘后，是一个无根的体系，同时木结构及墙体的整体性较弱，整体抗侧刚度小，梁柱节点采用榫卯连接，抗扰动和变形能力差。为了增强结构的整体性，控制连接节点的变形，确保建筑结构节点不松动、构件不移位，需进行临时加固，采用数值模拟分析方法设计临时加固钢架，支撑古建筑上部结构，使其在托换底盘上生根，确保古建筑在平移顶升过程中的平稳、安全。二十天尊、三大佛像及观音墙均为文物，且为泥塑，整体较脆，通过试验研究，创造性地提出了三大佛像及观音墙的框架多点支撑体系保护工法和框架夹板保护工法。

3．寺庙古建筑整体平移就位减隔震设计工法

针对长周期木构建筑，通过数值模拟分析，合理设置了减隔震支座和黏滞阻尼器，有效减少了地震作用。设计了一套适合古建筑整体平移就位的减隔震工法。

参考资料

[1] 李炳训. 古建筑改造和保护[D]. 天津: 天津美术学院, 2008.

[2] 李铁英, 张善元, 李世温. 古木塔场地抗震性能评价及地震参数选择[J]. 岩土工程学报, 2002, 24(5).

[3] 邱庆祯. 小恒山矿排矸井井塔整体平移[J]. 建井技术, 1992(5).

[4] 陈瑜, 徐福泉. 多层组合结构建筑的整体平移旋转技术[J]. 建筑结构, 2001, 31(12).

[5] 刘涛, 张鑫, 夏风敏. 历史建筑平移保护与加固改造的研究[J]. 工程抗震与加固改造, 2009, 31(6).

[6] 都爱华, 张鑫, 等. 建筑整体平移的试验研究[J]. 工业建筑, 2002, 32(7).

设计团队

结构设计单位：上海建筑设计研究院有限公司

结构设计团队：李亚明、李　伟、贾水钟、张　云、庄晓岐

执　笔　人：李亚明、李　伟、贾水钟

获奖信息

2020 年华夏建设科学技术奖三等奖

合肥离子医学中心

18.1 工程概况

18.1.1 建筑设计概况

18.1.1.1 质子放射治疗系统

相对于开展百年之久的传统放疗，质子治疗代表了放疗的最高技术和未来趋势，由于技术和价格因素，仅在德国、日本和美国等少数国家开展，其在对实体肿瘤进行射线"打击"时，能对肿瘤病灶进行强有力的照射，同时避开正常组织，从而实现疗效的最大化（图 18.1-1）。

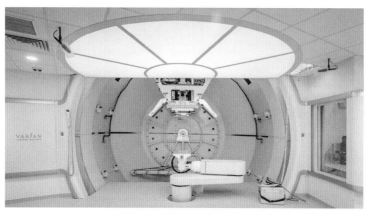

图 18.1-1　质子治疗室实景图

18.1.1.2 质子设备厂商工艺要求

1. 沉降控制标准

在安装并定位质子治疗设备之后，为保证设备正常运行，需要控制建筑物最大不均匀沉降。建筑结构封顶时就需要检查不均匀沉降情况。

在长度为 10m 范围内的不均匀沉降应为小于 0.2mm（0.008″）/年。

2. 振动控制标准

振动将对质子治疗系统产生直接影响。因此，对单个结构部件的质量有着严格的要求，尤其是针对整个结构和建筑设备的相互作用。必须考虑到单个系统与放大系数的共振情况。

在质子治疗的常规操作过程中，建筑物振动必须被限定在 IES-RP-CC012.1（洁净室设计要点），A 类规定的实验楼范围内。对于报告中未注明的频率情况，有关振动的最大速率应为 100μm/s，不得超过这个范围。

3. 防辐射

质子重离子系统中有防辐射功能的墙板、底板、顶板及楼板的厚度一定要满足防辐射设计的要求，防辐射部分的混凝土需采用重度不小于 23.5kN/m³ 的密实混凝土，作为辐射防护的重要保障，不得有垂直墙面宽度的贯穿裂缝。

18.1.2 结构工程概况

18.1.2.1 工程地质条件

拟建场地地基土构成层序自上而下依次为：

①层杂填土（Q^{ml}）；②层粉质黏土（Q_4^{al+pl}）；③层黏土（Q_3^{al+pl}）；④层粉质黏土（Q_3^{al+pl}）；⑤层粉质黏土（Q_3^{al+el}）；⑥层强风化粉砂质泥岩（K）；⑦层中风化粉砂质泥岩（K）。

根据《建筑桩基技术规范》JGJ 94-2008，有关人工挖孔桩、钻孔灌注桩及预应力管桩的极限侧阻力标准值q_{sik}与极限端阻力标准值q_{pk}可按表18.1-1采用。

极限侧阻力标准值与极限端阻力标准值取值表   表 18.1-1

层序及岩土名称	人工挖孔桩		钻孔灌注桩		预应力管桩	
	q_{sik}/kPa	q_{pk}/kPa	q_{sik}/kPa	q_{pk}/kPa	q_{sik}/kPa	q_{pk}/kPa
②层粉质黏土	60	—	60	—	64	—
③层黏土	90	—	90	—	94	—
④层粉质黏土	80	—	80	—	84	—
⑤层粉质黏土	92	—	92	—	96	—
⑥层强风化粉砂质泥岩	180	—	180	—	200	7000
⑦层中风化粉砂质泥岩	280	5600	240	4500	—	—

注：上表中各桩型进入持力层的深度不小于1倍桩径。

18.1.2.2　场地环境条件（表18.1-2、图18.1-2）

现场环境表   表 18.1-2

序号	周边道路	路边距离地下车库边线	备注
1	北侧燕子河路	19m	燕子河路已经施工完成
2	西侧长宁大道	45m	路边有雨水、电力线管井
3	南侧空旷地	—	
4	东侧坝下河	58m	

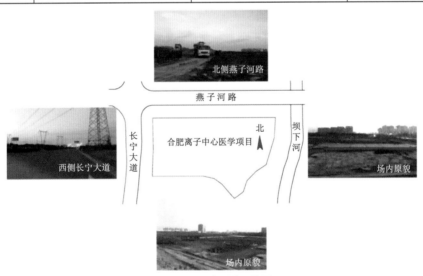

图 18.1-2　现场周边环境图

18.2　重点难点分析

合肥离子医学中心作为国家离子医学的重要组成部分，由于其特殊的工艺要求，给工程结构设计与施工带来了特殊的挑战，其难点是由质子设备极为严格的工艺要求提出的，土建结构如何满足光束线的稳定性要求，主要包括微振动控制、基础不均匀沉降控制、具有辐射防护功能要求的超厚的混凝土墙、板裂缝控制。

18.3 结构设计

18.3.1 上部结构设计

1. 建筑设计概况

合肥离子医学中心项目位于安徽省合肥市国家高新技术产业开发区，长宁大道与燕子河路交叉口东南侧，基地用地面积 46214m²，总建筑面积 33300m²，是集肿瘤诊断治疗、质子超导技术临床应用研发、质子装置教学培训为一体的综合建筑，由医疗主楼及若干配套设施组成。项目引进一套由美国瓦里安（Varian）提供的 ProBeam 质子治疗装置，用于癌症病人的肿瘤精准治疗。瓦里安质子治疗装置是世界上目前为止最为先进，也是对人体治疗过程中最为安全的治疗装置，此项目是瓦里安的质子治疗装置首次在中国大陆安装（图 18.3-1）。

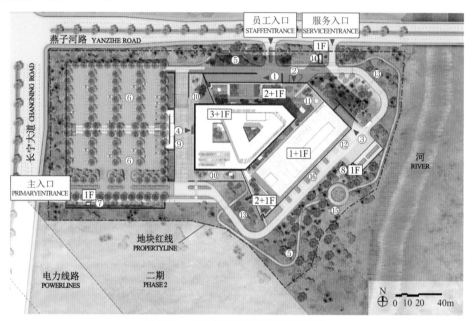

图 18.3-1　合肥离子医学中心项目总平面图

2. 结构设计标准

（1）本工程采用设计基准期为 50 年；

（2）结构设计使用年限为 50 年；

（3）建筑耐火等级为一级；

（4）建筑结构安全等级为二级，重要性系数为 1；

（5）建筑抗震设防类别为乙类；

（6）地基基础设计等级为甲级；

（7）地下室防水等级为一级。

3. 结构荷载

1）恒荷载

根据实际楼板厚度和装饰做法取值。

2）楼面及屋面活荷载标准值

结构荷载常规取用值按《建筑结构荷载规范》GB 50009-2012，特殊设备荷载应由有关方面提供具体的技术要求和配合土建的样本，较重的设备施工图阶段按产品目录单核算。

3）风荷载

根据《建筑结构荷载规范》GB 50009-2012 取基本风压值为 0.35kN/m²（按合肥市 50 年一遇取值），地面粗糙度为 B 类，体形系数和风振系数参考规范取值。

4）地震作用

根据《建筑抗震设计规范》GB 50011-2010，合肥市抗震设防烈度为 7 度，设计地震分组为第一组，设计基本地震加速度值为 0.1g，场地土类别为 II 类，$T_g = 0.35s$。

根据 2009 年 5 月 1 日起实施的《中国地震局关于学校、医院等人员密集场所建设工程抗震设防要求确定原则的通知》（中震防发〔2009〕49 号）的规定，"将位于地震动参数 0.1g 区内的医院主要建筑包括门诊、医技、住院等用房的抗震设防要求提高至 0.15g 以上"。

5）雪荷载

基本雪压为 0.6kN/m²（按 50 年一遇取值），准永久值系数分区为 II 区。

4．分析计算模型及程序

结构分析采用空间有限元模型，计算软件采用盈建科建筑结构设计软件（YJK-A〔1.7.0.0〕版本）。计算地震作用时按振型分解反应谱法进行，考虑双向地震作用和耦联，阻尼比 0.05，水平地震影响系数 0.08。

基础计算采用盈建科建筑结构设计软件（YJK-A〔1.7.0.0〕版本）。

5．结构体系

门诊住院楼总高 21.1m，地上共 4 层。采用钢筋混凝土框架、现浇楼盖及屋盖结构体系，按照 8 度设防，框架抗震等级二级。

质子治疗区总高 11.5m，地上共 2 层。采用钢筋混凝土框架剪力墙、现浇楼盖及屋盖结构体系，按照 8 度设防，框架抗震等级三级、剪力墙抗震等级二级。

门诊住院楼、质子治疗区设有 1 层大地下室，属大底盘结构。地下一层抗震等级同上部结构。

住院楼一层由于西北侧的直线加速墙厚为 1.7m，使得本层存在严重的质量和刚度偏心，造成扭转不规则，针对此情况采取以下措施：优化结构布置，在不影响建筑功能的前提下，在一层的南侧和东侧的楼梯间等部位增设剪力墙，以减少质量和刚度的偏心；增大楼层刚度，控制一层最不利点的绝对位移；采用双偏压复核验算角柱，加强角柱配筋；适当提高最不利位移点处相关竖向构件的配箍率（比计算值提高 10%）（图 18.3-2）。

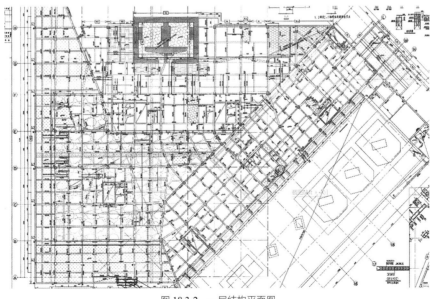

图 18.3-2　一层结构平面图

6. 计算结果 (表 18.3-1、表 18.3-2)

门诊住院楼主要计算结果   表 18.3-1

分析软件名称			SATWE
周期	T_1平扭比例($X+Y$,Z)		0.9212(0.18 + 0.46,0.36)
	T_2平扭比例($X+Y$,Z)		0.7714(0.7 + 0.29,0)
	T_3平扭比例($X+Y$,Z)		0.6580(0.13 + 0.29,0.58)
	T_t/T_1		0.71
地震作用	顶点位移/mm	X向	8.98
		Y向	8.58
	最大层间位移角	X向	1/957(3层)
		Y向	1/982(3层)
	最大层间位移比	X向	1.15(5层)
		Y向	1.42(3层)
风荷载作用	顶点位移/mm	X向	0.9
		Y向	1.46
	最大层间位移角	X向	1/9999(1层)
		Y向	1/889(3层)
	最大层间位移比	X向	1(1层)
		Y向	1(1层)
基底剪力/kN		V_x	10569.8
		V_y	9652.6
基底剪重比/%		V_x/G	1.355
		V_y/G	1.237
地震作用倾覆弯矩/(kN·m)		M_x	218876.38
		M_y	180324.34
有效质量参与系数/%		X向	99.96
		Y向	100

质子治疗区主要计算结果   表 18.3-2

分析软件名称			SATWE
周期	T_1平扭比例($X+Y$,Z)		0.2514(0.85 + 0.05,0.1)
	T_2平扭比例($X+Y$,Z)		0.2331(0.01 + 0.83,0.16)
	T_3平扭比例($X+Y$,Z)		0.2114(0.14 + 0.12,0.74)
	T_t/T_1		0.84
地震作用	顶点位移/mm	X向	1.87
		Y向	1.42
	最大层间位移角	X向	1/2219(4层)
		Y向	1/2966(4层)
	最大层间位移比	X向	1.34(4层)
		Y向	1.18(4层)
风荷载作用	顶点位移/mm	X向	0.06
		Y向	0.04
	最大层间位移角	X向	1/9999(1层)
		Y向	1/9999(1层)
	最大层间位移比	X向	1(1层)
		Y向	1(1层)

基底剪力/kN	V_x	16165.66
	V_y	14283.49
基底剪重比/%	V_x/G	3.127
	V_y/G	2.763
地震作用倾覆弯矩/（kN·m）	M_x	215743.26
	M_y	178246.32
有效质量参与系数/%	X向	98.79
	Y向	96.01

18.3.2 基础设计

由于质子区对底板沉降要求非常严格（沉降速率不大于 0.2mm/(10m·年)），所以根据工程地质勘察报告所揭示的本工程场地地质条件，质子区采用扩底人工挖孔桩，持力层为⑦层中风化泥岩。对于非质子区，整幢建筑物底板连为一体，设计时考虑在满足承载力的前提下尽量减小两个区域的差异沉降，采用扩底人工挖孔桩，持力层为⑦层中风化泥岩。

根据本工程勘察报告提供的结果，工程的抗浮设计水位按高水位绝对标高为 38.000m 设计，同时按照低水位绝对标高为 30.000m 进行地基或桩基的结构设计。

门诊住院楼（非质子治疗区）采用桩基础，筏板厚 600mm（个别柱下设承台，承台厚 1000、1300mm），桩型选用直径 1200mm 人工挖孔桩（扩底 2400mm），单桩抗压承载力特征值 11800kN。

质子治疗区采用桩基础，筏板厚 1500mm，桩型选用直径 1200mm 人工挖孔桩（扩底 2400mm），单桩抗压承载力特征值 11800kN。

18.4 关键技术

18.4.1 基础微变形控制技术

1）大多数质子设备对其基础变形都是极为敏感的，如果相对变形过大，可能影响质子设备的工作性能。质子设备基础微变形控制要求具有以下特点：

（1）基础允许变形量级非常小，包括竖向、水平位移和转角，允许变形标准远远高于常规土建结构基础。

（2）所需要控制的变形一般都是指土建竣工、设备安装完成后的变形，即所谓工后变形，而对基础结构施工过程中的变形可不考虑。

（3）一般都要求控制直接影响质子设备使用功能的基础相对变形，即控制的是基础不同点之间的差异变形、倾斜或者是转角。

（4）与质子设备自身运行特点密切相关，例如一些设备在使用过程中是可以停止运行的，有条件对设备自身进行适量的微调，而有些设备必须保持不间断运行，是不允许在使用过程中进行调整的。

（5）与工程地质条件密切相关，虽然与高层建筑相比质子区一般其自身重量不是很大，一般采用常规浅基础就很容易满足其地基承载力要求，但由于其变形控制要求很高，常规浅基础就根本无法满足要求，往往就不得不转而采用深基础来满足变形控制要求。

（6）需要针对不同的工程地质条件，采取不同的基础形式，在计算分析得到总变形的基础上，通过工后变形与总变形的定量比例关系，可以估算工后变形。

2）为了有效地控制建筑物的微变形，采取以下措施：

（1）结合质子治疗系统的防辐射要求，加强底板的刚度，减小底板的沉降差异。

（2）地下室底板下设置桩基础，选择压缩性较好的⑦层土作为桩基的持力层，通过减少绝对沉降来控制底板的沉降差异。

（3）采用人工挖孔桩，最大限度地减少桩底沉渣，减小施工因素带来的不利影响。

（4）控制桩顶荷载水平，充分利用结构刚度来调整不均匀沉降变形。

18.4.2　基础微振动控制技术

环境振动振源可能为风、海浪等自然原因或交通活动、机械运动、工程施工活动等人为原因。微振动系指影响精密设备正常运行、由精密设备所在工程场地内外各种振源产生的微弱环境振动。精密设备防微振设计是为将环境微振动影响控制在精密设备容许振动值范围内而在规划设计阶段采取的综合技术措施。精密设备基础防微振设计是精密设备防微振设计的重要组成部分，主要包括以下几方面：

（1）精密设备基础容许振动值的确定：精密设备基础容许振动值是指保证精密设备自身正常运行条件下其底部容许的环境振动值。容许振动值与振动的频率、方向、持续时间等不同因素有关。通常不同的干扰频率就有不同的容许振动，因此精密装置的容许振动的控制标准宜以频域表示；振动方向不一样，容许振动的特性曲线和控制值就不一样，振动容许值也需要根据不同的方向设置相应的控制值。

（2）振源控制是微振动控制最根本、最有效的措施。对于道路交通产生的外部振源，在得到相关主管部门允许的前提下，可通过限制周边道路交通荷载或改善道路路面状况等方式减小振源；对于内部动力设备，通过将动力设备调整至合适的位置、调整设备的工作频率和强度等方式减小振动响应。

（3）全过程分阶段设计方法：由于环境振动具有较大的不确定性，难以用纯理论方法全面描述振动规律，这导致精密设备防微振设计很难一蹴而就，因此防微振设计宜分阶段进行，它从场地选择开始，包括各阶段的微振动测试、总平面布置设计、精密厂房（包括实验室）建筑结构防微振设计、动力设备隔振设计及精密装置隔振设计等。在工程建造的不同阶段，通过现场振动实测对防微振效果进行跟踪检验。

18.4.3　混凝土结构的裂缝控制技术

辐射屏蔽材料主要有普通混凝土、重晶石混凝土、铅、铁等，适合选作屏蔽墙体的较多为普通混凝土、重晶石混凝土。根据国内外已有质子医院工程经验以及经济性、适用性与可操作性分析，相对重晶石混凝土以及铅砖等材料，采用钢筋—普通混凝土结构作为整体屏蔽墙具有较高的性价比。当局部需要很厚的屏蔽墙时，可通过加局部屏蔽或者改用重混凝土的方法减薄，适当改变墙的走向以增大辐射穿越的距离也是一种行之有效的方法。

采用钢筋—普通混凝土结构作为辐射防护屏蔽墙，是否能够达到设计要求的辐射防护的标准，就必须进行屏蔽设计，主要对屏蔽墙正面与侧面墙的厚度、结构平面与立面布局形式以及结构局部孔、洞、口的防护构造等几方面作较为系统精确的计算确定，以保证防护结构达到整体防护的效果。

采用普通混凝土结构作射线辐射防护屏蔽墙，以控制混凝土裂缝为目的，通过设计与施工研究以及实施的结果显示，普通混凝土结构也是可以满足辐射防护要求的，相对重混凝土结构或其他特殊材料，在工程造价上是极为经济的。

混凝土结构裂缝的成因复杂繁多，甚至多种因素相互影响，主要与施工、设计、材料、环境等有关。使用低水化热、低收缩混凝土能够有效控制防护混凝土裂缝。

超长大体积混凝土裂缝控制尤其是早期裂缝控制，对保证辐射防护混凝土结构达到设计要求具有十分重要的意义。跳仓浇筑的施工工艺、施工缝的合理设置及施工缝两侧混凝土浇筑的合理时间间隔对于结构抗裂设计措施的效果有明显影响。

18.4.4 BIM 三维模拟图像技术

一个整体的良好屏蔽设计只有同局部屏蔽设计以及人流、物流通道、贯穿孔道的仔细屏蔽设计相结合才能达到整体辐射安全的目的。因此，为保证工艺管线系统的可靠性，预埋管线需设置备用管道。屏蔽混凝土中预埋的一根管线均需不少于两个弯头，这样才能最大程度地减少辐射泄漏。预埋管线需在 BIM 模型上进行精确模拟，真实反映结构钢筋与预埋管线之间的距离，确保这些管线接口精确的同时应避免管线与管线之间过于密集，使屏蔽混凝土形成一个防辐射的薄弱点（图 18.4-1、图 18.4-2）。

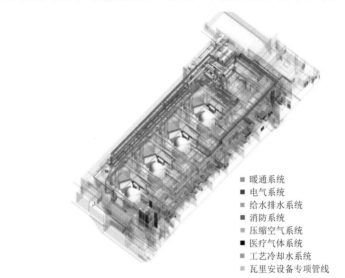

- 暖通系统
- 电气系统
- 给水排水系统
- 消防系统
- 压缩空气系统
- 医疗气体系统
- 工艺冷却水系统
- 瓦里安设备专项管线

图 18.4-1　超厚混凝土管线预埋

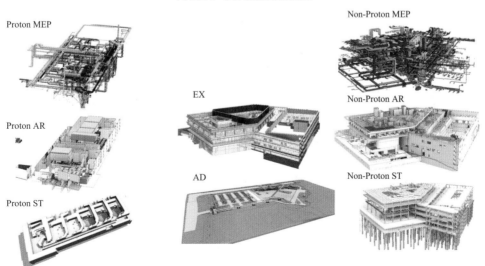

图 18.4-2　全过程 BIM 设计

在设计阶段对重点、难点部位将一部分非质子区或常规项目中原本在施工阶段的 BIM 应用内容前置到设计阶段，研究论证可建造性等，例如混凝土中考虑留洞周边的钢筋加密与穿行管线的关系，考虑钢筋避让、预埋件设置，又例如预埋在混凝土中管线的走向、弯头、弯曲半径等的深化，一些管径非常小的暗敷管线质子区也要考虑，还要考虑其与其他专业、设备的衔接关系（图 18.4-3）。

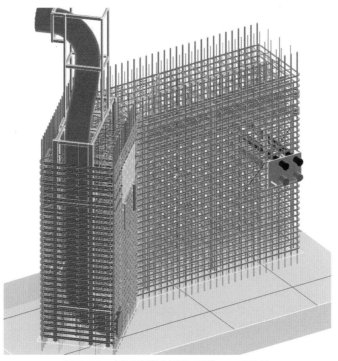

图 18.4-3　大体积混凝土钢筋及管线 BIM 深化图

18.5　数值模拟与现场实测分析结果

18.5.1　基础微变形现场实测分析结果

为监测合肥离子医学中心装置基础实际变形情况，测点布置详见图 18.5-1 所示，相关监测报表见表 18.5-1、表 18.5-2。

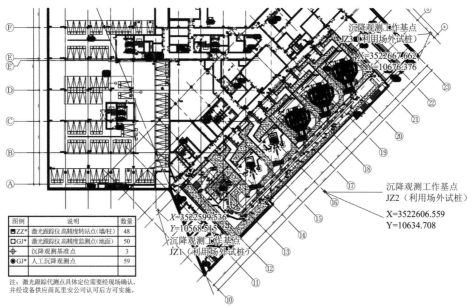

图 18.5-1　底板变形测点示意图

区段	测点编号	高程/m			本期变化量/mm	本期日变化速率/（mm/d）	累计变化量/mm	备注
		初始值	监测期数					
			第 14 期	第 15 期				
		2018 年 6 月 21-24 日	2019 年 10 月 28-30 日	2019 年 12 月 28-30 日				
	CJ1	38.98778	38.98781	38.98764	−0.2	−0.004	−0.1	
	CJ2	38.99604	38.99067	38.99073	0.1	0.002	−5.3	
	CJ3	38.99714	38.99061	38.99046	−0.2	−0.004	−6.7	
	CJ4	38.99390	38.98901	38.98908	0.1	0.002	−4.8	
	CJ5	38.99646	38.99129	38.99122	−0.1	−0.002	−5.2	
	CJ6	38.98420	38.97773	38.97779	0.1	0.002	−6.4	

底板变形第 16 期测点竖向位移监测报表   表 18.5-2

区段	测点编号	高程/m			本期变化量/mm	本期日变化速率/（mm/d）	累计变化量/mm	备注
		初始值	监测期数					
			第 15 期	第 16 期				
		2018 年 6 月 21-24 日	2019 年 12 月 9-12 日	2020 年 5 月 28-30 日				
	CJ1	38.98778	38.98764	38.98774	0.1	0.001	0.0	
	CJ2	38.99604	38.99073	38.99063	−0.1	−0.001	−5.4	
	CJ3	38.99714	38.99046	38.99046	0	0	−6.7	
	CJ4	38.99390	38.98908	38.98908	0	0	−4.8	
	CJ5	38.99646	38.99122	38.99122	0	0	−5.2	
	CJ6	38.98420	38.97779	38.97789	0.1	0.001	−6.3	

从上述现场实测变形已经满足质子区初期的微变形控制要求的结果来看，在借鉴以往上海地区精密装置基础变形控制经验的基础上，合肥离子医学中心基础微变形控制采用的桩基变形的技术措施是合理和现实可行的。

18.5.2 基础微振动数值模拟与实测分析结果

1. 工程及控制标准简介

本项目邻近城市主干道，建筑物质子区内设置众多精密仪器设备，质子区地下室外墙距离北侧道路约 62.6m。这些精密设备对振动要求较高，若外界振动超过限值时，可能会影响精密设备的正常工作，甚至对精密设备本身造成损害。

精密设备的振动容许值是由精密设备本身所决定的，一般应通过试验确定，当由于条件的限制难以实现时，可以对现有精密设备的环境进行振动调查及统计分析得到该类设备正常工作的容许振动参考值。国际上的振动 VC 标准是美国的 Colin Gordon 针对振动敏感设备给定的，是一组标记为 VC-A 到 VC-G 的 1/3 倍频程速度谱，每条曲线规定了与之相应的一类精密设备的振动允许值，2005 年由 Amick 对其进行了优化和更新，其具体控制值如图 18.5-2 所示。

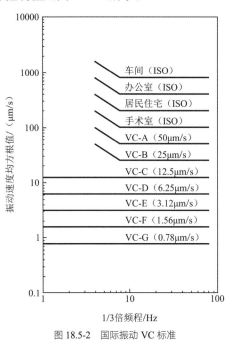

图 18.5-2　国际振动 VC 标准

2．天然场地振动实测分析结果

1）测试内容及测点布置

现场测试时，项目仍处于天然场地阶段，采用中国地震局工程力学研究所生产的 941B 型拾振器和配套的采集仪采集测点的振动速度数据，拾振器采用橡皮泥固定于场地内，采样频率为 512Hz。现场共布置 7 个测点，如图 18.5-3 所示，测点沿垂直道路方向布置，其中 C4、C5、C7 位于质子区场地四周，同时测试车辆经过时各测点平行道路（X向）、垂直道路（Y向）、竖向（Z向）的振动速度。

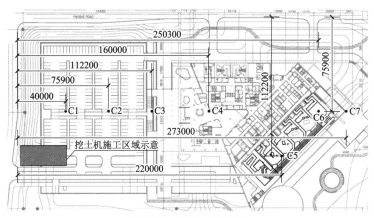

图 18.5-3　现场测点布置图

2）天然场地振动实测结果

选取车辆经过时各测点振动的 10 个样本进行整理，每个样本时长为 30s，各测点的典型加速度时程及傅里叶谱如图 18.5-4 所示。大量实测数据表明，道路交通引起的场地振动主要为中低频振动，因此本文频域结果只给出了 0～100Hz 进行分析。依据振动 VC 标准计算每个样本数据的 1/3 倍频程峰值，1/3 倍频程峰值的统计结果如表 18.5-3 所示。

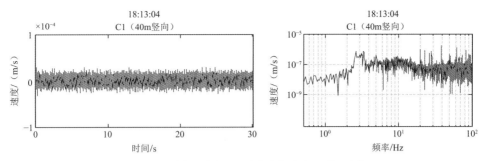

图 18.5-4 车辆经过时 C1 测点竖向典型时程及傅里叶谱

各测点的 1/3 倍频程峰值统计（μm/s）

表 18.5-3

计算点	X向	Y向	Z向
C1	4.3	4.3	4.1
C2	3.5	3.4	3.4
C3	1.4	1.5	1.4
C4	0.8	1.2	0.8
C5	3	3	3
C6	5.3	5.3	5.4
C7	4.9	4.9	4.9

由结果可以看出：①车辆经过时，各测点振动频率在 2~10Hz 的振动成分较明显，说明道路交通引起的场地振动主要为中低频振动；②总体而言，车辆经过时天然场地的振动速度幅值约 200μm/s；③各测点振动速度频谱在 20Hz 以上时有多个陡峭的峰值，具体原因尚不明确，有可能是邻近场地的施工活动或其他原因引起。

3. 道路交通引起基础振动数值模拟

1）数值分析模型简介

现场微振动测试和现场试验研究受工程进度和条件的限制，有一定的滞后性和局限性。本工程防微振控制要求高、平面面积规模巨大，振源具有不确定性和随机性等特点，完全通过现场微振动测试或试验方法进行分析是无法做到的。为预估质子区基础振动水平，采用大型通用有限元软件 ANSYS，建立土体—结构三维数值模型，基于天然场地振动实测数据作为振动输入条件，进行三维瞬态动力时程分析（图 18.5-5）。

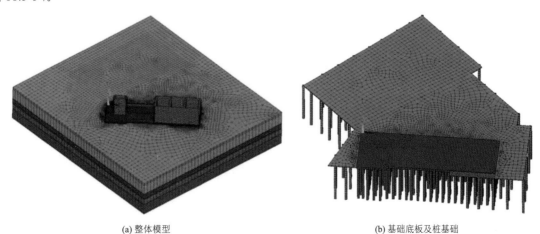

(a) 整体模型　　　　　　　　　　　　　(b) 基础底板及桩基础

图 18.5-5　本文数值分析模型

本项目质子区底板长度约 85m，宽度约 30m，板厚度 1.5m，基础形式为人工挖孔桩，桩径 1.2m，桩长 25.5m；非质子区结构为不规则矩形，尺寸（长度×宽度）约 150m×93m；土体模型边界尺寸（长度×宽度）为 180m×170m。采用实体单元模拟土体，弹性壳单元模拟钢筋混凝土底板和剪力墙等，采用空间梁单元模拟桩基础。有限元模型网格示意如图 18.5-5 所示，整体模型约 20 万个单元。土体采用 solid45 实体单元，结构底板及墙体采用 shell63 壳单元，桩基础采用 beam4 梁单元。

2）土体参数

车辆运行与地基动力分析的本质是研究半无限空间中的近场波动问题，而道路交通引起的环境振动土体应变较小，一般 $\varepsilon < 10^{-4}$，远小于地震作用，一般不需要考虑土体本构关系的非线性问题。本工程中面临微振动控制，土体变形属于小应变范畴。土体的小应变幅度的动剪切模量根据勘察报告中的常用波速法试验测定，由此计算得到土体动弹性模量（表 18.5-4）。

典型土层的计算参数 表 18.5-4

层序	重度/（kN/m³）	动泊松比υ	剪切波速/（m/s）	动剪切模量/MPa	动弹性模量E_d/MPa
①杂填土	17.7	0.466	130	31	90.9
②粉质黏土	19.3	0.461	225	99.8	291.7
③黏土	19.9	0.463	276	151.9	444.7
④粉质黏土	19.7	0.457	286	161.4	499.2
⑤粉质黏土	20.5	0.442	335	230.5	664.7
⑥强风化粉砂质泥岩	21	0.442	440	409.9	1182.6
⑦中风化粉砂质泥岩	23.1	0.411	694	1111.8	3136.2

3）边界条件及激励荷载

计算模型中，以现场实测结果作为边界强迫位移输入。数值模拟分析的振源采用实测时有组织车辆的工况，即在固定时段组织车辆沿着周边道路行驶，模拟实际情况下周边环境的振动激励情况。结合有限元计算模型的边界，选取测点 C3、C5、C6 的振动时程数据作为激励荷载（图 18.5-6）。

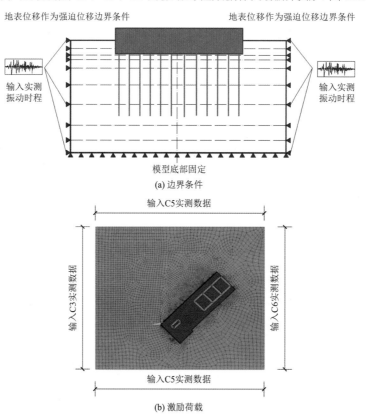

图 18.5-6 有限元模型边界条件及激励荷载示意图

经典回眸 上海建筑设计研究院有限公司篇

4）数值分析结果

提取图 18.5-7 所示重点区域楼板中点 1～点 4 的计算结果，需要说明的是点 5～点 8 为各区域墙边计算点，作为楼板中计算点的参照。通过整理可以得到车辆经过时各点的竖向振动速度时程及傅里叶谱，如图 18.5-8 所示。再依据 VC 标准计算各点振动速度的 1/3 倍频程，如图 18.5-9 所示，并整理基础底板各计算点的 1/3 倍频程峰值，如表 18.5-5 所示。

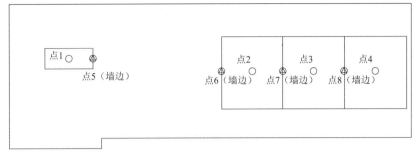

图 18.5-7 计算点位置示意图

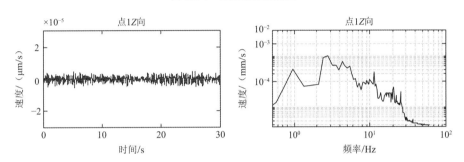

图 18.5-8 车辆经过时点 1 的竖向振动典型时程及傅里叶谱

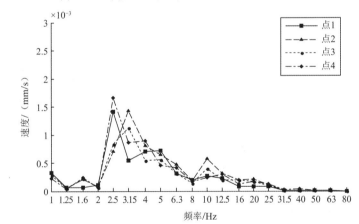

图 18.5-9 车辆经过时各计算点竖向振动速度的 1/3 倍频程

基础底板各计算点的 1/3 倍频程峰值统计（μm/s）   表 18.5-5

计算点	X向	Y向	Z向
点1	3.2	3.5	1.3
点2	3.4	4.0	1.2
点3	3.4	4.0	1.0
点4	3.3	3.9	1.5

由结果可以看出：①车辆经过时，基础底板处各计算点竖向振动频率主要分布在 2～10Hz，峰值频率约在 3Hz，可以解释为，经过场地土层过滤及结构自身作用，高频振动成分得到显著抑制，基础底板振动主要表现为低频振动；②总体而言，车辆经过时基础底板的竖向振动速度幅值远小于 100μm/s，各

第 18 章 合肥离子医学中心

计算点竖向振动速度的 1/3 倍频程峰值远小于 50μm/s；③通过上述计算分析可知，道路交通对该离子医学中心基础振动影响满足控制标准要求。

4．道路交通引起基础振动实测分析结果

为评估合肥离子医学中心基础底板微振动水平，在底板施工完成阶段进行现场振动实测。

1）测点布置

根据测试目的，在质子区底板表面布置了 3 个测点、非质子区底板表面布置了 1 个测点，共布置了 4 个测点，各测点同时测试垂直质子区长边、平行质子区长边、竖向三个方向的振动速度。测点位置如表 18.5-6 和图 18.5-10 所示，现场情况如图 18.5-11 所示。

测点布置一览			表 18.5-6
测点编号	C1	C2	C3	C4
测点位置	质子区底板表面	质子区底板表面	质子区底板表面	非质子区底板表面
测试时间	2018 年 11 月 27 日 17 时-28 日 07 时			

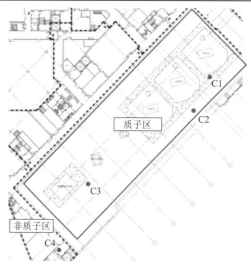

图 18.5-10　测点布置图

(a) 测点 1

(b) 现场施工鼓风机

图 18.5-11　现场照片

2）测试分析结果

对记录的数据在时域和频域进行分析，并与控制标准进行比较。因 VC 系列标准未规定样本的时长，本项目样本时长取 30s（样本时长已经业主和精密设备制造方认可）。具体处理步骤如下：①将记录的振动速度数据以 30s 为单位划分为多个样本；②将所有的样本按不同情况进行分组，并按照 VC 标准计算每个样本的 1/3 倍频程峰值；③将 1/3 倍频程峰值与控制标准比较。

分别选取了如下三种情况下的数据进行分析：

情况一：常规时段，指夜间不施工相对安静的时段；

情况二：白天不施工时段，指白天相对安静的时段；

情况三：白天施工时段，指白天相对嘈杂的时段。

（1）典型时程

给出了不同工况典型时段各测点的速度时程及相应的傅里叶谱，样本时长为 30s（图 18.5-12～图 18.5-14）。

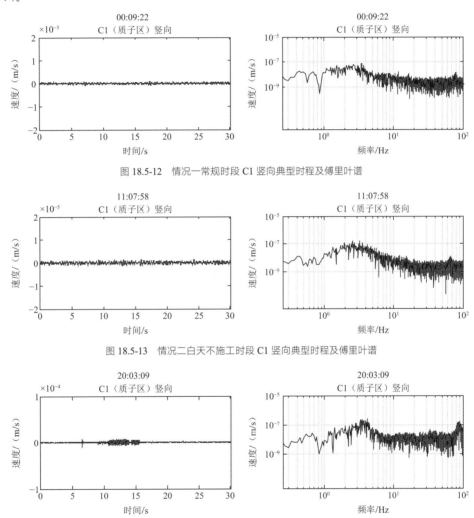

图 18.5-12　情况一常规时段 C1 竖向典型时程及傅里叶谱

图 18.5-13　情况二白天不施工时段 C1 竖向典型时程及傅里叶谱

图 18.5-14　情况三白天施工时段 C1 竖向典型时程及傅里叶谱

（2）频谱

采用固定带宽为 0.375Hz 的窄带谱进行分析。固定带宽为 0.375Hz 的窄带谱与振动分析中常用的 1/3 倍频程谱类似，1/3 倍频程谱每个中心频率对应的频带宽是变化的，而固定带宽为 0.375Hz 的窄带谱每个频程的宽度均是 0.375Hz。若 f_1 为某频程的下端截止频率，则该频程的上端截止频率为 $f_2 = f_1 + 0.375$Hz。固定带宽为 0.375Hz 的窄带谱计算方法与 1/3 倍频程类似，仅每个频程的带宽和上下端截止频率不同。

分析结果可知：①白天施工时段测点振动均满足 VC-A 标准；②各测点振动较另外两种情况变化明

显，特别是在 5Hz 和 50Hz 左右的振动成分变得丰富；③相较于质子区，非质子区测点在 5Hz 以上的高频振动明显增加（图 18.5-15～图 18.5-17）。

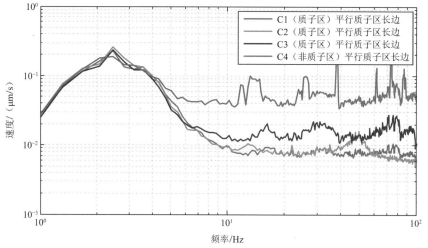

图 18.5-15　情况一常规时段平行质子区长边各测点频谱对比（图中曲线为均值）

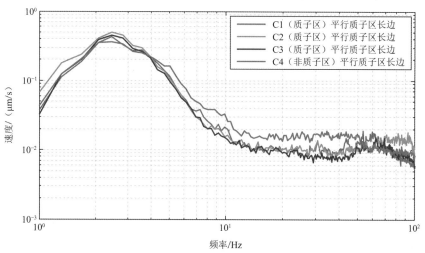

图 18.5-16　情况二白天不施工时段平行质子区长边各测点频谱对比（图中曲线为均值）

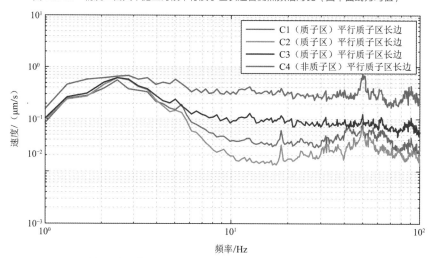

图 18.5-17　情况三白天施工时段平行质子区长边各测点频谱对比（图中曲线为均值）

（3）1/3 倍频程谱

不同工况下各测点振动 1/3 倍频程谱对比见图 18.5-18～图 18.5-20，图中曲线为各样本的平均值。图中洋红色线为常规时段的结果，蓝色线为白天不施工时段的结果，黄色线为白天施工时段的结果。由图可知：①不同工况下各测点振动均满足 VC-A 标准；②对比常规时段和白天不施工时段，白天不施工时段在 5Hz 左右的振动影响增大，高频部分基本一致；③相较常规时段和白天不施工时段，白天施工时段在 5Hz 和 50Hz 左右的振动成分明显增加；④总体而言，非质子区的振动影响较质子区大。

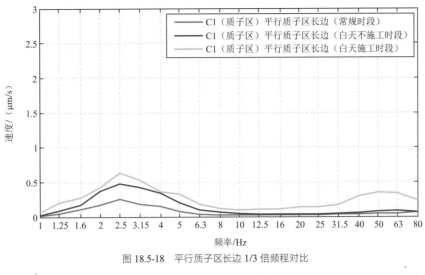

图 18.5-18　平行质子区长边 1/3 倍频程对比

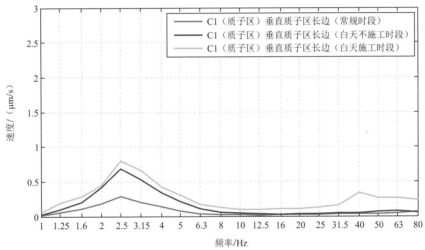

图 18.5-19　垂直质子区长边 1/3 倍频程对比

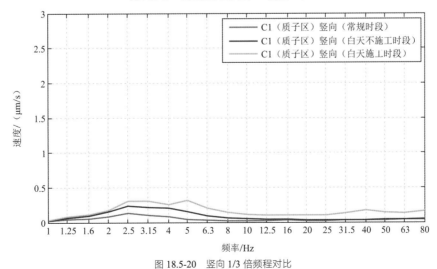

图 18.5-20　竖向 1/3 倍频程对比

（4）1/3 倍频程峰值随时间的变化

将记录的振动速度数据以 30s 为单位等分，并按照 VC 标准计算每 30s 数据的 1/3 倍频程峰值，统计结果如表 18.5-7 所示。由表可知：测试期间各测点振动速度 1/3 倍频程峰值最大值出现在非质子区，为 33.7μm/s，场地振动满足 VC-A 标准。

各测点 1/3 倍频程峰值统计（μm/s）　　　　　　表 18.5-7

测点	C1（质子区）			C2（质子区）			C3（质子区）			C4（非质子区）		
最大值	17.6	23.5	2.2	10.8	19.2	10.2	29.5	23.5	3.8	17.5	33.7	17
最小值	0.1	0.1	0.1	0.2	0.1	0.1	0.1	0.1	0.1	0.3	0.4	0.2
平均值	0.5	0.5	0.3	0.5	0.5	0.3	0.5	0.5	0.4	1.2	1.3	1
方向	平行质子区长边	垂直质子区长边	竖向	平行质子区长边	垂直质子区长边	竖向	平行质子区长边	垂直质子区长边	竖向	平行质子区长边	垂直质子区长边	竖向

18.5.3　混凝土结构裂缝控制施工措施

1）质子区混凝土楼板浇筑重点、难点分析：

（1）质子区与非质子区完成面高差 5.7m，如一次性浇筑到顶，单侧支模过高，难度大；

（2）质子区底板结构复杂，变化多端，存在诸多板底标高；

（3）质子区大底板厚度 1.5m，抗裂要求高且单次浇筑量大，施工组织要求高；

（4）预埋管线密集、复杂；

（5）钢筋密度大且高差大（表 18.5-8）。

质子区底板示意及参数表　　　　　　表 18.5-8

桩基设计等级	甲级	结构类型	框架—剪力墙结构
基础形式	承台 + 暗梁 + 筏板基础		
人工挖孔桩	桩长 ≥ 22m，桩直径 1.2m，桩主筋：HRB400 级，ϕ22mm 箍筋：HRB400 级，ϕ10mm@100mm/200mm		

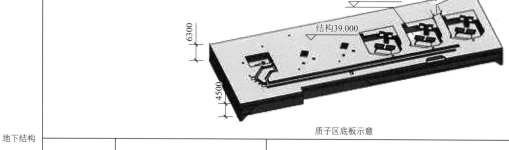

质子区底板示意

地下结构	质子区坑底底板	低区坑底底板厚 1500mm	HRB400，ϕ28mm@100mm + 22mm@100mm（坑底板板顶配筋）
			HRB400，ϕ22mm@100mm + 28mm@100mm（坑底板板底配筋）
		高区坑底底板厚 1500mm	HRB400，ϕ28mm@100mm
	质子区底板	低区板厚 5330mm	HRB400，ϕ28mm@100mm
		高区板厚 1500~5700mm	HRB400，ϕ28mm@100mm

2）质子区结构施工集中在 5—9 月份。根据合肥地区气候条件，该段时间进入夏季，降雨量较大，

高温天数多，故该段时间需做好施工防雨措施及混凝土保温养护工作。根据施工组织设计共设置 17 次分层浇筑。为保证大体积混凝土施工质量，减少水化热引起的温度裂缝，按施工组织设计进行分层分块浇筑。竖向施工缝留设原则为：结构受剪力较小且便于施工部位（图 18.5-21、图 18.5-22）。

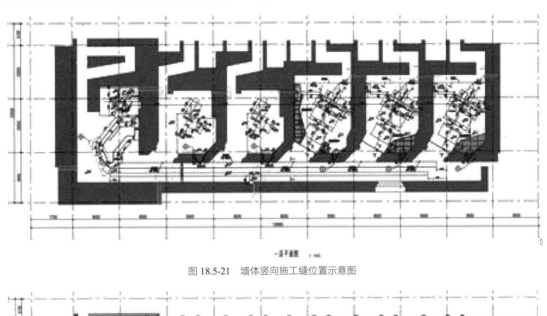

图 18.5-21　墙体竖向施工缝位置示意图

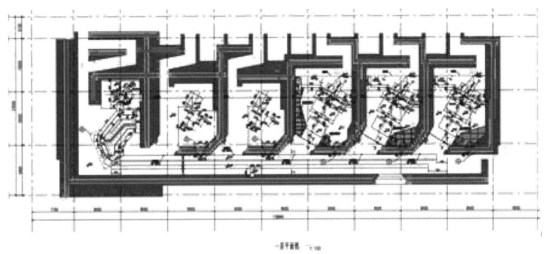

图 18.5-22　底板与墙体水平施工缝布置示意图

3）质子区浇筑时间处于夏季高温季节，混凝土易出现凝结快、干缩大等不利影响。为保证在高温施工条件下的混凝土质量，对混凝土的原材料、搅拌、运输、浇筑等环节需严格控制。自混凝土浇筑完毕的 3d 期间内每隔 1h 测温 1 次；第 4～10d，当升温速率趋缓后，每隔 2h 测温一次；降温阶段每隔 4h 测温一次。在温差变化趋于稳定的前提下，10～14d 后可停止测温。

18.6　结论

质子放疗在癌症治疗上的优势已经体现，合肥离子医学中心作为国家离子医学的重要组成部分，具有重要的现实意义和较大的社会影响。该项目所采用的质子治疗系统对土建设计提出了比较高的要求，其中关于微沉降和微振动的控制要求及屏蔽辐射，是项目得以正常运行的保证。为今后同类型项目的设计积累了成功的经验，也为在一定程度上对我国工程设计技术的发展起到了积极的推进作用。

参考资料

[1] 美国 Stantec 的概念性方案设计、方案设计（建筑）、初步设计（建筑）。

[2] 美国瓦里安（Varian）提供的 ProBeam 质子治疗装置场地文件。

[3] 中国建筑第八工程局有限公司编制的质子区结构施工方案。

设计团队

结构设计单位：上海建筑设计研究院有限公司

结构设计团队：贾水钟、王沁平、焦运庆、岳建勇、崔奇岚、侯胜男、王　湧、蔡忠祥、童园梦

执　笔　人：贾水钟、王沁平、岳建勇

获奖信息

2021 年度上海市优秀工程勘察设计优秀建筑工程设计一等奖

2021 年度上海市优秀工程勘察设计优秀建筑结构设计二等奖

2020—2021 年度中国建设工程鲁班奖

第19章

虹桥 SOHO

19.1 工程概况

19.1.1 建筑概况

本项目位于上海市长宁区临空经济园区 15 号地块，基地紧邻外环路和虹桥机场。地块北临北翟路，东临协和路，南临金钟路，西临广顺北路，东西长约 466m，南北长约 260m，总用地面积 86164m²，地下二层部分区域设有人防空间。

本项目地上部分由 4 栋弯曲建筑单体穿过基地，划分出三个庭院空间，庭院部分建筑植被覆土厚1.5m，并设有 4 个下沉广场，各建筑单体均为 11 层，总高 40m，主要为商业、办公综合性建筑，一层为商业和餐饮，2 层至 11 层为办公；整个场地内均设有地下室，共有 2 层，主要功能为车库、设备用房、影院和配套用房。项目总建筑面积 349279m²，其中地上建筑面积 215410m²，地下建筑面积 131459m²。

地上 4 个建筑单体由西向东分别命名为 1～4 号楼，见图 19.1-1。1 号楼长约 155m，2 号楼长约 269m，3 号楼长约 302m，4 号楼长约 165m，各楼横向宽度均为 25m，通过设在三层的 1～3 号连廊和设在十层的 4～6 号连廊将各楼联系起来，各连廊位置见图 19.1-1。建筑两端部造型统一，在二三层挑空之后向上逐层收进，见图 19.1-2、图 19.1-3。

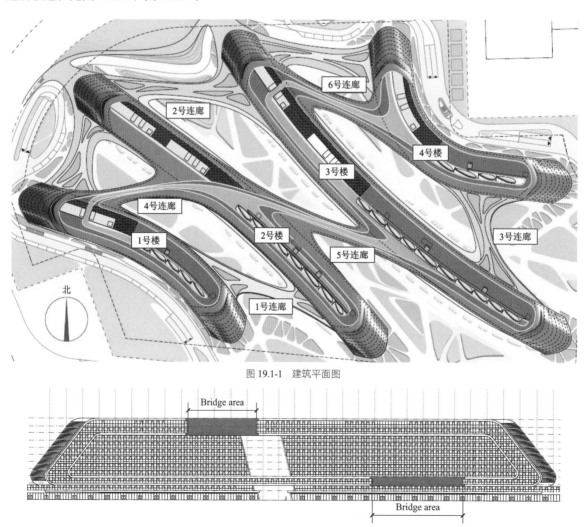

图 19.1-1 建筑平面图

图 19.1-2 单塔立面图

图 19.1-3　西北鸟瞰效果图

19.1.2　设计条件

1. 主体控制参数（表 19.1-1）

控制参数表　　　　　　　　　　　　表 19.1-1

项目		标准
结构设计基准期		50 年
建筑结构安全等级		二级
结构重要性系数		1
建筑抗震设防分类		标准设防类（丙类）
地基基础设计等级		甲级
设计地震动参数	抗震设防烈度	7 度
	设计地震分组	第一组
	场地类别	IV 类
	特征周期	0.90s
	基本地震加速度	0.10g
建筑结构阻尼比	多遇地震	0.05

2. 结构抗震设计条件（表 19.1-2）

抗震设计条件　　　　　　　　　　　　表 19.1-2

建筑物名称	建筑层数	总高度	结构体系	抗震等级	
				框架	混凝土剪力墙
塔楼部分	11 层	40m	框架—抗震墙	地上：二级 （立面开洞周边框架梁柱提高至一级） 地下一层：二级 地下二层：四级	二级
纯地下车库 （与塔楼地下室连通）	地下 2 层	10m	地下一层：混凝土框架 地下二层：板柱	地下一层：二级 地下二层：四级	—

3. 风荷载

基本风压值为 $0.55kN/m^2$（按 50 年一遇取值）。

地面粗糙度为 B 类。

体形系数和风振系数按《建筑结构荷载规范》GB 50009-2001（2006 年版）确定。

由于建筑外形不规则以及各单体间存在高低连接的六个连廊，为了更加准确地考虑建筑物风荷载相互间的干扰增大效应，施工图阶段按照风洞试验资料确定风荷载。

19.2 建筑特点

19.2.1 连体众——高位连体众多

塔楼内部、塔楼之间互相连通，在每个塔楼内部形成 1 高 1 低两个"减法"连体，相邻塔楼之间形成 1 高 1 低两个"加法"连体，共计 14 个连体结构，连体效果见图 19.2-1。不同的连体应针对建筑和受力特点采取不同的措施。

19.2.2 立面开洞——单体立面大开洞

各单体建筑立面开洞，如图 19.2-1 所示，洞口宽度约为 18m，结构应对洞口周边的结构布置及加强方式有所考虑。

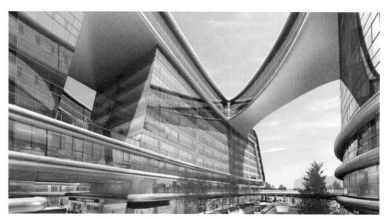

图 19.2-1　两种类型的连体及塔楼立面开洞

19.2.3 端部悬挑——建筑端部大悬挑

各单体两端头部存在 11m 左右的悬挑，如图 19.2-2 所示，头部应结合建筑效果进行结构布置。

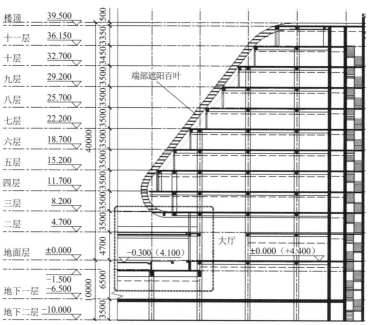

图 19.2-2　单体头部悬挑

19.2.4　塔楼狭长-建筑单体长宽比大

结构长宽比较大，1 号楼长约 145m，长宽比为 5.8，2 号楼长约 250m，长宽比为 10，3 号楼长约 281m，长宽比为 11.2，4 号楼长约 157m，长宽比为 6.2，各单体宽度均为 25m，由此带来的结构扭转效应应重点控制。

19.2.5　尺度巨大-建筑单体超长

结构单体超长，最短单体为 145m，最长单体为 281m，地下室结构长 460m 左右，宽 260m 左右，建筑要求无缝设计，对温度应力控制、地震行波效应和场地效应等提出了挑战。

19.3　体系与分析

19.3.1　结构概念设计

1. 结构体系确定

各单体结构柱网规则，长度方向柱距为 8400mm，宽度方向有三跨（8400mm + 5200mm + 8400mm），采用常规的框架抗震墙结构体系。

四个单体之间在三层通过三个连桥（连桥高度为一层层高）连接，在十层也通过三个连桥（连桥高度为两层层高）连接，结构形态非常复杂，如果连桥与主楼之间采用刚性连接成一整体，结构将集多塔、复杂连体、高位转换、超长（平面尺寸约 360m × 200m）、扭转不规则于一身，受力将非常复杂，属于抗震规范中的严重不规则建筑，是抗震概念设计理念不允许采用的结构体系。

因此，为了满足业主和建筑师的要求，同时保证结构安全，单体建筑与连桥之间采用弱连接方案是一条最合理的设计思路。通过弱连接构造，把四个单体分成四个独立的抗震结构单元来承受荷载，从概念设计上使结构合理化，大大减小结构地震效应，同时节约工程造价。为了保证弱连接的实现，连桥与单体建筑之间设置防震缝，三层连桥缝宽为 150mm，十层连桥缝宽为 300mm。

对于连桥，根据业主和建筑师的要求以及结构计算分析结果，采用钢结构空腹桁架方案。十层三个连桥跨度都在 50m 左右，并且有两层层高（6.8m），采用业主和建筑师均可接受的杆件截面方案即可成立，而三层连桥只有一层层高（3.5m），其跨度也在 50～60m，采用常规的杆件截面方案是很难成立的。因此，通过与业主和建筑师沟通，在连桥跨中两个三分点处增加"V"字形混凝土桥墩，桥墩与连桥采用弱连接构造。

2. 弱连接方式（隔震支座连接）

弱连接方式应满足的设计要求如下：

（1）在风和温度作用下发生较小的变形，保证在常规荷载下的刚度；

（2）在小震作用下对两端单体建筑不产生明显影响，保证各单体独立抵抗地震作用；

（3）罕遇地震作用下不与单体建筑发生碰撞，不会发生脱落，同时保证不对单体产生太大的反力，以免弱连接构造以及其周边构件发生破坏。

根据以往工程经验，对连体结构的连桥弱连接方案一般采用一端固定、一端滑动的方式，如图 19.3-1 所示。

此方案对于一些体形简单、跨度小、处于建筑低位的连桥是合适的，但本项目的连桥跨度较大、荷载也比较大,并且连桥与建筑单体的连接角度不是垂直,为斜向连接,采用一端与主楼固定,另一端在主楼上滑动的方式,地震作用下,固定端塔楼的振动经过整个连桥的跨度之后将在滑动端放大,加上滑动端塔楼振动相位差,连体结构滑动端的滑移方向及滑移量无法控制,且对固定端支座产生附加水平力,如图 19.3-2 所示。

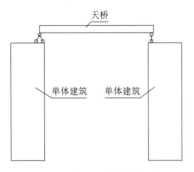

图 19.3-1 常用弱连接构造示意图

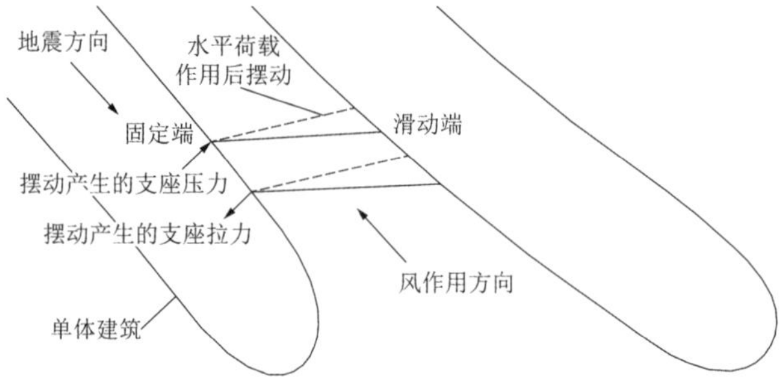

图 19.3-2 常用弱连接构造存在的水平摆动问题

鉴于此,当前采用两端弱连接构造,即在连桥两端均设置可水平向移动的铅芯橡胶隔震支座,如图 19.3-3 所示。该构造措施不仅能够保证常规荷载作用下的刚度,而且还能起到良好的隔震效果,在罕遇地震作用下连桥两端都不会对单体建筑产生太大的水平反力,在地震过后还具有一定的位移恢复能力。

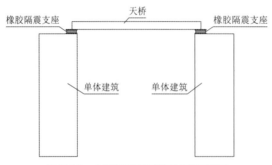

图 19.3-3 全橡胶隔震支座连体构造示意图

3. 嵌固端选择

本工程嵌固层选在地下室顶板层,整个场地中有三个下沉式广场,广场区域的地下室顶板不连续,但都离塔楼较远,影响范围有限,且在顶板开洞区域周边布置刚度较好的框架梁,以保证整个顶板的整体性。由于室内外顶板面存在 1.38m 的高差,在该处增加混凝土斜板,使地震力传递更加直接,提高了室内外楼板抵抗地震的共同作用,减少了错层处梁的扭矩和短柱的剪力,如图 19.3-4 所示。

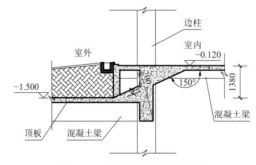

图 19.3-4 顶板错层处加掖构造图

整个场地中有四个下沉式广场,平面位置见图 19.3-5,图中粗黑线为地下室顶板的外边线,下沉广场距离主楼最近距离为 15m。下沉广场区域的地下室顶板局部不连续,从图中可以看出下沉广场面积对于整个地下室顶板面积来说比较小,影响范围有限,设计时在顶板开洞区域周边布置刚度较好的框架梁，以保证整个顶板的整体性。

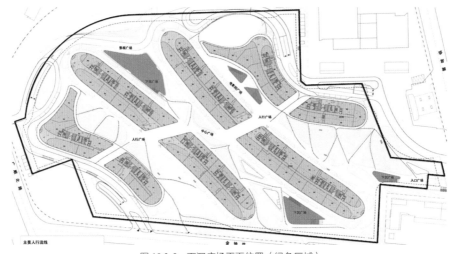

图 19.3-5　下沉广场平面位置（绿色区域）

　　嵌固端剪切刚度分析时参数中取消地下室信息，并仅考虑塔楼周边 20m 以内（若局部遇到下沉广场，则断在下沉广场边界处）的地下室结构进行计算。由于地下一层层高为 5m，地上一层层高为 4.7m，仅靠塔楼上部落地的剪力墙难以满足嵌固端刚度比的要求，因此在地下一层利用部分设备用房处等的墙体和在柱间增加部分墙体作为抗侧剪力墙，从而满足了地下一层与地面一层剪切刚度比大于 1.5 的构造要求。

19.3.2　主要构件规格

　　四个塔楼主体平面修长，1 号楼与 4 号楼微弯，结构标准层平面如图 19.3-6 所示。受到净高要求，框架梁主要截面尺寸为宽扁截面（600mm × 550mm），为了配合设备入室管道走向，次梁沿轴线单向布置，次梁标准截面为（500mm × 550mm）。建筑轴网标准间距 8400mm，柱沿轴网布置，主要截面ϕ800mm，支撑连廊支座的柱截面为ϕ1200mm，利用建筑竖向交通井的墙体作为抗侧剪力墙体，剪力墙厚度为 200～450mm。

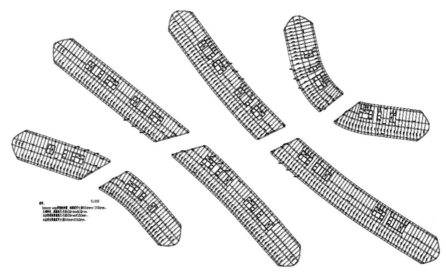

图 19.3-6　结构标准层平面布置图

　　从平面图 19.3-6 和单塔建筑立面图（图 19.1-2）中可以看出，各单体部分楼层中部的楼板缺失，建筑立面上表现为一斜向的洞口，洞口宽度约为 18m。结构上沿纵向轴线，在洞口两侧各布置 4 根斜柱

（800mm×1200mm），如图 19.3-7 所示。在三层、四层和十层、十层夹层楼板及屋面板是连续的，用现浇框架结构连接，框架柱截面 φ600mm，三层楼面预应力转换大梁截面 800mm×1200mm，十层楼面预应力转换大梁截面 800mm×1500mm。

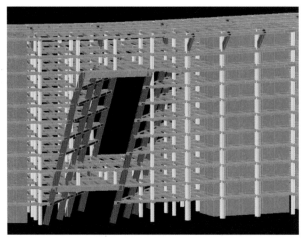
图 19.3-7　单塔立面开洞局部

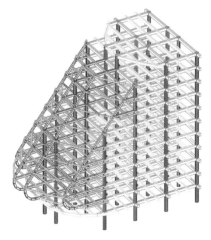
图 19.3-8　头部钢结构布置图

在单体的两端，局部采用了造型灵活、自重轻盈的钢梁和钢斜杆作为结构构件，既实现了建筑在端部的自由曲面创意，同时斜拉杆的布置也解决了端部楼层逐层收进造成的结构悬挑问题，如图 19.3-8 所示。钢梁截面为 400mm×400mm×20mm×20mm 和 250mm×300mm×20mm×20mm 的箱形截面，斜杆截面为 400mm×400mm×20mm×20mm 的箱形截面，该区域楼面采用底部设置闭口压型钢板与现浇钢筋混凝土组合的楼板。

19.3.3　基础结构设计

本工程采用桩基-筏板基础形式见表 19.3-1 所列，承压桩选用钻孔灌注桩，抗拔桩选用 PHC 桩。计算软件采用 JCCAD 基础分析软件。

基础形式一览表　　　　　　　　　　　　　　　　表 19.3-1

建筑物名称	基础形式	桩基施工工艺及参数	备注
塔楼部分	桩＋筏板（筏板厚 1300mm）	承压桩（C30）：$D=700$mm 的钻孔灌注桩，有效桩长 55m，抗压力设计值 3000kN	二层地下室，部分桩底采用后注浆工艺，桩端持力土层均为 ⑧₂ 层
纯地下车库	桩＋筏板（筏板厚 1000mm）	抗拔桩（C30）：$D=500$mm 的 PHC 桩，有效桩长 22m，抗拔力设计值 500kN	二层地下室，桩端持力土层均为 ⑤₂ 层

19.3.4　结构设计要点

1. 结构规则性及超限的判别

本工程嵌固端以上部分为多塔连体结构形式，通过设置结构缝和隔震支座，将四个建筑结构单体与连体结构（连桥）的连接弱化。对于各单体而言，建筑外轮廓形状、内部功能布置、高度和宽度均相同或相似，结构体系也比较相似，因此结构是否规则及超限与否具有一定的统一性。根据《建筑抗震设计规范》GB 50011-2010 及《超限高层建筑工程抗震设计指南》（第 2 版）要求，结合各单体统一的结构规则性特点，对项目进行逐项对比，判断是否超限及超限程度，单体中独特的超限特征也分别判断。

本工程地面以上各塔楼总高均为 40m，规范中钢筋混凝土框架-抗震墙结构在设防烈度为 7 度时，A 级高层建筑最大适用高度为 120m，因此本项目属于可适用范围内，结构高宽比为 40/25＝1.6，小于 6。结构的规则性判定见表 19.3-2。

结构规则性判定表

表 19.3-2

项次	规则性判断	规范要求	超限判断
平面规则性	考虑偶然偏心影响的地震作用下 位移比：1 号楼 1.33；2 号楼 1.24； 3 号楼 1.24；4 号楼 1.36	在考虑偶然偏心影响的地震作用下，楼层竖向构件大位移不宜大于该楼层平均值的 1.2 倍	超限
	平面长宽比： 1 号楼 5.8；2 号楼 10； 3 号楼 11.24；4 号楼 6.28	建筑平面长宽比在抗震设防烈度为 7 度时，不大于 6	超限
	各塔楼标准平面中无开大洞情况，仅顶层建筑庭院和无屋顶机房造成屋面板局部楼板缺失。各洞口面积比为： 1 号楼 21%；2 号楼 18%； 3 号楼 23%；4 号楼 17.5%	楼板开洞面积不大于该层楼面面积的 30%，错层不于梁高	规则
	周期比： 1 号楼 0.3；2 号楼 0.903； 3 号楼 0.924；4 号楼 0.225	结构扭转为主的第一自振周期与平动为主的第一自振周期之比不应大 0.9	2 号楼、3 号楼超限
	结构平面自下而上均不存在剧烈凸出凹进的情况	平面凹凸尺寸不大于相应投影方向总尺寸的 30%	规则
竖向规则性	一层层高 4.7m 且为立面上开洞楼层，而相邻三层层高为 3.5m，造成侧向刚度为相邻三层 75%~77%	结构楼层的侧向刚度不宜小于相邻上一层的 70% 或其上相邻三层侧向刚度平均值 80%	超限
	建筑立面开洞上部的楼层，柱由转换大梁来支撑，转换梁位于十层	采用框支结构的转换层，其位置在抗震设防烈度为 7 度时不宜超过 7 层	超限
	在各塔楼两端部布置钢桁架从边柱外悬挑尺寸为 10.9m	整体外挑尺寸不大于 4m	超限
	受剪承载力比值（各塔楼小值）：X 向 0.93；Y 向 0.89	抗侧力结构层间受剪承载力不小于相邻上一楼层的 80%	规则
结论	本工程存在三项平面不规则，三项竖向不规则，所以本工程为超限高层建筑，应进行超限工程结构抗震设计专项审查		

另外，本工程四个建筑单体均存在立面开洞，洞口平面上位于建筑的中部，立面上位于一至二层和四至九层之间，且洞口略微倾斜，洞口宽度近 18m，远小于建筑长向尺度的 50%，开洞面积亦远小于建筑立面面积的 30%。地下室顶板板面标高与塔楼室内±0.000 标高楼板存在 1.4m 高差，属于错层结构。在一层建筑中庭位置，有个别柱为只有单向框架梁连接、另一个方向跨越两层的跃层框架柱，在十层夹层也有部分柱子为单向跃层框架柱。

2．超限抗震措施

本工程是由六个连桥弱连接着四个 A 级高度框架—抗震墙混凝土结构高层建筑的多塔连体结构，且为平面与竖向均不规则的超限高层建筑。抗震设计主要从优化结构体系、加强结构计算分析、注重结构抗震概念设计和构造几个方面，采取措施确保该工程经济、安全、可靠。

四栋主楼之间在三层通过三个连桥（一层层高）连接，在十层也通过三个连桥（两层层高）连接，结构形态非常复杂，如果连桥与主楼之间采用刚性连接成一整体，结构将集复杂连体、高位转换、超长、扭转不规则于一身，受力将非常复杂，属于抗震规范中的严重不规则建筑，是抗震概念设计理念强烈建议不应采用的结构。因此，为了满足建筑师和业主的要求，同时保证结构的安全，主楼与连桥之间采用弱连接是一条合理的道路，通过设置结构缝（弱连接构造），将复杂不规则的多塔连体建筑分割成几个相对规则的建筑单体，从概念设计上使结构合理化，大大减小了结构地震效应，同时节约工程造价。

建筑在一层几个单体之间的部分区域设有单层裙房，结构上布置断缝，将主楼和裙房切开，能够分别计算；连桥与建筑单体之间通过隔震支座连接，竖向荷载能够有效传递，水平荷载作用下产生的剪力则在支座处被吸收，这种弱连接构造使得地震作用下连体结构在各建筑单体产生相对位移时受到的水平力大大减小。

四个单体建筑均为细长形，横向框架仅为三跨，因此结构纵横向的刚度有较大的差异，结构布置时，结合建筑功能要求合理调整结构抗侧刚度，沿建筑纵向均匀布置横向剪力墙，纵向墙体则采取减小厚度和开洞等方式来削弱其抗侧刚度，使两个方向的结构抗侧刚度尽量接近。从计算结果来看，各单体的抗侧刚度比较大，地震作用下顶部的位移较小，有利于连体结构及隔震支座的设计。

3. 结构关键部位抗震性能化设计

本工程为复杂高层建筑结构，结构分析计算按抗震设防烈度 7 度考虑；结构抗震设计按抗震设防烈度 8 度采取抗震构造措施。针对本工程的特点，对结构中的关键部位和薄弱部位提出局部的抗震性能化设计目标，具体如下：

（1）对于重要的竖向支撑构件，如立面开洞两侧的斜柱、与连桥支座相连的框架柱和作为建筑端部钢斜拉杆支座的框架柱，抗震设计目标为在罕遇地震下不屈服。

（2）作为连体结构的连桥，由空腹桁架构成主要受力结构，其两端简支于塔楼，因此桁架构件的抗震设计目标为罕遇地震下不屈服。

（3）牛腿作为连体结构的支座支撑构件，其抗震设计目标为罕遇地震下不屈服。

（4）隔震支座采用定型产品，其抗震性能目标为小震下保持弹性，罕遇地震下满足支座极限承载力要求，并具有一定的安全储备，支座变形可控制连桥不跌落。

4. 结构计算分析措施

从计算方式和手段上进行考虑，力求模拟主结构的受力状态和结构特点，从而保证结构整体在地震作用下的安全，并实现关键部位的抗震性能目标。

主要设计思路为：

多塔连体结构通过设置结构断缝被分为单塔结构、连体结构和弱连接隔震支座三个部分，计算分析应保证三个部分在地震作用下安全可靠，能够实现抗震性能目标。为此，分别对单塔结构和连体结构建模进行计算分析和设计，并对结构局部建模进行细部分析，保证单塔结构和连休结构两部分在地震作用下均安全，局部关键构件满足抗震性能目标。整体建模，考察地震作用下，连体与各塔之间运动相位差对隔震支座的影响，结合单体计算结果进行结构缝宽设计和隔震支座设计，从而保证弱连接的安全可靠。

结构计算和分析具体按以下步骤和内容进行：

对四个单体模型进行多遇地震下的反应谱分析，结构计算均采用空间有限元分析模型，考虑连桥传递的竖向荷载及其偏心作用。计算采用 SATWE（2008 年版）和 PMSAP（2008 年版）两个分析软件，对比校核计算结果，并对长宽比为 11.2、体量最大的 3 号楼采用 ETABS（9.7.1）补充建模，将三软件结果对比分析。

选取上海波 SHW1、SHW2、SHW3 和 SHW4 对四个单体结构进行多遇地震作用下弹性时程分析补充计算。

采用 EPDA（2008 年版）对四个单体进行罕遇地震作用下弹塑性动力时程分析，严格控制结构在大震下的薄弱层变形满足规范要求，确定大震下结构的非线性地震反应，明确体系破坏屈服机制，并在设计中有针对性地进行局部重要构件加强处理，确保大震作用下，各单体间的连桥能够有可靠的竖向支撑。

采用 MIDAS Gen（7.80）分别建立六个连体结构（连桥）单独模型，对连桥在正常使用极限状态、承载力极限状态下进行受力分析，并对空腹桁架构件进行罕遇地震下不屈服验算。

采用 MIDAS Gen 建立建筑端部大悬挑局部模型，分析研究其在控制工况（竖向荷载组合）下的受力和变形。

采用 ANSYS 对搁置连体的牛腿建立实体有限元局部模型，分析在隔震支座破坏荷载作用下牛腿的受力，以保证其在罕遇地震下不破坏，仍能够有效支撑连体结构。

采用 MIDAS Gen 建立四塔楼 + 十层连桥的整体模型，塔楼与连桥之间用铅芯橡胶隔震支座单元连接，选用四条上海波 SHW1～SHW4 进行大震非线性时程分析，综合考虑各条波作用下隔震支座的水平位移和反力，为结构缝的宽度设计和隔震支座的选择提供依据。

5. 结构抗震设计与构造

1）针对结构扭转不规则的措施

为尽量减少扭转影响，对长墙增开结构洞，并从局部刚度与重心的吻合出发控制总体刚度的均匀分配，增加靠近端部的横墙抗侧刚度，控制位移比不超过规范限值 1.4。由于 2 号楼和 3 号楼纵向体量很大，平面长宽比超过 10，因此第二阶振型即为扭转振型，周期比也略超过 0.9，构造上适当提高结构的整体刚度，减小结构在水平力作用下的层间位移比及绝对位移值，从而降低扭转效应影响。

2）针对楼板缺失的措施

对于建筑一层和十层中庭处楼板局部缺失处，计算时洞口周边楼板设置为弹性板，洞口周边相关柱截面加强，同时保证柱计算长度的准确性。

对于顶层无屋盖机房区域，结构的梁布置同下部，不随楼板缺失，屋面楼板板厚加厚为 150mm，计算时设置弹性板，板采用双面双向配筋，加大配筋率，以保证楼层在地震作用下水平力的传递。

对于 1 号楼顶部局部庭院处的楼板开洞，出于建筑美观要求，框架梁柱不能贯通，因此在该处下一层的柱顶每隔两跨布置 V 形分叉柱，以支撑洞口两侧的边梁（图 19.3-9）。为保证水平力可靠传递，对洞口周边梁及横向框架梁截面和配筋进行加强，屋面板加强板厚和配筋。

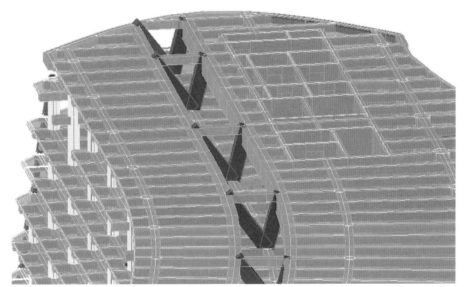

图 19.3-9 屋顶 V 形分叉柱布置图

3）针对竖向不规则措施

采用 SATWE 提供的两种计算楼层刚度的方法，确保正确定义薄弱层；转换层处框支柱抗震等级提高为一级；转换构件水平地震作用计算内力增大 1.5 倍；对于刚度比较小的薄弱层，设计在计算程序中强制给出 1.15 的地震剪力放大系数；对主楼与连体结构相连区域的结构构件增加截面和配筋。

4）其他措施

对于一层室内外高差错层造成的短柱，采取箍筋全高加密等构造措施来保证其延性，对室内外交界处楼板（即地下室顶板）加腋及设置大于高差的框架梁，来实现地震剪力在顶板内有效传递，并沿标高变化处布置大梁连接上下楼板，设计时加强该框架梁的抗扭性能。

在建筑中部立面开洞两侧的斜向框支柱中加型钢，形成加劲柱，以提高斜柱的抗震性能。对于立面开洞上下的连体结构，加强其附近两跨内结构构件的截面，并在计算时将洞口附近的楼板设置为弹性板，增加板配筋。

建筑端部与钢梁连接的框架柱均布置为加劲混凝土柱，以确保梁柱节点可靠连接，并符合计算假定，增强端柱的抗震性能。该部位楼板采用底部闭口的压型钢板与现浇钢筋混凝土组成的组合楼板，双面双向配筋，在钢梁上设置抗剪栓钉，以提高钢与混凝土的良好结合，共同作用，确保地震作用下水平力的可靠传递。

19.3.5　结构分析

1. 反应谱分析与弹性时程分析

采用 SATWE 计算程序，抗震计算采用扭转耦联振型分解反应谱法（CQC），并考虑双向地震力作用和偶然偏心影响，建立空间模型进行计算，考虑到 3 号楼为四个单体中体量最大、长宽比最大，特别采用了 PMSAP 和 ETABS 两个计算程序对 SATWE 的结果进行对比和校核。以 3 号楼为例，计算模型如图 19.3-10 所示。

3 号楼长约 281m，宽约 25m，高 40m，结构较长，长宽比约为 11.2。四个筒体纵向布置较为均匀，为控制因为结构较长带来的扭转问题，剪力墙设置时考虑加强两端的横墙，并弱化中间的墙体。

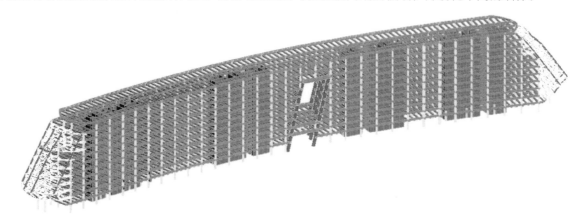

图 19.3-10　3 号楼计算模型

计算中，除"位移比"数据取自模型分片刚性假定结果外，其余数据均为全弹性板的空间模型计算结果。经两种分析软件（SATWE、PMSAP）对比计算分析，柱的轴压比在 0.50～0.89，大部分在 0.6～0.7 左右；墙的轴压比在 0.06～0.25，大部分在 0.15 左右。采用 SATWE、PMSAP 和 ETABS 三个程序的分析计算结果都能满足规范要求，各软件计算得到的结构动力特性具有一致性，主要指标相接近，认为可以起到相互校核的作用，说明结构体系和主体结构抗侧力构件的布置也是可行的。

本楼与 2 号楼相似，同属平面细长型，扭转成为结构的第二振型，且扭转周期与第一平动周期较为接近，本楼剪力墙沿平面纵向分布较均匀，且计算结果显示结构刚度较大，位移比数值均小于 1.3，可以认为扭转效应造成的影响并不大；结构各层抗剪承载力比值均大于 0.8，结构中不存在薄弱层。T_1、T_2 和 T_3 分别为平动、扭转和平动振型。

采用时程分析方法进行了多遇地震下的补充计算，选取的地震记录为上海人工波 SHW1、SHW3 和 SHW4 共三条地震波，加速度最大值 35Gal，分析结果见表 19.3-3。

多遇地震作用下的弹性时程分析结果　　　　　　　　　　　　　　　表 19.3-3

地震波名称	SHW1（人工波）	SHW3（人工波）	SHW4（人工波）	三组波平均值	CQC 法
场地类别	IV类	IV类	IV类	IV类	IV类
场地特征周期/s	0.9	0.9	0.9	0.9	0.9
地震加速度最大值/（cm/s²）	35	35	35	35	35
地震波持续时间/s	30	40	40	—	—
地震波时间间距/s	0.01	0.01	0.01	0.01	0.01

					续表
X向底部剪力/kN	53760	52050	59880	55230	51080
X向底部剪力的比值（各地震波CQC法）	105%	102%	117%	108%	100%
X向最大层间位移	1/3114	1/2780	1/3098	1/2997	1/2784
Y向底部剪力/kN	59240	55640	59160	58013	50500
Y向底部剪力的比值（各地震波CQC法）	117%	110%	117%	114%	100%
Y向最大层间位移	1/2483	1/2337	1/2477	1/2432	1/2175

分析结论：弹性时程分析结果与反应谱法结果较为吻合，每条时程曲线结构底部剪力均不小于振型分解反应谱法计算结果的65%，三条时程曲线计算所得结构底部剪力的平均值不小于振型分解反应谱法计算结果的80%。构件设计时，将综合考虑三条波的包络结果和反应谱法计算结果。

将多遇地震下各条地震波弹性时程分析法结果与振型分解反应谱法的最大楼层位移曲线、最大层间位移角曲线、最大楼层剪力曲线、最大楼层弯矩曲线等结果进行对比，结构中未有明显的薄弱层存在。

2. 罕遇地震作用下计算分析

采用 EPDA 对各塔楼进行罕遇地震下的弹塑性时程分析，地震波仍选择上海波 SHW1、SHW3 和 SHW4。地上四个塔楼中，2号楼与3号楼各方面性态都非常相近，而3号楼相对2号楼更长，不失典型性，这里选取3号楼进行罕遇地震作用下的弹塑性时程分析，并且对 SHW3、SHW4 暂截取30s进行计算。各地震波计算分别以0°和90°为主向的工况，其中0°为顺结构纵向方向。

3. 三条时程波作用下的塔楼地震反应（表 19.3-4）

三条波作用下的地震反应　　　　　　　　　　　表 19.3-4

地震波名称		上海波 SHW1	上海波 SHW3	上海波 SHW4
地震加速度最大值/（cm/s²）		220	220	220
地震波持续时间/s		20	30	30
地震波时间间距/s		0.01	0.01	0.01
地震波X为主向（0°）	主方向底部剪力/kN	388256	366405	351720
	主方向底部弯矩/（kN·m）	8579461	8056190	7903147
	主方向平均层间位移角	1/395	1/286	1/188
	主方向最大层间位移角	1/387	1/223	1/154
地震波Y为主向（90°）	主方向底部剪力/kN	350301	337334	328893
	主方向底部弯矩/（kN·m）	7817864	7830439	7025248
	主方向平均层间位移角	1/377	1/241	1/270
	主方向最大层间位移角	1/337	1/148	1/202

由表 19.3-4 可知：在各条罕遇地震波三向作用下，结构在地震波主方向最大弹塑性层间位移角为1/148，满足规范限值1/100的要求。

图 19.3-11 给出了3号楼X向在最大位移角工况下的塑性铰分布情况，根据弹塑性动力时程分析，塑性铰发生的顺序如下：

在4s左右，六层和十层立面开洞处斜柱附近的混凝土梁出现塑性铰，二、三、四层剪力墙的连梁出现了塑性铰；

在5s左右，一至三层剪力墙开始出现裂缝；

在 7s 左右，三层连廊附近的柱出现了塑性铰；

在 8s 左右，底层核心筒附近的几根框架柱开始出现塑性铰；

在 10s 左右，各层与剪力墙相连的连梁出现塑性铰并不断增多，剪力墙裂缝也逐渐向上发展；

在 14s 左右，顶层个别剪力墙出现塑性铰；

在 18s 左右，剪力墙裂缝也逐渐向上发展。

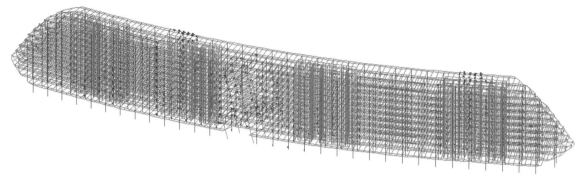

图 19.3-11　3 号楼在 X 向最大位移角工况下的塑性铰分布情况

图 19.3-12 给出了 3 号楼 Y 向在最大位移角工况下的塑性铰分布情况，根据弹塑性动力时程分析，塑性铰发生的顺序如下：

在 4s 左右，六层和十层立面开洞处斜柱附近的混凝土梁出现塑性铰；

在 6s 左右，一层剪力墙的连梁出现了塑性铰，一至二层剪力墙开始出现裂缝；

在 12s 左右，各层与剪力墙相连的连梁出现塑性铰并不断增多，核心筒附近的个别框架柱出现塑性铰；

在 15s 左右，八层立面开洞处斜柱附近的混凝土梁出现塑性铰，剪力墙裂缝也逐渐向上发展。

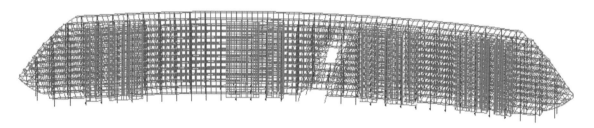

图 19.3-12　3 号楼在 Y 向最大位移角工况下的塑性铰分布情况

4．结构抗震性能综合评价

本工程为多项不规则超限高层，主塔结构采用了钢筋混凝土框架—抗震墙结构体系，连体结构采用了空腹钢桁架结构体系，主塔与连体结构之间采用铅芯橡胶隔震支座连接。根据工程特点采取了一系列抗震计算及抗震构造措施，对结构中的关键构件设定了抗震性能化目标，通过分析予以实现，针对关键部位采取了细部分析及加强措施。综合本报告的抗震设防专项设计，总结如下：

（1）三种分析软件（SATWE、PMSAP、ETABS）对塔楼单体的计算分析结果基本一致，保证了分析的可靠性，计算结果均满足规范限值要求；

（2）多遇地震下的补充计算分析结果与振型分解反应谱分析的基底剪力、位移等计算结果基本一致，采用振型分解反应谱法进行设计合理可行；

（3）弹塑性及构件性能分析可实现预先设定的抗震性能化设计目标，罕遇地震下结构的最大弹塑性层间位移角均小于规范限值 1/100；

（4）连体钢结构的正常使用极限状态和承载力极限状态下验算均满足规范要求，并实现了罕遇地震下的不屈服设计；

（5）铅芯橡胶隔震支座在各条罕遇地震波作用下，能够满足位移和极限承载力要求，并具有一定的安全储备目标。

本工程通过采用不同程序的计算，各项技术指标均满足规范要求；同时，通过采取必要的构造措施，提高结构抗侧、抗扭性能，能够满足"三水准"的设防要求。根据以上结论，认为本工程的结构体系布置方案可行，在实现建筑设计理念的同时具有良好的抗震性能。

19.4 专项设计

19.4.1 连体结构设计

1. 连体概况

各塔楼间上下共六个连廊，连接各个建筑单体，连廊采用钢结构空腹桁架体系。三层处的1～3号连廊平面位置见图19.4-1，连廊高度为一个标准楼层高度，即3.5m，在跨内设置两个混凝土桥墩至基础，桥墩间距在25m左右。十层处的4～6号连廊平面位置见图19.4-2，连廊高度为两个标准层高度，即7m，布置了三道空腹桁架，两端通过主楼外伸出的牛腿支撑，最大跨度约为53m，详见图19.4-3。空腹桁架钢柱采用方形焊接钢管柱，钢桁架梁采用箱形截面，钢次梁采用宽—中翼缘工字钢，楼面采用底部设置闭口压型钢板与现浇钢筋混凝土组合的楼板。

连廊在桥墩及主楼牛腿支座处，均采用质量可靠的成品铅芯橡胶隔震支座连接。

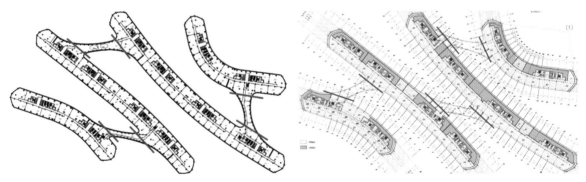

图 19.4-1 三层连廊平面位置及断缝处   图 19.4-2 十层连廊平面位置及断缝处

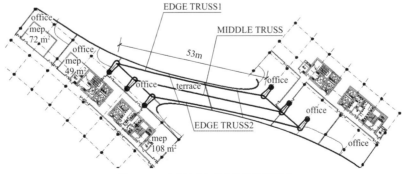

图 19.4-3 高位连廊与单体结构连接详图

2. 概念设计

根据目前的结构隔震减震技术，采用弱连接方式是一种比较常见的构造措施，《建筑抗震设计规范》GB 50011-2010（2010年版）专门增加了一章隔震消能减震设计，为本项目拟采用弱连接提供了理论依据。隔震和消能减震是建筑结构减轻地震灾害的有效技术，隔震体系通过延长结构的自振周期能够减少结构的水平地震作用，已经被国外强震记录所证实，国内外大量试验和工程经验表明：隔震一般可使结构的水平地震加速度反应降低60%左右，从而能消除或有效地减轻结构和非结构的地震损坏，提高建筑物及其内部设施和人员的地震安全性，增加震后建筑物继续使用的可能性。同时，采用消能减震的方案，通过消能器增加结构阻尼来减小结构在风作用下的位移也有工程实例，对减小结构水平和竖向地震反应也是有效的。

主楼与连桥之间的弱连接构造采用《建筑抗震设计规范》GB 50011-2010 中列入的铅芯橡胶支座来实现，大大弱化主楼之间的共同作用，使主楼基本上达到各自受力的目的，从而使得结构从特别不规则建筑变成四栋结构相对规则的框架剪力墙结构。结构计算时对常规荷载和小震作用下的内力和变形采用独立模型进行，同时评估大震反应谱作用下独立模型桁架杆件的应力。

3. 连桥结构体系布置

三层连桥和十层连桥均采用钢结构空腹桁架结构，支座附近局部增加斜腹杆，采用闭口型压型钢板组合楼板，为了满足组合楼板无须临时支撑施工的需要，楼面梁间距在2.5m左右，楼面梁与桁架弦杆刚性连接，楼面梁和组合楼板为空腹桁架提供了良好的面外支撑，使得整个连桥组成一个大箱体。

十层连桥隔震支座设置在空腹桁架中间层弦杆的两端，上下层弦杆两端均释放所有自由度，十层连桥两端与主楼结构之间设置300mm宽的防震缝。三层连桥在中间两个约三分点处设置钢筋混凝土竖向支撑，支撑与空腹桁架之间采用铅芯橡胶隔震支座连接（同高架桥做法），空腹桁架上弦两端均设置橡胶隔震支座，下弦两端设置特氟龙滑动支座，三层连桥与主楼结构之间设置150mm宽的防震缝。橡胶支座和特氟龙滑动支座构造如图19.4-4和图19.4-5所示。

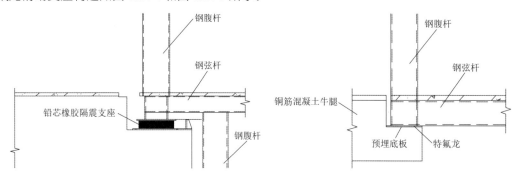

图 19.4-4 铅芯橡胶隔震支座构造示意　　　图 19.4-5 特氟龙滑动支座局部构造示意

4. 橡胶支座计算参数选取

根据抗震设计理念，连桥与主楼之间采用弱连接方式，支座构造选用铅芯橡胶隔震支座。铅芯叠层橡胶支座将叠层橡胶支座与铅阻尼器结合在一起，发挥隔震作用的同时，又能起到耗能的作用，同时铅棒还可以增加支座的早期刚度，控制结构的风振反应和抵抗地基的微振动。

铅芯橡胶隔震支座选用厂家成熟产品，并要求其各项设计技术参数应能满足抗震规范要求及行业标准。经过与橡胶支座厂家配合，选定橡胶支座的参数如下：线性计算时取等效刚度，其中竖向刚度取7000kN/mm，等效水平刚度取3.854kN/mm。

铅芯橡胶支座承载力和变形参数如下：橡胶支座直径为800mm，竖向承载力在7600kN以上，铅芯屈服力为400kN左右，竖向压缩刚度达到7000kN/mm，竖向变形控制在1mm以内，水平变形能力达到300mm以上，而且橡胶支座还有良好的耗能能力。

5. 计算模型

采用Midas建立空间分析模型，考虑风荷载和温度荷载参与组合。由于位于三层的1～3号三个连桥结构体系相同，位于十层的4～6号三个连桥结构体系相同，此处仅给出十层5号连桥进行详细分析，计算见图 19.4-6 和图 19.4-7。模型中下部混凝土支撑与主桁架之间采用弹性连接，弹性连接参数取隔震支座参数。

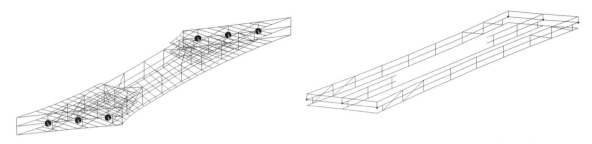

图 19.4-6　5 号连桥计算模型　　　　　　　　图 19.4-7　铅芯橡胶隔震支座位置（共 6 个）

6. 静力计算结果

由于结构形态复杂，为了计算准确，连桥静力计算时均考虑几何非线性，以考虑几何大变形的影响。主要计算结果见表 19.4-1。

各连桥计算结果汇总　　　　　　　　　　　　　　　表 19.4-1

三层连桥编号	1	2	3
桁架大竖向位移与跨度的比值	−51.1	−58.4	−38.13
	1/546	1/569	1/587
不利组合工况下支座大水平位移/mm	52.3	31.1	32.6
风荷载作用下支座大水平位移/mm	10.6	10.1	8.3
温度作用下支座大水平位移/mm	14.5	13.9	12.7
下部支撑顶部反力/kN	X：44	X：121	X：32
	Y：81	Y：116	Y：77
	Z：3054	Z：3776	Z：3203
桁架端部橡胶支座	X：69	X：107	X：66
	Y：77	Y：98	Y：74
	Z：1185	Z：906	Z：1113
桁架端部滑动支座	Z：1128	Z：874	Z：1078.4
十层连桥编号	4	5	6
桁架大竖向位移与跨度的比值	−72.5	−88.25	−77.1
	1/542	1/599	1/651
不利组合工况下支座大水平位移/mm	36.1	39.8	39.1
风荷载作用下支座大水平位移/mm	25.6	29.1	28.7
温度作用下支座大水平位移/mm	9.9	12.1	11.2
桁架端部橡胶支座	X：90	X：83	X：91
	Y：168	Y：175	Y：165
	Z：3566	Z：4257	Z：4000

从表 19.4-1 可以看出，各连桥结构主桁架在最不利荷载作用下的最小竖向位移与跨度的比值均满足规范不大于 1/400 的要求。在常规荷载作用下支座水平位移较小，支座具有足够的水平刚度。在常规荷载作用下，支座的水平反力都在 200kN 以内，满足弱连接的要求。各支座反力分布较均匀，反映出结构

刚度分布均匀，结构布置合理。杆件应力比均小于 0.8，亦满足安全要求。

7．小震计算结果

采用反应谱法计算连桥结构在地震作用下的响应，考虑三向地震作用，各连桥自振周期结果见表 19.4-2，小震作用下结构性能结果见表 19.4-3。

小震作用荷载组合如下：

（1）$1.2D + 0.6L \pm 1.3Eh$；

（2）$1.2D + 0.6L \pm 1.3EZ$；

（3）$1.2D + 0.6L \pm 1.3Eh \pm 0.5EZ$。

各连桥自振周期 表 19.4-2

连桥编号	第一阶	第二阶	第三阶	第四阶	第五阶	第六阶
1	1.312	1.205	1.032	0.434	0.303	0.293
2	1.559	1.358	1.155	0.45	0.41	0.396
3	1.357	1.315	1.147	0.373	0.307	0.283
4	1.349	1.334	0.955	0.401	0.368	0.287
5	1.469	1.452	1.136	0.523	0.484	0.386
6	1.46	1.426	1.007	0.404	0.366	0.326

由于结构跨度较大，应考虑结构的舒适度要求。现有国内的结构设计规范中对于人行结构的舒适度要求尚没有具体的规定，仅仅在《城市人行天桥与人行地道技术规范》CJJ 69-1995 中规定，为了避免共振，减少行人的不安全感，连桥上部结构竖向自振频率不应小于 3Hz。本项目连桥内部功能为办公，而不是人行连桥，不存在人行与结构共振的问题，但是为了安全起见，可参照此要求进行舒适度控制，即控制连桥的自振频率在 3Hz 左右。1 号连桥竖向振型出现在第五阶，自振频率为 3.3Hz，满足上述要求，2 号连桥竖向振型出现在第五阶，自振频率为 2.44Hz，基本满足上述要求。

各连桥小震性能 表 19.4-3

连桥编号		1	2	3	4	5	6
竖向地震桁架大竖向位移/mm		2.7	4.5	2	4.2	3.9	4.3
水平地震支座大水平位移/mm		44.8	43	45.1	42.8	48	46.9
下部支撑顶部反力/kN	X: 147	X: 209	X: 152				
	Y: 197	Y: 188	Y: 203				
	Z: 2685	Z: 3329	Z: 2704				
桁架端部橡胶支座	X: 164	X: 206	X: 152	X: 166	X: 192	X: 189
	Y: 174	Y: 165	Y: 180	Y: 171	Y: 187	Y: 170
	Z: 965	Z: 740	Z: 1146	Z: 3121	Z: 3801	Z: 3503
桁架端部滑动支座	Z: 962	Z: 732	Z: 654				

从表 19.4-3 数据可以看出，竖向地震对连桥影响较小，竖向地震作用下连桥的位移很小，而水平地震作用下结构水平支座反力很小，大致在 200kN 以内，能够达到弱连接的设计要求。

8．大震计算结果

采用大震反应谱法计算各连桥地震反应，水平地震影响系数最大值为 0.5。大震下连桥各杆件的性能目标为：连桥桁架各杆件大震不屈服，支座为大震弹性。大震不屈服验算时材料强度采用屈服强度，荷载分项系数均取为 1，荷载组合如下：$1D + 0.5L \pm 1Eh$；$1D + 0.5L \pm 1EZ$；$1D + 0.5L \pm 1Eh \pm 1EZ$。

　　大震反应谱作用下各连桥桁架杆件应力比见表 19.4-4。从表中可以看出，各连桥桁架杆件均满足大震不屈服的设防目标要求。

各连桥桁架杆件在大震不屈服组合工况下的最大应力比　　　　表 19.4-4

连桥编号	1	2	3	4	5	6
桁架竖腹杆	0.765	0.69	0.9	0.78	0.9	0.8
桁架弦杆	0.952	0.95	0.985	0.91	0.96	0.95
桁架斜腹杆	—	—	—	0.65	0.57	0.66

　　设计支座大震弹性验算时，材料强度取设计值，荷载分项系数与小震承载力极限状态一致，而不是取 1。各支座在大震弹性反应谱工况下的支座反力如表 19.4-5 所示。选择支座及计算混凝土牛腿时均考虑上表中支座反力，确保满足支座大震弹性的设防要求。

各支座在大震弹性反应谱工况下的最大反力表　　　　表 19.4-5

连桥编号	1	2	3	4	5	6
下部支撑顶部橡胶支座反力/kN	X：790	X：867	X：1125	—	—	—
	Y：1130	Y：1054	Y：887	—	—	—
	Z：3210	Z：4029	Z：3291	—	—	—
桁架端部橡胶支座反力/kN	X：906	X：1112	X：931	X：991	X：1112	X：1096
	Y：1075	Y：835	Y：1053	Y：965	Y：1068	Y：1019
	Z：1166	Z：983	Z：1427	Z：3683	Z：4554	Z：4151
特氟龙滑动支座竖向反力/kN	1164	979	808	—	—	—

9．计算结论

　　经过对各连桥的静力分析和抗震性能分析，可以得出以下一些结论：

　　（1）由于楼面梁间距只有 2.5m 左右，楼面梁与桁架弦杆刚性连接，楼面梁与组合楼板为空腹桁架提供了良好的侧向支撑，整个楼面相当于一个实腹桁架，从而使得整个连桥形成一个大箱体，因而连桥有良好的刚度，其在静力工况下的变形值均满足规范要求。

　　（2）各连桥杆件在静力工况下均满足强度要求，桁架杆件应力比均控制在 0.8，楼面梁应力比控制在 0.85。

　　（3）各连桥在常规荷载作用下（恒载、活载、风和温度作用）的位移均较小，反力都在支座铅芯的屈服力 400kN 以内，说明支座在正常使用阶段具有良好的刚度。

　　（4）各连桥竖向振动频率均在 3.0Hz 左右，最小为 2.44Hz，最大为 3.3Hz，考虑到连桥内部功能为办公，而不是人行连桥，因此不存在人行与结构共振的问题，所以认为连桥竖向振动舒适度满足要求。

　　（5）各连桥在小震作用下应力比均较小，桁架杆件应力比在 0.8 以内，楼面梁应力比在 0.85 以内，满足规范"小震不坏"的要求；支座水平反力小于 200kN，说明连桥对各单体建筑影响较小，很好地达到了弱连接设计要求，独立计算模型是合理的，结果也是可信的。

　　（6）各连桥在大震反应谱作用下能够满足极限承载力要求，并有一定的安全储备，实现了抗震性能目标要求。

　　（7）以上分析说明，本项目采用的结构方案是可行的，各连桥自身都有良好的变形和受力性能，同时具有良好的抗震性能，各连桥对各主楼的受力和变形影响较小，证明所采用的计算假定是合理的，所采用的结构设计理念是合理的。

19.4.2　牛腿局部有限元模型计算设计分析

连桥与主体建筑之间的直接连接部位就是设置于主体建筑上的牛腿，因此混凝土牛腿起着支撑各连桥的作用，其性能完全决定了连桥的结构安全，保证牛腿在结构整个使用过程不屈服是本项目的关键。为了清楚地研究牛腿的受力，采用实体有限元进行牛腿的细部受力分析。

1. 有限元计算模型

采用大型有限元分析软件 ANSYS 建立实体有限元单元，为了更真实地模拟支座的实际受力情况，取支座及其周边一块梁板柱进行计算，如图 19.4-8 所示。

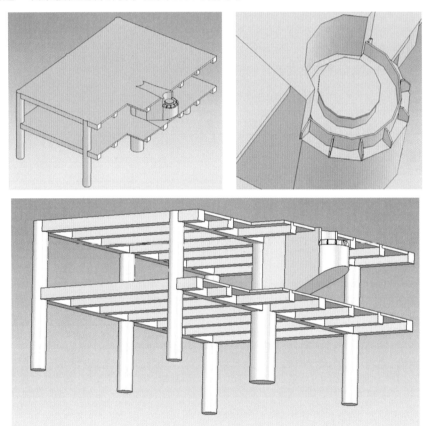

图 19.4-8　牛腿计算模型

柱底约束所有自由度，由于结构侧移刚度大，约束两根边梁的水平位移，计算时约束条件如图 19.4-9、图 19.4-10 所示。

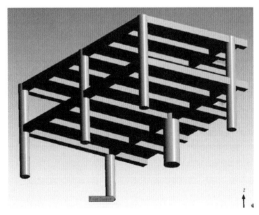

图 19.4-9　柱底刚性约束位置

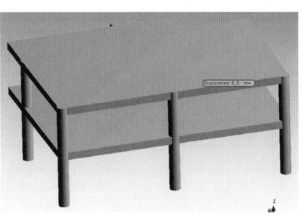

图 19.4-10　梁侧水平约束位置

经典回眸　上海建筑设计研究院有限公司篇

牛腿有限元划分如图 19.4-11 所示，有限元划分时离支座较远区域网格较粗，而牛腿区域较细。

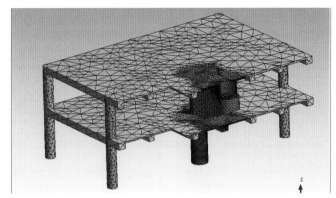

图 19.4-11　牛腿有限元模型

2．荷载取值

楼面荷载根据主楼计算时的荷载取值，取 $1.2 \times$ 恒载 $+ 1.4 \times$ 活载。牛腿应保证后于橡胶隔震支座破坏，支座反力根据连桥计算所取橡胶支座承载能力取值，竖向力取 7600kN，水平力取 1000kN（双向）。

3．计算结果

采用 ANSYS 软件对支座进行实体有限元计算，计算结果见图 19.4-12～图 19.4-15。

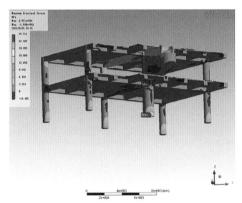
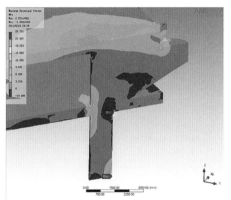

图 19.4-12　最大主拉应力分布　　　　　　　图 19.4-13　牛腿剖切面最大主拉应力分布

从图 19.4-12、图 19.4-13 可以看出，混凝土主要受拉区域集中在牛腿顶部楼面内，最大值 12MPa 位于框架柱顶区域，并且迅速扩散衰减，楼板内拉应力大部分在 4MPa 左右，该处经双层双向加密配置后的楼板钢筋应力小于屈服应力。

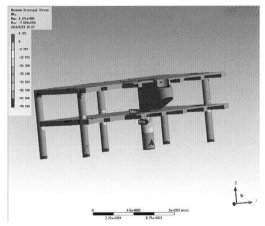
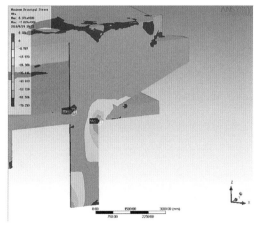

图 19.4-14　最大主压应力分布　　　　　　　图 19.4-15　牛腿剖切面最大主压应力分布

从图 19.4-14 和图 19.4-15 可以看出，最小主应力发生在牛腿底部框架梁底与柱交接处的应力集中区域，最小为−70.3MPa，应力数值在该区域由应力集中点迅速扩散，如图 19.4-16 所示，因此应加强该应力集中区域的配筋，经与业主和建筑师讨论，对此处框架梁进行加腋处理。

牛腿在设计荷载下的变形如图 19.4-17 所示，从图中可以看出，牛腿最大变形量只有 8.55mm，说明牛腿具有良好的刚度。

牛腿应力集中区域等效应变如图 19.4-18 所示，最大应变为 0.00152，小于混凝土的极限压应变 0.0033。

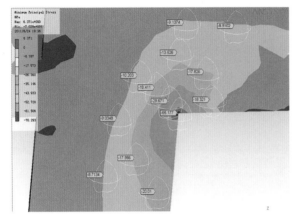
图 19.4-16 压应力集中区域分布

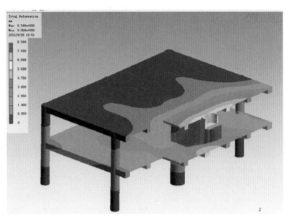
图 19.4-17 牛腿变形（最大变形量：8.55mm）

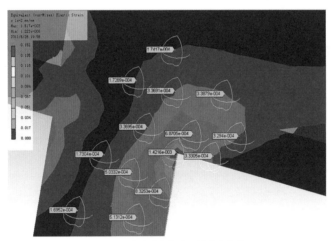
图 19.4-18 牛腿应力集中区域应变分布图

4．计算结论

通过实体有限元分析计算，可以看出，除了局部应力集中区域应力较大外，牛腿大部分区域应力都在 10MPa 以内。因此，只要加强应力较大区域的配筋，混凝土牛腿受力是满足"大震不屈服"的性能目标要求的，牛腿承载力能够保障弱连接结构方案的成立。

19.4.3 建筑单体端部大悬挑桁架局部有限元分析

为满足建筑端部的弧线形需要，结构在端部两跨范围内，采用钢结构（钢结构梁＋压型钢板组合楼板）的形式，具体范围见结构布置图（红色部分表示钢结构）。为保证钢梁与混凝土柱的有效刚接，端部三排柱采用加劲混凝土柱。

建筑上，四个单体的八个端部形状完全一样，由于其造型独特，且为结构中大悬挑部位，最大距离为 10.9m，因此采用 MIDAS 软件建立典型的端部局部模型，进行细部分析。从各塔楼的计算结果中可知该部分结构以竖向荷载组合工况为主要控制工况，因此计算时仅考虑楼面恒载及活载，荷载取值同楼面其他部分。

1. 计算模型

结构计算模型三视图如图 19.4-19～图 19.4-21 所示。

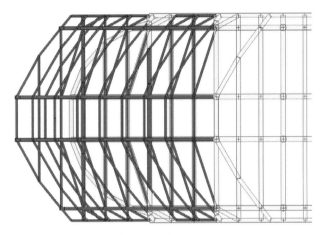

图 19.4-19　结构平面图

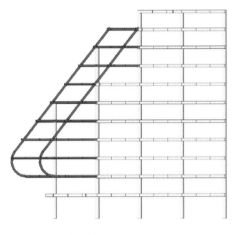

图 19.4-20　结构立面图

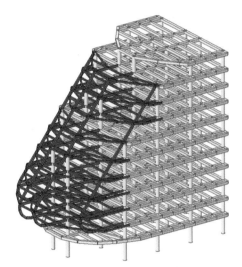

图 19.4-21　结构三维实体图

2. 构件尺寸

构件布置如图 19.4-22～图 19.4-24 所示。

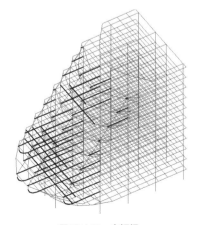

图 19.4-22　主钢梁
400mm × 450mm × 20mm × 20mm

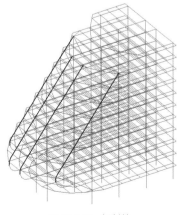

图 19.4-23　钢斜柱
400mm × 450mm × 20mm × 20mm

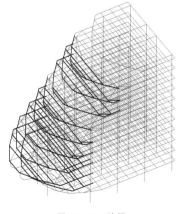

图 19.4-24　次梁
250mm × 300mm × 16mm × 16mm

3．计算结果

分别验算了在楼面恒载和活载作用下，结构正常使用极限状态及承载力极限状态下的受力和变形情况，计算结果如图 19.4-25～图 19.4-29、表 19.4-6 所示。

经典回眸 上海建筑设计研究院有限公司篇

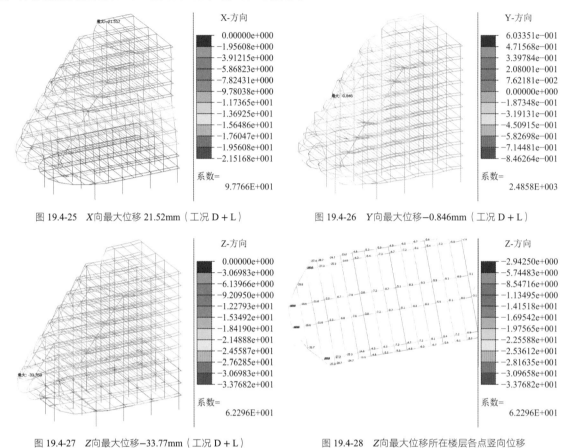

图 19.4-25　X向最大位移 21.52mm（工况 D + L）　　　图 19.4-26　Y向最大位移−0.846mm（工况 D + L）

图 19.4-27　Z向最大位移−33.77mm（工况 D + L）　　　图 19.4-28　Z向最大位移所在楼层各点竖向位移

各类杆件的最大应力比 　　　　　　　　　　表 19.4-6

截面号	截面类型	截面尺寸/mm	最大应力比
101（主梁）	箱形截面	400 × 450 × 20 × 20	0.648
102（斜柱）	箱形截面	400 × 450 × 20 × 20	0.347
103（次梁及封头梁）	箱形截面	250 × 300 × 16 × 16	0.516

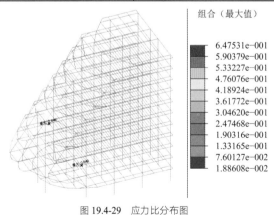

图 19.4-29　应力比分布图

4．计算结论

（1）在恒荷载 + 活荷载作用下，结构最大竖向变形为−33.77mm，约为跨度的 1/821，满足《钢结构设计规范》GB 50017-2003 中挠度小于$L/400$的要求（L为跨度）。

（2）经过分析可以看出，在恒荷载 + 活荷载作用下，杆件的最大应力比为 0.648，所有杆件均处于弹性状态，斜杆的应力比仅为 0.347，说明竖向静力荷载作用下，该部分杆件有较大应力储备。

19.4.4　特殊节点构造——连体与主体结构连接构造设计

连体与主体结构之间采用隔震支座连接，隔震支座位于主体结构外伸牛腿之上，为了防止大震下连体结构位移过大而跌落，在连体与牛腿之间设置防跌落装置。连体构造详图见图 19.4-30、图 19.4-31，经建模有限元分析（图 19.4-32），牛腿构造满足安全要求，不再赘述。

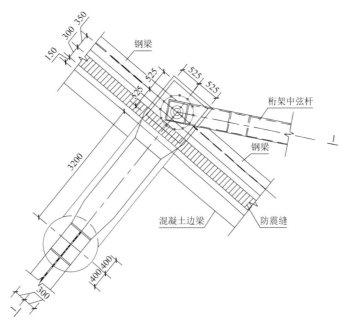

图 19.4-30　连体与主体结构之间连接构造

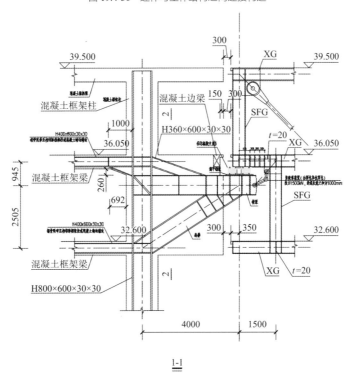

1-1

图 19.4-31　连体与主体结构之间连接构造

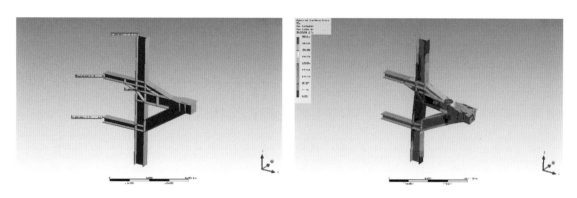

图 19.4-32　连体与主体结构连接构造计算模型及结果

19.5　结语

本项目属商业地产开发项目，其利用率、经济性指标有严格的商业要求，受控于建筑层高和净高等框架性指标，楼层结构高度被严格限制在 550mm 以内，地下一层更采用了板柱结构；同时，总建筑面积近 35 万 m²，地下室尺寸约 370m × 250m × 2 层，塔楼尺寸(155～302)m × 25m × 11 层（40m），也就是说，因为较大的项目规模，存在超出规范规定的大尺度地下室和超长结构。建筑主要功能为办公及商业，丰富的空间感在办公入口大堂及地下商业空间形成了大小、形状均不规则的楼板开洞。

在方案设计阶段，原创建筑师的参数化设计手段和自由的造型风格，产生了端部悬挑、立面开洞而高位转换、幕墙表面曲率特征丰富等鲜明特点。而塔楼内部、塔楼之间的互相连通，在每个塔楼内部形成 1 高 1 低两个"减法"连体，相邻塔楼之间形成 1 高 1 低两个"加法"连体，共计 14 个连体结构。

顺应低碳环保的时代呼声，项目设置了 LEED 金奖预认证，材料、节水、绿化等方面均有相应指标要求。地下室无梁板局部、地下室顶板、连体顶板、主楼屋顶等均有较深的绿化覆土，除增加质量荷载外，也影响到结构嵌固端。

纷繁的建筑特征对结构设计而言，需要考虑的不仅仅是结构体系及相关措施，还需处理刚度特征迥异的两类连体、大悬挑结构及与自由表面幕墙的配合、超长结构温度裂缝的控制等结构专门性问题。

首要问题自然是确立结构体系，4 个塔楼主体结构均采用现浇钢筋混凝土框架—剪力墙结构体系，两层地下室中地下一层为框架—剪力墙结构，地下二层为板柱—剪力墙结构。端部悬挑部位为带斜拉构件的钢框架，6 个塔楼外连体采用局部斜拉的钢空腹桁架，8 个塔楼内连体采用钢空腹桁架。塔楼主体平面狭长，受净高要求的限制，框架梁截面众值为 600mm × 550mm，为了配合设备入室管道走向，次梁沿轴线单向布置。柱网标准间距 8.4m，柱截面众值为 800mm × 800mm，支承塔楼之间的连体支座的柱则采用了直径 1.2m 的圆柱。依建筑竖向交通井周边布置抗震剪力墙。在框架内设人字形钢支撑来调整结构刚度分布，选用宽仅 200mm 的屈曲约束支撑，隐藏于建筑隔墙内，免于影响建筑外观和使用功能。

整个场地中部有 3 个下沉式广场，形成 3 个地下室顶板开洞，评估认为开洞面积比在可接受范围，影响有限，嵌固层仍可选择在地下室顶板层。在顶板开洞周边布置大刚度框架梁，室内外顶板高差处布置混凝土斜板加腋作为必要的辅助措施。

作为标识性的特征，连体是众所瞩目的焦点问题。连体结构设计原则取决于主体结构是否需要连体参与协同工作以及连体本身是否有能力参与协同工作两个方面。对这两个问题的截然不同的回答决定了 14 个连体两种泾渭分明的处理方法：与主体隔震支座连接的塔楼外连体为其一，与主体刚性连接的塔楼内连体为其二。

为了考察隔震支座的隔震效果，结构缝宽度需能够满足支座变形以及确定地震作用下天桥通过隔震支座对塔楼结构的影响，通过建立带天桥的多塔连体整体模型进行罕遇地震分析，采用铅芯橡胶隔震支座单元连接连廊和塔楼结构。最终根据计算结果设计合理的缝宽及选择满足工程需要的工业成品隔震支座。

为实现幕墙的理想过渡，连体与主体之间的分缝位置经过审慎的推敲后，设置在离开主体外侧框架柱 4m 的位置，在此条件下设计了内置型钢的混凝土牛腿，抗震支座遂搁置于其上。

每个塔楼的两端，根据建筑造型，局部采用了布置较为灵活的钢梁和钢斜杆作为结构构件，既实现了建筑在端部的自由曲面创意，同时斜拉杆的布置也解决了端部楼层逐层收进造成的结构悬挑问题。

地上 4 个单体均属单向超长结构，单体两端竖向构件距离约为 157~280m。另外，结构筒体的设置、较小的柱网尺寸以及框架梁采用近似扁梁的设计，增强了楼盖水平变形约束，加大了温度作用和混凝土收缩的不利影响。通过分析，采用后张无粘结预应力技术解决。

本项目设计乃至实施过程曲折艰辛，诸多的连体和自由表面幕墙成为了技术争论的焦点和专业间协调的重点。建筑师留给世间的一众难以处理的曲线虽已成绝唱，但其对现代计算机技术及参数化设计的热情拥抱和超出时代的利用已然擂响了建筑设计通向未来的鼓点。

参考资料

[1]　虹桥 SOHO 项目表面风荷载分布及行人高度风环境风洞试验研究[Z]. 2011.

[2]　上海建筑设计研究院有限公司. 临空 SOHO 结构抗震专项审查报告[R]. 2011.

[3]　上海现代建筑设计（集团）有限公司. 复杂形体多塔超长连体建筑群设计理论研究中的几个关键问题和成果在若干项目中的应用[Z]. 2016.

设计团队

结构设计单位：上海建筑设计研究院有限公司（初步设计 + 施工图设计）

Zaha Hadid Architects（方案 + 初步设计）

结构设计团队：李亚明、贾水钟、石　硕、张良兰、慕志华、潘其健、胡佳轶、朱　华、祁　飞

执　笔　人：石　硕

本章部分图片由 Zaha Hadid Architects 提供。

获奖信息

2017 年上海市优秀工程设计一等奖

2017 年全国优秀工程勘察设计行业优秀建筑工程设计二等奖

2016 年中国建筑学会建筑创作奖

2016 年全国优秀建筑结构设计一等奖

2018 年复杂形体多塔超长连体建筑群设计理论研究中的几个关键问题和成果在若干项目中的应用集团科技进步三等奖

第20章

星港国际中心

20.1 工程概况

20.1.1 建筑概况

星港国际中心位于上海市虹口区的中心区域,东至海门路,南至东大名路。总建筑面积约444328.4m²,其中地上建筑面积约252691.4m²,地下建筑面积约191637m²。

地面以下6层,靠近地铁两侧局部小范围地下为3层,为整体超大型地下室,主要功能为商业、公共停车库及机电设备用房等。地面以上由2栋50层263m超高层塔楼及多层裙房组成,功能为办公及商业,为地铁上盖项目,建筑总平面图见图20.1-1,建筑剖面详图20.1-2。

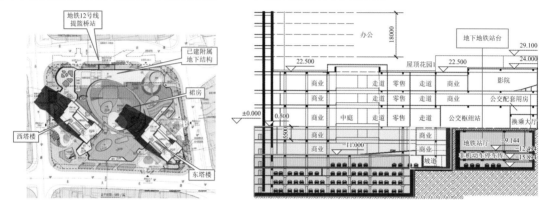

图 20.1-1 建筑总平面图　　　　　　图 20.1-2 建筑剖面图(含地铁站)

地下室为一个超大型的大底盘整体地下室,平面尺寸约为237m×161m,地下室层高分别为5、5.8、5、3.5、3.5、3.5m。地下室紧邻地铁12号线,北侧裙房地下三层为12号线地铁已建附属地下结构,北侧地面以上新建3层建筑坐落在地铁已建附属结构处。地下商业中心与地铁12号线出站口直接连通。地下三层为货运、商业储藏及设备区域;地下四层至地下六层为车库,地下室局部为六级人防。

20.1.2 设计条件

1. 主体控制参数(表20.1-1)

控制参数表　　　　　　　　　　　　　　　　表 20.1-1

项目		标准
结构设计基准期		50 年
建筑结构安全等级/结构重要性系数		二级/1
结构抗震设防分类		重点设防类(乙类)
地基基础设计等级		甲级
设计地震动参数	设计设防烈度	7 度
	设计地震分组	第二组
	场地类别	IV类
	小震特征周期	0.9s
	大震特征周期	1.1s
	基本地震加速度	0.1g
建筑结构阻尼比	多遇地震	0.04(塔楼);0.05(裙房)
水平地震影响系数	多遇地震	0.08(多遇地震)
	罕遇地震	0.45(罕遇地震)

2. 结构抗震设计条件（表 20.1-2）

主体塔楼结构抗震等级 表 20.1-2

主体塔楼结构抗震等级：框架/抗震墙	抗震墙	特一（地下一层~顶）、一级（地下二层）、二级（地下三层）、三级（地下四层及以下）
	钢管混凝土柱	一级（地下一层~顶）、二级（地下二层）、三级（地下三层及以下）
	钢梁	二级
	混凝土框架梁	一级（地下室顶板）、二级（地下一层楼面）、三级（地下二层及以下楼面）

主体结构采用地下室顶板作为上部结构的嵌固端。

3. 风荷载

结构变形验算时，按 50 年一遇取基本风压 0.55kN/m²，承载力验算时按基本风压的 1.1 倍，场地粗糙度类别为 C 类。项目进行了风洞试验，设计采用规范风荷载和风洞试验结果进行位移和强度包络验算。

20.2 建筑特点

20.2.1 主体塔楼核心筒偏置，塔楼北侧局部无柱

塔楼平面具有一定的复杂性，北面框架柱不齐全，平面框架部分不连续；Y 向核心筒尺寸有限，非常小，核心筒高宽比为 249.5/16 = 15.6，大于《高层建筑混凝土结构技术规程》JGJ 3-2010 中内筒高宽比不宜大于 12 的限值要求；随高度变化，核心筒尺寸墙体局部收进，核心筒墙肢数量更少，局部还有墙肢需要转换，结构设计具有一定的难度。塔楼标准平面见图 20.2-1，核心筒收进示意详见图 20.2-2。

20.2.2 塔楼 Y 向核心筒高宽比超规范，Y 向刚度较弱

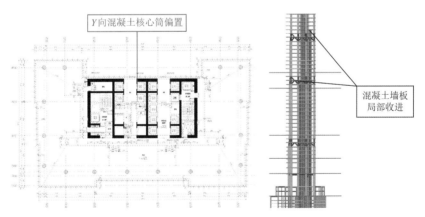

图 20.2-1 塔楼建筑标准层平面示意　　　　图 20.2-2 混凝土墙板局部收进示意

塔楼核心部分为钢筋混凝土内筒剪力墙，核心筒高度为 249.5m；核心筒南北向墙体边缘距离约 16m，核心筒高宽比为 249.5/16 = 15.6，大于《高层建筑混凝土结构技术规程》JGJ 3-2010 中内筒高宽比不宜大于 12 的限值要求。核心筒东西向墙体边缘距离约 31m，核心筒高宽比 249.5/31 = 8.05，小于《高层建筑混凝土结构技术规程》JGJ 3-2010 中内筒高宽比不宜大于 12 的限值要求。故塔楼 Y 向核心筒高宽比超规范，Y 向刚度较弱。本项目利用避难层设置 Y 向伸臂桁架、Y 向桁架，外框主钢梁与核心筒刚接连接，增加 Y 向刚度。

20.2.3 塔楼立面上大、下小，外围局部柱为斜柱

建筑主要结构剖面示意详见图 20.2-3。

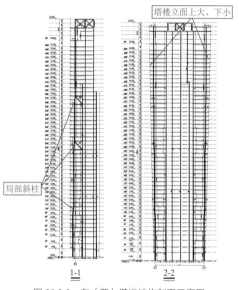

图 20.2-3 东（西）塔楼结构剖面示意图

20.2.4 地下室顶板开洞多、开洞大

地下室顶板开洞情况见图 20.2-4，粗线框表示顶板开洞位置和大小。地下室顶板约有 11 个较大洞口，开洞面积之和占顶板总面积的 7.8%。开洞边长与顶板平行洞口的边长比沿不同剖面约为 54.5%、52.2% 以及 34.8%，前两者都超过了边长的一半。地下室顶板室内楼板厚度为 180mm，室外楼板厚度为 250mm，室内外标高差为 0.5m，在模型中不作为错层处理。

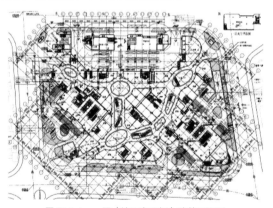

图 20.2-4 一层（地下室顶板）建筑平面图

针对地下室顶板开洞多、开洞大的特殊性，结构分析了平面开洞对结构的影响程度，分析了地下室顶板满足计算嵌固应具备的条件。规范中对地下室顶板作为上部结构嵌固端时要求避免开大洞，但是并没有提出一个具体的判别限值。《建筑抗震设计规程》DGJ 08-9-2013 的 6.1.17 条文说明提到，一般洞口面积不宜大于顶板面积的 30%，本工程大开洞面积之和占顶板总面积的 7.8%，从整体平面来看并不属于很大，在核心筒以外区域也布置了若干剪力墙，嵌固具备条件。

考虑到规范相关条文的提出，其目的是为了保证地下室顶板具有足够的平面刚度，能够切实有效地传递基底剪力，在采取充分加强顶板平面刚度和各单体下部刚度的基础上，对结构作整体验算，确认开洞顶板的应力和位移是否能够有效传递基底剪力。嵌固端剪切刚度比均大于 2，满足地下室顶板作为嵌固端的设计要求。

20.2.5 裙房平面开洞大、悬挑大,存在薄弱连接

针对裙房平面开大洞的情况,结构设计中加强了裙房大洞边的梁、板、柱的配筋,局部大洞边的大跨梁设计为钢梁,并增加平面支撑;裙房悬挑较大部分采用变截面设计,端部高度变小,便于下方管道通过,控制大梁挠度。

20.2.6 六层地下室超长、超深,临近地铁

本工程地下室长约 237m,宽约 161m,远超过了规范规定的不设缝的最大距离。通过利用 PMSAP 软件对地下模型进行温度应力分析,得出在降温条件下该地下室顶板内部应力的分布规律,提出解决楼板温度应力的措施,从而提高超长地下室顶板的抗裂性能。

地下室顶板通过施加预应力解决超长温度应力问题。楼板中预应力采用无粘结预应力,预应力筋为 1860 级 $\phi15mm$ 无粘结高强低松弛钢绞线,预应力筋采用超张拉工艺(超张拉 3%),其中固定端采用挤压锚,张拉端采用夹片锚,预应力混凝土强度达到 80%以上强度时方能张拉预应力筋。考虑预应力损失。

本项目地下室开挖面积达 3.5 万多平方米,开挖深度为 27.2~29.5m,最大开挖深度 36m。除主体塔楼外,地下室大部分地面以上均设置 3 层裙房,局部区域为纯地下室,桩基抗浮问题成为工程设计的关键问题之一。与小型浅埋的地下室工程相比,深大地下室结构抗拔桩设计面临的特殊问题是如何考虑大体量深层土体开挖卸荷对抗拔桩承载特性的影响。本工程采用数值模拟方法,分析深大基坑土方开挖对抗拔桩承载特性的影响,考虑土体回弹性对桩基承载力的影响。

西塔楼位于地铁 50m 保护区内,单桩承载力设计值受地铁控制的影响。地铁 30m 保护区域,在项目设计之前,桩与地下室已施工完成,后期设计难度较大,单桩承载力的设计值不得超过地铁的控制要求。为满足桩基设计要求,后期设计柱荷载时需严格控制柱底力,对于超出的柱的受力部分,局部采用钢结构来减轻自重,同时设置部分斜撑,以减少部分柱的受力,满足地铁区域已建部分的受力需求。基坑总平面详见图 20.2-5。

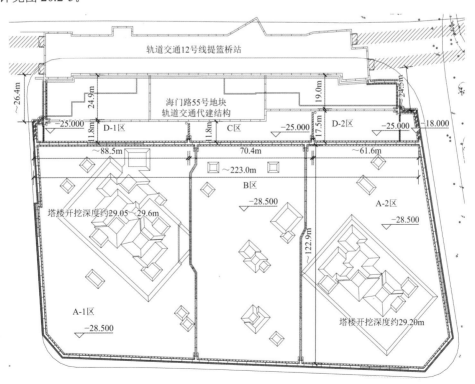

图 20.2-5 基坑总平面示意图

20.3 体系与分析

20.3.1 塔楼结构体系

主体塔楼地上 50 层，大屋面高度 239.5m，出屋面另有 4 个构架层，至塔顶总高度 263m。塔楼平面尺寸 71m×35m，高宽比 X 方向为 262.85/71 = 3.7，Y 方向为 263/35 = 7.5。塔楼采用混凝土核心筒 + 钢管混凝土柱 + 钢梁 + 伸臂桁架 + Y 向外侧桁架组成的多重抗侧力混合结构体系。框架由矩形（圆形）钢管混凝土柱和钢梁组成，框架柱的间距 7.4～10m，沿周边有 16 根柱子，与周边钢梁一起形成了一个外框架结构，楼面为钢梁和压型钢板组合楼盖。沿塔楼竖向利用建筑避难层布置了 3 个 Y 向腰桁架加强层，其中上面 2 个加强层设置了伸臂桁架。结构整体计算模型、主体塔楼的抗侧力体系构成详见图 20.3-1、图 20.3-2。

钢筋混凝土核心筒作为主要抗侧力结构体系，外围框架作为抗震第二道防线，形成双重抗侧力结构体系。为了使核心筒具有足够的承载力和延性，在核心筒角部设置上下贯通的型钢，部分连梁设计成钢骨混凝土连梁。混凝土强度等级从下到上为 C60～C40。核心筒墙体上部平面局部收进。

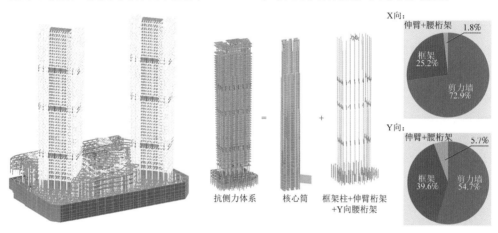

图 20.3-1 结构整体计算模型   图 20.3-2 主体塔楼的抗侧力体系构成

20.3.2 塔楼结构布置

典型楼层平面布置图详见图 20.3-3，框架柱采用圆形钢管混凝土柱（模型 5～32 层）和矩形钢管混凝土柱（模型 33～55 层），框架梁采用焊接 H 型钢，与核心筒刚接/铰接，与框架柱刚接，以满足外围框架作为第二道防线抗侧力刚度要求。圆形钢管混凝土框架柱截面直径从下到上为 1.4～1.1m，钢板壁厚为 40～30mm，矩形钢管混凝土框架柱截面从下到上均为 0.75m×0.95m，钢板壁厚为 30/50mm。钢管内填充混凝土，强度等级从下到上均为 C60。

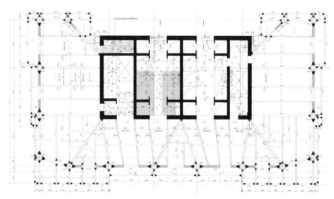

图 20.3-3 塔楼结构标准层平面示意图

经典回眸 上海建筑设计研究院有限公司篇

标准层典型外圈钢框梁截面为 H800 × 500 × 16 × 36（南侧）和 H900 × 600 × 20 × 50（东西侧），典型内框架梁截面为 H700 × 400 × 14 × 32，典型次梁截面为 H700 × 250 × 12 × 14。

20.3.3 塔楼性能目标

按照《建筑抗震设计规范》GB 50011-2010、《高层建筑混凝土结构技术规程》JGJ 3-2010 相关要求，本工程抗震性能目标为：发生多遇地震（小震）后能保证建筑结构未受损，功能完整，不需修理即可继续使用，即完全可使用的性能目标；发生设防烈度地震（中震）后能保证建筑结构轻微受损，主要竖向和抗侧力结构体系基本保持震前的承载能力和特性，建筑功能受扰但稍作修整即可继续使用，即基本可使用的性能目标；发生罕遇地震（大震）时，结构有较重破坏但不影响承重，功能受到较大影响，但人员安全，即保证生命安全的性能目标。

中震时考虑部分构件进入塑性状态，结构全高的竖向构件（核心筒墙、框架柱）保持弹性或不屈服，水平转换构件（伸臂桁架及 Y 向桁架）、悬挑结构、连接节点等关键构件保持弹性或不屈服，次要构件增加抗震构造措施。设计中，承载力按标准值复核，控制关键钢结构构件以及钢筋混凝土构件中的纵向受力钢筋的应力水平，整体结构进入弹塑性状态。

大震时考虑结构进入塑性状态，承载力达到极限值后保持稳定，变形约 5 倍的弹性位移限值，控制层间位移角小于 1/100，控制筒体结构损伤度，耗能构件发挥作用直至破坏，允许部分竖向构件及大部分框架梁、剪力墙连梁等耗能构件进入屈服阶段，但构件的受剪截面应满足截面限制条件。结构的抗震性能，如：弹塑性层间位移角、构件屈服的次序及塑性铰分布、结构的薄弱部位、整体结构的承载力不发生下降等通过动力弹塑性计算加以深入分析和确定。塔楼构件抗震性能目标详见表 20.3-1 所示。

塔楼构件抗震性能目标　　　　　　　　　　　　　　　　　　　　　　表 20.3-1

抗震设防烈度			多遇地震（小震）	设防烈度地震（中震）	罕遇地震（大震）
性能水平定性描述			完好，结构保持弹性	轻度损坏，一般修复后可继续使用	中度损坏，修复或加固后可继续使用
层间位移角限值			1/500	—	1/100
			底层层间位移角不大于 1/2000 或底层刚度大于上层的 1.5 倍		
构件性能	核心筒	地下一层至地上四层底部加强区，加强层及其上下层，顶部收进部位及其上下层	弹性	正截面承载力按不屈服，抗剪承载力按弹性	允许进入塑性控制截面剪压比
	跃层柱		弹性	弹性	抗剪弹性
	伸臂桁架		弹性	不屈服	钢材应力可超过屈服强度，但不超过极限强度
	Y 向桁架		弹性	不屈服	钢材应力可超过屈服强度，但不超过极限强度
桁架等重要节点			不低于相应构件性能目标		

20.3.4 塔楼结构分析

1．塔楼整体计算结果

1）周期及位移

塔楼层间位移角在 X 方向由地震控制，最大层间位移角为 1/808，Y 方向为 50 年重现期风荷载控制，最大层间位移角为 1/500，满足《高层建筑混凝土结构技术规程》JGJ 3-2010 第 3.7.3-2 条中层间位移角不大于 1/500 的要求，底层的最大层间位移角满足小于 1/2000 的要求。

对于顶部竖向体形收进部位，根据《高层建筑混凝土结构技术规程》JGJ 3-2010 要求，上部收进结构的底部楼层层间位移角不宜大于相邻下部区段最大层间位移角的 1.15 倍。X 向地震作用下塔楼 43 层层间位移角为 1/902，下部区段最大层间位移角为 1/978，满足规范要求；Y向风作用下塔楼 43 层层间位移角为 1/501，下部区段最大层间位移角为 1/542，满足规范要求（表 20.3-2）。

塔楼整体计算结果对比（小震）　　　　　　　　　　　　　　　　　　　　表 20.3-2

项目		Satwe		Etabs		
		周期/s	振型	周期/s	振型	规范限值
结构基本自振周期	T_1	6.5266	Y向	6.36576	Y向	
	T_2	5.5286	X向	5.34735	X向	$T_3/T_1 < 0.85$
	T_3	4.0894	扭转	3.93847	扭转	
地震作用下最大层间位移角	X向	1/808		1/756		
	Y向	1/570		1/585		1/500
风荷载作用下最大层间位移角（规范风）	X向	1/1504（风洞试验 1/1258）		1/1432		
	Y向	1/492（风洞试验 1/500）		1/534		

2）扭转位移比

塔楼核心筒偏置一侧，Y向质心与刚心偏离较大，考虑Y向±6%的偶然偏心。塔楼最大扭转位移比，X向小震为 1.18，Y向小震为 1.28，X向风荷载为 1.13（风洞试验），Y向风荷载为 1.14（风洞试验），满足《高层建筑混凝土结构技术规程》JGJ 3-2010 第 3.4.5 条中扭转位移比不大于 1.4 的要求，表明结构具有较大的扭转刚度。

3）基底剪力与倾覆弯矩

对小震、中震和风洞试验风荷载作用下的楼层剪力及倾覆力矩作了比较，如图 20.3-4、图 20.3-5 所示。

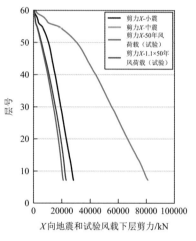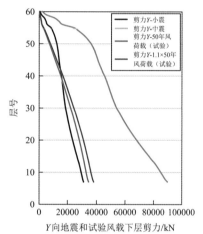

图 20.3-4　地震和风荷载作用下楼层剪力

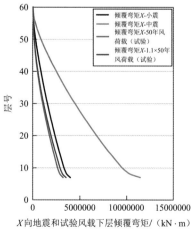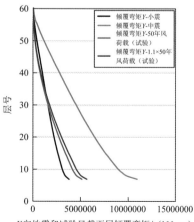

图 20.3-5　地震和风荷载作用下楼层倾覆弯矩

2．塔楼构件验算及节点设计

1）塔楼墙肢抗弯承载力验算

塔楼核心筒角部墙肢受力较大，在中震条件下底部加强区角部墙肢将产生明显的拉应力区。根据塔楼核心筒抗震性能目标，经验算，非底部加强区的核心筒墙体仅需构造配置型钢柱即可满足抗弯承载力要求，部分底部加强区核心筒墙体需设置型钢柱并适当提高约束边缘构件配筋率，以保证墙肢具有足够的抗拉能力。7 层中震验算墙肢布置图见图 20.3-6，7 层典型墙肢配筋统计见表 20.3-3。

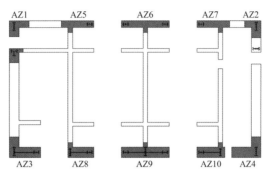

图 20.3-6　7 层中震验算墙肢布置图

7 层典型墙肢配筋统计　　　　　　　　　　　　　　　　　　　　表 20.3-3

墙肢	约束边缘构件		墙身竖向分布筋	
	配钢率	配筋率	配筋	配筋率
F7-AZ1	1.8%	4.0%	6 排 ϕ18mm@150mm	0.78%
F7-AZ3	2.1%	1.6%	6 排 ϕ18mm@150mm	0.78%
F7-AZ4	1.0%	1.5%	6 排 ϕ18mm@150mm	0.78%

2）塔楼框架柱承载力验算

采用设计规范曲线，分别验算了底部加强区、加强层及其上下层框架柱在小震和中震作用下的承载力，框架柱满足小震与中震性能目标要求（表 20.3-4）。

框架柱压弯承载力验算　　　　　　　　　　　　　　　　　　　　表 20.3-4

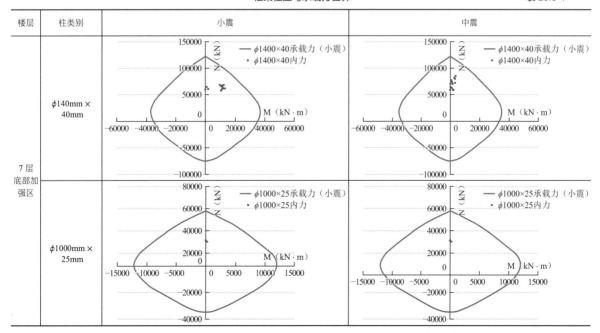

同时验算了 7 层（底层）、33 层（圆柱变方柱处）框架柱中震下的抗剪承载力，见表 20.3-5。

楼层	柱尺寸/mm	$[V_x]$/kN	V_{xmax}/kN	$[V_y]$/kN	V_{ymax}/kN
7 层	1400×40	7536	560	8164	492
7 层	1000×25	2556	126	2360	60
33 层	B750×950×50×30	6264	418	7985	2270
33 层	B700×700×35×30	4655	1098	4532	944

从表 20.3-5 可知，7、33 层柱的抗剪承载力均满足要求。

3）塔楼结构整体稳定性验算

根据《高层建筑混凝土结构技术规程》JGJ 3-2010 5.4 节，塔楼整体稳定刚重比验算见表 20.3-6 所示。

刚重比	SATWE		ETABS	
	X向	Y向	X向	Y向
	2.12	1.65	2.57	1.62

根据 SATWE 结果，结构沿两个方向的刚重比均大于 1.4，小于 2.7，按照规范要求，在对结构内力和变形的计算中，考虑重力二阶效应的不利影响。

4）塔楼弹性时程分析

考虑双向地震输入，将一层楼板作为上部结构的嵌固端，地震输入点在模型与一层楼板面，地震方向沿模型第一和第二模态变形方向，采用 SATWE 软件自带的地震波，选用了 5 条天然波和 2 条人工波，特征周期 0.9s，加速度峰值调整到 35cm/s²。

计算结果：各条地震波均满足《高层建筑混凝土结构技术规程》JGJ 3-2010 中规定的每条波的基底剪力都不小于反应谱分析基底剪力的 65%，且时程均值基底剪力不小于反应谱基底剪力的 80%。时程分析计算结果满足《高层建筑混凝土结构技术规程》JGJ 3-2010 中层间位移角不大于 1/500 的要求，时程结果小于设计反应谱结果，故采用反应谱结果作为结构设计依据。

3. 塔楼动力弹塑性时程分析

1）周期及位移

对比两种软件计算得到的结构前 3 阶自振周期及对应的振型，基本相同。其中，第一阶振型为Y方向平动，第二阶为X方向平动，第三阶为扭转（表 20.3-7）。

阶数	Etabs	Abaqus
第一阶	5.7258	5.7442
第二阶	4.7534	5.0105
第三阶	3.5872	3.7389

结构在X方向的层间位移角最大值为 1/192，发生在第 42 层；结构在Y方向的层间位移角最大值为 1/101，发生在第 44 层。结构在X、Y两个方向的最大层间位移角均满足钢筋混凝土框架—核心筒结构不大于 1/100 的限值要求。

2）结构顶部水平位移

7 组地震波作用下结构在 X、Y 两个主方向顶部最大位移分别为 0.722、1.485m，分别为结构高度的 1/351 和 1/171。典型地震波组对应的顶部位移时程曲线见图 20.3-7。

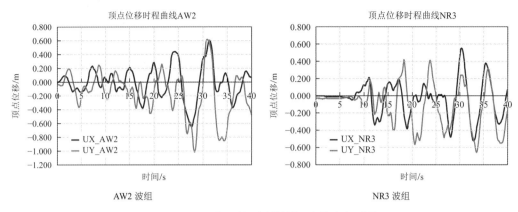

AW2 波组   NR3 波组

图 20.3-7 不同地震波组对应的结构顶部位移时程曲线

4. 塔楼罕遇地震主要构件性能分析

1）连梁、剪力墙损伤破坏分析

X 方向输入地震波时，在第 20s 时刻位于结构顶部 1/5 段内的连梁首先发生明显的受压损伤，然后逐渐向下部连梁扩展；30s 时刻较大高度范围连梁均发生受压损伤，同时局部墙体发生一定的受压损伤；40s 时刻底层连梁发生较明显的受压损伤；到 50s 时，几乎整个结构高度范围内连梁均发生受压损伤，并完成损伤扩展过程，趋于稳定。

Y 方向输入地震波时，20s 时刻在第 40 层附近连梁开始发生明显的受压损伤，并逐渐向上、下扩展；30s 时刻结构底部连梁发生受压损伤，墙体收进位置发生一定程度的受压损伤；50s 时刻墙体收进位置主墙肢局部发生明显的受压损伤；70s 时刻，全结构高度范围连梁均发生明显的受压损伤，剪力墙收进位置局部区域受压损伤明显，同时底部主墙肢局部区域发生明显的受压损伤。

地震作用下，从高区连梁开始发生明显的受压损坏，并逐渐向整个结构高度范围扩展，然后根据两个方向结构布置不同，局部主墙肢可能随之发生一定程度的受压损伤；外部框架柱基本处于弹性工作状态。结构塑性铰发展过程符合设计要求。钢筋混凝土连梁损伤与塑性分布详见图 20.3-8。

为描述每片主剪力墙墙肢的损伤及塑性发展情况，对剪力墙进行了编号，详见图 20.3-9。典型剪力墙受压损伤及钢筋塑性应变详见图 20.3-10 及图 20.3-11。

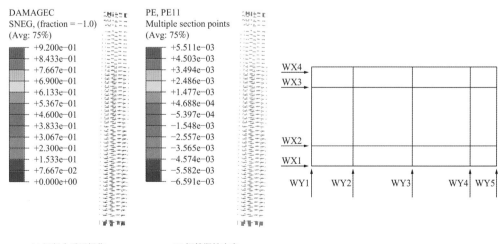

(a) 混凝土受压损伤   (b) 钢筋塑性应变

图 20.3-8 钢筋混凝土连梁损伤与塑性分布   图 20.3-9 剪力墙编号示意

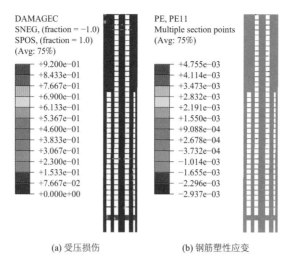

(a) 受压损伤　　　　　　　　　(b) 钢筋塑性应变

图 20.3-10　WX1 受压损伤及钢筋塑性应变

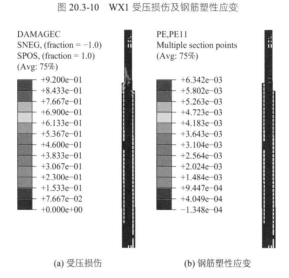

(a) 受压损伤　　　　　　　　　(b) 钢筋塑性应变

图 20.3-11　WY1 受压损伤及钢筋塑性应变

2）框架柱

钢管混凝土柱：钢管混凝土柱的混凝土未发生受压损坏，钢管混凝土柱仅在第 23 层有一根角柱发生塑性变形，塑性应变最大值为 0.0000314，属于轻微损伤。框架柱总体基本处于弹性工作状态，地震作用下受力性能良好。钢管混凝土柱损伤分析图详见图 20.3-12。

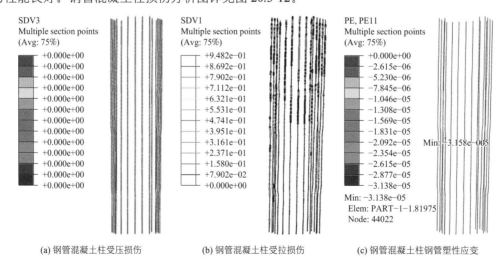

(a) 钢管混凝土柱受压损伤　　　　　(b) 钢管混凝土柱受拉损伤　　　　　(c) 钢管混凝土柱钢管塑性应变

图 20.3-12　钢管混凝土柱损伤分析图

3）能量分析

对主塔楼结构在大震中的能量耗散情况进行分析。地震作用的总能量主要有两种耗散方式，即阻尼耗能和结构塑性损伤耗能。以 NR4 波组为例进行分析。由图 20.3-13 可知，该结构在整个地震中的能量耗散以阻尼消耗为主，占 65%，结构塑性损伤耗散比例为 35%，说明结构总体损伤破坏并不严重。将塑性损伤耗能部分进一步分为核心筒剪力墙和外部框架两部分，几乎所有的能量耗散都分布在核心筒剪力墙中，表明核心筒剪力墙作为第一道防线成为消耗地震力的主导因素。由此可见，本结构在罕遇地震作用下的受力性能良好，满足设计要求。

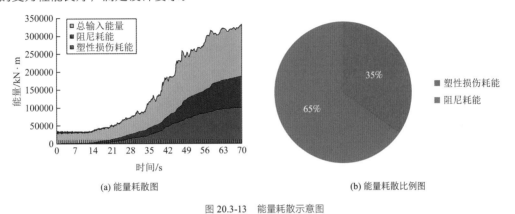

(a) 能量耗散图　　　　　　　　　　　(b) 能量耗散比例图

图 20.3-13　能量耗散示意图

20.3.5　裙房结构体系

裙房地上 3 层，大屋面高度约 23m。裙房主体部分采用钢筋混凝土框架—剪力墙结构体系。受地铁保护区荷载的限制，裙房上部采用混凝土与钢结构相互交接的特殊结构形式；考虑到地铁上盖荷载及变形的限制要求，裙房部分（涵盖地铁附属已建部分）采用钢结构加支撑结构体系；裙房设计采用过渡段的设计方法，满足结构刚度基本均匀，设置钢支撑，控制已建部分柱受力在允许范围内。裙房计算模型详见图 20.3-14，裙房二层结构平面布置图详见图 20.3-15。

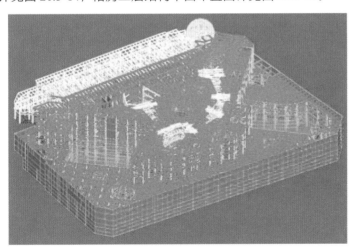

图 20.3-14　裙房计算模型

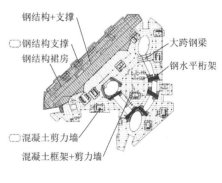

图 20.3-15　裙房二层结构平面布置图

20.3.6　裙房结构分析

1. 裙房整体计算结果

裙房主要计算结果见表 20.3-8。

项目		SATWE		PMSAP		规范限值
		周期/s	振型	周期/s	振型	
结构基本自振周期	T_1	0.676	X向	0.674	X向	$T_3/T_1 < 0.9$
	T_2	0.637	Y向	0.633	Y向	
	T_3	0.572	扭转	0.564	扭转	
扭转与平动第一自振周期之比		$T_3/T_1 = 0.846 < 0.9$		$T_3/T_1 = 0.836 < 0.9$		$T_3/T_1 \leqslant 0.9$

2．裙房进行动力弹塑性时程分析（ABAQUS）

（1）结构在X、Y方向的最大层间位移角均值分别为1/209、1/242，均满足钢筋混凝土框架—剪力墙层间位移角不大于1/100的规范要求。

（2）结构在X、Y两个主方向柱顶最大位移均值分别为78、62mm，分别为结构高度的1/288和1/363。

（3）剪力墙底层损伤显著，钢筋进入屈服，底层形成塑性铰；沿高度损伤发展范围不大，上部两层性能良好。底部抗剪截面满足要求。剪力墙剪力分担比例降低到一定程度后可维持在正常的范围，总体结构刚度和内力重新分配建立新的平衡，剪力墙和框架柱可共同抵抗地震作用，发挥双重防线的作用。

（4）钢筋混凝土梁、柱性能良好，局部杆件发生轻度损坏。

Abaqus软件计算得到的结构振型详见图20.3-16，弱连接楼板受拉损伤系数详见图20.3-17。

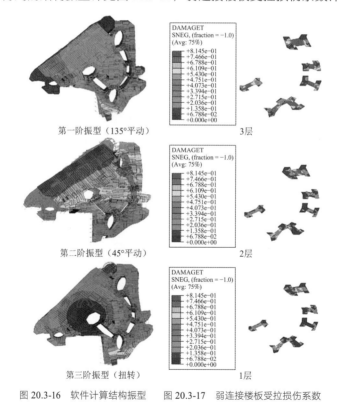

图20.3-16　软件计算结构振型　　图20.3-17　弱连接楼板受拉损伤系数

20.4　专项设计

20.4.1　超大、超深地下结构的关键性设计

超大、超深地下室与地铁线紧邻，预留与周边多个项目的地下室连通道，确保与客运码头、地铁线、

公交枢纽中心的地下空间"零换乘"，地下室结构设计具有一定的难度。大底盘地下室平面尺寸约为237m×161m，地下室为6层，开挖深度在27.2～29.5m，塔楼最深处开挖36m。合理进行桩基设计，控制绝对沉降量，减少差异变形；施工上根据微承压含水层抽水试验，建立数值模型反演分析，来进行基坑降压的计算分析，指导降压井设计。全过程监测，严格控制沉降。

地下室计算模型详见图20.4-1，超深地下室施工详见图20.4-2。

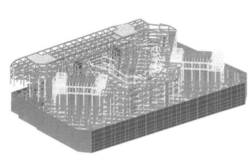

图20.4-1　地下室计算模型　　　　图20.4-2　超深地下室施工

1. 塔楼桩基选型

1）东塔楼核心筒内桩型

采用直径1000mm的钻孔灌注桩，桩长60m，桩端进入⑨层约13m。混凝土强度等级C45。单桩竖向抗压承载力特征值6640kN。桩端后注浆后，单桩竖向抗压承载力特征值9000kN。

2）西塔楼的桩型

采用直径850mm的钻孔灌注桩，桩长60m，桩端进入⑨层约13m。混凝土强度等级C45。单桩竖向抗压承载力特征值5500kN。桩端后注浆后，单桩竖向抗压承载力特征值7500kN。为减少塔楼桩基工程后沉降对地铁设施的影响，西塔楼在扣除水浮力的平均桩顶荷载后应控制在5500kN以内。

2. 裙房与地下室范围处的桩基选型

地下六层处，裙房与地下室范围处的桩型，根据受力需要，采用直径750mm的钻孔灌注桩，长度39m的抗拔工程桩，进入⑧₂层约6m，混凝土强度等级C35。单桩竖向抗拔承载力特征值1870kN，桩端后注浆后单桩竖向抗拔承载力特征值2465kN；单桩竖向抗压承载力特征值2600kN，桩端后注浆后单桩竖向抗压承载力特征值3600kN。

3. 超深地下室桩基设计的考虑

本项目为深大基坑，上部荷载差异显著，非塔楼的裙房与纯地下室基本处于抗拔状态，塔楼核心筒下基底荷载相对较大、塔楼周边框架柱下荷载相对小一些，西塔楼在地铁50m控制范围内，桩基设计需要满足地铁等相关部门的设计要求；本项目抗拔桩设计考虑基坑土体回弹的影响。

施工中严格控制桩端压浆质量和效果，减小桩底成渣影响，严格控制注浆参数，减小了桩的绝对沉降值和差异沉降。地铁控制线范围内的超高层建筑，严格控制建筑物的计算沉降在70mm以内，最终西塔楼实测最大沉降值约为45mm，达到了预期的效果。

4. 地下室顶板嵌固端条件和温度作用分析

本工程地下室顶板约有11个较大洞口，开洞面积之和占顶板总面积的7.8%。地下室顶板应力和位移分析结果表明，顶板中部开洞集中在裙房范围内，且离塔楼有一定距离，不同工况下均未造成洞口边缘楼板产生较大应力。

计算结果表明，当考虑地下室外回填土对地下室有利的约束影响时，地下室顶板是否开洞对于塔楼的周期、振型、位移、基底剪力等指标影响不大。分析了洞口边缘构件的受力情况，结果表明在地震工况下构件的内力相差不大, 恒活工况下的差异是由于板的重量引起。地下室顶板应力和位移分析详见图 20.4-3。

本工程地下室顶板, 通过施加预应力来解决超长温度应力的问题:

地下室顶板中采用无粘结预应力, 预应力筋为 1860 级ϕ15mm 无粘结高强低松弛钢绞线, 预应力筋采用超张拉工艺(超张拉 3%), 其中固定端采用挤压锚, 张拉端采用夹片锚, 预应力混凝土强度达到 80% 以上强度时方能张拉预应力筋。

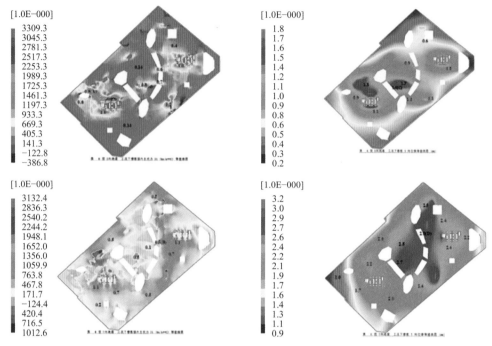

图 20.4-3　地下室顶板应力和位移分析

5. 地铁附加沉降影响的考虑

西塔楼基础边距离轨道交通线运营的地铁车站主体结构约 49.5m, 距离附属结构约 28.5m, 西塔楼桩基沉降将对地铁设施产生一定的附加影响。在项目轨道交通线车站附属结构上取 12 个计算点, 各计算点之间的间距为 10m, 这些点产生附加沉降的计算结果见表 20.4-1。

地铁隧道中心线上附加沉降的计算结果　　　　　　　　　　　　　　　　表 20.4-1

计算点	1	2	3	4	5	6	7	8	9	10	11	12
X/m	0	10	20	30	40	50	60	70	80	90	100	110
S/mm	1	3.1	5.6	8.5	10.7	13.4	13.3	11.8	10.1	4.4	1	0

塔楼桩基工程沉降对邻近的地铁线附属结构产生的最大附加沉降计算值为 13.4mm。

20.4.2　针对塔楼结构设计的复杂性与难度采用相应的关键性设计

1. 主体塔楼核心筒偏置, 核心筒尺寸墙体局部收进设计

塔楼平面具有一定的复杂性, 北面框架柱不齐全, 平面框架部分不封闭; Y 向核心筒尺寸有限, 非常小, 核心筒高宽比为 249.5/16 = 15.6, 大于《高层建筑混凝土结构技术规程》JGJ 3-2010 中内筒高宽比不宜大于 12 的限值要求; 随高度变化, 核心筒尺寸墙体局部收进, 核心筒墙肢数量更少, 局部还有墙肢需要转换, 塔楼平面、核心筒收进示意见图 20.4-4、图 20.4-5。

框架柱采用圆形钢管混凝土柱 (模型 5~32 层) 和矩形钢管混凝土柱 (模型 33~55 层), 框架梁采用焊接 H 型钢, 与核心筒刚接/铰接, 与框架柱刚接, 以满足外围框架作为第二道防线抗侧力刚度要求。

圆形钢管混凝土框架柱截面直径从下到上为 1.4～1.1m，钢板壁厚为 40～30mm，矩形钢管混凝土框架柱截面从下到上均为 0.75m×0.95m，钢板壁厚为 30～50mm。钢管内填充混凝土，强度等级 C60。

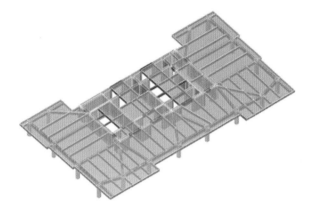

图 20.4-4　塔楼标准层平面示意

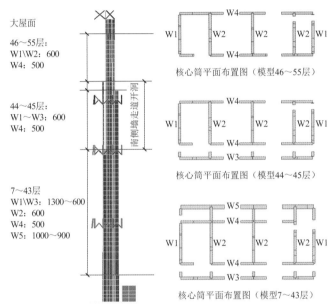

图 20.4-5　随高度变化核心筒收进示意

2. 避难层支撑与伸臂桁架加强层的设置

为增加结构的抗侧刚度，弥补 Y 方向刚度的不足，减小水平位移，经反复比对后，在塔楼东西立面利用 3 个建筑避难层（建筑 9、25、36 层）布置 Y 向腰桁架，并在其中的两层即 25、36 层布置两层高度的 Y 向伸臂桁架，形成加强层；部分外框主梁与核心筒之间采用刚性连接，以使结构变形满足规范要求，同时也使得两个方向刚度基本均匀。伸臂桁架的弦杆采用 H 型钢，上下弦杆一端与钢管混凝土柱刚接，另一端与筒体墙内贯通。伸臂桁架腹杆以及腰桁架腹杆均采用屈曲约束支撑，与上下弦杆铰接。伸臂桁架性能目标为小震弹性，中震不屈服。加强层布置详见图 20.4-6、图 20.4-7。

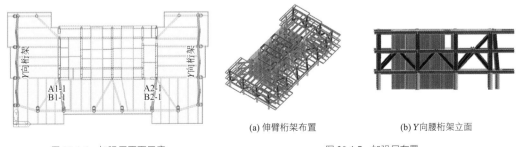

(a) 伸臂桁架布置　　　　　(b) Y 向腰桁架立面

图 20.4-6　加强层平面示意　　　　　　　　图 20.4-7　加强层布置

3. 避难层斜柱处钢框架梁承载力校核

根据建筑立面造型设计需要，局部存在斜柱，如图 20.4-8 所示。

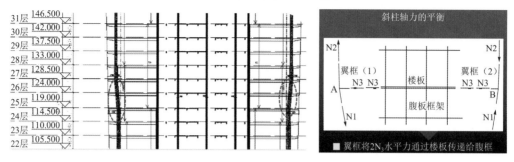

图 20.4-8　塔楼局部斜柱剖面示意图

由于斜柱的影响，与斜柱相连的钢框架梁轴力较大，并且在第二、第三个避难层及以上楼层设置了 Y 向腰桁架和伸臂桁架，在水平荷载作用下，更加剧了钢框架梁的轴力。考虑在中震的情况下，由于楼板开裂或组合楼板与钢框架梁滑移导致的钢梁内力增大，确保与斜柱相连框架梁能够达到中震不屈服的性能目标。

表 20.4-2 列出了部分中震情况下与斜柱相连框架的抗弯和抗剪强度验算应力比（F_1/f、F_3/f_v），结果表明能够满足性能目标。

钢框架梁承载力验算　　　　　　　　　　　　　表 20.4-2

楼层号	梁编号	F_1/f	F_3/f_v	梁编号	F_1/f	F_3/f_v
13	1	0.44	0.33	5	0.73	0.51
	2	0.32	0.15	6	0.60	0.37
	3	0.80	0.63	7	1.00	0.45
	4	0.81	0.52	8	0.69	0.30

4. 塔楼关键节点设计（框架圆柱转换为方柱）

根据结构受力特点，低区以轴力为主，建筑为商业功能，设圆钢管柱，以减小截面；中高区需提供框架刚度，建筑为办公功能，需要转成矩形柱子。选取 32 层柱节点进行节点有限元分析。该节点在 32 层下方为 $\phi 1100mm \times 30mm$ 圆钢管柱，在 33 层转换为 $950mm \times 750mm$ 方钢管柱。模型采用 SAP2000 进行分析，采用 shell 单元，将圆柱简化为正二十八边形钢管柱。满足建筑使用要求，对提高建筑品质具有显著作用。框架圆柱转换为方柱节点见图 20.4-9，节点采用内加劲肋，增加刚度，减少应力集中。节点在中震最不利工况下仍可保持弹性。

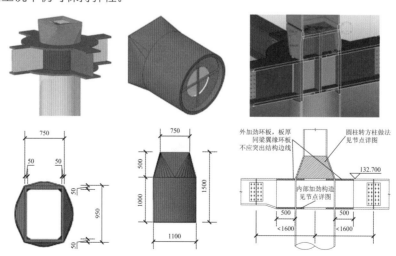

图 20.4-9　框架圆柱转换为方柱节点

5．塔楼钢板剪力墙的设计

根据塔楼墙板受力需要，混凝土核心筒墙板内设置部分钢板剪力墙。塔楼钢板剪力墙内间隔一定距离，预留圆孔洞，采用一开一焊的前期深化设计，提前在加工场内排布出钢筋穿插孔洞与接驳器的位置，使钢板与混凝土部分不直接分离，增加粘合作用力，形成一体，有利于钢板与混凝土共同受力。剪力墙内钢板留洞示意详见图20.4-10。

6．塔楼施工过程模拟分析

采用Midas对整个施工模拟过程进行分析，考虑混凝土收缩和徐变的影响。对比结果，考虑施工模拟模型中的柱墙顶部变形值和变形差较一次性加载模型有所减小；考虑徐变收缩施工模拟模型中的柱墙顶部变形值和变形差较不考虑徐变收缩施工模拟模型有所减小。施工模拟过程详见图20.4-11。

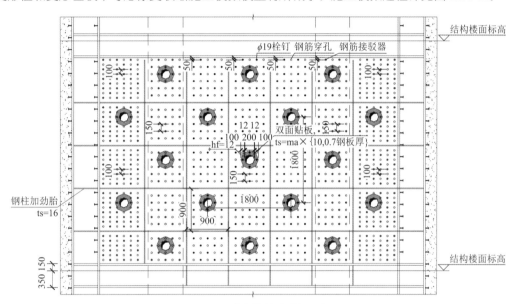

图 20.4-10　剪力墙内钢板留洞示意图

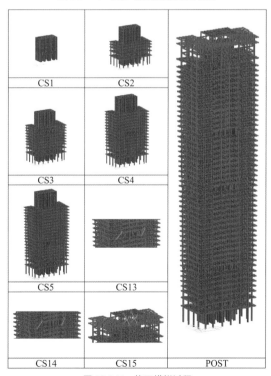

图 20.4-11　施工模拟过程

7．伸臂桁架腹杆内力

对施工模拟分析模型分别进行不考虑徐变收缩和考虑徐变收缩因素的分析，并考虑伸臂桁架腹杆的安装顺序问题，得到了伸臂桁架腹杆的轴力变化结果，如表 20.4-3 所示。

塔楼加强桁架腹杆内力对比 表 20.4-3

	下部加强层轴力/kN		中部加强层轴力/kN		顶部加强层轴力/kN	
	腹杆 1	腹杆 2	腹杆 1	腹杆 2	腹杆 1	腹杆 2
Midas1	4479	4719	5240	5161	480	519
Midas2	87	88	84	84	47	50
Midas3	130	74	73	72	42	46
Midas4	2766	2850	2974	2865	379	425

MIDAS1 为一次性加载模型，不考徐变收缩；MIDAS2 为施工模拟模型，不考虑徐变收缩，伸臂腹杆最后安装；MIDAS3 为施工模拟模型，考虑徐变与收缩，伸臂腹杆最后安装；MIDAS4 为施工模拟模型，考虑徐变与收缩，伸臂腹杆随本层其他构件正常安装。

对比结果，发现一次性加载模型中腹杆内力最大；结构封顶后再安装伸臂桁架腹杆，腹杆的受力非常小；伸臂腹杆随本层其他构件正常安装时，腹杆的内力约为一次性加载模型的 60%，在腹杆设计承载力允许的情况下，可按正常施工顺序安装腹杆。最后安装腹杆，将竖向荷载对桁架腹杆内力的影响降低至最小。

8．塔楼楼盖分析（楼盖舒适度分析）

本工程楼板周边悬挑较大，局部最大悬挑达 5.8m，设计考虑楼盖结构的竖向振动舒适度问题。根据《高层建筑混凝土结构技术规程》JGJ 3-2010 3.7.7 条规定，楼盖结构应具有适宜的舒适度。计算楼盖竖向振动的一阶频率为 3.9Hz，满足规范要求。

人群激励：采用时程分析法进行楼盖舒适度的验算时，利用 MIDAS 程序自带行人连续步行曲线，人行走作用力取 0.59kN，步行频率 2.5Hz，重复次数 10 次。在较大悬挑楼板处布置加载点，每个节点荷载到达时间相差 1.5s，用以模拟行人走动，加速度最大峰值为 0.035m/s²；左侧部分楼板跨度较大，在楼盖左侧布置行人荷载，得到各加载点竖向振动加速度曲线，加速度峰值为 0.038m/s²，均满足规范限值 0.05m/s²。

20.4.3 塔楼塔顶结构设计

1．塔顶不同结构形式的对比分析

在满足建筑功能的前提下，结构采用了三种方案的选型，如图 20.4-12～图 20.4-14 所示。方案一：屋顶采用大跨拱结构方案；方案二：屋顶采用全部拉杆方案，拉杆支点为混凝土核心筒；方案三：屋顶采用部分拉杆 + 部分柱方案。

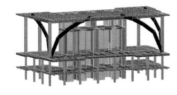  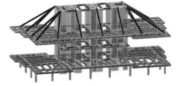 

图 20.4-12　方案一：大跨拱结构方案　　　　　图 20.4-13　方案二：全部拉杆方案

图 20.4-14 方案三：部分拉杆 + 部分柱方案

方案一：大跨拱结构方案中X向和Y向分别设有2道拱形支撑,支撑采用 750mm × 1500mm × 50mm × 30mm 的箱形截面。拱起到了很好的传递屋顶竖向荷载的作用,又能为结构提供较大的抗侧刚度,且经济实用,拱的立面形状能配合建筑造型,缺点是拱的起点处一定范围对建筑的使用有影响。

方案二：全部拉杆方案中共设有 15 根斜向拉杆,拉杆采用 600mm × 600mm × 50mm × 50mm 的箱形截面。全部拉杆方案中用斜向拉杆拉住整个屋面,优点是大空间屋顶没有一根结构柱,对建筑使用近乎完美,缺点在于拉杆层中插窗机的布置受到一定影响,抗侧刚度全部由混凝土核心筒提供。

方案三：部分拉杆 + 部分柱方案中共设有4根斜向拉杆,拉杆采用 650mm × 650mm × 50mm × 50mm 的箱形截面。部分拉杆 + 部分柱方案中主要以斜向拉杆拉住整个屋面,并辅之以周边框架柱,优点是南侧大空间为无柱空间,能满足建筑需求,结合本工程北侧布置几个柱子不影响建筑使用,又能为结构提供一定的抗侧刚度,从经济性来讲比全部拉杆方案更为经济,这是本工程最终采取的方案。

2. 屋顶结构形式确定

为满足建筑大屋面以上对景观的要求,结构外侧部分取消立面柱,采用悬吊的形式。斜杆或柱等构件对于结构来说很重要,节点对于结构的传力机制也尤为重要。结合整体计算分析结果,拉杆与混凝土核心筒以及屋面大梁之间的连接均采用铰接,本工程经过考虑和比选后最终采用最为常用的销钉连接方式。屋面拉杆与剪力墙的连接详见图 20.4-15。

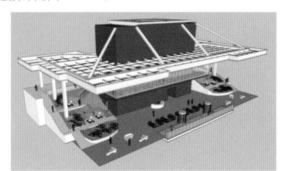

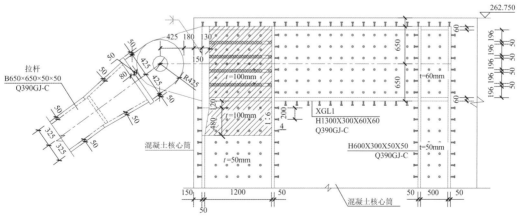

图 20.4-15 屋面拉杆与剪力墙的连接

1）拉杆节点计算分析

利用 Abaqus 有限元软件对拉杆节点进行连接分析,在四根拉杆中任一根破坏的极端情况下,选取最大杆件轴力分析，应力云、振型图如图 20.4-16、图 20.4-17 所示。

大部分拉杆应力在 300MPa 以下，局部应力达到 405MPa，小于钢材抗拉强度，所以可认为在最不利工况下杆件不会拉断，在正常情况下四根吊杆的受力均为弹性，故节点设计是安全的。

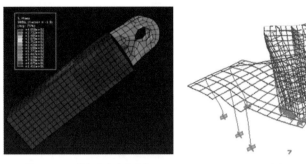
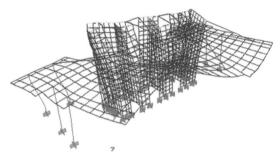

图 20.4-16　拉杆节点应力云图　　　　　　图 20.4-17　屋顶振型图

2）屋顶舒适度分析

利用有限元软件 ETABS 对屋顶进行舒适度分析，屋顶的振型如图 20.4-17 所示，竖向第一自振频率 8.23Hz，满足规范要求。对屋顶插窗机进行移动荷载工况下的强度和竖向变形验算，均能很好地满足设备运行的要求。

20.4.4　全过程的 BIM 设计

全过程含括 BIM 技术的运用，各专业设计的配合。全过程 BIM 设计模型详见图 20.4-18。

设计过程中及时发现局部净高不足之处，及时进行图纸优化与修改。考虑到商业建筑净高需要，部分采用梁内穿越管道的做法，部分梁根据建筑净高要求进行了多次断面优化，做到了精细化设计。在建筑结构设计上有所创新和发展，及时发现问题，对提高建筑结构设计水平有指导意义。

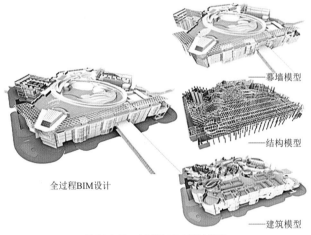

图 20.4-18　全过程 BIM 设计模型

20.5　试验研究

20.5.1　实体风洞试验

1. 试验目的

本项目是地处黄浦江边的超高层，结合建筑体形的复杂性，为正确确定风荷载系数，并与规范进行比较进行包络设计。委托同济大学土木工程防灾国家重点实验室进行实体风洞试验。风洞试验模型照片详见图20.5-1。正确选取风荷载系数尤为重要，以项目建设场地为中心，半径为0.6km范围内的区域，此区域的地貌特征在风洞试验中模拟，区域一为市区，区域二是从水域过渡到江边区域，区域三是从市中心区过渡到水域，区域四是从水域过渡到市区。

2．试验结果

试验表明：依据边界层风速剖面的分析结果，在风洞试验中，对于区域一和区域三内采用C类风场，区域二、区域四采用A类风场。计算中进行地貌分析，不同方向角选用不同场地粗糙度类别。风洞试验风向角与塔楼主轴的关系详见图20.5-2。建设场地地形地貌分析结果表明，气流从100°、110°、120°、220°和230°五个方位角方向吹来时为A类风场，其余风向的来流风场为C类风场（图20.5-3）。

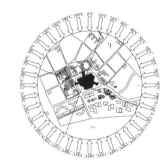

图20.5-1 风洞试验模型照片　　　　　　图20.5-2 风洞试验风向角与塔楼主轴的关系

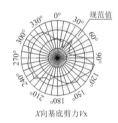
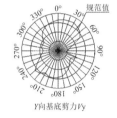
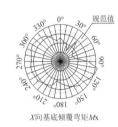
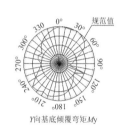

X向基底剪力Vx　　Y向基底剪力Vy　　X向基底倾覆弯矩Mx　　Y向基底倾覆弯矩My

图20.5-3 风洞模拟试验结果

规范风荷载与风洞试验风荷载下的楼层层间位移角基本都满足规范要求，Y向规范风荷载下最大层间位移角为1/492，接近规范值1/500。X向风荷载，风洞试验结果均大于规范风荷载；Y向风荷载在规范方法和风洞试验计算出来的结果沿楼层高度方向分布略有不同，在40层以上规范风荷载大于风洞试验结果，但基底剪力和倾覆弯矩小于风洞试验结果，扭转位移比都满足规范要求。40层以上楼层构件采用规范风荷载和风洞试验结果包络设计。表20.5-1所示为规范风荷载与风洞试验等效静力风荷载的比较。

塔楼基底剪力与倾覆弯矩规范与风洞试验的比较　　　　　　　　　　　　表20.5-1

		F_x/kN	F_y/kN	M_x/（kN·m）	M_y/（kN·m）	层间位移角（Y向最大）
规范	50年	16169	30243	2533862	4822670	1/492
风洞试验	50年	20833	34469	3281978	5249397	1/500

风荷载作用下的舒适度：对超过150m的高层建筑，规范要求按10年一遇风荷载作用下计算的顺风向及横风向结构顶点最大加速度应满足$a_{max} \leqslant 0.25\text{m/s}^2$（办公）。

本项目风洞试验结论为：塔楼50层（239.5m高度处）10年重现期（基本风压0.4kN/m²）对应的最远点最大总加速度峰值，考虑和忽略风向折减两种工况下均发生在110°风向角，分别为0.237和0.238m/s²，满足规范要求。按Satwe计算结果：X向顺风向顶层加速度为0.036m/s²，横风向顶层加速度为0.059m/s²；Y向顺风向顶层加速度为0.064m/s²，横风向顶层加速度为0.047m/s²。

20.5.2 塔楼屈曲约束支撑 BRB 实验室加载试验

对建筑效能屈曲约束支撑进行检测，见图 20.5-4，按 1/100 变形拉伸和压缩各 3 次进行试验，屈曲约束支撑可达到设计屈服承载力（实测值与设计值的偏差不超过±10%），且不发生拉断、失稳。通过屈曲支撑构件低周反复荷载试验，观测 BRB 的耗能性能，并在此基础上，了解 BRB 的各项参数，为工程项目设计提供依据（图 20.5-5）。

图 20.5-4　实验室 BRB 试验后的试样

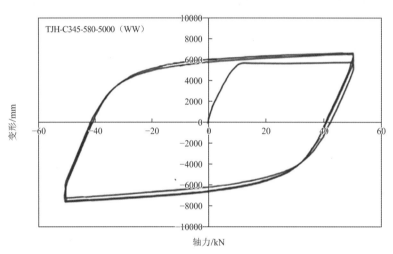

图 20.5-5　试验荷载—位移关系曲线

20.6　结语

本项目主体塔楼高度约 263m，为目前上海浦西建成并投入使用的最高双子塔建筑，位于黄浦江边。结构为满足抗震和抗风要求，采用框架—伸臂桁架—Y 向桁架—混凝土核心筒（部分内带钢板）组成的混合结构体系，完美实现了建筑功能及造型效果。结构设计主要创新性工作有：

（1）合理进行桩基设计，地铁边合理分坑设计与施工，解决了难度较大的深基坑设计问题。

（2）根据建筑体形复杂性，进行实体风洞试验，并与规范比较进行包络设计。

（3）主体塔楼核心筒偏置，核心筒尺寸墙体局部收进。为增加结构的抗侧刚度，设置避难层 BRB 支撑及伸臂桁架加强层，弥补了 Y 方向刚度的不足。

（4）关键性框架圆柱转换为方柱的设计，适应建筑功能要求，对提高建筑品质具有显著作用。

（5）对施工模拟模型进行不考虑徐变收缩和考虑徐变收缩因素的分析，并考虑伸臂桁架腹杆的安装顺序问题。

（6）地下室顶板嵌固端条件分析和温度作用分析，地下室顶板施加预应力解决超长温度应力的问题。

（7）屋面结构采用悬吊拉杆的创意形式，结构外侧部分取消部分立面柱，满足建筑景观视觉效果。

（8）为满足建筑净高的高标准要求，合理进行结构梁的布置，考虑在梁内留洞，最大化地满足建筑在净高方面对使用上的要求，提升了建筑品质。

（9）塔楼、裙房均进行了动力弹塑性时程分析，本结构在罕遇地震作用下的受力性能良好。

（10）进行塔楼屈曲约束支撑 BRB 实验室加载试验，为工程项目设计提供依据。

（11）裙房混凝土部分与钢结构的很好的结合，满足了建筑的使用要求。

（12）进行全过程 BIM 设计，做到精细化设计。全过程 BIM + VR 新技术的创新与运用，数字化转型对于传统的工程建设领域而言，是一项跨行业的技术结合，符合国家发展的战略需要。

参考资料

[1] 星港国际中心结构超限审查报告[R]. 上海: 上海建筑设计研究院有限公司, 2014.

[2] 星港国际中心（海门路 55 号项目）结构风洞工程研究报告[R]. 上海: 同济大学土木工程防灾国家重点实验室, 2014.

[3] 汤卫华, 张坚, 刘艺萍. 星港国际中心塔楼结构设计关键技术[C]//第二十五届全国高层建筑结构学术论文. 深圳: 2018.

[4] 刘桂然. 星港国际中心超高层塔楼施工模拟分析[J]. 建筑科学, 2020, 36（增刊）.

设计团队

结构设计单位：上海建筑设计研究院有限公司

结构设计团队：张　坚、刘艺萍、汤卫华、乔东良、刘桂然、程　熙、钱耀华、周　春、李　黎、任静雅、俞　彬、陈　瑛、苏朝阳

执　笔　人：张　坚、刘艺萍、汤卫华

获奖信息

2021 年度上海市优秀工程勘察设计评选中获优秀建筑结构专业一等奖

2021 年度上海市优秀勘察设计评选中获优秀建筑工程设计一等奖

2022 年度上海市土木工程学会工程奖二等奖

2021 年度上海市优秀勘察设计评选中获建筑环境与能源应用设计一等奖

2021 年度上海市优秀勘察设计评选中获水系统工程设计一等奖

2016 年 12 月"华建杯"优秀项目评选中荣获建筑工程设计类综合优秀奖

2020 年度美国绿色建筑委员会 LEED 金奖

2019 年度三星绿色建筑奖

2016 年度英国绿色建筑委员会 BREEAM + Outstanding 级设计认证证书

2019 年度上海市建设工程"白玉兰"奖（市优质工程）

2017—2018 年度上海市建设工程金属结构（市优质工程）金钢奖

2020 年度复杂敏感环境下的深基坑施工技术获上海市建设协会"示范项目、创新技术"优胜奖

第21章

上海光源工程主体建筑结构设计

21.1 工程概况

21.1.1 建筑概况

上海光源工程是国家重点工程，位于浦东新区张江高科技园区的西南部，南依张衡路、北靠蔡伦路、东临科苑路、西近三八河。地块东西长约600m，南北长约300m，占地约20万m²。工程总平面见图21.1-1。上海光源是一台高性能的第三代同步辐射光源，为世界同步辐射装置的第4号"种子选手"（仅次于日、美、欧的3台高能光源），属于中能光源。光源工程主体建筑屋盖造型为"鹦鹉螺"式，是异形多重曲面，为张江地区标志性建筑。光源工程主体建筑投影平面呈圆环形，环内直径117m，环外直径211m，屋顶最高点标高19.2m，内檐口标高17.0m，环外边支承于地面，呈螺旋形上升之势。

主体建筑平面（图21.1-2）按功能划分为环建筑和中心区建筑两部分。环建筑包括周边实验室、光束线实验大厅、储存环隧道、工艺设备和管线的内技术走廊等建筑。中心区建筑包括电子直线加速器隧道、增强器隧道、隧道上部的技术夹层、变电站、磁铁电源间、高频间、空调机房等建筑组成。同步辐射装置位于主体建筑的直线加速器隧道、增强器隧道、储存环隧道内。这些工艺隧道即作为承载工艺装置运行的工作平台，又作为承担射线防护的重要屏障。

图 21.1-1 上海光源鸟瞰图

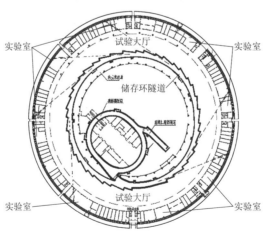

图 21.1-2 主体建筑平面布置图

21.1.2 场地环境

图21.1-3给出上海光源工程场地位置平面示意图。园区北面为蔡伦路，主体建筑距离蔡伦路约50m，实验大厅底板外边距离蔡伦路约71m，储存环隧道外墙边距离蔡伦路约90m，向北依次有规划中的地铁

18 号线（距离主体建筑 600～700m）、高科中路、地铁 2 号线（距离主体建筑约为 1000m）。园区南面紧邻张衡路，主体建筑距离张衡路约 70m，实验大厅底板外边距张衡路约 90m，储存环隧道外墙边距离张衡路约 110m。西侧紧邻规划中的华佗路，向西依次是绿化带、高压线走廊、三八河、磁浮列车线（距离主体建筑 450～500m）及罗山路等。

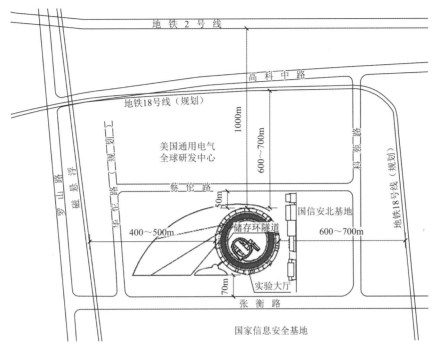

图 21.1-3　场地平面位置示意图

21.1.3　工艺要求

上海光源工程储存环的束流轨道稳定性的目标是世界先进水平标准，故对储存环隧道和光束线实验大厅基础底板提出了极高的微变形和微振动控制要求，上海光源同步辐射装置基础微变形和微振动控制标准如下：

储存环隧道基础底板（沿束流中心线方向）工后竖向变形控制值：运行初期（3 年内）小于 250μm/10m/年，运行三年后小于 100μm/10m/年；光束线实验大厅基础底板（沿束线方向）工后竖向变形控制值：运行初期（3 年内）小于 350μm/10m/年；运行三年后小于 100μm/10m/年。

储存环隧道和实验大厅基础微振动控制值：频率大于 1Hz 的竖直方向积分均方根位移在安静时段要小于 0.15μm，在嘈杂时段要小于 0.3μm；频率大于 1Hz 的水平方向积分均方根位移在安静时段要小于 0.3μm，在嘈杂时段小于 0.6μm。安静时段系指 0:00～4:00，嘈杂时段系指 4:00～24:00。

作为辐射防护的重要保障，在上海光源工程要求工艺装置墙体不得有垂直墙面宽度大于 0.15mm 的贯穿裂缝，直线加速器隧道、增强器隧道和储存环隧道不允许分永久缝。

21.1.4　上海光源工程中结构设计关键技术

上海光源工程由于其装置的特殊工艺要求，给结构设计带来了前所未有的挑战，土建结构急需解决工程中结构设计关键技术，确保工程顺利安全实施。

1. 软土地基上基础不均匀变形控制技术

为了满足工艺的光束线稳定性要求，需要严格控制直线加速器隧道、增强器隧道、储存环隧道和光束线实验大厅的基础不均匀变形。根据上海各类桩的承载特性与荷载传递特点，并结合上海软土地基变形多年来众多工程变形控制工程经验，上海光源同步辐射装置桩基选取了变形较小的钻孔灌注桩，并采取桩端后注浆的技术措施，同时通过控制桩顶荷载水平的方法，减少桩基总沉降量，较好控制了基础不均匀变形。

2．软土地基上基础底板微振动控制技术

由于上海光源同步辐射装置基础对微变形和微振动都有极其严格的控制要求，同时考虑到上海地区相对而言有关变形控制设计的工程经验比振动控制设计要多的实际现状，从工程实际出发需要基础微振动控制设计是在微变形控制已经基本满足要求的前提下进行的。紧密结合上海光源工程进展情况和为最大限度保证工程微振动控制的成功，上海光源同步辐射装置基础微振动控制研究采取现场测试分析与数值模拟分析相结合的分阶段进行设计，实施微振动控制技术。

3．具有射线辐射防护功能要求的超长环形混凝土工艺隧道的混凝土裂缝控制技术

上海光源工程建造在人口稠密的浦东地区，其采用的职业照射设计标准以及公众照射的设计标准均大大高过国家规定的标准，按整体辐射防护要求工艺隧道钢筋混凝土结构不得有任何可能造成的辐射泄露裂缝。储存环隧道周长 400m 之多，其板墙厚度 1000～1200mm 厚，属于超厚超长钢筋混凝土结构。适当提高配筋率，使用低水化热、低收缩混凝土能够有效控制防护混凝土裂缝，超长混凝土结构的抗裂设计涉及施工阶段和使用阶段两个方面内容。在施工阶段超长混凝土结构会产生较大的收缩应力，设置后浇带以及设定合理的浇筑顺序是释放混凝土收缩应力，避免混凝土施工阶段出现早期收缩裂缝的有效措施。但设置后浇带并不能消除整体结构在使用阶段环境温度作用下的温度应力，无法避免温度应力下混凝土裂缝出现。对结构施加预应力，在结构中储存一定的预压应力，用以抵消结构在使用环境下温度拉应力，是消除和抑制使用阶段温度裂缝产生的有效措施。采用的控制缝技术在一定程度上能够控制钢筋混凝土板内斜裂缝的出现位置，使其在控制缝处出现。

4．主体环形建筑结构设计关键技术

主体环形建筑结构设计关键技术主要有环建筑混合框架结构设计、异形多重曲面钢屋盖设计、圆钢管相贯节点及箱形主梁与圆钢管连接节点设计和环形吊车梁设计。

21.2 结构设计

21.2.1 环建筑框架结构设计

环建筑是光源工程最主要的一个建筑，环内直径 117m，环外直径 211m，屋顶最高点标高 19.2m，内檐口标高 17.0m，环建筑和多重曲面异形屋盖剖面图见图 21.2-1。光源的实验大厅，储存环隧道，周边实验室，主控室都设在环建筑内部。工艺要求其柱网的布置不能影响光束线的通过，因此，柱距完全由工艺要求确定，不能有任何更改。为避免框架柱将屋面风振振动传至储存环隧道及实验大厅，布置柱网时，特意在束线注入端取消两根内圈框架柱，使得最大柱距达 27m，另各环间的柱距均不等距，这给环框架结构设计带来了较大的难度。

1．结构体系

环建筑结构体系采用由钢筋混凝土径向框架梁、环向预应力混凝土梁和钢筋混凝土柱、型钢混凝土组合柱形成的混合框架结构。

异型钢结构屋盖由径向箱型主梁和环向曲线型箱型主梁支承在框架柱上，由径向次梁与环向次梁形成的网格梁为主梁提供支撑，径向箱型主梁与框架柱的连接采用了固定铰连接、刚性连接和限位连接；网格梁与主梁的连接为刚接、径向和环向的网格梁为相贯节点连接。柱距27m大跨度处结构形式采用预应力混凝土桁架，上部结构按建筑要求不能设置永久性的变形缝，从而形成最大周长近630m的超长结构，整体分析模型见图21.2-2。

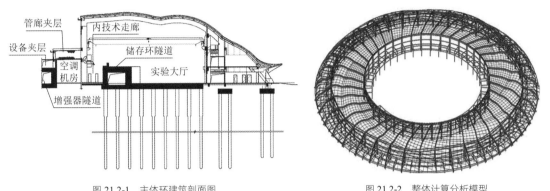

图 21.2-1 主体环建筑剖面图　　　　　　图 21.2-2 整体计算分析模型

2. 荷载组合

本工程主体建筑按7度设防，结构抗震等级为二级，设计地震分组为第一组，场地周期T_g为0.9s，设计基本地震加速度峰值为0.1g，建筑场地类别为IV类。建筑楼面及屋面活荷载根据业主要求及相关规范确定；基本风压为 0.55kN/m²，风载体型系数及风振系数通过风洞试验确定；温度荷载考虑使用温度荷载及施工温度荷载（采用当量温度模拟）；另外，主环内还需考虑两台16/2（另配2t负吊）t的中级工作制吊车。荷载组合见表21.2-1，控制荷载组合为：第26种 1.2×恒载＋0.7×1.4×活载＋1.4×温度＋0.7×1.4×吊车＋0.6×1.4×风载。

荷载组合表　　　　　　　　　　　　　　　　　　　　　　　　　表 21.2-1

序号	工况组合	恒载	活载	风载	地震	温度±30℃	吊车
1	恒载＋活载（恒载控制）	1.35	0.7×1.4				
2	恒载＋活载（活载控制）	1.2	1.4				
3	恒载＋活载	1.0	1.4				
4	恒载＋风载	1.2		1.4			
5	恒载＋温度	1.2				1.4	
6	恒载＋活载＋风载（风载控制）	1.2	0.7×1.4	1.4			
7	恒载＋活载＋风载（活载控制）	1.2	1.4	0.6×1.4			
8	恒载＋活载＋温度（活载控制）	1.2	1.4			0.7×1.4	
9	恒载＋活载＋温度（温度控制）	1.2	0.7×1.4			1.4	
10	恒载＋风载＋温度（风载控制）	1.2		1.4		0.7×1.4	
11	恒载＋风载＋温度（温度控制）	1.2		0.6×1.4		1.4	
12	恒载＋活载＋风载＋温度（活载控制）	1.2	1.4	0.6×1.4		0.7×1.4	
13	恒载＋活载＋风载＋温度（风载控制）	1.2	0.7×1.4	1.4		0.7×1.4	
14	恒载＋活载＋风载＋温度（温度控制）	1.2	0.7×1.4	0.6×1.4		1.4	

序号	工况组合	恒载	活载	风载	地震	温度±30℃	吊车
15	恒载＋活载＋风载＋地震（恒活不利，地震控制）	1.2	0.5×1.2	0.2×1.4	1.3		
16	恒载＋活载＋风载＋地震（恒活有利，地震控制）	1.0	0.5×1.0	0.2×1.4	1.3		
17	恒载＋活载＋温度＋地震（恒活不利，地震控制）	1.2	0.5×1.2		1.3	0.2×1.0	
18	恒载＋活载＋温度＋地震（恒活有利，地震控制）	1.0	0.5×1.0		1.3	0.2×1.0	
19	恒载＋活载＋风载＋吊车（活载控制）	1.2	1.4	0.6×1.4			0.7×1.4
20	恒载＋活载＋风载＋吊车（风载控制）	1.2	0.7×1.4	1.4			0.7×1.4
21	恒载＋活载＋风载＋吊车（起重机控制）	1.2	0.7×1.4	0.6×1.4			1.4
22	恒载＋活载＋温度＋吊车（活载控制）	1.2	1.4			0.7×1.4	0.7×1.4
23	恒载＋活载＋温度＋吊车（温度控制）	1.2	0.7×1.4			1.4	0.7×1.4
24	恒载＋活载＋温度＋吊车（起重机控制）	1.2	0.7×1.4			0.7×1.4	1.4
25	恒载＋活载＋风载＋温度＋吊车（活载控制）	1.2	1.4	0.6×1.4		0.7×1.4	0.7×1.4
26	恒载＋活载＋风载＋温度＋吊车（风载控制）	1.2	0.7×1.4	1.4		0.7×1.4	0.7×1.4
27	恒载＋活载＋风载＋温度＋吊车（温度控制）	1.2	0.7×1.4	0.6×1.4		1.4	0.7×1.4
28	恒载＋活载＋风载＋温度＋吊车（起重机控制）	1.2	0.7×1.4	0.6×1.4		0.7×1.4	1.4
29	恒载＋活载＋风载＋温度＋地震（恒活不利，地震控制）	1.2	0.5×1.2	0.2×1.4	1.3	0.2×1.0	
30	恒载＋活载＋风载＋温度＋地震（恒活有利，地震控制）	1.0	0.5×1.0	0.2×1.4	1.3	0.2×1.0	
31	恒载＋活载＋风载＋温度＋起重机＋地震（恒活不利，地震控制）	1.2	0.5×1.2	0.2×1.4	1.3	0.2×1.0	0.2×1.0
32	恒载＋活载＋风载＋温度＋起重机＋地震（恒活有利，地震控制）	1.0	0.5×1.0	0.2×1.4	1.3	0.2×1.0	0.2×1.4

3．环建筑主要构件的截面

主体建筑环建筑混凝土框架结构的框架柱共有 3 排，断面由环内向环外分别是ϕ1500mm、ϕ1400mm 和 600mm × 600mm。

一层框架的径向主梁为 350mm × 700mm，环向主梁由环内向环外分别是 400mm × 800mm、400mm × 750mm 和 350mm × 750mm。次梁为 250mm × 650mm。

二层框架的径向主梁为 500mm × 700mm，环向主梁由环内向环外分别是 500mm × 1000mm、350mm × 750mm 和 350mm × 650mm。次梁为 250mm × 500mm。二层大部分区域楼板为 120mm 厚。楼板内施加了环向预应力。

吊车梁标高层框架的径向主梁为 400mm × 600mm，环向主梁由环内向环外分别是 650mm × 1200mm 和 400mm × 800mm。局部无柱处设有预应力钢筋混凝土桁架。

顶层框架的径向主梁为 500mm × 1000mm。

4．组合混凝土柱

光源工程的中柱与钢结构的主梁设计采用刚性连接，需要有足够的自身强度和刚度才能保证与钢结构形成可靠的刚接。

采用普通的钢筋混凝土结构，其柱的截面将会变形异常巨大，会增加建筑物的自重，影响建筑的美观，且很难保证与钢结构刚接。采用钢结构柱，如果仅考虑强度要求的话，截面可以做得较小，但是，满足工艺要求，钢柱上需设有环形吊车梁。环形吊车梁对钢柱的变形要求严格，不能充分地发挥其钢柱的钢材强度，且钢柱为了达到防火的要求，还需采用厚型防火涂料进行防火处理，其外观难以与周边环境相匹配。型钢混凝土组合结构具有节约钢材、提高混凝土利用率，降低造价，抗震性能好，防火防腐性能好等优点。在光源工程的中柱中使用型钢混凝土组合柱，能充分发挥型钢混凝土组合结构的各种优点。

经过分析和比较，型钢混凝土组合结构内的型钢不是全长需要设置。在柱的下半部，由于内力的减小，可以采用普通钢筋混凝土柱。另对型钢混凝土组合结构内的型钢进行了优化设计，最终采用从4.200m标高至钢结构屋面采用不同厚度的环形钢柱截面设计。

5．环向预应力混凝土梁

（1）环形预应力梁及混凝土预应力桁架

上部结构按建筑造型要求不能设置永久性的变形缝，从而形成最大周长约630m，内圆直径约80m，外圆直径约200m的环行超长混凝土框架结构，如图21.2-3所示。对结构梁板施加环向预应力，储存一定的预压应力，用以抵消结构在使用环境下温度产生的拉应力，从而消除和控制使用阶段温度裂缝的发生。

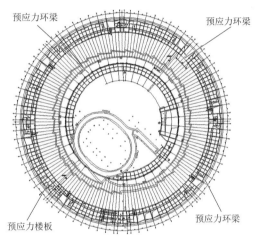

图21.2-3　预应力梁、板布置平面示意图

由于工艺要求，主环一处不能设置框架柱，相邻柱距达到27m左右，为了承受钢屋架和吊车的荷载，此处需要设置大跨度结构构件，可以采用混凝土大梁，预应力混凝土桁架，钢桁架等多种结构形式，这几种方式都能满足其受力和变形的要求。但是从美观、经济及施工难度方面分析：混凝土大梁显得十分笨重且不经济，与轻巧的钢屋架不是十分协调。钢桁架固然比较轻巧，与钢屋架的连接也相对简单，但是造价高，与混凝土柱的连接节点构造将比较复杂，此外钢结构的刚度较小，在整个环建筑中，此处的刚度突变将会引起主环框架结构受力的不均衡。权衡利弊选择了如图21.2-4所示中自重相对较轻，刚度大，变形小的预应力混凝土桁架。

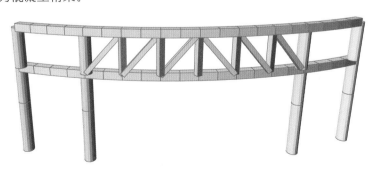

图21.2-4　预应力梁混凝土桁架

（2）预应力设计与施工

在吊车梁标高处外圈混凝土环向框架梁采用有粘结预应力技术，其他部位框架梁、次梁、板均采用无粘结预应力技术。预应力筋采用 1860 级（《预应力混凝土用钢绞线》GB/T 5224-2003）高强低松弛钢绞线。钢绞线抗拉强度标准值 $f_{ptk} = 1860MPa$，弹性模量 $E_s = 1.95 \times 105MPa$，直径 $d = 15.2mm$，单根截面面积为 139mm²。内环 27m 跨度的混凝土桁架竖杆预应力筋采用直径 $d = 32mm$ 的 40Si2MnV（《混凝土结构工程施工质量验收规范》GB 50204-1992）高强精轧螺纹Ⅳ粗钢筋，螺纹粗钢筋的抗拉强度标准值 $f_{ptk} = 785MPa$，弹性模量 $E_s = 2.0 \times 105MPa$。预应力钢绞线张拉端及固定端均采用 STM 锚具，精轧螺纹粗钢筋采用 YGM 型锚具。预应力钢绞线张拉控制应力 $\sigma_{con} = 0.7f_{ptk}$，精轧螺纹粗钢筋的单根张拉力为 54.3t。

为控制混凝土早期裂缝，在施工中应加强早期养护，当张拉楼层混凝土立方体抗压强度达到设计强度的 70%且龄期达到 7d 时进行无粘结预应力筋张拉。当张拉楼层混凝土立方体抗压强度达到设计强度的 80%时，张拉有粘结预应力筋。

有粘结预应力筋采用单根张拉。张拉位置处需在梁上附加箍筋，附加箍筋直径同梁箍筋，数量为左右上下各两道。有粘结预应力筋孔道采用扁形波纹管成型。孔道灌浆用强度等级 42.5 级普通硅酸盐水泥，水灰比为 0.4～0.45，且不得掺入含有氯化物等对预应力筋有腐蚀作用的外加剂。

21.2.2 环形吊车梁设计

图 21.2-5 为钢结构屋盖内部环型吊车梁图片，环行吊车梁受力特性与直线型吊车梁不同，其存在弯扭耦合的力学特性，因此环形吊车梁必须形成多跨连续梁，截面宜选用闭口截面。为了增强吊车梁的整体稳定性和抗扭能力，选择箱型截面钢梁。利用 MIDAS 软件对吊车梁进行了详细的计算分析，找出最不利荷载工况，使吊车梁的受力性能及抗疲劳能力满足相应规范要求。

根据环形吊车梁受力特点，工程上采用如图 21.2-6 中的连接构造。

（1）由于吊车梁为多跨连续，所以上下翼缘板均可能处于受拉状态，因此除支座外，加劲板与上下翼缘均采用摩擦型高强度螺栓连接。

（2）由于建筑要求不能做双柱，因此每段吊车梁的连接处位于同一个牛腿上，虽然本工程在每两段吊车梁之间设了 20mm 的缝隙，但实际上吊车梁之间仍可通过同一个相连的牛腿进行传力。这就使得节点处既能释放部分温度荷载，又要能够传递部分温度荷载。

图 21.2-5　钢结构屋盖内部环型吊车梁实施图片

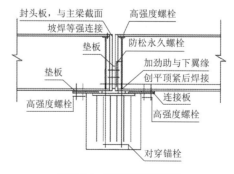

图 21.2-6　吊车梁连接示意图

21.2.3 异型钢屋盖设计

钢屋盖布置见图 21.2-7，采用如图 21.2-8 平面钢梁结构体系，梁主要断面见表 21.2-2。由八片异形双曲面组成，辐射状空间主梁近似沿屋面曲线径向布置，大跨水平投影跨度为 33.1m，小跨水平投影跨度为 15.8m，断面为箱形截面，环向主梁为箱形钢梁。径向主梁和环向主梁之间的异形双曲面由径向网格梁和环向网格梁组成单层网壳，网格梁为无缝钢管，径向主梁和环向主次梁均为刚接。径向梁主梁为两跨空间曲线梁，与框架柱的连接分别采用固定铰连接、刚性连接和弹性限位连接，环向曲线形主梁和由径向次梁与环向次梁形成的网格梁为主梁提供支撑。

经整体计算分析表明控制活荷载工况为升温及降温工况，在钢屋盖升温 30℃组合工况下，最大应力比为 0.85；降温 30℃组合工况下，主梁最大挠度为 65mm。

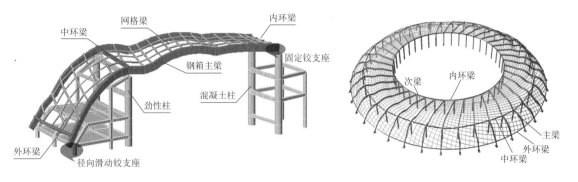

图 21.2-7　钢梁结构体系　　　　　　　　　图 21.2-8　钢屋盖结构布置

现场钢结构图片如图 21.2-9 所示，现场吊装拼接图如图 21.2-10 所示。

梁截面明细表　　　　　　　　　　　　　　　表 21.2-2

构件名称	截面/mm	材料
主梁	箱形 $1500 \times 750 \times 24 \times 24$	Q345C
外环梁	$\phi 550 \times 16$	Q345B
中环梁	箱形 $700 \times 400 \times 15 \times 15$	Q345B
内环梁	箱形 $700 \times 400 \times 15 \times 15$	Q345B
径向梁	$\phi 245 \times 12$	Q345B
渐开梁	$\phi 351 \times 16$	Q345B
环向梁	$\phi 273 \times 16$	Q345B

图 21.2-9　现场钢结构图片　　　　　　　　　图 21.2-10　现场吊装拼接图

21.2.4　上海光源工程基础设计

上海地区属典型的软土地基。这种软土地基具有含水量高、变形大、承载力低、抵抗微振动能力差等特点.而上海光源工程所处上海浦东张江高科技园区是上海软土地基中土质相对不利的地区之一.

图 21.2-11 为典型地质剖面图,场地内地基土层呈水平层状分布特点,从上往下依次为第①层填土、第②层粉质黏土、第③层淤泥质粉质黏土夹黏质粉土、第④层淤泥质黏土、第⑤$_1$层黏土、第⑤$_2$层砂质粉土夹粉质黏土、第⑤$_3$层粉质黏土、第⑤$_4$层粉质黏土、第⑦$_1$层粉砂、第⑦$_2$层粉细砂、第⑧$_1$层粉质黏土、第⑧$_2$层粉质黏土夹粉砂、第⑨层中细砂.

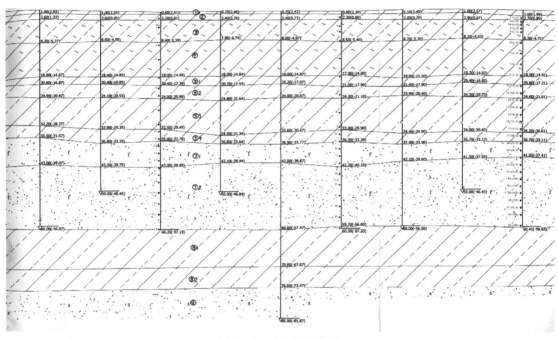

图 21.2-11 典型地质剖面图

上海光源工程基础分为环建筑基础、储存环隧道与光束线实验站大厅基础和中心区建筑基础,图 21.2-12 为上海光源工程桩基平面图,图 21.2-13 为上海光源工程基础平面图.

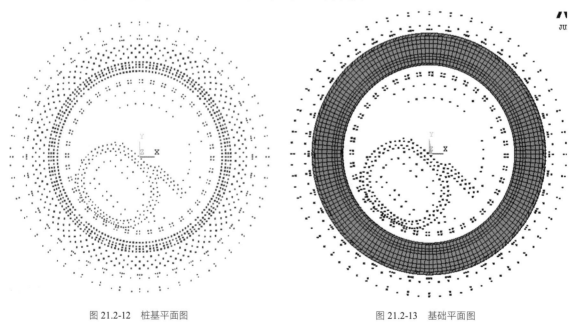

图 21.2-12 桩基平面图   图 21.2-13 基础平面图

1. 环建筑基础设计

环建筑组合钢筋混凝土框架结构基础采用独立承台桩基础,采用 41m 或 43m 长、直径为 600mm 的钻孔灌注桩,桩基持力层为⑦$_2$层粉细砂.

2. 储存环隧道与光束线实验站大厅基础设计

储存环隧道与光束线实验站大厅基础均采用桩 + 筏形基础，采用 48m 长直径为 600mm 钻孔灌注桩，桩基持力层为⑦₂层粉细砂，并采取桩端注浆及桩顶扩径措施。基础筏板厚分别为 1000mm 和 1350mm。储存环隧道与光束线实验站大厅基础（地坪）连成一体，并与钢筋混凝土框架结构之间设置隔振缝（永久缝）。

3. 中心区建筑基础设计

中心区建筑中的直线加速器隧道、增强器隧道基础采用桩 + 筏板基础，采用 48m 长、直径为 600mm 的钻孔灌注桩，基础筏板厚 1000mm，并采取桩底注浆措施。其余的设备机房均为钢筋混凝土框架结构，基础均采用独立承台桩基础，桩型采用 43m 长、直径为 600mm 的钻孔灌注桩。

根据考虑储存环隧道和实验大厅基础承台刚度对基础变形的影响的分析方法，编制上海光源同步辐射装置基础总变形分析专用计算分析程序，参考工后变形和总变形的关系，同时编制同步辐射装置基础工后变形计算分析程序。按照上述变形计算方法建立考虑储存环隧道和实验大厅基础承台刚度的有限元计算模型，其中承台下各桩弹性支承系数为待定值的近似计算方法进行迭代计算分析，变形计算分析除考虑储存环隧道和实验大厅基础范围内所有桩端后注浆灌注桩（桩长度为 48m，桩端持力层为⑦₂粉细砂层）外，同时还需要考虑增强器、直线加速器、内技术走廊、高频机房和围护建筑柱下桩群，总桩数约为 2100 根。计算分析得到基础底板总变形，如图 21.2-14 所示，通过统计分析得到储存环隧道和实验大厅基础底板总变形计算平均值分别为 7.7mm 和 8.9mm，目前对于低荷载水平的桩基尚无类似的工程实例可参照，借鉴常规桩基长期变形资料分析规律，偏保守估计工后变形约占总变形的 50%，这样可以得到工后变形计算结果，如图 21.2-15 所示，通过统计分析得到储存环隧道和实验大厅基础底板工后变形计算平均值分别为 3.8mm 和 4.4mm。

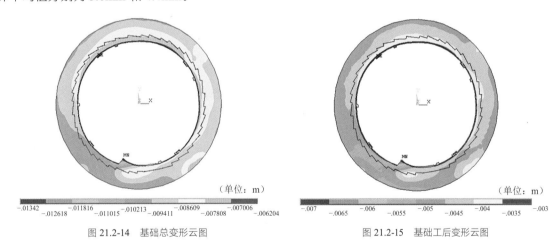

图 21.2-14　基础总变形云图　　　　　　图 21.2-15　基础工后变形云图

根据图 21.2-12 确定的桩位布置，建立微振动分析模型，在分析模型中桩基采用弹性梁单元，梁单元节点与土体单元节点变形保持变形协调，桩基承台板采用弹性板单元。分析表明：与天然场地条件相比，水平方向和竖直方向基础微振动水平都有较大幅度的降低。竖直方向振动均方根值约为天然场地条件为 48%，水平方向振动均方根值约为 54%。利用同步辐射装置基础自身的减振能力分析，能够有效控制基础的微振动水平。

21.2.5　控制缝设计

在结构设计方面采取设置控制缝的措施，通过理论与各项试验研究证明，控制缝在一定程度上能够控制钢筋混凝土板内斜裂缝的出现位置，使其在控制缝处出现。采取控制缝的构造措施主要是设置伸缩缝、诱导缝与后浇带。具体详如图 21.2-16～图 21.2-19 所示。

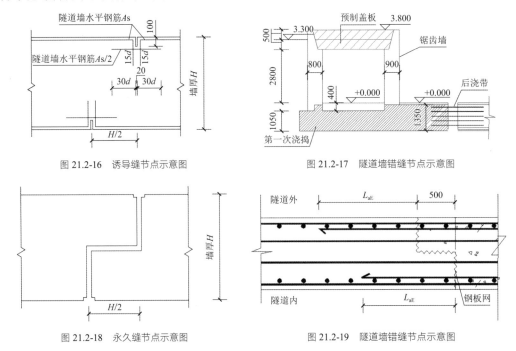

图 21.2-16　诱导缝节点示意图　　　　图 21.2-17　隧道墙错缝节点示意图

图 21.2-18　永久缝节点示意图　　　　图 21.2-19　隧道墙错缝节点示意图

分块浇筑可以削减混凝土温峰和温差，并且可以减少内部约束。分块浇筑边界采取留设施工缝的形式，根据以往工程经验，针对超长大体积混凝土结构，分块浇筑长度控制在 30m 以内（相邻两个浇筑段间隔时间控制在 15d 左右），能够较好地控制裂缝的产生。

综合设计与施工两方面控制措施，确定具体设缝分块措施如下：

（1）实验大厅底板不设永久缝，施工阶段设置一条环向后浇带和若干条径向后浇带。底板上下钢筋配筋率适当提高，中间增加一层钢筋网，侧面钢筋亦有所加强。

（2）储存环隧道内侧墙设置 4 道永久缝；储存环隧道外侧墙（锯齿墙）设置诱导缝，诱导缝布置原则是：①缝间距为 20m 左右；②缝设置在锯齿形长墙中间。储存环隧道墙在底板后浇带处相对应亦设后浇带。墙板两侧钢筋配筋率适当提高，中间增加钢筋网，间距不大于 400mm。

（3）增强器和直线加速器底板部位不设永久缝，亦不设后浇带。底板配筋措施同储存环底板。

（4）增强器墙板和顶板设置 2 道永久缝。增强器墙板和顶板在施工阶段设置 2 道后浇带。墙板配筋措施同储存环墙板。

（5）施工缝划分：在后浇带、伸缩缝的基础上于诱导缝的位置相对应作为分块浇筑施工缝的位置。

具体结构设缝、浇筑分块、分段如图 21.2-20、图 21.2-21 所示。

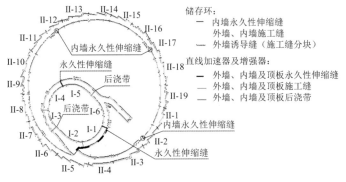

图 21.2-20　工艺隧道结构设缝平面示意图

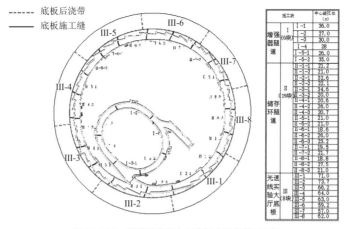

施工块		中心弧长(m)
增强器隧道(6块)	I-1	36.0
	I-2	27.0
	I-3	30.0
	I-4	28
	I-5-1	26.0
	I-5-2	35.0
储存环隧道(19块)	II-1-1	21.2
	II-1-2	21.0
	II-2-1	32.6
	II-2-2	22.1
	II-3-1	34.6
	II-3-2	20.0
	II-4-1	20.6
	II-4-2	26.0
	II-4-3	20.7
	II-5-1	21.0
	II-5-2	21.0
	II-6-1	18.6
	II-6-2	26.0
	II-6-3	23.2
	II-7-1	19.5
	II-7-2	21.7
	II-8-1	18.8
	II-8-2	27.5
	II-8-3	21.0
光速线实验大厅底板(8块)	III-1	71.0
	III-2	73.7
	III-3	66.2
	III-4	64.0
	III-5	63.0
	III-6	59.2
	III-7	57.0
	III-8	62.0

图 21.2-21 隧道和实验大厅底板分块浇筑平面图

21.3 结构计算分析

21.3.1 环建筑异形多重曲面屋盖计算分析

1. 计算模型建立

环建筑屋盖为空间异形多重曲面，无统一的数理方程加以描述，且建筑师对于该屋面体系要求室内外的观感要一致，结构先后建立了单榀框架梁体系、正放型钢梁体系、斜放型钢梁体系（非完整）和完整斜放型钢梁体系的计算模型，进行了对比分析，最终和建筑一起协商确定了完整斜放型钢梁体系。在大厅内主梁错开一个柱距加以连接；在大厅外，外围的实验室是沿着屋盖径向划分的，外围主梁保持不变；主梁之间的网格梁按照新的屋面板走向进行划分，图 21.3-1 为屋面板网格划分图，图 21.3-2 为斜放型钢梁体系计算模型图。

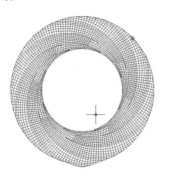 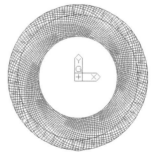

图 21.3-1 屋面板网格划分图　　图 21.3-2 斜放型钢梁体系计算模型图

2. 荷载取值

钢结构屋面重力荷载：0.75kN/m²（由幕墙单位提供）；设备、管道荷载：1.25kN/m²（根据强弱电、暖通以及工艺方提供的设备重量及布置位置确定）；屋面检修荷载：0.5kN/m²；基本风压：0.55kN/m²（重现期 50 年），体型系数由风洞试验确定；地震作用：工程抗震设防烈度 7 度，设计地震分组为第一组，设计基本加速度为 0.1g，勘察报告显示该地区场地类别为Ⅳ类，特征周期值为 0.9s；温度作用：考虑钢结构屋盖有±30°温差，结合结构重力、刚度生成的全过程，进行了全过程施工模拟分析。

3. 边界条件

屋盖与钢筋混凝土边柱的连接为固定铰连接，屋盖与钢筋混凝土中柱的连接为刚性连接，屋盖与落地支承相连的为弹性限位支座连接。

4. 分析结果

图 21.3-3 给出了恒活荷载作用下的主钢梁变形图，最大变形为 15.2mm。图 21.3-4 给出了温度作用下的主梁应力图，大厅内主钢梁近支座部位最大应力为 36.9MPa。图 21.3-5 给出了X向地震作用下的主钢梁应力图，主钢梁近支座部位在最大应力为 10MPa。图 21.3-6 给出了温度作用下的中柱柱底反力图，均为压力无拔力。

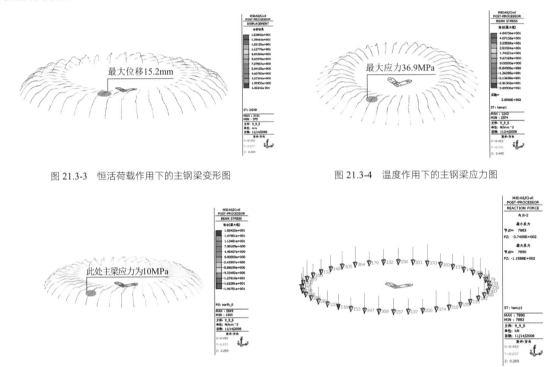

图 21.3-3　恒活荷载作用下的主钢梁变形图　　　　图 21.3-4　温度作用下的主钢梁应力图

图 21.3-5　X向地震作用下的主钢梁应力图　　　　图 21.3-6　温度作用下的中柱柱底反力图

21.3.2　隧道及实验大厅基础微振动数值模拟

1. 计算模型建立

从半无限体中取出有限大的圆柱体的计算模型来代表半无限体的微振动情况，其中圆柱体直径约 280m，深度为 228m，土体根据上海光源工程实际地质情况分为 18 层。实验大厅底板最大直径为 177m，采用实体有限元单元模拟土体，采用弹性板单元模拟钢筋混凝土桩基承台，采用空间梁单元模拟桩。有限元模型网格的示意如图 21.3-7 所示，计算模型边界条件示意见图 21.3-8。

图 21.3-7　三维计算模型　　　　　　　　　　图 21.3-8　强制位移边界输入示意图

2. 材料参数

由于上海光源工程微振动应变量级较小，有限元模型中土体单元按照线弹性体考虑，土体动弹性模量根据本工程和其他工程（人民广场深孔资料）的实测剪切波速换算得到，如表21.3-1所示。桩身及结构混凝土的物理力学参数为弹性模量：3×10^4MPa，泊松比0.2，密度2500kg/m³。

地基主要物理力学参数 表21.3-1

土层	层厚/m	层底标高/m	动弹模量/MPa	密度/（kg/m³）	泊松比	剪切波速/（m/s）
1~1	0.53	3.680	45.59	1830	0.4	93.4
1~2	1.4	2.280	45.59	1830	0.4	93.4
2	1.77	0.510	45.59	1830	0.4	93.4
3	5.77	−5.260	89.82	1740	0.45	132.1
4	10.4	−15.660	109.39	1660	0.45	149.3
5~1	2.6	−18.260	137.48	1790	0.4	164
5~2	2.17	−20.430	148.35	1800	0.36	172.4
5~3	8.17	−28.600	170.93	1790	0.4	182.9
5~4	3.63	−32.230	315.42	1940	0.4	238.6
7~1	7.27	−39.500	458.8	1910	0.34	196.5
7~2	17.73	−56.870	608.98	1930	0.32	342.4
8~1	12.13	−69.000	389.41	1820	0.4	273.8
8~2	5.63	−74.630	493.42	1870	0.4	304.2
9	40.31	−114.940	578.92	2020	0.36	324.6
10	17.79	−132.730	563.3766	2000	0.35	323
11	13.3	−146.030	693.6683	1990	0.33	362
12	14.07	−160.100	822.293	2070	0.34	385
13	45.73	−205.830	1031.994	2010	0.32	441
14	17.8	−223.630	1345.165	2030	0.32	501

3. 分阶段微振动数值模拟分析结果

根据前述建立不同阶段计算模型，分别进行天然场地条件微振动模拟计算、同步辐射装置基础微振动模拟计算和隔振措施探讨模拟计算分析三个阶段的工作。表21.3-2给出同步辐射装置基础上不同点微振动均方根位移值，同时也给出天然场地条件相应位置的同步辐射装置基础微振动均方根位移值，数值模拟分析表明同步辐射装置基础自身具有良好的减振能力，与天然场地条件相比，水平方向和竖直方向基础微振动水平都有较大幅度的降低，竖直方向振动约为天然场地条件的48%，水平方向约为54%。通过上述对同步辐射装置基础进行分析研究表明，利用同步辐射装置基础自身的减振能力分析，能够进一步控制基础的微振动水平。这为同步辐射装置基础设计提供了参考。

同步辐射装置基础微振动均方根值（位移单位：μm）　　　　表 21.3-2

测点编号		天然场地条件			同步辐射装置基础			比值（基础/天然场地）		
		东西	南北	竖直	东西	南北	竖直	东西	南北	竖直
储存环隧道	1	1.17	1.18	2.75	0.86	0.57	0.94	0.74	0.48	0.34
	2	0.79	1.31	1.47	0.61	0.74	0.89	0.77	0.56	0.61
	3	1.18	0.89	1.69	0.68	0.54	1.33	0.58	0.60	0.78
	4	1.74	1.45	2.92	0.76	0.56	1.52	0.44	0.39	0.52
	5	1.07	1.34	2.06	0.66	0.73	1.50	0.62	0.54	0.73
	6	1.47	1.10	3.40	0.75	0.51	1.10	0.51	0.47	0.32
实验大厅内圈	7	1.24	1.62	2.13	0.86	0.58	1.17	0.70	0.36	0.55
	8	0.98	1.55	1.22	0.62	0.74	0.83	0.63	0.48	0.68
	9	1.20	0.95	1.83	0.69	0.53	0.98	0.58	0.55	0.54
	10	1.62	1.34	3.21	0.77	0.60	1.01	0.48	0.45	0.32
	11	1.18	1.41	1.97	0.62	0.73	1.21	0.53	0.52	0.61
	12	0.83	0.99	3.18	0.77	0.54	1.06	0.93	0.55	0.33
实验大厅外圈	13	1.62	1.75	1.90	0.86	0.59	1.27	0.53	0.34	0.67
	14	1.09	1.59	1.10	0.64	0.74	0.82	0.59	0.47	0.74
	15	1.12	0.97	2.20	0.70	0.53	0.79	0.63	0.55	0.36
	16	1.56	1.49	3.55	0.78	0.64	0.91	0.50	0.43	0.26
	17	1.15	1.26	2.05	0.61	0.73	1.08	0.53	0.58	0.53
	18	1.26	1.09	2.33	0.79	0.57	1.14	0.62	0.52	0.49
平均值		1.24	1.29	2.27	0.73	0.62	1.09	0.59	0.48	0.48

数值模拟分析了两种隔振屏障措施：一种是在实验大厅外侧，紧邻实验大厅设置一道隔振排桩；另一种是在实验大厅外侧设置两排隔振排桩，同时在实验大厅内侧也设置一排隔振排桩。经过对一道隔振屏障和二道隔振屏障数值模拟计算结果与天然场地条件对比分析结果，可以得出，设置隔振屏障后同步辐射装置基础水平方向和竖直方向微振动水平都有所降低，但降低效果不显著，特别是竖直方向减振效果较小。

21.3.3　关键钢结构节点分析

上海光源工程的钢屋盖采用了大跨度异形单层空间结构体系，给构件的节点连接形式带来了挑战。结构中的两类关键节点形式为：圆钢管相贯节点，箱形主梁与圆钢管连接节点。

1. 箱形主梁与圆钢管连接节点计算分析

为了便于安装，将主梁外接圆筒的形式改为了套筒式，内接圆筒保持不变。图 21.3-9 就是最终的节点连接方式，圆钢管与外套筒通过一圈角焊缝加四条槽焊缝连接。为了确定此节点的破坏模式是否符合强节点弱构件的要求，以及确定节点的刚接程度，对此节点进行了详细有限元分析。图 21.3-10 和图 21.3-11 为节点 A1 和 A2 的有限元分析模型和节点域网格划分图，图 21.3-12 给出了节点 A1 和 A2 有限元分析中的支管翘曲结果。图 21.3-13 分别给出了有限元分析得到的主梁节点 A1 和 A2 节点弯矩-支管相对挠度曲线，可以看出，在实际荷载作用下，主梁与次梁相交的节点处，基本能够达到完全的刚接程度。

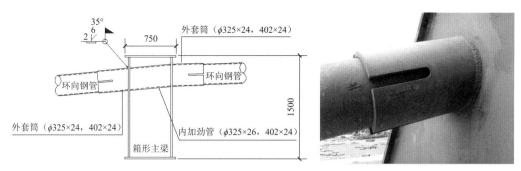

图 21.3-9 箱形主梁与圆钢管连接节点示意图

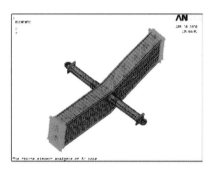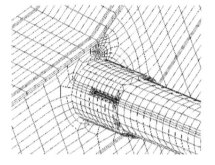

图 21.3-10 节点 A1 有限元分析模型

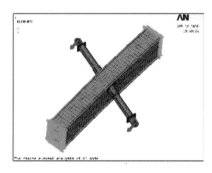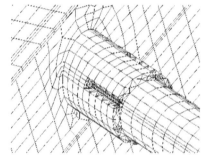

图 21.3-11 节点 A2 有限元分析模型

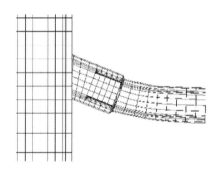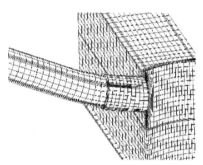

图 21.3-12 节点 A1 和 A2 有限元分析中支管的挠曲图

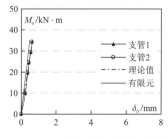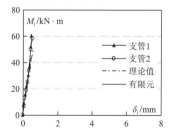

图 21.3-13 节点 A1 和 A2 弯矩-支管相对挠度曲线

以上对箱形主梁与圆钢管连接节点抗弯性能进行有限元模拟分析，可得到如下结论：箱形主梁与圆钢管连接节点平面内外抗弯均可作为刚性连接。试件的失效模式均表现为支管的弹塑性挠曲及与外套管连接处支管受压侧的塑性局部失稳。主梁节点可以满足规范关于强节点弱构件的抗震设计要求。

2. 圆钢管相贯节点计算分析

次梁连接均采用圆钢管相贯连接，因屋面为异形多重曲面，管与管均为不同平面、不同角度的翘曲连接，为了确定此节点在平面外的破坏模式以及节点的刚接程度，对此节点进行了详细有限元分析。图 21.3-14 为圆钢管相贯的有限元分析模型和节点域网格划分图，图 21.3-15 和图 21.3-16 给出了圆钢管相贯节点两种破坏形式。

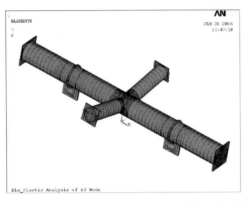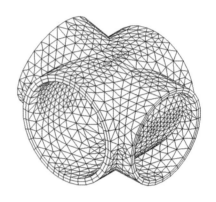

图 21.3-14 圆钢管相贯的有限元分析模型和节点域网格划分图

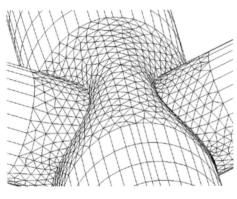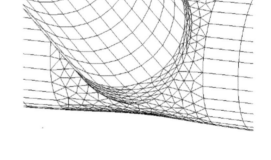

图 21.3-15 破坏时有限元中的鼓曲　　　　　　　图 21.3-16 破坏时有限元中的凹陷

以上对光源工程圆钢管相贯节点进行有限元模拟分析，得到如下结论：节点平面外弯曲失效模式为主管管壁塑性变形模式；对于平面外的弯曲刚度由于没有判定的标准，需经进一步的试验加以论证。

21.3.4　光源隧道大体积混凝土结构裂缝数值仿真分析

考虑不同约束、抗裂构造措施和受荷情况，数值模拟光源工程原型结构在上述作用下结构早期和施工期的工作性能，预测结构结构服役期间使用性能。

数值模拟时，采用整体式钢筋混凝土三维有限元模型，不同部位所选配的构造钢筋按其配筋率弥散到相应位置的混凝土单元中。混凝土采用 Solid65 单元，按非线性弹性材料模型输入材料参数，其中，混凝土单轴受压应力—应变关系曲线、弹性模量以及劈裂抗拉强度等材料参数基于本研究的试验结果，考虑其时变性。混凝土开裂前采用各向同性的弹性本构关系，在主应力空间的不同卦限采用不同的破坏准则。

考虑不同约束、抗裂构造措施和受荷情况的光源工程原型结构数值模拟共分七种方案，见表 21.3-3。

方案编号	抗裂构造措施			墙体浇筑方案		养护情况		板底约束情况		说明
	诱导缝	伸缩缝	后浇带	跳仓浇筑	同时浇筑	浇水养护15d	不考虑养护	固定约束	弹性约束	
1	√	√	√	√		√		√		本方案为现场实际情况
2				√		√		√		和方案 1 对比，考察抗裂构造措施的影响
3	√	√	√		√	√		√		和方案 1 对比，考察浇筑方案的影响
4	√	√	√	√			√	√		和方案 1 对比，考察养护情况的影响
5	√	√	√	√		√			√	和方案 1 对比，考察板底约束弹模为 3000N/mm² 时的开裂情况
6	√	√	√	√		√			√	和方案 1 对比，考察板底约束弹模为 300N/mm² 时的开裂情况
7	√	√	√	√		√			√	在方案 5 计算的基础上 1d 温度骤降 30℃，预测使用期可能遭遇的不利条件下的反应

通过数值模拟，可以得出以下结论：

（1）设计方案中采用的抗裂设计措施（诱导缝和伸缩缝）对于结构内部应力的分布有明显影响。在满足裂缝控制要求的前提下，预定部位的变形较大，这些部位的开裂使应力得到释放，避免了大面积不规律裂缝的出现。

（2）跳仓浇筑的施工工艺、施工缝的合理设置及施工缝两侧混凝土浇筑的合理时间间隔对于结构抗裂设计措施的效果有明显影响。

（3）由于早龄期混凝土的强度和弹性模量较小，养护时间的长短对于裂缝的出现和分布有较大影响。

（4）底部约束刚度对裂缝的分布和结构的变形有一定影响，对这一因素的确切分析需要更为精确的场地土和桩土共同作用参数。

（5）墙体诱导缝附近局部区域可能产生可见宏观裂缝，但不垂直贯穿墙面

（6）墙体诱导缝保持一定的错缝间距，可以将缝端应力集中的部位错开，避免裂缝贯通墙面。

（7）无诱导缝墙段最大裂缝宽度小于 0.2mm，基本不可见。

21.4 试验研究及现场测试分析

21.4.1 风洞试验

1. 试验目的和方法

上海光源工程主体建筑结构具有质量轻、柔性大、阻尼小等特点，在强风作用下可能出现较强的风荷载和结构振动，影响结构安全和设备的使用，因此，风荷载是结构设计的控制荷载之一。为保证整体结构和围护结构的安全以及设备使用的精度，对此工程的刚性模型进行了风洞试验，测量了模型表面的平均压力和脉动压力，为主结构设计及围护结构设计提供计算风荷载用的体型系数、平均风荷载等基本参数。风洞测压试验采用刚体模型，考虑到实际建筑物和风洞尺寸以及风场模拟结果，选择模型的几何缩尺比为 1/100，模型与实物在外形上保持几何相似。

2. 风洞试验结论

通过对上海光源工程主体结构模型的风洞测压试验及分析，得到如下结论和建议：

光源工程项目的风荷载主要以负压为主。根据试验测得体型系数，得到的 10 分钟平均风荷载为整体结构设计的基本参数。

根据《建筑结构荷载规范》GB 50009-2012计算得到，屋面在50年重现期下的最不利正压为0.93kPa；最不利负压（绝对值最大负压）为-2.03kPa。内侧墙面在50年重现期下的最不利正压为0.81kPa；最不利负压（绝对值最大负压）为-0.43kPa。

对于围护结构设计，应用概率统计理论对试验结果进行计算得到：屋面在50年重现期下的最不利正压（按统计方法）为1.05Pa；最不利负压（按统计方法）为-2.8kPa。内侧墙面在50年重现期下的最不利正压（按统计方法）为1.31kPa；最不利负压（按统计方法）为-1.05kPa。应用概率统计理论计算的结果大于按建筑结构荷载规范计算得到结果。

21.4.2　钢结构连接节点试验研究

1. 试验目的

上海光源工程的钢屋盖采用了主要的节点形式：圆钢管相贯节点和箱形主梁与圆钢管连接节点，以上复杂节点的计算分析均超出目前规范所涵盖的内容，由于节点的刚度与承载力对于单层空间结构体系的受力性能以及整体稳定性至关重要，为了确保本工程的安全性，因此有必要通过对关键节点的试验研究来验证结构设计的可靠性。

2. 圆钢管相贯节点试验研究

根据节点的几何形态与受力状况，选取结构中的三个典型位置的节点进行足尺模型试验研究，共计6个节点，试件简图见图21.4-1，试件的几何特征及受力特性见表21.4-1。

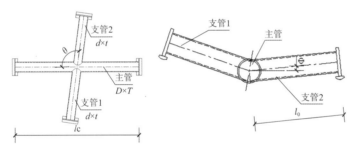

图 21.4-1　试件简图

试件的几何特征与受力特性（注：$\beta = d/D$，$\gamma = D/2T$，$\tau = t/T$）　　　　表 21.4-1

编号	$D \times T$（mm×mm）	$d \times t$（mm×mm）	β	γ	τ	θ	φ	l_c/mm	l_0/mm	受力特性
B1-1	273 × 16	245 × 12	0.90	8.53	0.75	91°	6.5°	3500	1000	主、支管反向弯曲
B1-2										主、支管同向弯曲
B2-1	273 × 16	245 × 12	0.90	8.53	0.75	102°	0°	3500	1000	主、支管反向弯曲
B2-2										主、支管同向弯曲
B3-1	351 × 16	245 × 12	0.70	10.97	0.75	94°	12°	4000	1000	主、支管反向弯曲
B3-2										主、支管同向弯曲

加载方案：对于B1-1、B2-1、B3-1三个试件，采用主管端部不加载而仅对支管端部加载的方式实现节点处主、支管的反向弯曲；对于B1-2、B2-2、B3-2三个试件，采用对支管与主管端部均施工荷载的方式实现节点处主、支管的同向弯曲。图21.4-2为主、支管同时加载，实现同向弯曲的实况。

在圆钢管相贯节点试验过程中，试件先后经历弹性变形与塑性变形阶段后达到破坏，破坏现场为节点域主管上部鼓曲、下部凹陷。有限元模拟分析的试件破坏形态与试验结果吻合。试件破坏状态见图21.4-3。

图 21.4-2　主、支管同时加载图　　　　　　　图 21.4-3　相贯节点试验破坏形态图

试验结论：

通过对圆钢管相贯节点平面外抗弯性能的足尺静力加载试验和有限元模拟分析，可以得出以下结论：

（1）若借用欧洲规范无支撑框架节点刚度分类标准判断，试件 B1-1、B1-2 和 B2-2 可作为刚接节点，试件 B2-1、B3-1 和 B3-2 可作为半刚性节点；若借用有支撑框架节点刚度分类标准判断，试件 B1-1、B1-2、B2-1 和 B2-2 可作为刚接节点，试件 B3-1 和 B3-2 可作为半刚性节点；

（2）节点试件平面外弯曲失效模式为主管管壁塑性变形模式；

（3）试件节点域首次屈服时的弯矩为设计弯矩的 5~28 倍，节点极限弯矩；

实测值为设计弯矩的 8~60 倍，极限弯矩相对于节点域首次屈服弯矩来说具有较大的强度储备，表明相贯节点设计留有足够的承载富余；

（4）主、支管同向弯曲节点与反向弯曲节点试件相比具有更高的极限力；

（5）节点试件 B1-1、B1-2、B2-1 和 B2-2 平面外抗弯承载效率大于 1，即支管先于节点破坏；试件 B3-1 和 B3-2 的节点承载效率略小于 1。

3．箱形主梁与圆钢管连接节点试验

选择两个典型位置的箱形主梁与圆钢管连接节点（套筒节点）进行 1∶2 缩尺模型试验研究；同时对该两试件借助有限元分析软件进行模拟分析，作为试验的验证。根据试验方案，共采用 2 个试件，见图 21.4-4。每个试件均采用平面内加载和平面外加载两种模式

试件 A1　　　　　　　　　　　　　　　试件 A2

图 21.4-4　套筒节点试验用试件

根据对箱形主梁与圆钢管套筒节点的静力加载试验得到以下的结论：

（1）该节点方式下，平面内、外抗弯均可作为刚性连接；

（2）试件 A1 在平面内弯曲荷载作用下，节点区域进入塑性与发生破坏的先后顺序为：支管与外套筒连接处的支管管壁→与主梁腹板连接处的外套筒根部管壁；试件 A2 在平面外弯曲荷载作用下，节点区域进入塑性与发生破坏的先后顺序为：支管与外套筒连接处的支管管壁→与主梁腹板连接处的外套筒根部管壁→主梁腹板；

（3）试件的失效模式均表现为支管的弹塑性挠曲及与外套筒连接处支管受压侧的塑性局部失稳；

（4）支管首次记录到测点屈服时的弯矩为设计弯矩的 3 倍以上，外套筒首次记录到测点屈服时的弯矩为设计弯矩的 5 倍以上，试验最大弯矩达到设计弯矩的 9 倍以上，极限弯矩相对于节点域首次屈服弯矩来说具有较大的强度储备，表明主梁节点设计留有足够的承载富余；

（5）主梁节点可以满足规范关于"强节点、弱构件"的抗震设计要求。

21.4.3　混凝土隧道墙裂缝控制试验研究

混凝土隧道墙裂缝控制试验研究主要集中在构件层面上，考虑混凝土配合比、配筋率、控制缝设置位置、控制缝贯通与否等参数，设计了 18 个混凝土板试件，调查不同形式的控制缝对裂缝控制的影响。此外，考虑到储存环结构近似对称性和锯齿形状的重复性，试验选取储存环一段典型结构，制作 1：4 缩尺试件，研究储存环超长大体积混凝土裂缝发展情况。

1. 混凝土板中设置控制缝试验研究

根据设定的试验方案，研究钢筋混凝土板中设置不同形式的控制缝对裂缝控制的影响，对 18 个混凝土板试件进行裂缝开展和变形发展试验，其典型构件试验结果如图 21.4-5 所示。板裂缝大致分为如下三类：塑性沉降裂缝、板角斜裂缝、控制缝端部裂缝。通过混凝土板中设置控制缝试验研究，可得出如下结论：

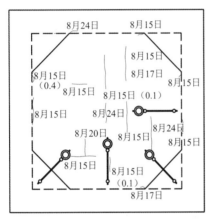
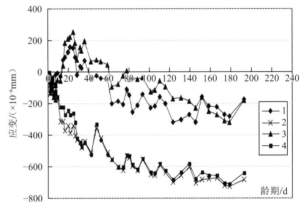

图 21.4-5　典型板内裂缝开展和变形发展

（1）控制缝在一定程度上能够控制钢筋混凝土板内斜裂缝的出现位置，使其在控制缝处出现；在控制缝端部由于应力集中容易形成短裂缝，浇筑混凝土前此处应予以加强；

（2）未设控制缝板在板角出现斜裂缝，且裂缝为贯穿缝；

（3）从试验结果看出，贯通控制缝与未贯通控制缝对裂缝控制的影响不明显；控制缝的设置位置对裂缝控制的影响也不明显；

（4）配筋率由 0.3% 增加到 0.6% 时，板内裂缝减少，出现迟且宽度窄；

（5）混凝土收缩作用下，拆模后前三周内控制缝处的变形增加，之后由于随温度作用变形的整体趋势为减小。垂直于板边处的变形，由于早期（浇筑后三周）梁板交接处裂缝的存在和后期温度降低的趋势，整体趋势为减小；板内变形的发展受到温度的影响较大，随温度的起伏而变化。

2. 结构缩尺模型试验研究

制作如图 21.4-6 所示的 1：4 缩尺试件。考虑原型结构近似呈圆形，混凝土收缩时，结构内部存在相互约束作用，故在缩尺模型两端设置端部墩以近似考虑该约束作用采用缩尺模型试验。按设定试验方案试验结果分析可知：读数时温度随时间的增长而起伏，但整体为降低的趋势。湿度变化的规律不明显；

钢筋和混凝土应变受温度的影响较大，湿度的影响相对不明显，温度升高时应变值增加，温度降低时应变值减小；钢筋和混凝土的应变随着混凝土收缩和温度降低有整体上为减小的趋势，同一片墙内处的应变片所测应变值从上到下有减小的趋势。

图 21.4-6 缩尺构件钢筋和 1∶4 试件图

试验结论：浇筑 4 个月后，试件表面未观察到混凝土开裂，长期情况有待进一步观察；墙内钢筋和混凝土表面的应变整体趋势为收缩变形，随温度的变化而起伏；钢筋和混凝土表面的变形从上到下逐渐减小，与墙体所受的约束程度有关；由于混凝土收缩和温度的影响，钢筋的收缩变形大于混凝土的收缩变形。

21.4.4 同步辐射装置基础微变形现场测试分析

为监测上海光源同步辐射装置基础实际变形情况，储存环隧道内墙、外墙和实验大厅基础底板上布置了上百个测点，在储存环隧道外墙和内墙各置 40 个测点，在实验大厅底板上外圈和内圈各布置 20 个测点进行测量。

由于测量误差等多种因素的影响，为综合分析储存环隧道和实验大厅基础底板的变形情况，储存环隧道和实验大厅基础变形情况采用各测点实测平均值进行分析比较。图 21.4-7 给出储存环隧道基础底板平均变形与时间关系曲线，图 21.4-8 给出实验大厅基础底板平均变形与时间关系曲线，可以看出 920d 为止储存环隧道和实验大厅基础底板平均变形分别为 4.7mm 和 3.2mm，到 600d 施工期平均变形分别为 2.7mm 和 1.7mm，竣工后近一年的平均变形分别为 2.0mm 和 1.5mm。

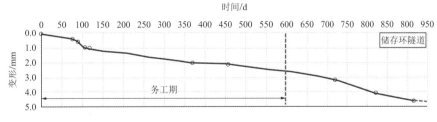

图 21.4-7 储存环隧道基础底板实测平均变形与时间的关系

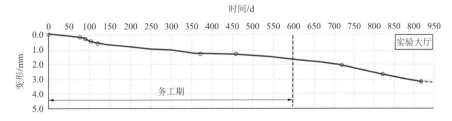

图 21.4-8 实验大厅基础底板实测平均变形与时间的关系

将上述同步辐射装置基础变形现场实测与计算分析对比结果整理后，汇总见表 21.4-2。可以看出，总变形和工后变形的实测平均值都略小于计算分析平均值，但二者之间总体上还是接近的。

同步辐射装置基础变形现场实测与计算分析对比结果汇总　　　　　表 21.4-2

项　　目	现场实测推算（平均值/mm）		计算分析结果（平均值/mm）	
	总变形	工后变形	总变形	工后变形
储存环隧道	5.8	3.1	7.7	3.8
实验大厅底板	4.7	3.0	8.9	4.4

上海光源工程基础微变形控制标准指标的单位是：$\mu m/(10m \cdot a)$，该标准与距离和时间都有关系的，实际上是控制差异变形速率，为将实测变形值与控制标准进行分析比较，需要将实测变形值根据控制标准进行换算。综合分析储存环隧道和实验大厅基础底板的变形情况，采用各实测测点差异变形速率均值进行分析比较。同时考虑到测试数据有限，进行四个时段的统计。表 21.4-3 给出储存环隧道和实验大厅基础底板总体差异变形速率平均值统计结果。

差异变形速率平均值统计结果汇总 $[\mu m/(10m \cdot a)]$　　　　　表 21.4-3

编　号	日　　期	月　数	隧道		实验大厅		
			外　墙	内　墙	外　圈	内　圈	内外圈
1	07/4～08/10	18	140	193	149	92	148
2	07/4～08/7	15	177	218	118	119	137
3	07/4～07/12	8	231	218	125	99	123
4	07/7～08/10	15	154	216	106	131	195
控制标准			250		350		

从上述现场实测变形已经满足上海光源工程运行初期的微变形控制要求的结果来看，在借鉴以往上海地区精密装置基础变形控制经验的基础上，上海光源同步辐射装置基础微变形控制采用的减少桩基变形的技术措施与改进桩基变形计算方法相结合的微变形控制技术是合理的和可行的。

21.4.5　同步辐射装置基础微振动现场测试分析

为了有效控制同步辐射装置基础微振动，采用了分阶段现场微振动测试和数值模拟计算相结合的手段，对同步辐射装置基础进行分阶段设计。现场微振动测试分析分为三阶段：天然场地条件微振动测试分析；同步辐射装置基础微振动测试分析；控制周边道路交通的减振措施测试分析。根据现场测试数据，按微振动控制标准进行数据处理，并与数值模拟计算值进行比较，结果详见表 21.4-4 和表 21.4-5。可以看出，第一阶段和第二阶段数值模拟计算值略大于现场实测值，但二者之间总体上是比较接近的；与第一阶段相比，第二阶段现场测试分析结果和数值模拟分析结果都表明基础承台上的微振动均方根值有明显降低，这表明同步辐射装置基础自身具有良好的减振能力。

现场测试与数值模拟计算位移均方根分析结果（μm）　　　　　表 21.4-4

	分析阶段	现　场　测　试			模　拟　计　算			备注
		东西向	南北向	竖直向	东西向	南北向	竖直向	
1	场地环境	0.61	0.81	1.48	0.90	0.87	1.67	
2	同步辐射装置基础	0.29	0.35	0.62	0.48	0.42	0.81	已实施

根据上海光源同步辐射装置基础微振动控制要求，对约连续 24h 同步辐射装置基础上四个测点的微振动实测数据进行统计分析，分为嘈杂和安静两个时段，求得频率大于 1Hz 的积分位移均方根值（表 21.4-5），从上表嘈杂时段和安静时段均方根位移的平均结果可以看出：嘈杂时段基础承台上东西方向位移四点均值为 0.196μm，南北方向四点位移平均值为 0.187μm，均满足嘈杂时段水平方向 0.6μm 的微振动控制要求；

竖直方向四点位移平均值为 0.279μm，同样也满足嘈杂时段竖直方向 0.3μm 的控制要求。安静时段基础承台上东西方向四点位移平均值为 0.103μm，南北方向四点位移平均值为 0.126μm，均满足安静时段水平方向 0.3μm 的微振动控制要求；竖直方向四点位移平均值为 0.156μm，基本满足安静时段竖直方向 0.15μm 的控制要求；如果根据车辆运行记录排除张衡路有大卡车运行时段的影响，则竖直方向四点位移平均值为 0.125μm，也完全满足安静时段竖直方向 0.15μm 的控制要求。因而，上海光源工程基础微振动总体是满足微振动控制标准的。

连续 24 小时同步辐射装置基础均方根位移平均值（单位：μm）　　　表 21.4-5

| 时段 | 分析工况 | 振动方向 | 承台上测点 | | | | | 控制标准 | 满足 |
			C2	C3	C4	C5	平均值		
嘈杂时段	自然状况	东西	0.186	0.206	0.196	0.195	0.196	0.60	满足
		南北	0.200	0.182	0.166	0.200	0.187		
		竖向	0.256	0.291	0.299	0.270	0.279	0.30	
安静时段	自然状况	东西	0.098	0.103	0.111	0.100	0.103	0.30	满足
		南北	0.130	0.124	0.110	0.141	0.126		
		竖向	0.133	0.165	0.168	0.156	0.156	0.15	基本满足
	排除大卡车影响	竖向	0.106	0.133	0.134	0.125	0.125		

21.5 结论

上海光源工程是我国有史以来最大的科学实验装置，也是上海市实施"科教兴市"主战略目标的代表工程之一。针对上海光源工程建设的特点、难点开展工艺、设计与施工研究并实施，确保了具有世界级水平的上海光源工程的成功建造，并且，各项实测指标达到了整体与局部的工艺设计指标。其工作性能、强度性能、耐久性能均体现出了良好的效果，满足了工程的要求。结构设计团队根据上海光源工程的工程特点，对其结构设计关键技术进行了深入研究，主要完成了以下几方面的创新性工作：

1. 基础微变形控制研究的创新点

针对本工程基础面积巨大，不均匀变形控制要求高，创新提出了低荷载水平作用下考虑承台刚度影响的桩基微变形计算方法，并编制了相应的计算分析程序，为桩基微变形控制设计提供实用可操作的方法。

针对本工程基础面积巨大，不均匀变形控制要求高，工程又地处上海张江软土地区相对不利的地区的情况，创新采用钻孔灌注桩桩底后注浆加桩顶扩径结合厚板基础的方法，实现了基础不均匀变形达到同步辐射装置基础运行初期前三年的微变形控制标准。

2. 基础微振动控制研究的创新点

针对本工程环境条件相对不利，基础振动控制要求高的情况，创新提出了在满足微变形控制要求的前提下，再进行微振动控制设计和分析研究工作，首次实现了基础结构的微振动控制标准。

针对本工程地处软土地区，基础振动控制要求高，类似工程分析经验少的情况，创新提出了采用现场测试分析与数值模拟分析相结合的分阶段微振动控制设计分析技术，最终实现了基础结构微振动控制的目标。

针对基于微振动分析有较大不确定性的特点，在微振动测试技术中创新提出了振源采用常时微动与有组织的车辆运行两种振源相结合的方式，通过现场有限数量测点的测试数据，为数值模拟计算分析提供了必要的计算参数。

针对本工程基础微振动控制设计的要求，探索采用数值模拟分析方法，包括模拟分析模型与位移边界条件进行上海光源工程基础微振动分阶段分析。

3. 结构防护技术研究的创新点

针对本工程工艺隧道的防辐射要求，提出了符合我国国情的适应本工程整体防护的标准和技术要求。采用普通钢筋混凝土作为屏蔽墙并结合局部防护的设计施工技术，满足了工艺隧道辐射剂量的预期控制指标。

按照辐射防护工艺设计要求隧道墙上不得出现垂直墙面的宽度 ≥0.15mm 的贯穿裂缝，针对工艺隧道结构为超长超厚及超静定结构形式，分析混凝土裂缝产生原因以及应用混凝土裂缝控制理论，通过试验与数值模拟其受力情况和裂缝发展规律，确定结构设计准则。

针对光源工程工艺隧道混凝土结构的特殊要求，研制采用低收缩混凝土，对混凝土结构早期温度和收缩变形进行理论分析和数值模拟，通过采取分块浇筑以及混凝土养护等针对性措施，达到了工艺要求的裂缝控制标准。

4. 复杂钢结构设计施工技术研究的创新点

针对本工程造型独特、体系复杂的环形超长钢屋盖结构，且存在多专业交叉施工的不利工况，通过借助有限元模拟分析技术，充分利用套筒节点，"因地制宜"地提出了独创的钢结构施工变形缝技术，有效解决了施工期温度变形控制难题问题。

针对本工程曲率多变的不规则单层网壳结构，通过多方案经济技术对比分析，采用地面分块拼装、高空分块吊装的方法，解决了构件双向弯曲加工、分块网壳吊装变形、高空多点同时对位等技术难题。

参考资料

[1] 杨联萍, 钱若军, 曲宏. 上海光源工程主体结构分析[J]. 土木工程学报, 2008.

[2] 钱若军, 杨联萍, 胥传熹. 空间格构结构设计[M]. 南京: 东南大学出版社, 2007.

[3] 曲宏, 杨联萍, 叶飞. 上海光源工程主体建筑环形吊车梁设计[J]. 结构工程师, 2007.

[4] 上海同济大学钢与轻型结构研究室. 上海光源工程钢结构节点受力性能研究报告[R]. 2006.

[5] 上海同济大学土木工程防灾国家重点实验室. 上海光源工程主体结构风荷载和风致振动研究[Z]. 2005.

[6] 上海光源工程超级混凝土隧道的裂缝控制[J]. 建筑施工, 2006.

[7] 防辐射建筑的设计与施工要点[J]. 建筑施工, 2006.

[8] 上海光源工程主体建筑结构设计[J]. 工业建筑, 2006.

[9] 异形结构建筑的精密工程测量[J]. 建筑施工, 2006.

[10] 上海光源工程设计和关键技术介绍[J]. 上海建设科技, 2006.

设计团队

结构设计单位：上海建筑设计研究院有限公司

结构设计团队：黄绍铭、杨联萍、周　春、曲　宏、潘东婴、姚　激、岳建勇、王　湧、叶　飞、李　伟

执　笔　人：杨联萍、贾水钟、王沁平、李　伟、王　湧

获奖信息

2012 年中国土木工程学会成立 100 周年百年百项杰出工程

2011 年第十届中国土木工程詹天佑奖

2013 年上海市科学技术特等奖

2013 年国家科学技术一等奖

2009 年全国优秀工程勘察设计行业奖建筑工程一等奖

2006 年第三届中国威海国际设计优秀奖

2009 年上海市优秀工程设计一等奖

2008 年改革开放三十年上海市建设发展成果展示活动金奖

2009 年中国建筑学会建筑创作大奖

2006 年第一届上海市建筑学会建筑创作优秀奖

2011 年全国优秀工程勘察设计银奖

2018 年纪念改革开放 40 周年杰出工程勘察设计项目奖